江苏省“十四五”时期重点出版物出版专项规划项

近距离煤层群瓦斯高效防治理论与关键技术

主　编　贺志宏

中国矿业大学出版社
·徐州·

图书在版编目(CIP)数据

近距离煤层群瓦斯高效防治理论与关键技术 / 贺志宏主编.一徐州：中国矿业大学出版社，2022.11

ISBN 978-7-5646-5235-7

Ⅰ.①近… Ⅱ.①贺… Ⅲ.①煤层群一瓦斯爆炸一防治 Ⅳ.①TD712

中国版本图书馆 CIP 数据核字(2021)第 236795 号

书　　名	近距离煤层群瓦斯高效防治理论与关键技术
主　　编	贺志宏
责任编辑	章　毅
出版发行	中国矿业大学出版社有限责任公司 (江苏省徐州市解放南路　邮编 221008)
营销热线	(0516)83884103　83885105
出版服务	(0516)83995789　83884920
网　　址	http://www.cumtp.com　**E-mail**:cumtpvip@cumtp.com
印　　刷	苏州市古得堡数码印刷有限公司
开　　本	787 mm×1092 mm　1/16　**印张** 17.75　**字数** 453 千字
版次印次	2022 年 11 月第 1 版　2022 年 11 月第 1 次印刷
定　　价	68.00 元

《近距离煤层群瓦斯高效防治理论与关键技术》

编写委员会

顾　问　袁　亮　周福宝

策　划　李　健　王晓东　要华伟　于建军

主　编　贺志宏

副主编　何新矿　李志强　刘海东

编　写　(按姓氏拼音为序，排名不分先后)

边劲枝　查　舰　柴国俊　常　卫　丁景明

郭　坦　胡志伟　焦治平　康建宏　李小平

李晓伟　李志强　刘　超　刘　春　刘向忠

刘应科　刘振明　马嘉楠　田晓平　王建成

王俊虎　王　勇　武文浩　杨高峰　阴永生

张建军　张仕钰　张铁刚　张伟伟　张文豪

张　智　赵文曙

序

《近距离煤层群瓦斯高效防治理论与关键技术》历经两年努力，终于与广大读者见面了。本书的出版是山西焦煤西山煤电（集团）有限责任公司科技工作的一件大事，是煤炭行业瓦斯防治工作的一件喜事。

山西焦煤西山煤电（集团）有限责任公司长期与平安煤矿瓦斯治理国家工程研究中心有限责任公司合作，坚持瓦斯攻坚、巩固和提升，瓦斯综合防治水平显著提升；积极联合中国矿业大学、安徽理工大学、河南理工大学、中国煤炭科工集团有限公司各分院等高等院校和科研院所共同开展科技攻关，形成了一批瓦斯综合防治的关键核心技术，取得的大批科技成果在许多煤炭企业成功推广应用。

在总结经验的基础上，山西焦煤西山煤电（集团）有限责任公司汇聚相关专家、学者和一线技术人员，从近距离煤层群高效抽采理论、工程实践及经济社会效益等方面，认真细致地总结和提炼了多年来的技术成果，并参考大量国内外文献，撰写并出版了《近距离煤层群瓦斯高效防治理论与关键技术》一书。该书比较全面地介绍了近距离煤层群瓦斯高效防治理论，在管理模式和关键技术方面提出了新思路和好办法，实为一部难得的著作。该书是煤矿工程技术人员必读图书，也是煤炭科技工作者指导用书，亦可作为高校师生的参考资料。

该书不尽完善之处，希望广大读者及业界同人，继续大胆探索，在瓦斯综合防治中探索新技术、研发新成果，不断推动瓦斯综合防治技术迈上新台阶、再创新业绩，为我国煤矿安全绿色和高效开采贡献才华智慧！

中国工程院院士：

前　言

我国是世界上瓦斯灾害最为严重、分布最广的国家。在我国很多高瓦斯矿区，广泛分布着赋存条件复杂的近距离煤层群，如西山矿区、大同矿区、淮南矿区、平顶山矿区和松藻矿区等。在近距离煤层群开采过程中，瓦斯涌出量大、涌出来源多，瓦斯运移机理复杂、地质构造复杂，导致瓦斯灾害治理难度大，矿井采掘衔接紧张，严重制约了煤矿安全高效生产。近年来，随着我国煤矿开采深度的不断增加，煤层地应力、瓦斯含量及瓦斯压力均不断增大，导致瓦斯灾害防治任务愈加艰巨。

西山矿区是山西焦煤西山煤电（集团）有限责任公司（以下简称"西山煤电"）的主采矿区，赋存着典型的近距离非稳定高瓦斯和突出煤层群，具有煤变质程度跨度大、瓦斯赋存不均衡、主采煤层抽采差异性大和地质构造复杂等显著特征。因此，西山矿区的瓦斯灾害治理难度极大，是山西省乃至全国瓦斯治理难度最大的矿区之一，瓦斯治理的瓶颈问题制约西山矿区生产能力和生产效率的提升。

近年来，西山煤电开展一系列瓦斯灾害治理关键技术攻关，研发一批瓦斯灾害治理装备，推动瓦斯治理技术不断提高。如采空区瓦斯抽采技术由早期的裂隙带钻孔抽采转变为高抽巷抽采并发展至目前的顶板定向大直径长钻孔抽采，低透气性煤层瓦斯预抽由早期的直接抽采逐渐转变为CO_2深孔爆破预裂、水力割缝增透等强化抽采，抽采钻孔封孔工艺以"双囊袋封孔器＋无机料"封孔法取代了聚氨酯封孔法，在防突工作方面建立了瓦斯涌出动态特征突出预警系统，完善了瓦斯地质预测预报技术等。目前，西山煤电已形成全井田区域预抽、本煤层抽采、邻近层抽采、埋管抽采、高（底）抽巷抽采、地面钻井抽采的立体抽采体系，瓦斯治理实现了由"治得住"向"治得精"和"治得省"转变，在减少瓦斯抽采工程量、缩短瓦斯抽采时间的基础上，大幅提高了瓦斯抽采效果，有效解决了近距离煤层群开采过程中瓦斯治理难题，保障了矿区生产安全。

西山煤电大力开展瓦斯治理示范矿井建设，形成了具有西山特色的"556"瓦斯治理模式，即严格五项工作制度、推进五项瓦斯治理技术、强化六项装备应用。其中，五项工作制度是瓦斯超限追查问责制度、矿井通风系统管理制度、"三区联动"瓦斯治理制度、"一矿一策，一面一策"瓦斯治理制度和技术创新引进保障制度；五项瓦斯治理技术是大孔径顶板走向长钻孔代替高抽巷技术、大直径煤柱钻孔代替联络巷治理上隅角瓦斯技术、底抽巷治理下邻近层瓦斯治理技术、煤层预抽增透技术、地面"U"形预抽钻井及采动裂隙带地面"L"形抽采钻井技术；六项装备应用是可视化三维通风仿真模拟系统应用、瓦斯抽采钻孔施工"一钻一视频"应用、瓦斯抽采动态达标评判系统应用、定向钻机应用、地面瓦斯抽采系统应用和千米钻机消突技术应用。通过"556"瓦斯治理模式的有效实施，大幅提升了近距离煤层群瓦斯灾害治理效果，推动了矿井安全高效生产，具体表现在以下四个方面：

(1) 瓦斯抽采总量不断攀升。瓦斯抽采总量由 2009 年的 $1.03\times10^8\ m^3$ 提高到 2015 年

的 $2.63\times10^8\ m^3$，至今一直稳定在 $2.6\times10^8\ m^3/a$ 左右。

(2) 瓦斯超限次数大幅下降。2011 年瓦斯超限 33 次，比 2009 年降低了 92.6%，2012 年至 2019 年瓦斯超限年均在 3 次以下，且多年实现瓦斯“零”超限。

(3) 生产能力得到有效释放。矿区产量在深受瓦斯影响的情况下，始终稳定在 4 500 万 t/a 左右。西山煤电各矿井通过瓦斯治理攻坚，基本实现了“四量”平衡，确保矿井接续正常、生产有序均衡。

(4) 瓦斯综合利用效益明显。西山煤电积极开展瓦斯发电、矿井乏风氧化、碳减排交易(清洁发展机制)等工作，产生了较大的社会效益和经济效益。

西山煤电瓦斯治理技术成果获得了国内外同行的高度认可，其中近距离煤层群瓦斯精准抽采理论与关键技术研究、近距离突出煤层群瓦斯分组成藏特征及综合治理技术体系研究、煤矿瓦斯灾害动态预测与防治研究等多项成果荣获国家级和省部级奖。

由于编者水平有限，加之时间仓促，书中难免出现不足之处，恳请读者提出宝贵意见。

在本书编写过程中，得到了袁亮院士，周福宝教授及侯水云、张有狮、刘艳红、杨晓红等领导的精心指导和大力帮助，在此一并表示衷心感谢！

本书编写委员会

2021 年 11 月

目　录

1 西山矿区概况

1.1 基本情况

1.1.1 地理与交通

西山矿区位于山西省中部、太原市西侧。煤田南北长 68 km，东西宽 30 km，平面上呈倒梨形，面积约为 1 898 km^2。西山煤田主要包括西山矿区和清交矿区。

西山矿区位于山西高原吕梁山脉中段东侧，汾河地堑太原盆地西翼。地理位置为东经 111°58′～112°27′，北纬 37°41′～37°59′。矿区从地理位置上分为前山矿区和古交矿区两部分，设计生产能力为 4 345 万 t/a，保有储量 532 897.7 万 t，剩余可采储量 313 561.3 万 t。前山矿区位于太原市万柏林区，辖区内共有 4 对矿井，分别为杜儿坪矿、官地矿、西铭矿和白家庄矿（已关停）；古交矿区位于古交市，辖区内共有 6 对矿井，分别为东曲矿、西曲矿、镇城底矿、马兰矿、屯兰矿和义城煤业。

西山矿区交通便利，矿区有公路线与铁路专线通往各地，其中前山矿区紧邻太原市西北环高速公路，各矿（厂）均设有铁路专线，分别经玉门、太北编组站与石太线、同蒲线、太焦线等铁路相连；古交矿区各矿（厂）均与太佳线、太岚线太古高速、西北二环高速公路相连，各矿（厂）也均设有铁路专用线，分别经太—古—岚线与石太线、同蒲线和太焦线等铁路相连。

1.1.2 地表与河流

西山矿区总体呈西南高、东北低，地势由东向西逐渐升高，相对高差 400 m 以上。最高点为庙前山，海拔 1 865.8 m，最低点为北寒村，海拔 860 m。矿区内山峦起伏，沟壑纵横，切割强烈，以石千峰为中心，呈放射状向四方低处分出。沟谷深切处多呈"V"字形，缓坡及低山地区有黄土零星分布，山脊及陡坡处岩石裸露，风化剥蚀作用强烈，沟底多砂砾石。前山矿区主要山岭有：尖草坪区马头水乡的崛围山（主峰海拔 1 400 m）、万柏林区与古交市交界处的石千峰（主峰海拔 1 775 m）和万柏林区与清徐县交界处的庙前山。古交矿区主要山岭有：矿区西南的黑山洼（主峰海拔 1 821 m）、与交城县接界处的狐偃山（主峰海拔 1 820 m）。

西山矿区河流属黄河流域汾河水系，见图 1.1。汾河是矿区内最大的河流，发源于山西省宁武县管涔山，上游干流自西向东贯穿古交矿区北部，由镇城底矿经古交、河口转向东北，出矿区后在上兰村进入太原盆地南流，流经矿区约 40 km。前山矿区除汾河从矿区东部流过外，矿区内尚有玉门河、虎峪河和九院沙河三条季节性河流汇入汾河；古交矿区内有屯兰河、原平河、大川河三条季节性河流汇入汾河，后备区内主要有文峪河和西冶川。

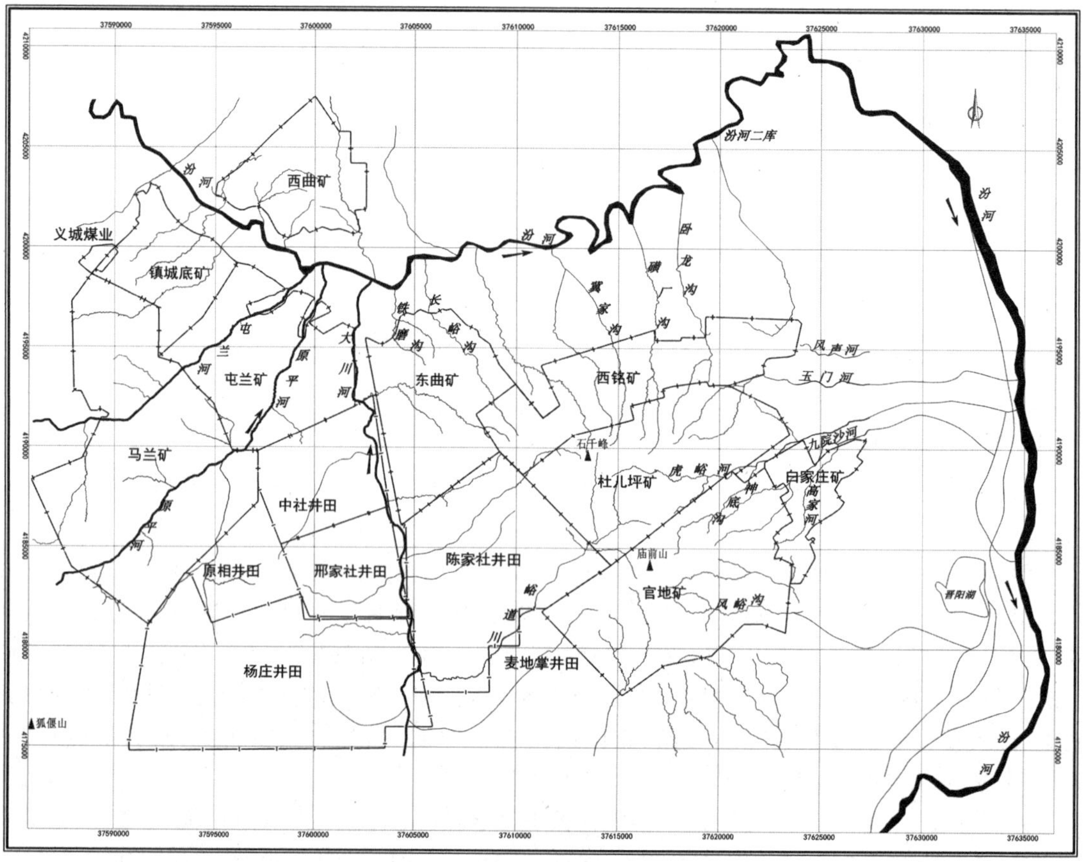

图 1.1　矿区地表水系图

1.1.3　气候与降水

西山矿区属暖温带大陆性季风气候，昼夜温差较大，年最高气温为 39.4 ℃，最低气温为 －25.5 ℃，年平均气温为 6～8 ℃。

西山矿区的降水量分布不均匀，雨季集中在 7 月至 9 月，7 月降水量最多，平均为 140～160 mm；1 月降水量最少，平均为 4～6 mm；年平均降水量为 400～600 mm。春冬干燥多风，风沙较大，多刮西北风，风速一般为 2～4 m/s，最大风速为 14.7 m/s。夏季蒸发量大，平均蒸发量为 630～690 mm；冬季蒸发量小，平均蒸发量为 150 mm 左右。无霜期每年 130～160 d，降雪天数平均每年为 14～20 d，初雪期为 11 月中旬，终雪期为 2 月至 3 月，积雪天数一般为 20～50 d。

1.2　地质概况

1.2.1　地层分布

西山矿区地表局部出露各类岩层，第四系广泛遍布于沟谷及山顶。根据钻探资料，地层由老至新依次为寒武系、奥陶系、石炭系、二叠系、三叠系、新近系和第四系，部分地层柱状示意图见图 1.2。

界	系	统	组	厚度/m（$\frac{最小\sim最大}{一般}$）	柱状 1∶500	标志层、煤层 编号	标志层、煤层 厚度/m	岩性描述	水文地质及特征
古生界	二叠系 P	下统 P_1	山西组 P_1s	$\frac{20.89\sim85.00}{46.98}$	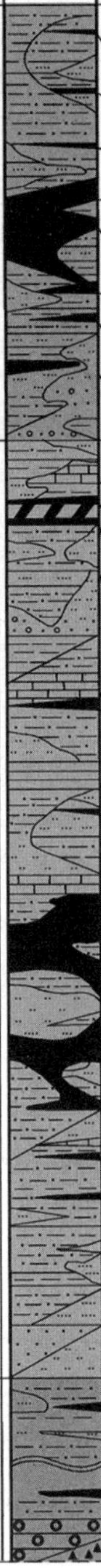	01# 02#	$\frac{0\sim2.69}{0.66}$	以灰白色厚层北岔砂岩（K_2）为基底，连续沉积于太原组之上。主要由灰黑色泥岩、砂质泥岩、灰黄色粉砂岩、灰色细粒砂岩及煤层组成，是主要含煤地层之一，共含煤11层，其中2#、3#、4#煤层在多数井田稳定可采，02#、03#、5#煤层为局部可采煤层。在镇城底矿、嘉乐泉一带，2#、3#、4#煤层合并为一层。本组富含植物化石。在马兰矿的南部有正长斑岩侵入，因而使煤层变质程度加深	含水层钻孔单位涌水量为0.000 04～0.054 8 L/(s·m)；水位标高为993.13～1 102.09 m；矿化度为0.39～0.60 g/L;水化学类型为HCO_3·Cl－Na·Ca型。
						03#	$\frac{0\sim2.26}{0.61}$		
						1#	$\frac{0\sim1.44}{0.66}$		
						2#	$\frac{0\sim4.86}{2.21}$		
						3#	$\frac{0\sim7.00}{1.07}$		
						4#	$\frac{0\sim3.66}{1.28}$		
						4#下	$\frac{0\sim2.40}{0.51}$		
						5#	$\frac{0.28\sim4.75}{1.57}$		
						K_3	0~38		
	石炭系 C	上统 C_3	太原组 C_3t	$\frac{58.26\sim136.05}{101.50}$		L_5	2.09	为主要含煤地层，属海陆交互相沉积，由灰色至灰白色中细粒砂岩以及深灰色砂质泥岩和泥岩、4～7层灰岩、8～12层煤组成。其中L_5（东大窑灰岩）、L_4（斜道灰岩）、K_2（毛儿沟灰岩）、L_1（庙沟灰岩）诸层层位稳定，8#、9#煤层为稳定可采煤层，6#、7#、10#煤层为较稳定局部可采煤层。在煤田西北部发育8#下煤层，有时9#、10#煤层合并；在煤田东南部，有时8#、9#煤层合并；煤田中部8#、9#煤层中间发育一层屯兰砂体，煤层厚度与砂体的粒度呈反比。K_1底砂岩通称晋祠砂岩。灰岩中动物化石丰富	以裂隙承压水为主，主要含水层是太原组（C_3t）的砂岩及3～4层石灰岩；钻孔单位涌水量为0.000 06～2.66 L/(s·m)；水位标高789.40～1 204.66 m;矿化度为0.228～1.530 g/L,水化学类型为HCO_3·SO_4–Ca·Mg及SO_4·HCO_3–Ca·Na型
						6#上	$\frac{0\sim1.39}{0.56}$		
						6#	$\frac{0\sim3.73}{0.85}$		
						6#下			
						L_4	2.40		
						7#	$\frac{0\sim1.51}{0.90}$		
						K_2	3.34		
						7#下	$\frac{0\sim0.65}{0.34}$		
						L_1	2.33		
						8#上	$\frac{0\sim2.15}{0.61}$		
						8#	$\frac{0\sim6.93}{3.26}$		
						8#下	$\frac{0\sim5.62}{3.99}$		
						9#	$\frac{0\sim5.55}{2.08}$		
						10#	$\frac{0\sim2.68}{0.79}$		
						L_0	0.90		
						11#	$\frac{0\sim1.17}{0.46}$		
						12#	$\frac{0\sim1.52}{0.40}$		
						K_1	$\frac{0\sim16.36}{4.93}$		
		中统 C_2	本溪组 C_2b	$\frac{8.50\sim55.00}{28.00}$				本组由黑色、黑灰色砂岩、砂质泥岩、泥岩，1～3层极不稳定的石灰岩（即半沟灰岩）及1～3层煤线组成。泥岩中含有菱铁矿透镜体。以山西式铁矿、铁铝岩为基底，其上为G层铝土。铝土矿呈团块状，有时与山西式铁矿共生。上部泥岩中含植物化石，炭岩中含动物化石	

图 1.2 部分矿区地质分布图

（1）寒武系（$\in$）

在煤田区缺失下统（$\in_1$），主要分布于煤田西部娄烦、岔口、古洞道、会立幅沿前震旦系霍山砂岩一线及煤田北部冶元幅大背山、横山一带。分为中统（$\in_2$）和上统（$\in_3$）。

① 中统（$\in_2$）分为徐庄组（$\in_2x$）和张夏组（$\in_2z$）。

a. 徐庄组（$\in_2x$）：平行不整合于震旦亚界霍山砂岩之上，在煤田的西北罗家曲一带呈角度不整合，沿霍山砂岩分布。底部为紫红色页岩或薄层砂岩，且常有 20 cm 厚的底砾岩；中部为灰绿色夹紫色页岩及中厚层状鲕状灰岩；顶部为薄层～厚层状鲕状灰岩夹薄层泥质白云岩。顶部和中部含动物化石。

b. 张夏组（$\in_2z$）：连续沉积于徐庄组之上。下部为灰黄色薄层状白云质灰岩、钙质泥岩及泥质条带灰岩；上部为厚层～巨厚层状鲕状灰岩。逯沟厚 55.7 m，上兰村 TS-26 号孔厚140 m。上部含动物化石。

② 上统（$\in_3$）分为崮山组（$\in_3g$）、长山组（$\in_3c$）和凤山组（$\in_3f$）。

a. 崮山组（$\in_3g$）：连续沉积于张夏组之上。上部为深灰色薄层状含白云质、泥质灰岩，夹竹叶状灰岩。下部为钙质泥岩、薄层白云质灰岩互层，夹竹叶状灰岩，底部有时为紫红色钙质泥岩。上部、下部含动物化石。

b. 长山组（$\in_3c$）：为紫灰、黄褐色竹叶状灰岩夹泥质白云岩，底部有时为灰白色泥质白云岩。逯沟厚 7.2 m，上兰村一带最厚。

c. 凤山组（$\in_3f$）：上部主要为灰色～深灰色厚层～巨厚层竹叶状白云质灰岩、白云岩，有时为褐黄色泥质白云岩，下部为薄层状泥灰岩夹泥岩。

（2）奥陶系（O）

连续沉积于寒武系凤山组之上，广泛分布于煤田外围西部、北部和东北部，东部仅出露上部，南部仅有零星出露，呈西薄东厚的趋势，分为下统（O_1）和中统（O_2）。

① 下统（O_1）主要沿寒武系的出露分布，但东北部沿柏崖头至上兰村汾河河道、支流柳林河河谷及其两侧、黄屋山—西关口一带有着广泛分布。全统分为冶里组（O_1y）和亮甲山组（O_1l）。

a. 冶里组（O_1y）：主要为浅灰、灰白色薄层状白云岩、白云质灰岩和泥灰岩，中部夹竹叶状灰岩、硅质灰岩。逯沟厚 14.6 m，TS-26 号孔厚 102 m。

b. 亮甲山组（O_1l）：上部为深灰、灰白色厚层～巨厚层状细粒～粗粒白云岩及白云质灰岩，顶部发育串珠状燧石。下部多为薄层状硅质灰岩夹白云岩。本组以夹串珠状燧石条带或结核为主要特征。

② 中统（O_2）分布范围较下统更为广泛，西、北、东三面环抱煤田。与下统整合接触。全统分为下马家沟组（O_2x）、上马家沟组（O_2s）和峰峰组（O_2f）。

a. 下马家沟组（O_2x）分为上、中、下三段。

（a）下段（O_2x^1）：上部为灰色～深灰色厚层状石灰岩，角砾状白云质灰岩、白云岩；下部为灰色、灰黑色角砾状灰岩、白云质灰岩、白云岩夹泥质白云岩、泥质灰岩和薄层硬石膏。

（b）中段（O_2x^2）：以灰色、深灰色厚层～巨厚层豹皮状或蠕虫状灰岩为主，夹泥质条带灰岩及白云质结晶灰岩。底部夹薄层石膏。

（c）上段（O_2x^3）：为灰色、深灰色中

b. 上马家沟组（O_2s）分为上、中、下三段。

(a) 下段(O_2s^1):上部以灰色、黄灰色厚层～中厚层石灰岩、泥灰岩为主,下部以灰色、浅灰色角砾状灰岩、角砾状泥灰岩为主,裂隙及层面充填大量次生纤维状石膏。下部与顶部有时为豹皮状灰岩、白云质灰岩,煤田西北部常含 2～3 层角砾状泥灰岩夹原生石膏。下段通称第二泥灰岩石膏带,是本区奥灰岩层重要标志层之一。

(b) 中段(O_2s^2):上部为深灰色、灰黑色厚层～巨厚层豹皮状或蠕虫状石灰岩,致密、坚硬,夹薄层角砾状白云质灰岩、泥质白云岩。下部多为角砾状灰岩夹泥灰岩,有时夹石膏。底部有薄层白云质灰岩。本段含动物化石。

(c) 上段(O_2s^3):主要为深灰色致密、质纯、薄层状石灰岩、白云质灰岩,夹白云岩、泥灰岩和石膏。本段岩溶裂隙发育,且多见于质纯石灰岩中,常呈串珠状、蜂窝状、网格状相互贯通。为本区重要含水层之一。

c. 峰峰组(O_2f):沿煤田边缘分布,四周皆有出露,但南部仅出露于云梦山穹窿边山。全组分为上、下两段。

(a) 下段(O_2f^1):主要为灰色、浅灰色泥灰岩、角砾状灰岩、角砾状泥灰岩、泥质灰岩,夹 1～2 层石膏带或于层理与裂隙中充填次生石膏。通称第一泥灰岩石膏带。为本区奥灰岩层重要标志层之一。

(b) 上段(O_2f^2):地表裸露区常剥蚀不全。上部为灰色、深灰色厚层状石灰岩,致密、坚硬、质较纯,CaO 含量一般在 50%以上。有时夹泥灰岩和白云质灰岩。中下部多为灰色角砾状石灰岩、白云质灰岩夹泥灰岩。此段石灰岩岩溶裂隙发育,水蚀现象严重,为本区重要含水层之一。

(3) 石炭系(C)

平行不整合于下伏奥陶系地层之上,分为中统(C_2)和上统(C_3)。主要分布在本区中部古交以东至前山玉门沟一带。西部狐偃山岩体外围以及东部下石沟至风峪沟一带也有出露。

① 本溪组(C_2b):以风化残留铁矿——山西式铁矿为底,平行不整合于奥陶系中统峰峰组之上,属滨岸环境沉积,厚度变化较大,厚 8.5～55.0 m,一般厚 28 m 左右。本组由黑色、黑灰色砂岩、砂质泥岩、泥岩、1～3 层极不稳定的石灰岩(即半沟灰岩)及 1～3 层煤线组成。泥岩中含有菱铁矿透镜体,底部为浅灰色。上部泥岩中含植物化石,炭岩中含动物化石。

② 太原组(C_3t):以晋祠砂岩(K_1)为底与本溪组呈整合接触,属滨岸—三角洲环境、海陆交互相沉积,为本煤田主要的含煤地层,一般厚 101.50 m,煤田北部较厚,南部和西部偏薄。本组由灰色～灰白色中细粒砂岩、深灰色砂质泥岩、泥岩、4～7层灰岩以及 8～12 层煤组成($6^{\#}_{上}$、$6^{\#}$、$6^{\#}_{下}$、$7^{\#}$、$7^{\#}_{下}$、$8^{\#}_{上}$、$8^{\#}$、$8^{\#}_{下}$、$9^{\#}$、$10^{\#}$、$11^{\#}$、$12^{\#}$)。其中 L_5(东大窑灰岩)、L_4(斜道灰岩)、K_2(毛儿沟灰岩)、L_1(庙沟灰岩)诸层层位稳定,$8^{\#}$煤层、$9^{\#}$煤层为稳定可采煤层,$6^{\#}$、$7^{\#}$、$10^{\#}$煤层为较稳定局部可采煤层。在煤田西北部发育 $8^{\#}_{下}$煤层,有时 $9^{\#}$煤层、$10^{\#}$煤层合并;在煤田东南部,有时则为 $8^{\#}$煤层、$9^{\#}$煤层合并。煤田中部 $8^{\#}$煤层、$9^{\#}$煤层中间发育一层屯兰砂体,煤层厚度与砂体的粒度呈反比。底部为灰白色中粗粒砂岩,即 K_1 砂岩(通称晋祠砂岩)。灰岩中动物化石丰富。

(4) 二叠系(P)

广泛分布于本区中南部,与下伏太原组整合接触。分为山西组(P_1s)、下石盒子组

(P_1x)、上石盒子组(P_2s)和石千峰组(P_2sh)。

① 山西组(P_1s):以灰白色厚层北岔沟砂岩(K_3)为基底,连续沉积于太原组之上,为三角洲—滨海平原环境,过渡相含煤沉积。主要由灰黑色泥岩、砂质泥岩、灰黄色粉砂岩、灰色细粒砂岩及煤层组成,是主要含煤地层之一。共含煤 11 层(01#、02#、03#、1#、2#、3#、4#、$4^{\#}_{下}$、5#等),其中 2#、3#、4#煤层在多数井田稳定可采,02#、03#、5#煤层为局部可采煤层。在镇城底矿、嘉乐泉一带 2#、3#、4#煤层合并为一层。在马兰矿的南部有正长斑岩侵入,因而使煤层变质程度加深。本组厚 20.89~85.00 m,一般厚 46.98 m 左右,煤田北部偏薄,东南部偏厚。本组富含植物化石。

② 下石盒子组(P_1x)按岩性分为上、下两段。

a. 下段(P_1x^1):以骆驼脖子砂岩(K_4)为基底至砂岩底,连续沉积于山西组之上。为深灰色、灰黑色~黄灰色或黄绿色泥岩、砂质泥岩、粉砂岩、细砂岩、中粒~粗粒砂岩互层,夹 1~2 层煤线。含植物化石。在煤田东部、北部厚度变化较大。

b. 上段(P_1x^2):自 K_5 砂岩至 K_6 砂岩之底,为黄绿色~浅灰色、灰绿色中粒~粗粒厚层状砂岩、细砂岩、粉砂岩与砂质泥岩、泥岩、黏土岩互层,砂岩层理发育。K_5 底砂岩不发育,富含植物化石。西部边缘地带偏薄。

③ 上石盒子组(P_2s):广泛分布于煤田内马兰、水峪贯—泉泉寺大型复向斜轴部及其两翼。全组分为上、下两段。

a. 下段(P_2s^1):自 K_6 砂岩至 K_7 砂岩之底,与下石盒子组整合接触。为杏黄色、紫色和灰绿色、灰紫色、杂色砂质泥岩,与含铝土质泥岩夹粗、中、细粒砂岩、粉砂岩互层。一般上部以紫色为主,下部以杏黄色为主。底部为黄绿色、灰白色厚层状中粒~粗粒 K_6 砂岩连续沉积于下伏地层之上。该砂岩有时含砾石或为砂砾岩。K_6 砂岩上部常有一层紫色含铝土质泥岩。煤田西部边缘较薄,屯兰井田厚度变化较大。

b. 上段(P_2s^2):自 K_7 砂岩至 K_8 砂岩之底,主要为暗紫色、葡萄紫色泥岩、砂质泥岩,夹灰紫色、灰绿色中粗砂岩,上部夹蓝灰色泥岩条带,中部夹一层含砾粗砂岩。下部为紫红色、黄绿色砂质泥岩,与中细砂岩互层。底部 K_7 砂岩为一层黄绿色、灰绿色、灰白色厚层中粗粒、含砾长石、石英砂岩。顶部常发育一层胶结疏松的灰黄色中粗粒豆腐渣砂岩,可作为 K_8 分界砂岩辅助标志。常见植物化石。

④ 石千峰组(P_2sh):以紫色、灰紫色含砾中粗砂岩(K_8)为底连续沉积于上石盒子组之上,以紫红色或鲜红色泥岩、含 3~5 层结核状淡水灰岩和肉红色、浅肉红色石英长石杂砂岩为特征。下部多为泥岩与中粗砂岩互层,底砂岩所含砾石直径最大可达 20~30 mm,与下伏地层接触面上为薄层淡水灰岩;上部以含淡水灰岩的泥岩为主,风化后淡水灰岩呈串珠条带状。本组煤层在石千峰山最厚,煤田西部水峪贯—泉泉寺向斜西翼较薄。

(5) 三叠系(T)

西山煤田三叠系仅出露刘家沟组(T_1l)、和尚沟组(T_1h)和二马营组 (T_2er),铜川组及其以上地层缺失。主要分布于煤田西部水峪贯—泉泉寺向斜、马兰向斜南部之轴部及其两翼。与下伏地层整合接触。

① 刘家沟组(T_1l):以褐色、灰褐色含铁中砂岩(K_9)为底,连续沉积于石千峰组之上。以浅紫色、紫色或砖红色薄板状细粒、中粒长石石英砂岩为主,夹薄层紫红色砂质泥岩、粉砂岩。砂岩具平行层理、大型交错层理,波裂与波痕发育。含植物化石。主要分布在煤田西

南部。

② 和尚沟组(T_1h):主要分布于西山煤田复向斜、水峪贯—泉泉寺向斜轴部及其两翼。为砖红色、紫红色中细粒、粗粒长石石英砂岩与深红色、土红色砂质泥岩、泥岩互层。以不含淡水灰岩与石千峰组地层相区别,中下部砂岩呈块状。

③ 二马营组(T_2er):主要分布于水峪贯—泉泉寺向斜轴部,为灰绿色、灰色厚层中粗粒、中细粒长石石英砂岩,含砾粗砂岩夹薄层紫红色、土红色或灰绿色砂质泥岩。在下部,砂岩带往往厚达数十至百余米,夹一薄层砂质泥岩红层,且多次重复出现。

(6) 新近系(N)和第四系(Q)

煤田内新生界堆积主要有新近系上新统保德组(N_2b)、第四系中更新统离石组(Q_2l)、上更新统马兰组(Q_3m)和全新统(Q_4),分别不整合于各时代老地层之上。主要分布于丘陵、梁、坦与沟谷两侧及河床等,厚度因基岩面地势而异。

① 上新统保德组(N_2b):主要分布于煤田西北部即分水岭以北的古交矿区及东邻太原盆地边缘。与下伏地层不整合接触,在梭峪、镇城底及马兰井田最为发育。为暗红色或深红色黏土或含砂质黏土,含钙质结核,下部夹1～3层胶结、半胶结的砾岩层,砾石成分为石灰岩、变质岩和碎屑岩。含三趾马等脊椎动物化石。

② 中更新统离石组(Q_2l):呈零星分布,分布范围常伴随上新统。为浅红色、红色砂质黏土,含钙质结核,夹数层埋藏土,底部常有2～3层半胶结的砾岩层或含钙质结核层。

③ 上更新统马兰组(Q_3m):为浅黄色、土黄色砂土、粉砂土,疏松、具大孔隙,垂直节理发育,中部有时含1～2层砂层或砂砾层,底部有时含豆状、卵状钙质结核。广泛分布于丘陵地带或台地、梁、垣、峁上。表层通常为耕植土。

④ 全新统(Q_4):主要为近代冲积层、洪积层,其成分较复杂,多为不同时代老地层杂色、灰黄色的砾石、卵石、砂粒、砂土、砂质黏土和泥质碎屑与砂层,多分布于河床及其两侧或冲积扇、洪积扇,不整合于各地层之上,常为良好的潜水含水层。

1.2.2 地质构造

西山矿区位于祁—吕—贺(祁连山—吕梁山—贺兰山)山字形构造东翼内带,矿区东部、南部与汾河盆地相连,大致为北大、南小两翼极不对称的复式向斜构造。矿区井田内北东—北北东向断裂呈束展布,将向斜东翼切割成长方形地块,碱性二长岩则沿构造裂隙侵入向斜两冀。矿区地质构造见图1.3。

(1) 褶皱构造

① 狮子河—马兰向斜:是控制煤田盆地的主向斜,自北而南沿狮子河,经镇城底、马兰、水泉源过三县岭东至云梦山隆起以东,贯穿整个煤田中部,延展50 km。

② 官地背斜:位于矿区东部,地表特征不明显,北端被杜儿坪断裂所切割,为不对称隆起,西翼平缓,倾角为2°～5°;东翼稍陡,倾角为4°～8°,向太原盆地倾伏,属斜歪开阔水平褶皱。东西两侧北北西、北北东向短轴褶皱发育。

(2) 断裂构造

① 梭峪断裂:该构造带由安庄断层、九龙塔断层和红崖子断层组成,控制面积较大,影响到镇城底和西曲井田的西部。其中:安庄断层倾向为东南,断距为90 m,延展9 km;

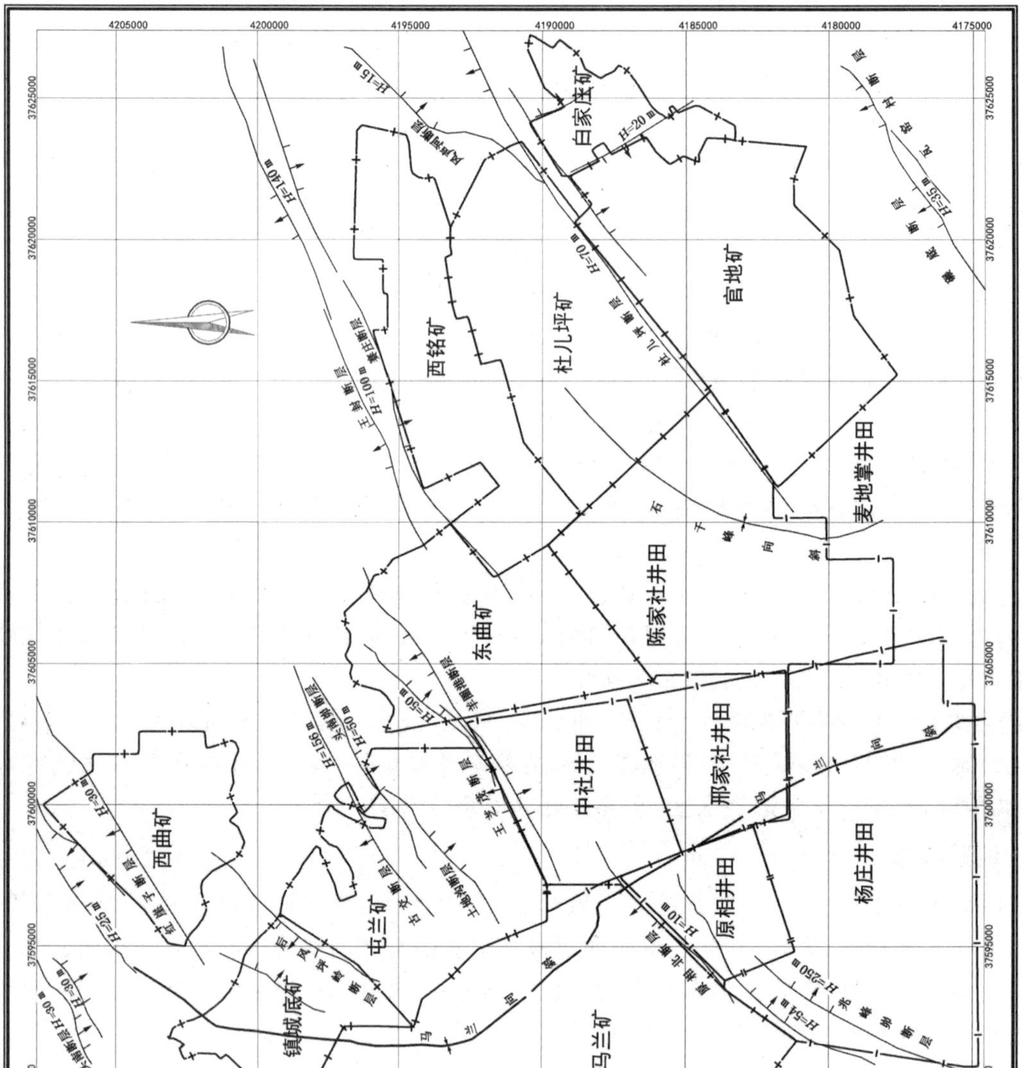
西铭矿
杜儿坪矿
官地矿
白家庄矿
东曲矿
陈家社井田
麦地掌井田
中社井田
邢家社井田
西曲矿
屯兰矿
原相井田
杨庄井田
镇城底矿
马兰矿

图 1.3 矿区地质构造图

九龙塔断层倾向为东南，断距一般为 10～100 m，最大为 200 m，延展 11 km；红崖子断层走向北东 60°，倾向北西，倾角为 60°～70°，断距由北向南逐渐变小，断距一般为 15～50 m，最大为 120 m，延展 15 km。

② 古交构造带：由古交、头南峁、土地沟断层分别构成两个地垒，断带宽 0.3～1.5 km，主断裂最大断距为 100～200 m，延展 22 km，与马兰向斜轴呈丁字形分布。

③ 王封—李家社—原相—兆峰构造：为横切煤田中部的北东东向最大的构造带，延展 57 km，其构成成分、展布形式均较复杂，断带最宽达 2 km。东段为王封、赛庄断层组成的煤田东北边缘之王封地垒，断带宽 0.5～2.0 km，最大断距为 140 m；中东段为李家社和王芝茂南、北断层所组成的李家社地堑、王芝茂地垒，最大断距在 120 m 以上。中西段为白岸和原相南、北断层组成的白岸地堑、原相地垒，最大断距为 120 m。原相地垒较窄，与中东段呈斜列延展。西段由兆峰—峁底断层及后官庄、西孟断层组成的弧形地垒、地堑或阶梯状断裂，成为狐偃山环状构造的组成部分。东北端与中西段之西端构成地堑，以兆峰—峁底断裂最大，断距在 250～300 m 以上。

④ 杜儿坪断裂带：主断裂杜儿坪断层倾向北西，东段与其分支鸦儿崖断层、虎峪南断层分别组成地垒和地堑，主断裂和分支断裂断距均在 100～150 m 以上，东端延伸到太原盆地称南寒地垒；该断裂带构造简单，倾角平缓，伴有近于平行而宽缓的石千峰向斜和短轴梅洞沟背斜。

（3）陷落柱

陷落柱是在漫长的地质演变过程中，由于煤系基底奥灰岩经地下水溶蚀，形成空洞，上覆岩层在重力的作用下垮落、塌陷而形成的一种地质构造。

从各矿井生产揭露的情况来看，前山矿区的陷落柱多发育于各矿井东部、南部和庙前山分水岭的东面、南面，常呈密集型条带分布、数量较多、赋存复杂的趋势，井下揭露多于地面所见揭露及打钻揭露。古交矿区陷落柱也比较发育，但相对前山矿区较弱，以西曲、马兰井田赋存较多，陷落柱形态在平面多呈现不规则椭圆形、圆形或其他不规则形状，大小不一，陷落柱长轴短的直径仅 6～7 m，长的可达 300 m 以上。其剖面呈锥形柱体，轴线多为倾斜状；在垂直剖面上，多呈漏斗状，但并不规则，常呈曲线或锯齿状下切，有时整体向一侧倾斜。

（4）岩浆侵入体

在古交矿区紧靠马兰井田西南部有一个岩浆侵入带，在下组煤范围内已经进入马兰矿界内。岩浆岩侵入带火成岩多是现岩床或岩脉，沿断裂带或煤层及软弱底层侵入，厚度一般为 6～10 m，局部厚度可达 35 m 以上，对煤层与煤质有不同程度的影响和破坏，热变质煤炭储量达 5 371 万 t。

1.2.3　水文地质

矿区内主要含水层为孔隙含水岩组、裂隙含水岩组和岩溶裂隙含水岩组。矿区 9 个矿井的总涌水量一般为 32 088 m^3/d，主含水岩组的水文地质特征如下：

① 孔隙含水岩组：所含岩类为松散砂土岩类，含水层的形成时代主要在第四纪。具有

供水意义的孔隙潜水含水层，主要是近代河谷冲积层，该层一般厚度为 20～30 m，主要分布在汾河及其支流大川河、原平河、屯兰河、天池川、文峪河、虎峪河、玉门河等山区河流。矿区地表水系如图 1.1 所示。

② 裂隙含水岩组：含水岩层以二叠系砂岩、石炭系薄层石灰岩为主，其含水性主要取决于岩层厚度和裂隙发育程度，富水程度差异很大。岩浆岩及片麻岩在适宜的水文地质条件下也具有一定的水量。

③ 岩溶裂隙含水岩组：组成该含水岩组的岩石类别为寒武系、奥陶系碳酸岩类，其中奥陶系中统石灰岩是主要的含水岩组，具有重大的供水作用，广泛分布于本区的北部、西部，在东部山地有零星出露。根据岩性和沉积旋回，奥陶系中统可划分为峰峰组、上马家沟组和下马家沟组三个主要含水层。

西山矿区水文地质条件复杂，矿区内除西曲矿水文地质条件较为复杂，剩余矿井水文地质条件为中等～复杂，都存在老窑水、采空区积水、基岩裂隙水水害，部分矿井还面临地表水、奥陶系岩溶水的水害问题。为提高矿区水害治理水平，西山矿区采用三维地震勘探技术、物探技术和钻探技术相结合的水体探测手段对地下水进行高分辨探测。

1.3 煤层赋存

(1) 基本概况

西山矿区煤系地层为石炭系、二叠系地层。上部为二叠系下统山西组(P_1s)，下部为石炭系上统太原组(C_3t)，见图 1.2，主要可采煤层为 02#、2#、3#、4#、6#、7#、8#、9# 煤层，主采煤层含煤系数为 8.6%，其中 2#、3#、8#、9# 煤层稳定可采；6#、7# 煤层较稳定，局部可采；其他煤层不稳定，局部可采，各煤层情况见表 1.1。上部主采 2#、3# 煤层，开采深度为 80～520 m；下部主采 8#、9# 煤层，开采深度为 100～580 m。西山矿区的煤层赋存具有不同煤层间距大、同组内煤层间距小的显著特点。上下煤组间距普遍在 70～80 m，而同煤组内煤层间距普遍在20 m以内，半数以上在 10 m 以内，前山矿区煤层间距更是普遍在 1.5～2.0 m。各主采煤层大部分为近水平煤层，局部为缓倾斜煤层，少部分区域受构造后期改造倾角达 15°～20°。

(2) 煤岩成分

西山矿区煤层的煤岩以光亮型和半亮型为主，夹少量半暗型煤和暗淡煤；煤层结构简单、稳定。煤层内生裂隙发育，为瓦斯储层提供了良好的内部结构和储集空间[1-4]。煤的显微组分以镜质组为主，夹少量半镜质组及丝质组，稳定组和腐泥少见。镜质组含量一般为 87%～97%，镜质组最大反射率 R_{omax} 为 1.708%～2.302%，煤层处于中高变质阶段，有肥煤、焦煤、瘦煤、贫煤、无烟煤多个煤种，按资源量划分以贫煤、瘦煤为主。煤层变质变化规律明显，煤变质因素以区域变质为主。因各煤层埋深不同，煤种在平面上变化总趋势是自西北向东南变质程度逐渐增高，仅矿区西部边缘因岩浆岩侵入使局部发生热变质作用，出现了小范围的无烟煤和天然焦煤。西山矿区主采煤层情况见表 1.1。

表 1.1 西山矿区主采煤层情况

含煤地层	煤层编号	煤层平均厚度/m	煤层间距/m (最小～最大/平均)	煤层结构（夹石层数）	变异系数/%	可采系数/%	稳定性	可采性
山西组	02#	0.8	13.44～30.4/22.55	较简单（1～2）	54.15	59.09	极不稳定	局部可采
	2#	2.67	2.29～23.84/8.36	简单（0～2）	24.27	99.17	稳定	全区可采
	3#	2.70		简单（0～3）	46.93	88.46	较稳定	大部可采
	5#	0.82	13.7～68.5/39.83	简单（0～1）	51.93	66.67	不稳定	局部可采
太原组	6#	2.28	3.47～24.68/6.81	简单～复杂（0～4）	43.48	66.52	较稳定	局部可采
	7#	0.75		简单（0～1）	42.16	65.09	较不稳定	局部可采
	$8_{上}^{\#}$	0.70	12.9～33.3/20.48	较简单（0～1）	41.39	42.86	极不稳定	局部可采
	8#	3.58		较简单（1～2）	25.43	100.0	稳定	全区可采
	9#	3.57	0.26～23.80/3.92	简单～复杂（0～4）	14.85	100.0	稳定	全区可采

1.4 生产开采现状

（1）生产矿井

西山矿区目前共辖有 8 对大型矿井，包括杜儿坪矿、官地矿、西铭矿、西曲矿、东曲矿、屯兰矿、马兰矿和镇城底矿，各矿地理位置如图 1.4 所示，其中东曲矿、屯兰矿、马兰矿为煤与瓦斯突出矿井，杜儿坪矿、官地矿、西铭矿、镇城底矿为高瓦斯矿井，西曲矿为低瓦斯矿井。

（2）资源储量

西山矿区煤炭资源丰富，种类齐全，分布有贫煤、瘦煤、焦煤、肥煤、无烟煤和贫瘦煤。除已关闭的白家庄矿外，不同煤种的工业储量和可采储量分布见图 1.5。由图 1.5 可以看出，矿区煤炭资源工业储量约为 53.17 亿 t，可采储量约为 31.28 亿 t，其中以贫煤、焦煤和瘦煤为主，三者的可采储量约为 25.70 亿 t，占矿区可采储量总量的 82.16%。

（3）主采煤层

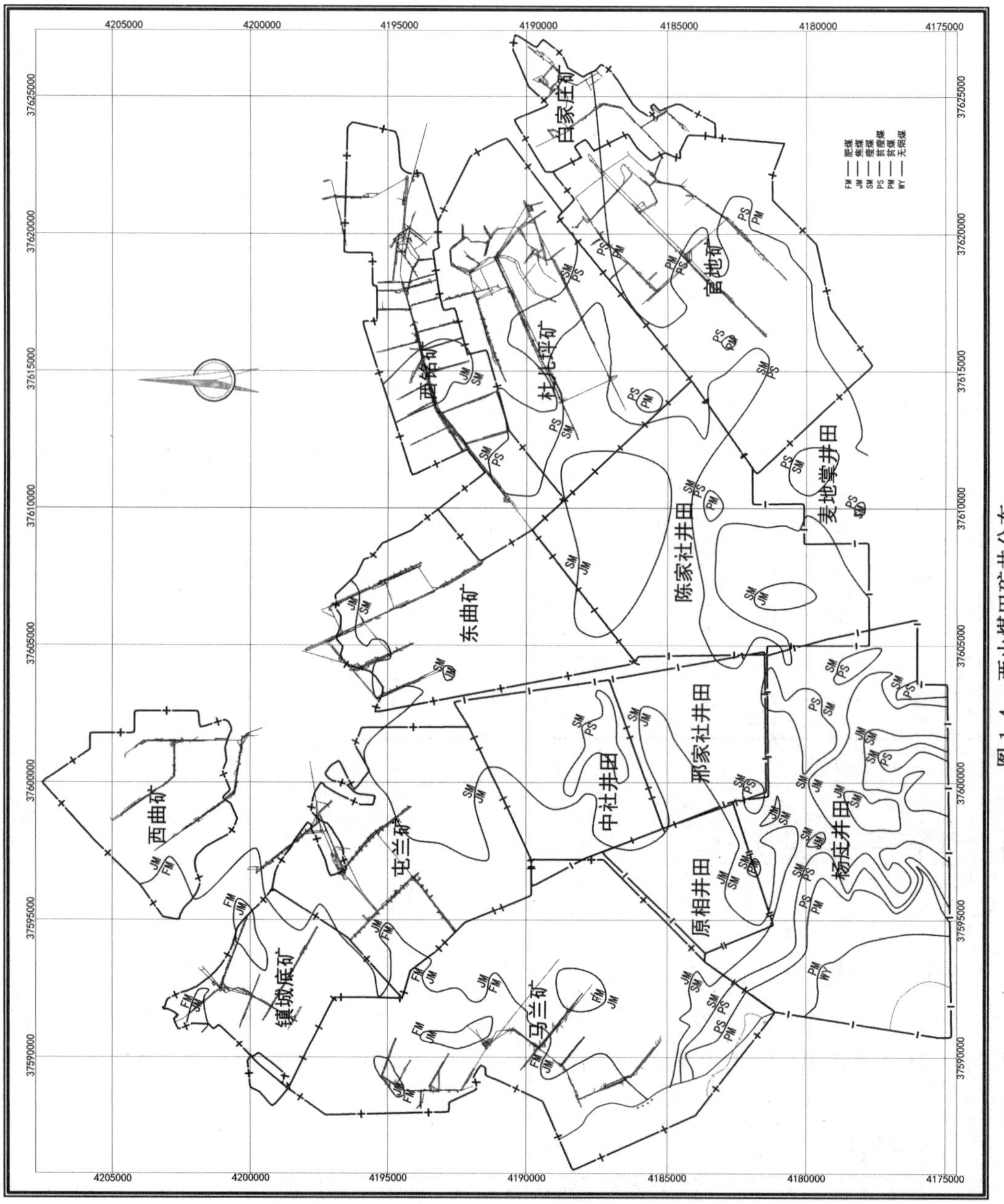

图 1.4　西山煤田矿井分布

（注：前山矿区包括杜儿坪矿、官地矿、西铭矿，其余均属古交矿区；白家庄矿已关闭）

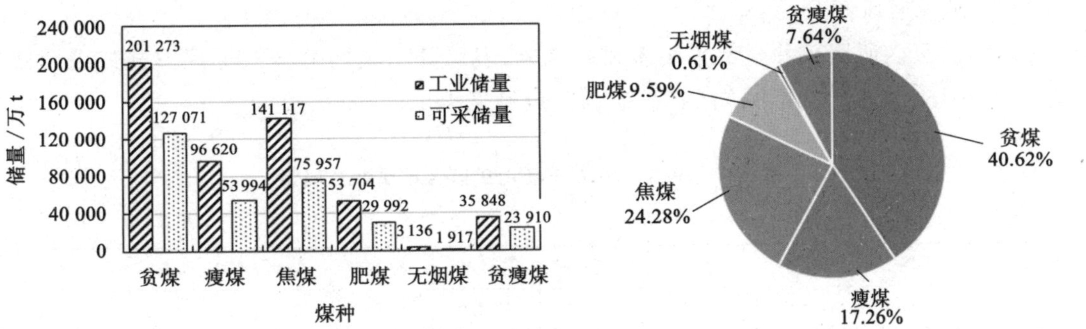

图 1.5 储量分布

西山矿区内各煤层的可采资源储量见图 1.6，由图 1.6 可知，山西组 02#、03#、3#、4# 煤层和太原组 5#～10# 煤层的煤炭资源可采储量分别约为 4.80 亿 t 和 21.69 亿 t，分别占矿区可采储量总量的 15.35％和 69.34％。

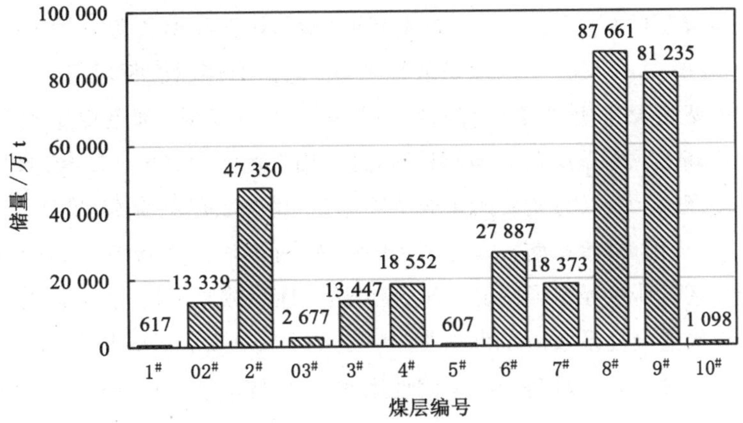

图 1.6 各煤层可采资源储量

目前各矿主采煤层有山西组的 2#、3# 煤层和太原组的 8#、9# 主煤层，开采方式主要为平硐配合暗斜井开拓，采煤和顶板管理方法为走向长壁式大冒顶，工作面走向长度为 800～1 200 m，采掘机械化程度达 85％～95％。2016—2020 年西山矿区各矿实际年产量见表 1.2。

表 1.2 2016—2020 年西山矿区各矿实际年产量

单位：万 t

年份	杜儿坪矿	西铭矿	官地矿	镇城底矿	马兰矿	东曲矿	屯兰矿	西曲矿	合计
2016	365	310	287	132	276	272	305	325	2 272
2017	347	274	251	147	285	310	307	287	2 208
2018	351	305	328	151	302	331	307	280	2 355
2019	325	301	298	153	274	284	289	257	2 181
2020	390	328	340	143	346	351	351	305	2 554

（4）矿井通风概况

西山矿区内所属矿井全部采用多风井进风、多风井回风的分区式通风方式或混合式通风方式，2016—2020 年西山矿区各矿矿井总风量见表 1.3。

表 1.3　2016—2020 年西山矿区各矿矿井总风量

单位：$m^3 \cdot min^{-1}$

年份	杜儿坪矿	西铭矿	官地矿	镇城底矿	马兰矿	东曲矿	屯兰矿	西曲矿	合计
2016	32 650	31 800	31 590	26 786	31 350	47 013	37 019	21 603	259 811
2017	39 401	33 355	42 418	26 252	31 465	51 522	47 329	21 463	293 205
2018	36 741	36 623	41 702	25 728	31 880	50 586	48 094	21 218	292 572
2019	36 808	34 551	41 709	25 276	40 695	45 374	49 872	20 812	295 097
2020	36 619	33 756	32 847	24 898	41 385	38 675	44 974	21 348	274 502

（5）瓦斯灾害情况

西山矿区主要煤层的瓦斯压力、瓦斯含量普遍较高，矿区瓦斯资源总量为 44 218.981 Mm^3，预测可抽采量为 18 279.224 Mm^3。西山矿区是典型的近距离煤层群赋存条件，具体表现为：① 近距离突出煤层瓦斯威胁大：同煤组内的煤层间距普遍在 20 m 以内，邻近煤层瓦斯补给丰富，导致开采层生产活动期间上下邻近层瓦斯涌出显著，且互相干扰问题突出。② 煤的变质程度跨度大，涵盖肥煤、焦煤、瘦煤、贫煤，以高变质的焦煤为主。③ 瓦斯赋存不均衡：受埋深、煤厚、构造等影响，矿区瓦斯赋存不均衡，原始瓦斯含量为 2～24 m^3/t、瓦斯压力为 0.10～3.54 MPa，相邻矿井、同一矿井不同采（盘）区瓦斯赋存差异明显。④ 煤层透气性系数差别较大：主采煤层抽采差异性大，难抽、可抽并存，煤层透气性系数最小为 0.004 9 $m^2/(MPa^2 \cdot d)$，且可抽煤层透气性系数较低，为 0.1～1.0 $m^2/(MPa^2 \cdot d)$。⑤ 煤层松软，坚固性系数较低：煤的坚固性系数 f 值分布范围为0.15～0.58，其中，$2^{\#}$ 煤层坚固性系数 f 值为 0.32～0.58，平均为 0.39；$8^{\#}$ 煤层坚固性系数 f 值为 0.25～0.44，平均为 0.37；因此钻孔成孔较困难，成孔后塌孔现象较普遍。整体而言，西山矿区瓦斯赋存量大，瓦斯灾害严重。2016—2020 年西山矿区各矿井瓦斯涌出情况见表 1.4。

表 1.4　2016—2020 年西山矿区各矿井瓦斯涌出情况

单位：$m^3 \cdot min^{-1}$

年份	杜儿坪矿	西铭矿	官地矿	镇城底矿	马兰矿	东曲矿	屯兰矿	合计
2016	170.29	109.44	92.72	33.87	110.79	109.79	263.87	890.77
2017	170.87	102.95	97.55	32.67	140.91	133.40	277.74	956.09
2018	169.23	105.42	85.31	37.82	132.91	121.66	289.76	942.21
2019	170.17	101.85	93.34	33.56	135.21	127.75	262.37	942.25
2020	168.80	91.12	91.67	18.47	136.5	113.01	265.43	885.04

（6）矿井自燃灾害及防治

西山矿区煤层自燃主要集中在前山各矿，近年来西铭矿、官地矿煤层自燃情况较为严重，且发火煤层绝大多数为 8# 煤层和 9# 煤层。矿区常用的防灭火技术有喷洒阻化剂、黄泥、粉煤灰灌浆法和注氮防灭火法。

（7）煤尘防治

随着矿区内各矿井开采强度不断加大，在无防尘措施的情况下，普通综采产尘浓度为 200～1 000 mg/m^3。煤层综采放顶煤开采比普通综采的产尘浓度还要高。机械化掘进煤巷和半煤巷中煤尘浓度高达 300～600 mg/m^3。据不完全统计，各生产环节产尘量比例大致是：采煤工作面占 45%～80%，掘进工作面占 20%～30%，锚喷作业点占 10%～15%，运输通风巷道占 5%～10%，其他作业点占 2%～5%。西山矿区常用防尘措施有煤层注水防尘、喷雾降尘、通风降尘等。

为提高工作面煤尘防治水平，在现有防尘技术措施条件下，矿区内所有采掘工作面全部采用降尘剂除尘技术，提高了降尘效果，同时推广使用气水两相喷雾、采掘机组高压喷雾、负压二次降尘喷雾等装置，进一步提高了降尘率，大大改善了工作面作业环境。

1.5 突出矿井概况

2012 年，屯兰矿升级为煤与瓦斯突出矿井；2014 年，马兰矿和东曲矿升级为煤与瓦斯突出矿井。突出矿井是西山煤电瓦斯灾害治理的重点矿井，因此本节以这三对突出矿井为例，介绍西山矿区典型矿井情况。

1.5.1 屯兰矿概况

（1）井田基本情况

屯兰矿位于古交市西南，距古交市城区约 6 km。矿井地表属中低山区，切割强烈、沟谷纵横，山地地形占绝对优势。矿井井田南北长约 12 km，东西宽约 11 km，面积约为 62.25 km^2。矿井煤炭资源工业储量为 8.6 亿 t，可采储量为 4.5 亿 t，矿井核定生产能力为 4.00 Mt/a。

（2）地质构造

井田地层走向 30°～60°，倾向南西，倾角为 2°～15°，整体呈一由北、北东向南、南西倾伏的波浪状单斜构造，东北高、西南低，有少量宽缓褶皱，但次一级小型波状褶曲发育。断层较多且成组出现，地质构造复杂程度为简单～中等。

（3）煤层赋存情况

井田内含煤地层主要为石炭系上统太原组（C_3t）和二叠系下统山西组（P_1s），含煤 18 层。二叠系下统山西组含 02#、03#、1#、2#、3#、4# 和 $4^{\#}_{下}$ 煤层 7 个煤层，称为上组煤，其中 02#、03#、2# 和 4# 煤层为可采煤层，本组平均总厚度为 44.90 m，煤层平均总厚度为 7.70 m，含煤系数为 17%。石炭系上统太原组含 6#、7#、8#、$8^{\#}_{下}$、9# 和 10# 煤层 6 个煤层，称为下组煤，其中 6#、7#、8# 和 9# 煤层为可采煤层，本组平均总厚度为 122.43 m，煤层平均总厚度为 8.04 m，含煤系数为 6.57%。各层煤均以焦煤为主，其次为瘦煤和肥煤，贫煤仅出现在 9# 煤层中。矿井批准开采 2#、3#、8# 煤层，目前主采 2#、8# 煤层。屯兰矿各可采煤层特征见表 1.5。

表 1.5　屯兰矿各可采煤层特征表

煤层编号	煤层平均厚度/m	煤层间距/m（最小～最大 / 平均）	可采性指数	厚度变异系数/%	可采区平均厚度/m	可采区厚度变异系数/%	结构（夹矸）	可采性稳定性
02#	1.02	0.65～16.23 / 6.78	0.64	60	1.17	35.7	简单（1～2）	局部可采不稳定
03#	0.58	1.15～14.04 / 7.52	0.31	37	0.80	11.4	简单（1～2）	局部可采极不稳定
2#	2.80	2.37～20.87 / 9.60	1.00	23	2.80	23	较简单（1～3）	全区可采稳定
4#	1.18	13.58～35.52 / 25.18	0.71	66	1.57	31.6	较简单（1～3）	局部可采不稳定
6#	0.85	13.34～38.37 / 24.38	0.48	54	1.19	24.2	较简单（1～2）	局部可采极不稳定
7#	0.77		0.82	16	0.83	10.5	简单（1）	局部可采较稳定
8#	3.21	9.75～28.24 / 18.41	1.00	24	3.21	24	复杂（含1～4层，仅局部不含夹矸）	全区可采稳定
9#	1.48	4.08～36.31 / 14.86	0.97	23	1.45	19	复杂（1～4）	大部可采稳定

(4) 矿井开拓、开采情况

矿井采用两斜一立多水平综合开拓方式，设计划分＋750 m、＋650 m两个水平，现生产水平为＋750 m水平。矿井大巷以＋750 m水平井底车场为中心，向东、南、西、北四面呈放射状布置，轨道大巷为水平岩巷，胶带大巷基本在煤层中布置，回风大巷布置在煤层中，三条大巷平行布置。

全矿划分八个盘区，分别为：北一、北三盘区；南二、南三、南四、南五、南六、南七盘区，各盘区分为上下组煤开采。其中北一上下组煤、南二上下组煤、南三上组煤、南四上组煤已开采完毕，目前正在开采北三上组煤（2#煤层）、南四下组煤（8#煤层）、南五上组煤（2#煤层），南三下组煤盘区正在开发。

采煤工作面采用倾斜长壁后退式一次采全高综合机械化采煤方法，煤巷掘进均采用机掘，岩巷掘进均为炮掘。

(5) 矿井通风情况

矿井形成“六进四回”的分区抽出式通风系统，总进风量为44 778 m^3/min、总回风量为45 171 m^3/min，各回风井主要通风机运行负压合理，有效保证了矿井通风系统稳定、可靠。采煤工作面采用“U”形、“Y”形通风，配风量为1 500～3 200 m^3/min，系统简单可靠；掘进工作面选用2×30 kW、2×55 kW高效节能局部通风机压入式通风，配风量为400～1 000 m^3/min，风量充足、稳定。

（6）矿井瓦斯防治情况

① 煤层瓦斯基本情况

井田北翼煤层靠近瓦斯风化带，瓦斯含量较小，风化带以下，沿倾斜方向，各煤层瓦斯含量由北东向西南随着埋深的增加而增大。此外，东大岭向斜附近煤层较深、受构造应力影响较大，预计是区内瓦斯含量最大的地方。根据构造揭露情况，在断层切割而成的地垒构造形成的圈闭内瓦斯保存相对较好，瓦斯含量大、瓦斯压力大。

2# 煤层埋深 72 m 以上为风氧化带区。煤层埋深为 200～400 m，氮气浓度 0.70%～13.24%，二氧化碳浓度为 0.01%～0.86%，甲烷浓度为 86.68%～97.84%，均处于风氧化带以下。

8# 煤层埋深 85 m 以上为风氧化带区。整个矿井除北一盘区零星部分处于风氧化带外，其余均处于风氧化带以下。井田北翼煤层靠近瓦斯风化带，瓦斯含量较小；风化带以下，沿倾斜方向，各煤层瓦斯含量由北东向西南随着埋深的增加而增大。

屯兰矿部分煤层瓦斯基础参数见表 1.6。

表 1.6　屯兰矿部分煤层瓦斯参数一览表

煤层编号	原始瓦斯压力 /MPa	原始瓦斯含量 /($m^3 \cdot t^{-1}$)	瓦斯放散初速度 /($mL \cdot s^{-1}$)	煤的坚固性系数	煤的破坏类型
2#	2.20	9.01～11.80	15	0.34	Ⅳ
4#	1.85	6.63～8.97	10	0.34	Ⅲ
8#	1.36	5.97～10.53	12	0.27	Ⅲ
9#	0.96	6.23～8.68	13	0.43	Ⅲ

② 瓦斯防治工作

2021 年，矿井绝对瓦斯涌出量为 260.50 m^3/min（不含地面井抽采），相对瓦斯涌出量为 32.88 m^3/t。通过不断探索，目前屯兰矿形成了地面钻井压裂预抽、井下本煤层预抽、上下邻近层卸压增透抽采、采空区埋管抽采及上隅角抽采、地面井采空区抽采等相配套的立体抽采格局。在防突方面，煤巷掘进工作面区域防突主要采取地面钻井、定向长钻孔、穿层钻孔和递进式顺层钻孔等方式，采煤工作面区域防突主要采取本煤层顺层钻孔。

屯兰矿建成了地面永久分源抽采系统，其中矸石山 1# 抽采泵站安装 3 台 2BEC-62 型水环式真空泵，担负井下南翼低负压瓦斯抽采任务；矸石山 2# 抽采泵站安装 4 台 2BEC-80 型水环式真空泵，担负井下北翼、南翼高浓度瓦斯抽采任务；白草塔地面抽采泵站安装 4 台 2BEC-87 型水环式真空泵，担负北三和南五高、低负压抽采任务。另外，井下设置 1 台 ZWY-260/315 型移动泵，担负 18405 采煤工作面低浓度瓦斯抽采任务。井下抽采主管路以 ϕ711 mm、ϕ630 mm 钢管为主，干管以 ϕ610 mm、ϕ560 mm、ϕ450 mm 钢管为主，各抽采支管分别选用 ϕ315 mm、ϕ450 mm 钢管。

1.5.2　马兰矿概况

（1）井田基本情况

马兰矿位于太原市城区西南约 69 km，古交市西南约 16 km 处，行政区划隶属于古交市。有铁路专用线与太岚线相接，区内公路和太古公路相通。井田南北长 17.6 km，东西宽 5～11

km，面积为 104.422 8 km^2。矿井现煤炭资源工业储量为 10.71 亿 t，可采储量为 5.96 亿 t，矿井核定生产能力为 3.60 Mt/a。

（2）地质构造

井田主要构造形态总体分为南北两部分。北部受马兰向斜控制，地层走向近南北，向南走向转为南东，地层产状也随之发生变化。西南部因受狐偃山火成岩穹窿构造的影响，地层走向转为南东东，主要受北社—常安向斜所控制。井田内断层较发育，但大断层较少，同时发育有褶曲、陷落柱等。

（3）煤层赋存情况

井田内含煤地层总厚 149.34 m，煤层总厚 14.09 m，含煤系数为 9.43%。共赋存 10 层可采煤层，其中二叠系下统山西组含 02#、03#、2#、3#、4# 煤层，称为上组煤；石炭系上统太原组含 6#、7#、8#、9#、10# 煤层，称为下组煤。井田内煤种齐全、优良，以肥煤、焦煤为主，贫煤、瘦煤次之。全区稳定可采的煤层有 02#、2#、8#、9# 煤层，大部可采的煤层有 4#、6# 煤层，03#、3#、7#、10# 煤层可采区煤厚均小于 1.3 m，目前主要开采 02#、2#、8# 煤层。马兰矿部分可采煤层特征见表 1.7。

表 1.7　马兰矿部分可采煤层特征表

煤层编号	煤层平均厚度/m	煤层间距/m（最小～最大 / 平均）	可采性指数	厚度变异系数/%	可采区平均厚度/m	可采区厚度变异系数/%	结构（夹矸）	可采性稳定性
02#	1.43	0～9.82 / 5.64	0.92	36	1.42	31.27	较简单（0～2）	大部可采稳定
03#	0.64	1.31～10.61 / 4.53	0.46	44	0.67	20	简单（0～1）	局部可采不稳定
2#	2.34	0.90～1.57 / 1.08	0.95	37	2.26	31.97	较简单（0～2）	大部可采稳定
3#	0.50	1.50～14.4 / 5.17	0.18	49	0.46	39.45	较简单（0～2）	局部可采不稳定
4#	1.04	10.68～44.85 / 30.32	0.73	67	1.07	35.7	较简单（0～2）	大部可采较稳定
6#	1.24	2.41～32.57 / 14.97	0.74	52	1.12	57	复杂（0～3）	大部可采较稳定
7#	0.60	10.93～37.54 / 16.06	0.32	64	0.51	81.2	较简单（0～2）	局部可采不稳定
8#	3.92	3.65～23.17 / 9.61	1.00	20.7	3.67	23.6	复杂（0～4）	全区可采稳定
9#	1.63		0.93	34	1.48	35.0	复杂（0～3）	大部可采稳定

（4）矿井开拓、开采情况

矿井采用斜井—立井联合开拓方式。井田沿倾斜方向划分为＋910 m、＋550 m 两个水平，各水平主要开采 02#、2#、8#、9# 煤层，现生产水平为＋910 m 水平。＋910 m 水平以井底车场为中心分南、北两翼联合布置运输大巷，运输大巷大部分为穿层岩巷，布置在 2# 煤层底板至 8# 煤层顶板之间。+910 m 水平南大巷服务于矿井南翼各采区；+910 m 水平北大巷服务于北翼各采区；+910 m 水平东大巷服务于南五采区；+910 m 水平东二大巷服务于南六、南七采区。

采区布置及开采顺序原则上为由近及远前进式开采，煤层群先采上层后采下层。目前，+910 m 水平共剩余 9 个采区：南六、南七、北三下组煤、南五下组煤、南八上组煤、西翼下组煤、南八下组煤、南九上组煤、南九下组煤。马兰矿现有南六采区、南七采区、南五下组煤采区 3 个生产采区，南八采区、西翼下组煤采区 2 个准备采区。

02#、2# 煤层间距为 3～7 m，采用联合布置、分层开采，运输系统分开；8# 煤层与 2# 煤层间距大，采用单系统开采。

矿井采煤方法为走向长壁后退式综合机械化一次采全高法，采空区管理方法为全部垮落法；煤巷掘进采用综合机械化掘进机施工工艺；岩巷开拓采用光面爆破技术施工工艺。

(5) 矿井通风情况

矿井形成“七进五回”的分区式通风系统，总进风量为 43 559 m^3/min、总回风量为 43 890 m^3/min。采煤工作面采用“U”形通风，配风量为 1 200～2 000 m^3/min，系统简单可靠；掘进工作面主要选择 2×30 kW 或 2×55 kW 高效节能局部通风机压入式通风，配风量为 300～1 000 m^3/min，风量充足、稳定。

(6) 矿井瓦斯防治情况

① 煤层瓦斯基本情况

矿井瓦斯含量大体趋势由东北向西南方向，含量逐渐增加。瓦斯含量与煤层埋深的相关性最大，02#、2#、8# 煤层瓦斯含量与煤层埋深回归方程分别为：$y=0.022\,9x-3.932$、$y=0.014\,4x-0.513$、$y=0.024\,9x-2.294\,1$。马兰矿各主采煤层瓦斯基础参数见表 1.8。

表 1.8 马兰矿各主采煤层瓦斯参数一览表

煤层编号	原始瓦斯压力 /MPa	原始瓦斯含量 /($m^3 \cdot t^{-1}$)	瓦斯放散初速度 /($mL \cdot s^{-1}$)	煤的坚固性系数	煤的破坏类型
02#	1.70	5.17	10	0.17	Ⅲ
2#	1.03	3.15	15	0.23	Ⅲ～Ⅳ
8#	1.82	4.85	12	0.26	Ⅲ

注：经鉴定，02#、2#、8# 煤层具有突出危险性。

② 瓦斯防治工作

2021 年，矿井绝对瓦斯涌出量为 148.85 m^3/min(不含地面井抽采)，相对瓦斯涌出量为 20.03 m^3/t。目前马兰矿形成了邻近层卸压增透抽采与本煤层抽采、巷道抽采、钻孔抽采、地面钻井抽采等多种抽采方式相配套的立体抽采格局。在防突方面，煤巷掘进工作面区域主要采取地面钻井、定向长钻孔、穿层钻孔和递进式顺层钻孔等方式。采煤工作面区域主要采取本煤层顺层钻孔。

马兰矿建成了南一和南九地面永久分源抽采系统，其中南一高负压抽采系统安装 2 台 2BEC-72 型水环式真空泵，工况流量为 510 m^3/min；南一低负压抽采系统安装 2 台 2BEC-100 型水环式真空泵，工况流量为 1 000 m^3/min；南九高、低负压抽采系统各安装 2 台 2BEC-100 型水环式真空泵，工况流量为 990 m^3/min；井下抽采主管路以 ϕ914 mm、ϕ813 mm 钢管为主，干管以 ϕ610 mm、ϕ630 mm、ϕ711 mm 钢管为主，各抽采支管分别选用 ϕ325 mm、ϕ426 mm 钢管。

1.5.3 东曲矿概况

(1) 井田基本情况

东曲矿位于吕梁山脉东侧，山西省古交市汾河南岸，距太原市 28 km，行政区划属古交市。东曲井田南北长约 11 km，东西宽约 7 km，井田面积为 53.325 km^2；设计生产能力为 4.0 Mt/a，核定生产能力为 3.6 Mt/a，现有工业储量 7.13 亿 t，可采储量 4.58 亿 t。主要可采煤层为 2#、4#、8# 和 9# 煤层，煤质以贫煤、瘦煤为主，少量为焦煤。

(2) 地质构造

矿井位于马兰向斜东翼，受新华夏系泰山式断裂的控制。地层走向北西，倾向南西，倾角为 3°～8°，基本上为一伴有宽缓波状、穹窿状褶皱的单斜构造。断层横穿本区中部，组成地堑，其间小断层密布，形如树枝。此外，沟谷两侧常见滑坡等现象。

(3) 煤层赋存情况

井田内可采煤层共 11 层，自上而下为 02#、1#、2#、$4^{\#}_{上}$、4#、$4^{\#}_{下}$、6#、7#、$8^{\#}_{上}$、8#、9# 煤层。其中 02#、1#、2#、$4^{\#}_{上}$、4#、$4^{\#}_{下}$属山西组，称上组煤；其他各层属太原组，称下组煤。2#、7#、8#、9# 煤层为全区可采或大部可采，属稳定型；4# 煤层大部可采，属较不稳定型；02# 煤层局部可采，属不稳定型；其他各煤层极不稳定。矿井主要开采 2#、4#、8#、9# 煤层，其中 2#、4# 煤层以瘦煤为主、焦煤次之，8#、9# 煤层以贫煤为主、瘦煤次之。东曲矿各煤层赋存情况见表 1.9。

表 1.9 东曲矿可采煤层特征表

煤层编号	煤层平均厚度/m	煤层间距/m (最小～最大/平均)	可采性指数	厚度变异系数/%	可采区平均厚度/m	可采区厚度变异系数/%	结构(夹矸)	可采性稳定性
02#	0.52	8.5～25.4/14.40	0.43	0.39	0.88	0.39	简单(0～2)	局部可采 不稳定
1#	0.56		0.37	0.32	0.91	0.32	简单(0)	局部可采 极不稳定
2#	1.55	2.15～10.46/4.04	1.00	0.23	1.55	0.23	复杂(1～2)	全区可采 稳定
$4^{\#}_{上}$	0.47		0.35	0.49	0.70	0.49	简单(0)	局部可采 极不稳定
4#	1.68	2.79～32.8/10.59	0.91	0.40	1.68	0.40	复杂(1～3)	大部可采 较不稳定
$4^{\#}_{下}$	0.47	6.80～33.6/25.00	0.63	0.52	0.74	0.52	简单(0～1)	局部可采 极不稳定
6#	0.45	13.92～35.12/24.92	0.17	0.17	1.38	0.83	简单(0～1)	局部可采 极不稳定
7#	0.84	15.11～33.62/21.00	0.92	0.92	0.84	0.18	简单(0～1)	大部可采 稳定
8#	3.8	2.71～17.46/5.00	1.00	1.00	3.87	0.18	复杂(0～4)	全区可采 稳定
9#	2.99		1.00	1.00	2.99	0.21	复杂(0～3)	全区可采 稳定

(4) 矿井开拓、开采情况

矿井采用平硐＋斜井开拓方式，全井田划分为＋973 m、＋860 m、＋750 m 三个水平。现生产水平为＋973 m 水平和＋860 m 水平，主要生产采区有＋973 m 水平三采区 8# 煤层、五采区 2# 煤层；＋860 m 水平服务采区包括二采区 8# 煤层、八采区 8# 煤层。

开采方式为自上而下逐层逐面顺序开采。采区划分以主要断层为采区边界，条带式布置工作面。采煤方法为倾斜长壁后退式一次采全高综合机械化采煤；采空区管理方法为全部垮落；煤巷掘进采用综合机械化掘进机施工工艺；岩巷开拓采用光面爆破技术施工工艺。

(5) 矿井通风情况

矿井形成了“八进四回”的分区式通风系统，总进风量为 38 716 m^3/min、总回风量为 39 543 m^3/min。采煤工作面采用“U”形通风，配风量为 1 400～3 000 m^3/min，系统简单可靠；掘进工作面根据用风需求选择 2×30 kW 或 2×55 kW 系列高效节能局部通风机压入式通风，配风量为 300～1 000 m^3/min，风量充足、稳定。

(6) 矿井瓦斯参数及治理现状

① 矿井煤层瓦斯情况

矿井瓦斯分布呈西高东低、下水平远大于上水平的总体趋势，各采区差别明显，如＋860 m 水平二采区、八采区采面绝对瓦斯涌出量为 35～45 m^3/min；＋973 m 水平三采区西翼、五采区采煤工作面绝对瓦斯涌出量为 15～20 m^3/min；＋973 m 水平三采区东翼采煤工作面绝对瓦斯涌出量在 5 m^3/min 及以下。东曲矿各主采煤层瓦斯基础参数见表 1.10。

表 1.10 东曲矿各主采煤层瓦斯基础参数表

煤层编号	原始瓦斯压力/MPa	原始瓦斯含量/($m^3 \cdot t^{-1}$)	瓦斯放散初速度/($mL \cdot s^{-1}$)	煤的坚固性系数	煤的破坏类型
2#	0.86	3.79～5.75	12	0.46	Ⅲ
4#	0.75	3.11～4.72	16	0.33	Ⅲ
8#	1.12	4.16～10.63	15	0.34	Ⅲ
9#	1.05	4.50～8.92	18	0.21	Ⅳ

东曲矿于 2014 年升级为煤与瓦斯突出矿井。根据资质单位鉴定及区域预测结论，2#、4#、8# 和 9# 煤层均为突出煤层，开拓前区域预测突出危险区对应为煤层底板等高线＋386 m、＋387 m、＋365 m 和＋403 m 及以深区域。

② 瓦斯防治工作

2020 年，矿井绝对瓦斯涌出量为 113.01 m^3/min(不含地面井抽采)，相对瓦斯涌出量为 16.39 m^3/t。目前东曲矿形成了邻近层卸压增透抽采与本煤层抽采、巷道抽采、钻孔抽采、地面钻井抽采等多种抽采方式相配套的立体抽采格局。在防突方面，煤巷掘进工作面区域主要采取地面钻井、定向长钻孔、穿层钻孔和递进式顺层钻孔等方式，采煤工作面区域主要采取本煤层顺层钻孔。

矿井在小沙岩风井广场建有地面瓦斯抽采泵站，泵站内建有高、低负压 2 套抽采系统，其中高负压抽采系统安装 3 台 2BEC-72 型水环式真空泵，电机功率为 560 kW，工况流量为

448 m^3/min，转速为 270 r/min。目前一用两备。抽采浓度为 31.6%，负压为 30.5 kPa，抽采流量为 49.07 m^3/min。地面主管采用 ϕ720 mm×10 mm 螺旋焊接钢管，矿井主要回风大巷主管采用 ϕ711 mm×5 mm 不锈钢焊接钢管，采区回风巷干管采用 ϕ630 mm×4 mm 和 ϕ530 mm×4 mm 不锈钢管，工作面支管采用 ϕ325 mm×2.5 mm 不锈钢管。系统服务于矿井 2#、4#、8#、9# 煤层本煤层、邻近层的瓦斯抽采。

低负压抽采系统安装 2 台 2BEC-100 型水环式真空泵，电机功率为 1 120 kW，工况流量为 1 000 m^3/min，转速为 190 r/min。目前一用一备。抽采浓度为 2.0%，负压为 26.3 kPa，抽采量为 7.78 m^3/min。地面主管采用 ϕ920 mm×20 mm 螺旋焊接钢管；管道井主管采用 ϕ920 mm×20 mm 螺旋焊接钢管，矿井回风巷主管采用 ϕ813 mm×5 mm 不锈钢焊接钢管；采区回风巷干管采用 ϕ630 mm×4 mm 不锈钢管；工作面采用 ϕ426 mm×3 mm 不锈钢管。系统服务于矿井 2#、4#、8#、9# 煤层工作面上隅角瓦斯抽采和采空区瓦斯抽采。

矿井在羊圈港进风井、回风井附近新建一座地面瓦斯抽采泵站，泵站内建有高、低负压 2 套抽采系统，分别安装 2 台 2BEF-90 型水环式真空泵，电机功率为 1 000 kW，工况流量为 850 m^3/min，转速为 230 r/min。目前羊圈港地面高负压、低负压瓦斯抽采泵站均在试运行。

2 西山矿区煤层瓦斯赋存规律

西山矿区近距离煤层群赋存条件下煤炭资源开发面临严峻的瓦斯问题，表现为煤层埋深变化大、煤种变质程度跨度大、各煤层瓦斯含量高、瓦斯放散初速度快，复杂的瓦斯赋存特征制约了对矿井瓦斯危险程度准确预测。煤层瓦斯赋存与煤的孔隙结构和周围环境条件密切相关，研究煤层瓦斯赋存特征和吸附解吸规律，可为煤层安全开采和瓦斯有效治理提供科学依据，具有重要的理论研究意义和实用价值。

2.1 煤岩体沉积特性的结构参数

2.1.1 煤样的煤岩学分析

2.1.1.1 煤的显微组分及镜质组反射率

煤的显微组分是指煤在普通显微镜下可以分辨的基本组成单元。以煤在显微镜下的光性特征作为鉴定特征，将可被识别的最小有机组分单元称为有机显微组分；将能够被观察到的矿物称为无机显微组分。无机显微组分包含的矿物类别和成分较多，常见的主要有黏土类、碳酸盐类和硫化物等。镜质组反射率是指煤中的镜质组在绿光中反射光强相比于入射光强的百分数[5-7]。我国引用国际煤岩学委员会的划分规则，根据煤的成因和显微镜下光性特征的不同，将有机显微组分划分为镜质组、惰质组及壳质组[8-9]。镜质组是煤的主要成分，通常颗粒较大、表面均匀，其反射率随煤变质程度的增高变化速度快，易于测定[10-11]。因此，镜质组反射率通常作为判定煤体变质程度高低的理想指标，反射率越高，煤的变质程度也越高。

以屯兰矿为例，从 2[#]、4[#]、8[#]、9[#] 煤层采集煤样，在反射偏光显微镜下用白光测定煤的显微组分和矿物的体积百分数，在显微镜油浸物镜下对煤样抛光面上镜质组反射率 R_o 进行了测定，测定的结果如表 2.1 所示。由表可以看出，各煤层煤样测得的镜质组反射率为 1.42%～2.13%，煤的变质程度差别不大，其中 4[#]、8[#] 煤层煤样为中等变质程度的焦煤，9[#] 煤层煤样为高变质程度的瘦煤，2[#] 煤层煤样的 R_o 最大，达到了 2.13%，属于高变质程度的贫煤。

表 2.1 屯兰矿煤样的显微组分、镜质组反射率测定结果

煤层编号	有机组分/%			无机组分/%			镜质组反射率 R_o/%
	镜质组	惰质组	壳质组	黏土类	硫化物	碳酸盐	
2[#]	92.05	1.50	未见	5.80	0.65	未见	2.13
4[#]	93.50	1.45	未见	4.65	0.40	未见	1.44
8[#]	87.40	1.65	未见	3.35	7.60	未见	1.42
9[#]	88.65	2.30	未见	7.60	1.45	未见	1.85

从显微组分测定的结果来看，镜质组所占的比例最大，可达 87.40%～93.50%。山西组的 2#、4# 煤层镜质组含量可达 90%以上，高于太原组的 8#、9# 煤层。各煤样惰质组含量较少，均在 3%以下，下组煤的惰质组含量略高于上组煤。此外，在样品中均未观测到壳质组的存在，这是由于煤样的煤级较高，镜质组反射率 R_o 均在 1.4%以上。研究发现，当 R_o> 1.3%时，煤的显微照片就会出现壳质组消失现象。无机组分主要以团块状的黏土类和细粒状的硫化物为主，未见碳酸盐类。

2.1.1.2　煤裂隙和孔隙的扫描电镜分析

将从屯兰矿采集的煤岩块状样品制成 1～2 cm^3 大小的近似立方体的小块，选择相对平整的自然断面作为观测面，采用 HITACHI S-3000 N 型扫描电子显微镜对煤样进行了微米级的裂隙和孔隙观测。煤体在应力的作用下产生脆性变形和塑性变形，从而形成不同性质的显微结构[12]。其中，脆性变形主要表现为脆性裂隙和角砾结构，塑性变形主要表现为透镜状结构、鳞片状结构和摩擦镜面。按形态和成因，孔隙主要可划分为变质气孔、组织残留孔、颗粒间孔和矿物溶蚀孔。

(1) 脆性裂隙

脆性裂隙主要包括张性裂隙、压性裂隙和剪性裂隙。张性裂隙的宽度一般在几至几十微米，属于大孔级(1～100 μm)，裂隙面粗糙不平，多呈波浪状、锯齿状延展，如图 2.1(a)所示。压性裂隙在形态上较为平直，闭合严密，延伸尺度较长，多成组排列，如图 2.1(b)所示。

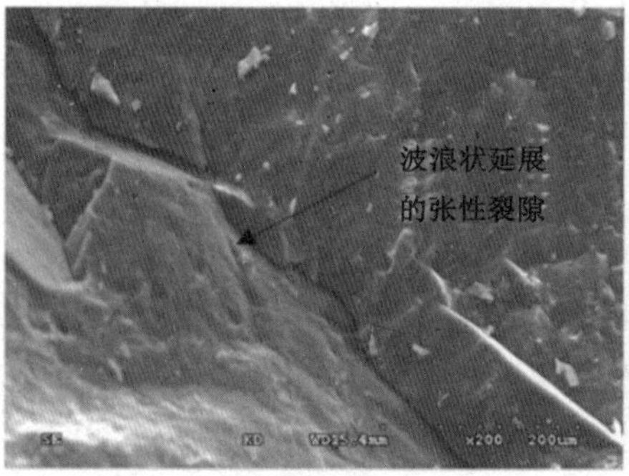

(a) 2# 煤层煤样(×200倍)

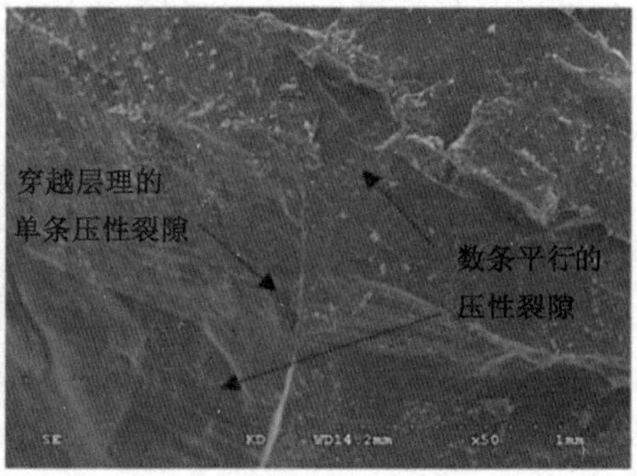

(b) 9# 煤层煤样(×100倍)

图 2.1　电镜扫描下的张性裂隙、压性裂隙

剪性裂隙的特点是派生裂隙发育，为两组或多组共轭裂隙，常构成 X 形、三角形、菱形的网格。图 2.2(a)展示了一组呈 X 形产状的斜交剪性裂隙，裂隙相互切割，将煤体破裂成棱角分明的菱形块状结构。图 2.2(b)显示了一组剪性裂隙对煤体的切割作用，伴生有次生裂隙，且被碎屑充填。

(2) 角砾结构

角砾结构是指煤体受应力影响破碎而形成的碎粒，属煤体脆性碎裂的产物。煤体受应力作用发生破裂，形成棱角清晰的较大碎粒；之后大的碎粒破碎成更小的碎粒，碎粒的形态大小不一、棱角逐渐被磨平；最后在应力作用下形成平均直径较小、大小分布均匀、较为圆滑的碎粒。

图 2.3(a)展现了一个大小在 50 μm 左右的较大角砾结构，角砾的棱角较为明晰，端部

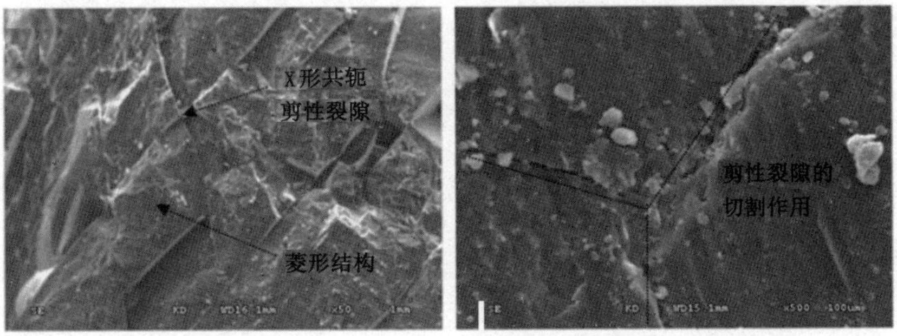

(a) 9#煤层煤样(×50倍)　　(b) 8#煤层煤样(×500倍)

图 2.2　电镜扫描下的剪性裂隙

破断成半角形态,在端面可见贝壳状断口。图 2.3(b)反映了在煤体碎裂过程中形成的大小不一的碎粒,这些碎粒是在同一应力状态下的不同阶段生成的,碎粒的尺度越小说明其受应力破坏作用的时间越长。从图 2.3 可以看出,较大碎粒的棱角依然清晰,但部分较小碎粒已被磨圆。

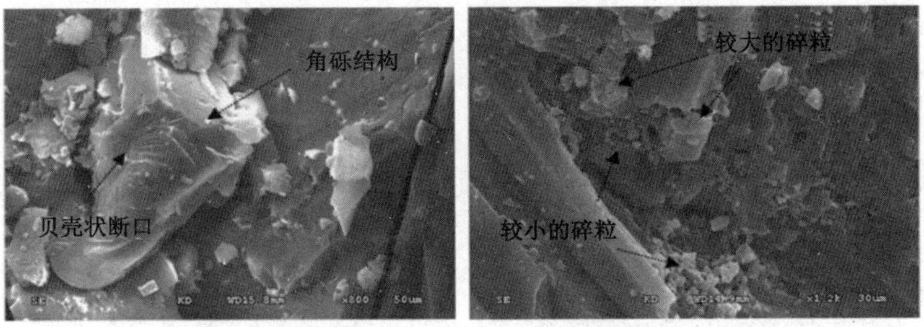

(a) 4#煤层煤样(×800倍)　　(b) 8#煤层煤样(×1 200倍)

图 2.3　电镜扫描下的角砾结构

(3) 摩擦镜面

摩擦镜面是一种剪切应力作用下煤体的塑性变形形式,通常在表面上发育有擦痕、陡坎和张性裂隙。通过分析擦痕、陡坎和张性裂隙的产状,可判断出作用于摩擦镜面上的剪切应力的方向和作用方式。

如图 2.4(a)所示,摩擦镜面的表面呈凹凸不平的起伏状,这是由于煤体是非均质结构,煤体各部分的硬度也不相同,在剪切应力的作用下,坚硬程度较大的部位受磨损较轻,形成凸面,坚硬程度较小的部位受磨损较大,形成凹面。图 2.4(b)展示了摩擦镜面表面发育的一个陡坎。摩擦镜面两侧的相对运动造成了张性裂隙的发育,张性裂隙破断后形成陡坎,陡坎的左侧棱角受磨损逐渐模糊。

(4) 鳞片状结构

鳞片状结构是煤体上发育的细小微片结构,如鳞片状附着于煤体表面,是塑性变形的一种形式。鳞片状结构多由剪切应力作用下被磨掉棱角的颗粒形成,常伴随着摩擦镜面和张性裂隙,鳞片的脊状纹可反映剪切应力的方向。

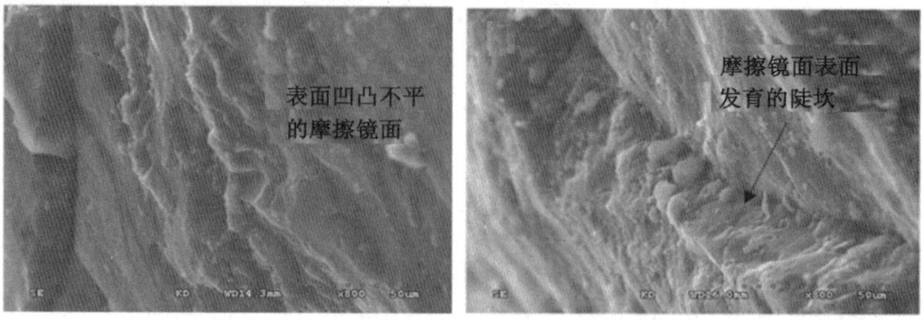

(a) $4^{\#}$煤层煤样（×800 倍）　　(b) $4^{\#}$煤层煤样（×800 倍）

图 2.4　电镜扫描下的摩擦镜面

图 2.5(a)展示了鳞片状结构，在其下方发育了一组张性裂隙。在剪切应力的作用下，煤层形成了摩擦镜面，镜面表面的突起颗粒被磨去棱角从而形成鳞片状结构。鳞片状结构的脊状纹指向的方向与张性裂隙发育的方向呈近 60°斜交，共同反映了上行剪切应力的作用。图 2.5(b)展示了摩擦镜面上发育的张性裂隙和鳞片状结构，从擦痕和鳞片状结构的指向来看，剪切应力方向与张性裂隙斜交。

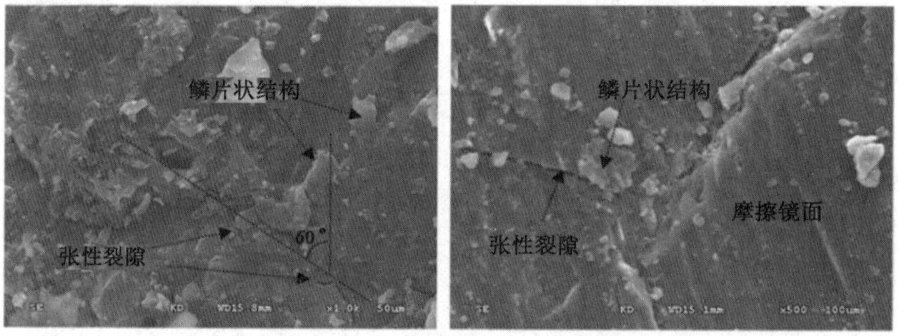

(a) $4^{\#}$煤层煤样（×1 000 倍）　　(b) $8^{\#}$煤层煤样（×500 倍）

图 2.5　电镜扫描下的鳞片状结构

(5) 孔隙

煤是一种多孔介质，煤孔隙是指煤中存在的可被流体充填的孔洞和空隙，是煤显微观察中常见的结构[13]。图 2.6(a)显示了两类孔隙，中部为宽度较大摩擦孔，其内部被部分碎屑充填，在图片左侧及上方出现的“黑点”则为煤体受热变质产生的热变质气孔。热解气孔的出现是煤层受燕山期岩浆岩活动的热变质作用而产生“叠加生气”的重要证据。图 2.6(b)显示了由构造应力产生的碎粒孔的分布情况。

2.1.2　煤样的孔隙结构特征

煤的孔隙结构特征直接影响其对瓦斯的吸附特性和渗透率的大小。由于煤孔隙的成因多样、结构复杂，很难对其进行精确的定量描述。国内外许多学者从不同角度对孔隙大小进行了划分，主要类别如表 2.2 所示。

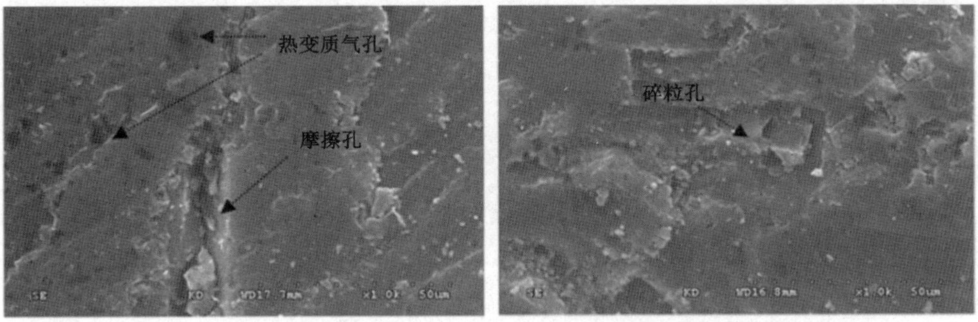

(a) 9#煤层煤样(×1 000倍)　　(b) 9#煤层煤样(×1 000倍)

图 2.6　电镜扫描下的孔隙结构

表 2.2　国内外煤孔隙大小的分类方法

分类方案	微孔/nm	小孔/nm	中孔/nm	大孔/nm
B.B.ХОДОТ(1961)	<10	10～100	100～1 000	>1 000
M.M.Dubinin(1966)	<2	2～20	—	>20
H.Can(1972)	<1.2	1.2～30	—	>30
IUPAC(1978)	<2	2～50 12～30	—	>50
朱之培(1982)	<12		—	>30
煤炭科学研究总院抚顺研究院(1985)	<8	8～100	—	>100
吴俊(1991)	<10	10～100	100～1 000	1 000～15 000
杨思敬(1991)	<10	10～50	50～750	>750
秦勇(2020)	<15	10～50	50～450	>450

孔隙结构的分布特征主要是通过对煤体内各孔径范围的孔容和比表面积的测定来描述的。目前,测定孔容和比表面积的方法主要包括压汞法[14-15]、液氮吸附法[16]和 CO_2 吸附法[17-18]等,各方法对孔径测试的范围也不相同。本节选择压汞法和 CO_2 吸附法来测定煤的孔径分布。

2.1.2.1　压汞法

压汞法使用的仪器为 AutoPore IV8500 系列压汞仪,该仪器的压力范围为 0～450 MPa,测量孔径范围在 3～10 000 nm。压汞实验可分为进汞和退汞两个阶段,对应形成进汞曲线和退汞曲线。受孔隙开放性特征的影响,退汞曲线通常滞后于进汞曲线,从而形成“滞后环”,根据“滞后环”的形态特征可简单判断煤体中孔隙的形态。对于煤体来说,汞为非润湿相,汞液渗透到煤体孔隙内必须克服孔隙喉道产生的毛细管阻力。毛细管阻力与孔隙的半径呈负相关,由此可根据汞液在不同压力下的进汞量计算出相应的毛细管压力,不同压力下汞液所进入孔隙的喉道大小即孔径的大小。

图 2.7 为屯兰矿各煤层煤样通过压汞法测试的累计进汞、退汞曲线。从图中可以看出,各煤样的进汞曲线位置略低于退汞曲线,累计退汞量仅略大于相同压力下累计进汞量,滞后特征不明显。这说明煤体内的孔隙形态主要以半开放孔为主,半开放孔的形态特征致使进汞和退汞过程中压力基本相等,进汞量和退汞量的变化差异不大。

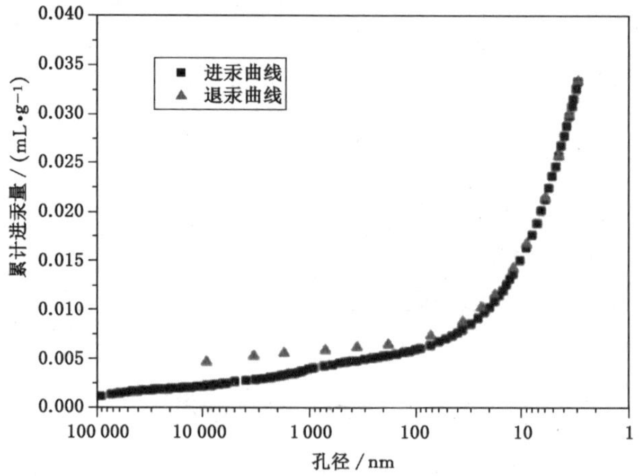

(a) 2# 煤层煤样

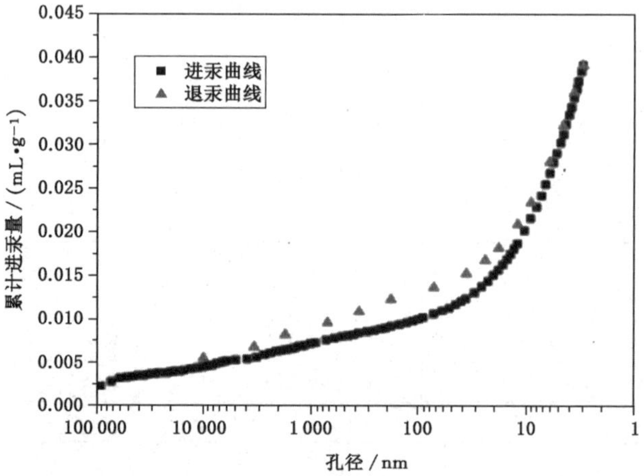

(b) 8# 煤层煤样

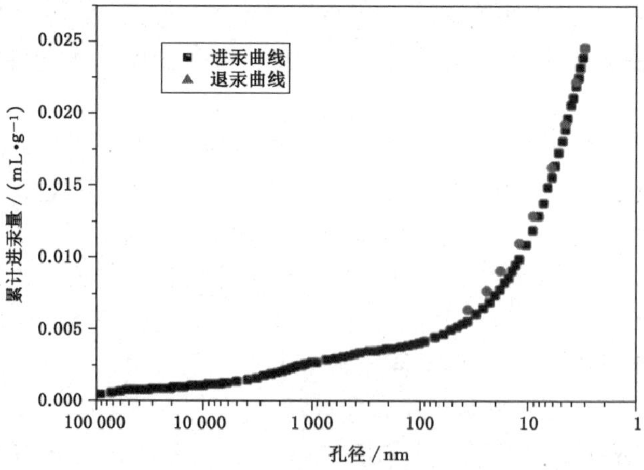

(c) 4# 煤层煤样

图 2.7　屯兰矿不同煤样的累计进汞、退汞曲线

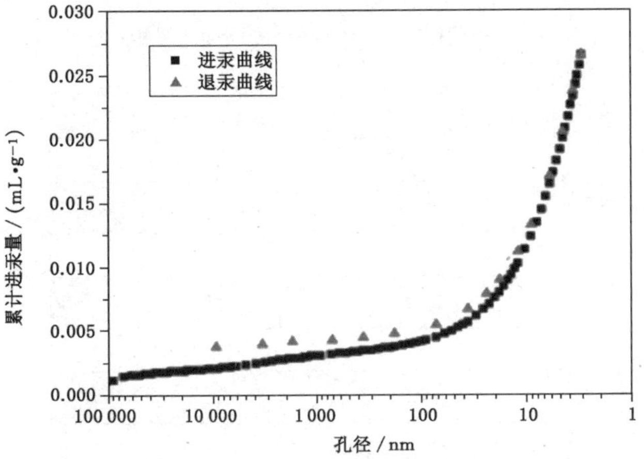

(d) 9#煤层煤样

图 2.7　(续)

由图 2.7 可计算出各煤层煤样不同孔径下的孔容,如表 2.3 所示。从表 2.3 可以看出,各煤层煤样的总孔容(总进汞量)为 0.024 6～0.039 2 mL/g,平均为 0.030 95 mL/g,从大到小的顺序依次为 8# 煤层、2# 煤层、9# 煤层、4# 煤层。2# 煤层和 8# 煤层的孔容较为接近,在 0.03 mL/g 以上;4# 煤层和 9# 煤层较为接近,在 0.03 mL/g 以下。将不同孔径下的孔容对比,得到其相对百分比,如图 2.8 所示。各煤样以小于 10 nm 以下的微孔发育为主,在总孔容中的贡献值基本在 54%以上,仅 8# 煤层略低;其次发育的为小孔,在总孔容中的贡献值为 26.0%～27.6%;再次为大孔,在总孔容中的贡献值为 11.0%～18.4%;中孔最不发育,在总孔容中的贡献值在 8%以下。比较各煤层的孔径分布情况可以看出,屯兰矿各煤层的孔径分布基本一致,结构差异性较小。

表 2.3　煤样分类孔径下的孔容分布

煤样	进汞量/(mL·g⁻¹)				总进汞量/(mL·g⁻¹)
	微孔(3～10 nm)	小孔(10～100 nm)	中孔(100～1 000 nm)	大孔(>1 000 nm)	
2# 煤层	0.018 3	0.009 1	0.002 0	0.004 0	0.033 4
4# 煤层	0.013 7	0.006 8	0.001 4	0.002 7	0.024 6
8# 煤层	0.019 0	0.010 2	0.002 8	0.007 2	0.039 2
9# 煤层	0.015 2	0.007 2	0.001 1	0.003 1	0.026 6

根据煤样在进汞、退汞阶段所测的不同孔径对应累计比表面积分布曲线,得到各孔径下孔隙的比表面积分布,如表 2.4 所示。

对数据分析可知,各煤样比表面积从大到小顺序依次为 8# 煤层、2# 煤层、9# 煤层、4# 煤层,这和孔容分布的排序呈现相同的规律。总比表面积为 12.637～17.729 m^2/g,平均为 15.359 m^2/g,总比表面积主要由微孔和小孔贡献,占总比表面积的 99.7%以上,其中又以微孔最高,占比可达 88%以上。

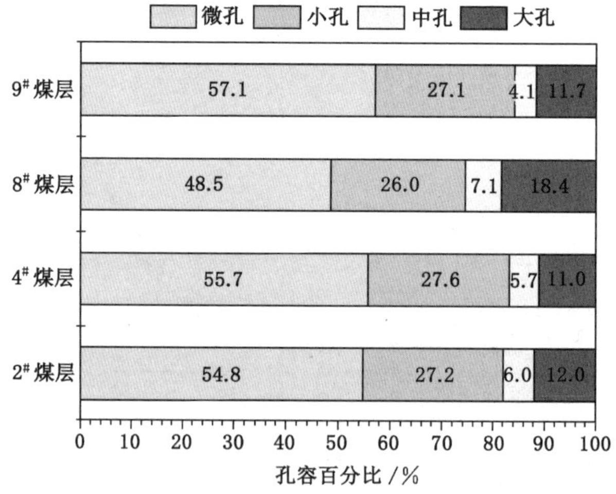

图 2.8 屯兰矿各煤层煤样的孔容分布

表 2.4 屯兰矿煤样不同孔径下孔隙的比表面积分布

煤样	比表面积/($m^2 \cdot g^{-1}$)				总比表面积/($m^2 \cdot g^{-1}$)
	微孔（3～10 nm）	小孔（10～100 nm）	中孔（100～1 000 nm）	大孔（>1 000 nm）	
2# 煤层	15.079	1.883	0.032	0.003	16.997
4# 煤层	11.207	1.404	0.023	0.003	12.637
8# 煤层	15.620	2.059	0.045	0.005	17.729
9# 煤层	12.551	1.498	0.020	0.002	14.071

结合微孔孔容分布和比表面积分布特征可以发现，屯兰矿各煤层煤样孔隙结构以微孔为主，微孔的大量发育使得煤体在相同体积情况下，比表面积大大增加，为瓦斯吸附提供了充足空间，煤体吸附瓦斯量较高。

2.1.2.2 CO_2 吸附法

CO_2 吸附法主要用于测定微孔，尤其是小于 2 nm 的微孔，使用的仪器为 AUTOSORB-1 气体吸附分析仪。屯兰矿各煤样在等温条件下对 CO_2 的吸附曲线如图 2.9(a)所示，同时利用 D-A 分析法得到了微孔分布情况，如图 2.9(b)所示。测试过程中，利用D-R模型计算出煤的比表面积及微孔孔容，如表 2.5 所示。

在孔径较小的微孔中，各煤层煤样的比表面积和孔容发育程度呈现相同的趋势，8# 煤层、9# 煤层最为发育，2# 煤层次之，4# 煤层最小。孔容和比表面积最大的 8# 煤层比最小的 4# 煤层高出接近 3 倍，这与之前利用压汞法测得的结果略有不同，说明不同煤样的不同孔径孔隙的发育并不具有绝对的一致性。从微孔的分布情况来看，各煤层微孔的孔径基本集中在 1.0～1.5 nm 发育，呈现出较好的一致性。

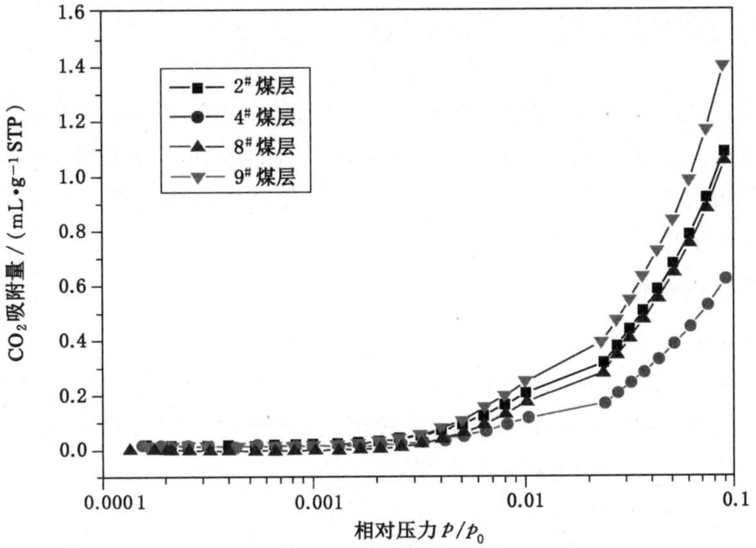

(a) CO_2 的等温吸附曲线

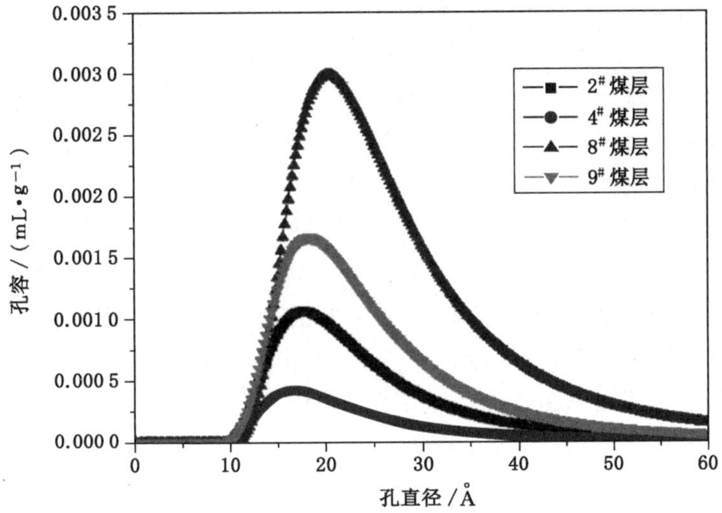

(b) D-A 分析法微孔分布情况

图 2.9　屯兰矿不同煤样孔隙的 CO_2 吸附量和孔容

表 2.5　屯兰矿各煤层煤样的微孔参数测定结果

煤样	微孔孔容/(mL·g^{-1})	比表面积/(m^2·g^{-1})	微孔平均孔径/nm
2# 煤层	0.001 415 0	4.058	1.093 0
4# 煤层	0.000 672 6	1.929	0.996 5
8# 煤层	0.001 927 0	5.527	1.452 0
9# 煤层	0.001 892 0	5.426	1.153 0

2.2 煤层瓦斯吸附特性及基础参数

瓦斯吸附/解吸能力对煤与瓦斯突出的发生和发展有直接影响，研究煤层瓦斯吸附/解吸性能对准确测定突出煤层瓦斯含量、预测突出危险性以及进一步指导瓦斯抽采具有重要意义。本节将以西山矿区屯兰矿煤样为代表，分析煤层瓦斯吸附特性和瓦斯基础参数，为西山矿区的瓦斯治理工作提供参考依据。

2.2.1 煤层瓦斯吸附特性

2.2.1.1 高压气体等温吸附实验

从屯兰矿现场 12412 开切眼、12412 底抽巷、18208 胶带巷和 19205 工作面 4 个地点取样，进行实验室等温吸附实验，采用美国康塔仪器公司研制的 iSorb HP2 高压气体吸附分析仪，实验温度为 10～70 ℃，最高实验压力为 20 MPa。

等温吸附实验步骤为：

(1) 煤样制备。将实验煤样粉碎筛分为 0.20～0.25 mm，并进行红外干燥处理 6 h 左右取出，立即放入干燥器内冷却保存。

(2) 煤样脱气。用电子天平称取 3 g 干燥煤样装入样品池，检查气密性，并设置 60 ℃的恒温条件，进行脱气抽真空处理。

(3) 煤样吸附平衡。脱气过程结束后对煤样进行 30 ℃恒温条件下的吸附实验。

(4) 当全过程的吸附实验结束后，显示实验结果和吸附等温曲线。

2.2.1.2 不同吸附平衡压力下的实验数据分析

图 2.10～图 2.13 给出了 12412 开切眼 2# 煤层煤样、12412 底抽巷 4# 煤层煤样、18208 胶带巷 8# 煤层煤样和 19205 工作面 9# 煤层煤样在不同平衡压力下的等温吸附曲线。很明显，随着吸附平衡压力 p 的增加，瓦斯吸附量 Q 先迅速增大然后缓慢上升，且吸附动力学过程能够很好地用 Langmiur 模型 $Q=abp/(1+bp)$ 来拟合，图 2.10～图 2.13 给出了拟合参数极限吸附量 a(m^3/t)和吸附常数 b(MPa^{-1})的具体数值。

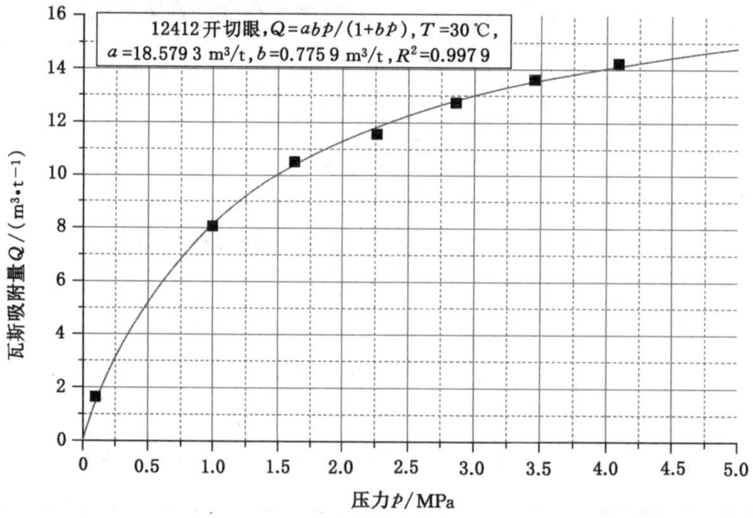

图 2.10　屯兰矿 12412 开切眼 2# 煤层煤样的等温吸附曲线

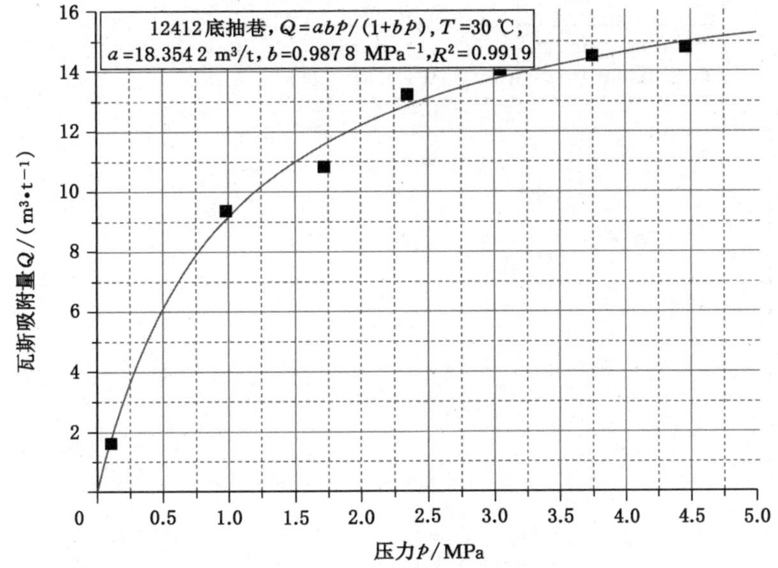

图 2.11　屯兰矿 12412 底抽巷 4# 煤层煤样的等温吸附曲线

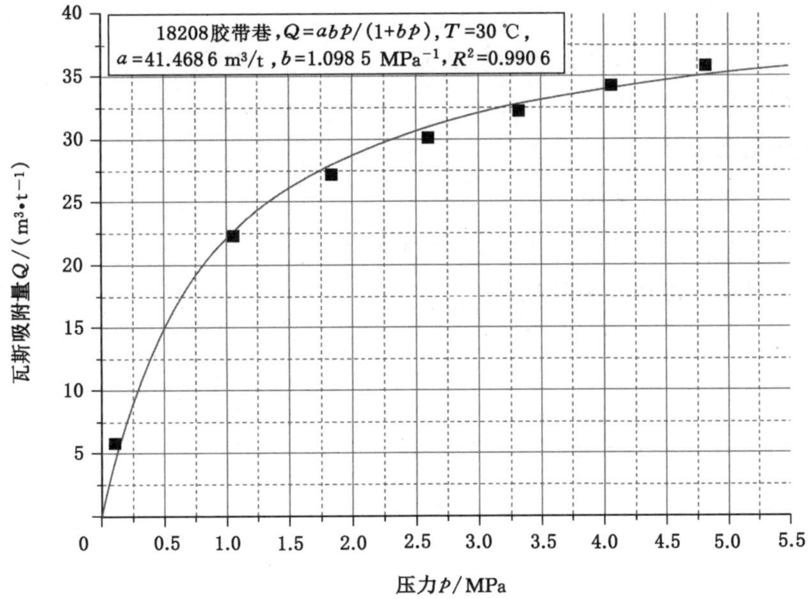

图 2.12　屯兰矿 18208 胶带巷 8# 煤层煤样的等温吸附曲线

由于屯兰矿 2#、4#、8#、9# 煤层煤样取自不同煤层不同盘区，它们的孔隙结构差异较大，因此其对甲烷的吸附能力差异明显。其中，12412 开切眼 2# 煤层煤样和 12412 底抽巷 4# 煤层煤样的吸附特性非常相似，极限吸附量 a 值分别约为 18.58 m^3/t 和 18.35 m^3/t，而 18208 胶带巷 8# 煤层煤样的极限吸附量 a 值达到了 41.47 m^3/t。

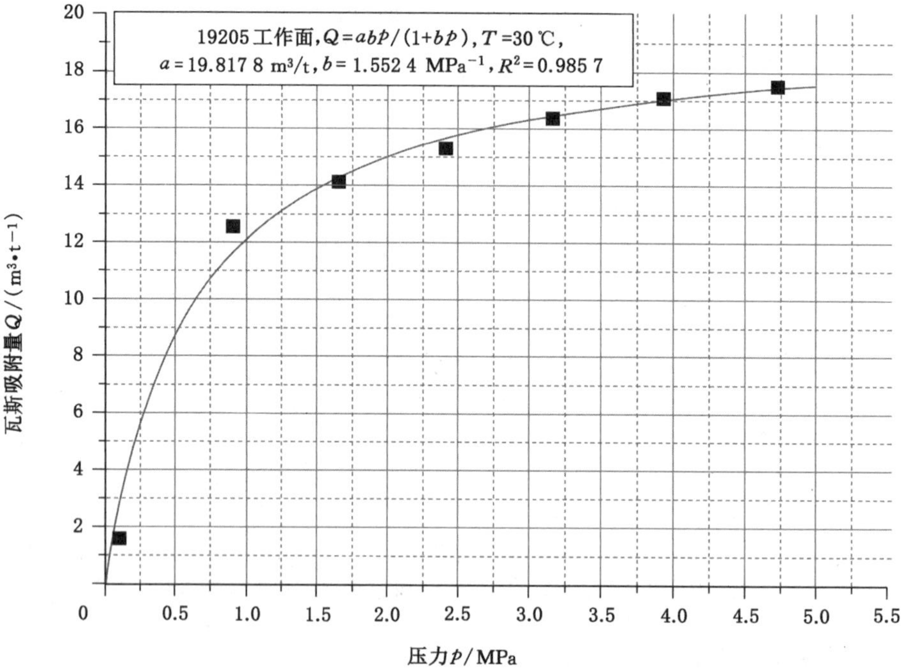

图 2.13 屯兰矿 19205 工作面 9# 煤层煤样的等温吸附曲线

2.2.2 煤层瓦斯基础参数

2.2.2.1 瓦斯基础参数变化范围

根据生产矿井资料及钻孔含气量测试，西山矿区煤田煤层瓦斯含量较高，矿区瓦斯基础参数见表 2.6，主要煤层瓦斯吸附特征见表 2.7 和表 2.8。可以看出，煤层对瓦斯的吸附能力很强。

表 2.6 西山矿区部分矿井瓦斯基础参数

矿井	杜儿坪矿	官地矿	马兰矿	东曲矿	屯兰矿
煤层气储量/Mm^3	7 676.363	10 312.895	5 722.625	8 306.440	10 000.000
煤层气原始压力/MPa	0.11～0.58	0.11～0.35	0.47～1.70	0.75～1.12	0.96～2.20
透气性系数/($m^3 \cdot MPa^{-2} \cdot d^{-1}$)	0.52～1.586	0.075～25.900	0.165～1.610	0.132～1.540	1.620～3.630
瓦斯含量/($m^3 \cdot t^{-1}$)	3.27～10.21	2.97～6.34	2.62～6.17	3.91～13.84	8.90～15.49

表 2.7 西山矿区 2# 煤层瓦斯吸附特征

吸附常数	a/($m^3 \cdot t^{-1}$)	b/MPa^{-1}	孔隙率/%
	15.162 4～30.852 7	0.910 9～1.433 4	2.21～6.99
平均	23.703 6	1.103 4	4.69

表 2.8　西山矿区 8# 煤层瓦斯吸附特征

吸附常数	$a/(m^3 \cdot t^{-1})$	b/MPa^{-1}	孔隙率/%
	11.720 1～28.603 7	0.951 5～1.527 3	3.65～11.03
平均	23.907 0	1.243 5	7.04

2.2.2.2　矿区瓦斯含量分布特征

根据各矿井瓦斯资料，统计得出高瓦斯矿井各煤层瓦斯含量，见表 2.9。

表 2.9　西山矿区高瓦斯矿井各煤层瓦斯含量一览表

矿井	2# 煤层瓦斯含量 $/(m^3 \cdot t^{-1})$ (最小～最大/平均)	3# 煤层瓦斯含量 $/(m^3 \cdot t^{-1})$ (最小～最大/平均)	6# 煤层瓦斯含量 $/(m^3 \cdot t^{-1})$ (最小～最大/平均)	8# 煤层瓦斯含量 $/(m^3 \cdot t^{-1})$ (最小～最大/平均)	9# 煤层瓦斯含量 $/(m^3 \cdot t^{-1})$ (最小～最大/平均)
马兰矿	4.80～12.61/6.41	—	—	3.40～11.02/7.10	4.21～11.82/6.61
屯兰矿	7.52～13.94/10.73	—	—	6.15～19.13/12.64	4.90～14.27/9.59
东曲矿	2.93～9.44/6.19	—	—	3.51～11.09/7.3	5.48～6.02/5.77
西铭矿	3.76～6.09/5.09	1.71～3.85/3.12	—	5.24～8.43/7.12	5.48～6.02/5.77
杜儿坪矿	3.27～9.15/5.71	3.73～6.59/5.30	5.56～7.56/6.94	6.28～10.98/7.62	4.80～9.72/7.66
官地矿	3.92～5.71/5.11	3.22～6.94/3.92	3.52～6.90/5.75	4.25～5.11/5.03	3.77～5.21/4.75

横向上，煤层受构造控制明显，煤层埋深的总体趋势为从东北向西南煤层埋深依次增加。各层煤瓦斯含量变化趋势均为从矿井的东北向西南瓦斯含量依次增加。在矿区的西北部和东部，各矿井受区域地质构造影响较大，断裂构造发育，加之煤层埋藏相对浅，地下水活动强，造成瓦斯含量明显偏小。地下水径流补给、岩溶陷落柱发育状况、地质构造运动对该区瓦斯分布影响很大。在矿区中部，地下水处于滞流区，地下水活动弱，有利于煤层瓦斯的保存；矿区的北部和东部为地下水补给区和排泄区，地下水活动强，不利于煤层气的保存。

纵向上，2# 煤层埋藏相对浅，各矿井瓦斯含量相对较小；8# 煤层整个矿区瓦斯含量普遍较大，一方面是因为煤层埋深的增加，另一方面是 8# 煤层相对稳定，煤层厚度较厚；9# 煤层埋藏虽比 8# 煤层埋藏深，但受地下水动力条件影响，同一矿井中与 8# 煤层相比，瓦斯含量稍小。

2.2.2.3　瓦斯含量与瓦斯压力的相关性

为了研究各煤层瓦斯压力与瓦斯含量的相关关系，拟合屯兰矿各组煤样不同吸附平衡压力下的瓦斯含量，结果如图 2.14 所示。各组煤样的拟合方程及相关性指数见表 2.10。

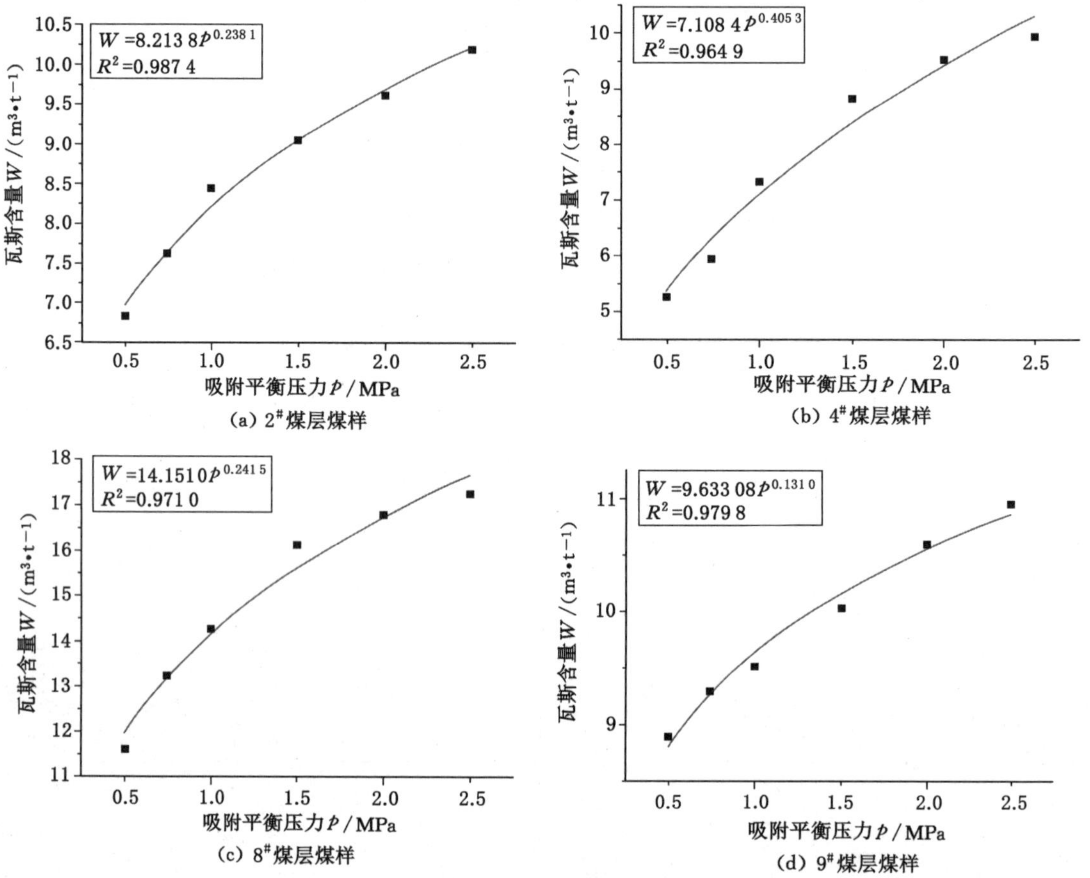

图 2.14 屯兰矿不同煤层瓦斯压力与瓦斯含量的拟合曲线

表 2.10 屯兰矿不同煤层瓦斯压力与瓦斯含量的拟合方程

煤样	幂函数拟合方程	相关性指数 R^2
2# 煤层	$W=8.213\ 8p^{0.238\ 1}$	0.987 4
4# 煤层	$W=7.108\ 4p^{0.405\ 3}$	0.964 9
8# 煤层	$W=14.151\ 0p^{0.241\ 5}$	0.971 0
9# 煤层	$W=9.633\ 08p^{0.131\ 0}$	0.979 8

由表 2.10 和图 2.14 可以看出，各组煤样瓦斯含量均随着平衡压力的提高而增大，且增大趋势具有较好的一致性，瓦斯含量与煤层的瓦斯压力间存在幂函数关系。

2.3 煤层瓦斯解吸放散特性

2.3.1 实验煤样制备

从西山矿区的 5 个煤矿共选取 26 个煤样采样点，采样点的分布如图 2.15 所示。煤样分属

$02^{\#}$、$2^{\#}$、$4_{上}^{\#}$、$4^{\#}$、$6^{\#}$、$7^{\#}$、$8^{\#}$、$9^{\#}$八个不同煤层，煤样的取样地点及煤种的类别如表 2.11 所示。

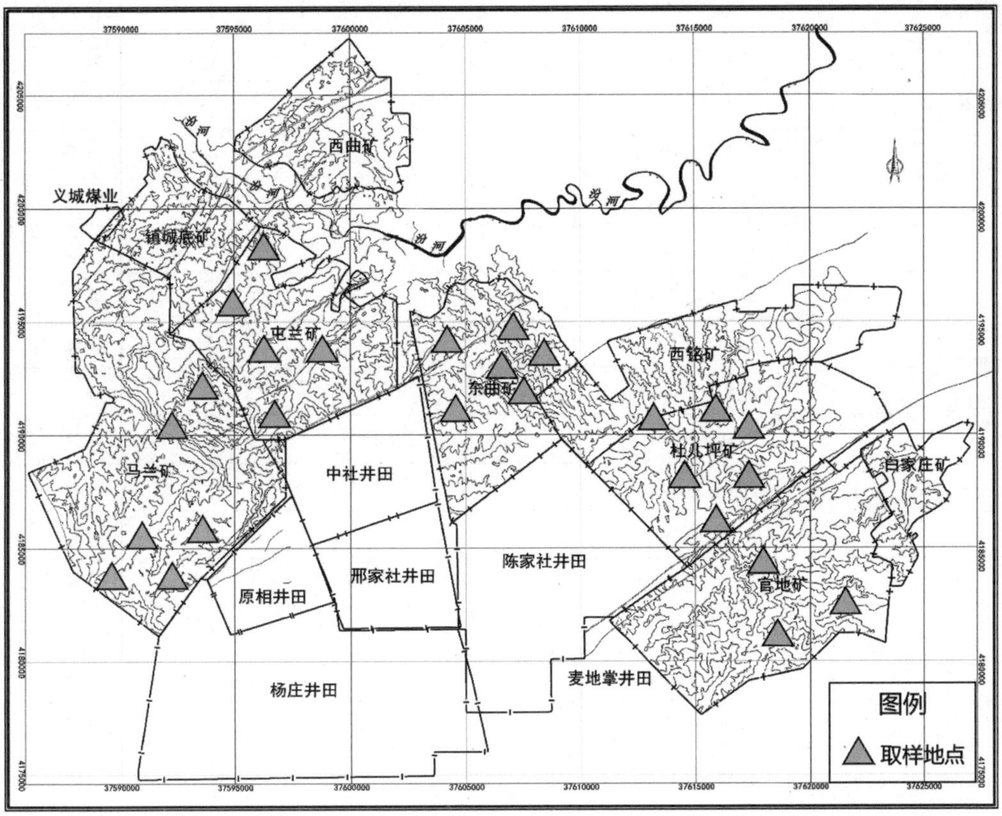

图 2.15　瓦斯解吸实验的煤样采点分布图

表 2.11　瓦斯解吸实验的各煤矿取样地点及煤种类别

煤矿	取样地点	煤样所在煤层	煤种类别
杜儿坪矿	北一下组回风巷(68308 回风斜坡附近)	$8^{\#}$	贫煤
	北一胶带机大巷延伸	$8^{\#}$	贫煤
	68310 瓦斯预抽巷	$8^{\#}$	贫煤
	68306 工作面	$8^{\#}$	贫煤
	68306 底抽巷	$9^{\#}$	贫煤
	68310 底抽巷	$9^{\#}$	贫煤
马兰矿	10604 工作面	$02^{\#}$	焦煤
	10607 工作面	$02^{\#}$	焦煤
	10608 工作面	$02^{\#}$	焦煤
	18502 辅运巷	$8^{\#}$	焦煤
	18502 胶带巷	$8^{\#}$	焦煤
	18509 掘进工作面	$8^{\#}$	焦煤

表 2.11(续)

煤矿	取样地点	煤样所在煤层	煤种类别
官地矿	南五区	6#	贫煤
	36406 工作面	6#	贫煤
	16506 综采面	6#	贫煤
东曲矿	14412 工作面	2#	瘦煤
	14412 工作面	$4^{\#}_{\text{上}}$	瘦煤
	24808 工作面	4#	瘦煤
	14412 工作面	4#	瘦煤
	14403 综采面	4#	瘦煤
	18309 工作面	8#	贫煤
	28810 工作面	8#	贫煤
	18314 综采面	8#	贫煤
屯兰矿	12509 工作面	2#	焦煤
	22307 工作面	2#	焦煤
	28112 工作面	7#	焦煤
	28112 工作面	8#	焦煤
	18403 工作面	8#	焦煤
	18507 掘进工作面	8#	焦煤
	28112 工作面	9#	焦煤

2.3.2 西山矿区煤样瓦斯解吸量的变化规律

实验室等温吸附实验是在等温饱和吸附的基础上进行的，受煤体孔隙结构尤其是微纳尺度的孔隙结构的影响显著。由于煤样取自不同煤矿、不同工作面，孔隙结构差异较大，因此瓦斯吸附/解吸特性差异明显。共进行了 72 组解吸实验，设置的瓦斯吸附平衡压力分别为 1.0 MPa、2.0 MPa 和 3.0 MPa，解吸时间设置为 5 h，并统计 5 个煤矿各工作面煤样在第 1 分钟、第 5 分钟及第 30 分钟的瓦斯解吸量 Q_1、Q_5、Q_{30}，以及最大瓦斯解吸量 Q_∞。

2.3.2.1 不同吸附平衡压力下解吸量的变化规律

统计屯兰矿各煤层煤样在第 1 分钟及第 4～5 分钟的瓦斯解吸量，如表 2.12 所示。由于第 1 分钟和第 4～5 分钟的瓦斯解吸量与钻屑瓦斯解吸指标 K_1 和 Δh_2 有着密切的联系，且国内外很多学者[19-22]已经验证 K_1、Δh_2 与瓦斯压力间存在幂函数的关系，因此将第 1 分钟和第 4～5 分钟的解吸量与压力的关系进行幂函数拟合，如图 2.16 所示。

表 2.12　屯兰矿各煤层煤样的瓦斯解吸量统计

取样地点	吸附平衡压力 /MPa	第 1 分钟瓦斯解吸量 $Q_1/(\mathrm{mL\cdot g^{-1}})$	第 4～5 分钟瓦斯解吸量 $Q_{4\sim5}/(\mathrm{mL\cdot g^{-1}})$	第 30 分钟瓦斯解吸量 $Q_{30}/(\mathrm{mL\cdot g^{-1}})$	$\frac{Q_1}{Q_{30}}$ /%	$\frac{Q_{4\sim5}}{Q_{30}}$/%
12509 工作面（2# 煤层）	2.50	0.54	0.12	0.995	54.27	12.06
	2.00	0.47	0.11	1.06	44.34	10.38
	1.50	0.43	0.10	0.755	56.95	13.25
	1.00	0.33	0.09	0.61	54.10	14.75
	0.74	0.25	0.07	0.495	50.51	14.14
	0.50	0.19	0.06	0.385	49.35	15.58
28112 工作面（7# 煤层）	2.50	0.32	0.12	0.72	44.44	16.67
	2.00	0.28	0.08	0.62	45.16	12.90
	1.50	0.22	0.08	0.53	41.51	15.09
	1.00	0.18	0.08	0.46	39.13	17.39
	0.74	0.16	0.07	0.36	44.44	19.44
	0.50	0.12	0.04	0.32	37.50	12.50
18403 工作面（8# 煤层）	2.50	0.88	0.40	3.92	22.45	10.20
	2.00	0.80	0.36	3.56	22.47	10.11
	1.50	0.72	0.32	3.08	23.38	10.39
	1.00	0.60	0.20	2.44	24.59	8.20
	0.74	0.48	0.24	1.80	26.67	13.33
	0.50	0.32	0.20	1.18	27.12	16.95
28112 工作面（9# 煤层）	2.50	0.52	0.20	1.60	32.50	12.50
	2.00	0.52	0.20	1.44	36.11	13.89
	1.50	0.44	0.16	1.08	40.74	14.81
	1.00	0.36	0.08	0.76	47.37	10.53
	0.74	0.28	0.12	0.64	43.75	18.75
	0.50	0.24	0.08	0.56	42.86	14.29

可以发现：① 屯兰矿各煤层煤样第 1 分钟的瓦斯解吸量均比第 4～5 分钟的大。各组煤样的 6 个吸附平衡压力下第 1 分钟的瓦斯解吸量占第 30 分钟瓦斯解吸量的 22%～60%不等。而第 4～5 分钟的瓦斯解吸量占第 30 分钟瓦斯解吸量的 8%～20%不等。② 屯兰矿各煤层煤样第 1 分钟瓦斯解吸量比第 4～5 分钟瓦斯解吸量受吸附平衡压力控制作用更明显。随着吸附平衡压力的增大，第 1 分钟瓦斯解吸量也显著增大，而第 4～5 分钟瓦斯解吸量增大不显著。③ 屯兰矿各煤层第 1 分钟及第 4～5 分钟的瓦斯解吸量与吸附平衡压力基本符合幂函数关系，具有较高的拟合度，可以利用幂函数公式 $Q=ap^i$ 来表示煤屑第 1 分钟及第 4～5 分钟与吸附平衡压力的关系。

为了对比分析不同煤样瓦斯在 30 min 内的解吸特征，作出不同吸附平衡压力条件下瓦斯解吸量与时间的关系曲线，如图 2.17 所示。同一时刻下，高压吸附—解吸曲线均位于低压吸附—解吸曲线的上方，说明瓦斯累积解吸量和同一时刻的瓦斯解吸速度

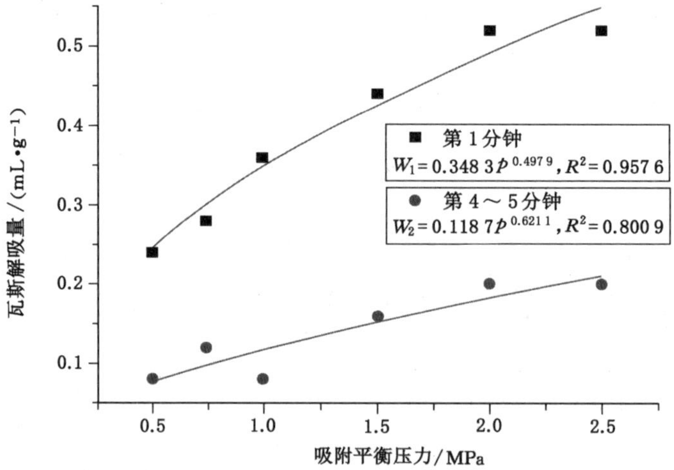

(a) 12509 工作面（2#煤层）

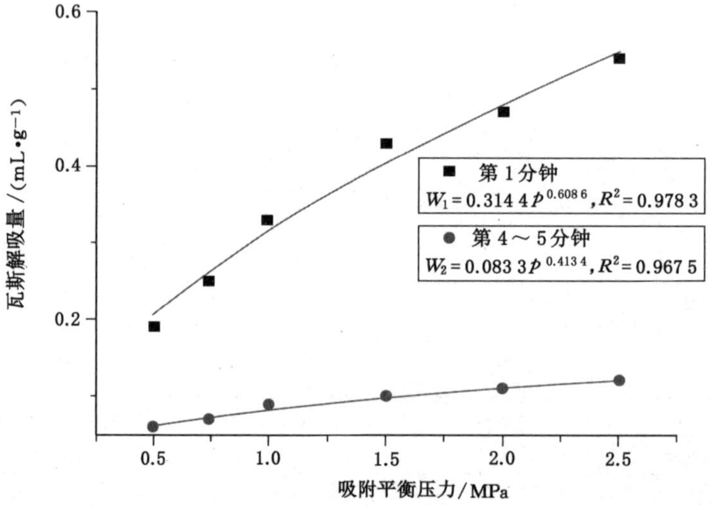

(b) 28112 工作面（7#煤层）

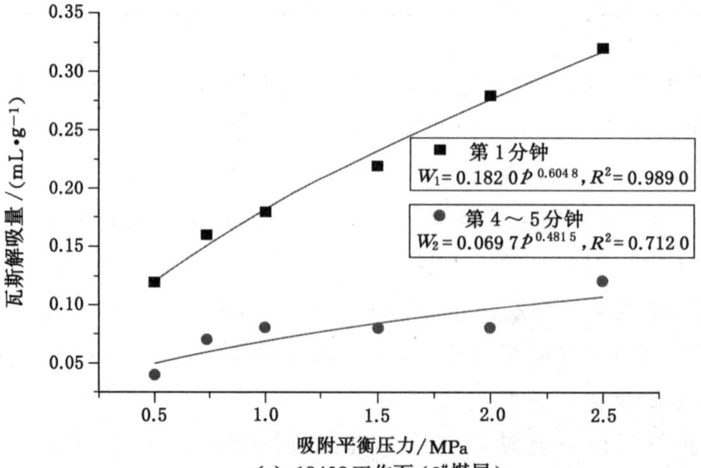

(c) 18403 工作面（8#煤层）

图 2.16　屯兰矿各煤层煤样前 5 分钟瓦斯解吸量与瓦斯压力的拟合曲线

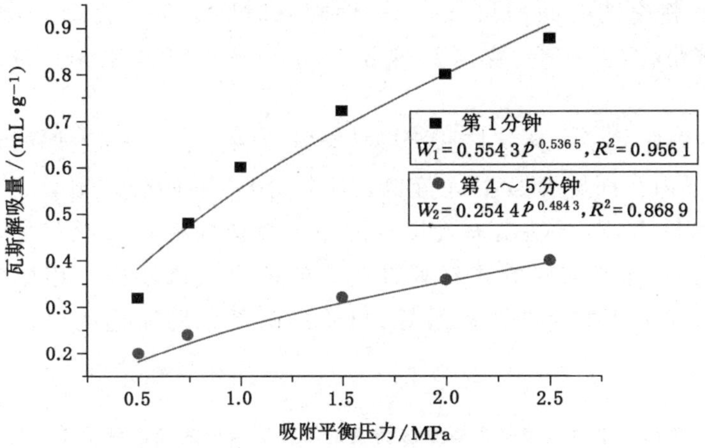

(d) 28112工作面(9#煤层)

图 2.16 (续)

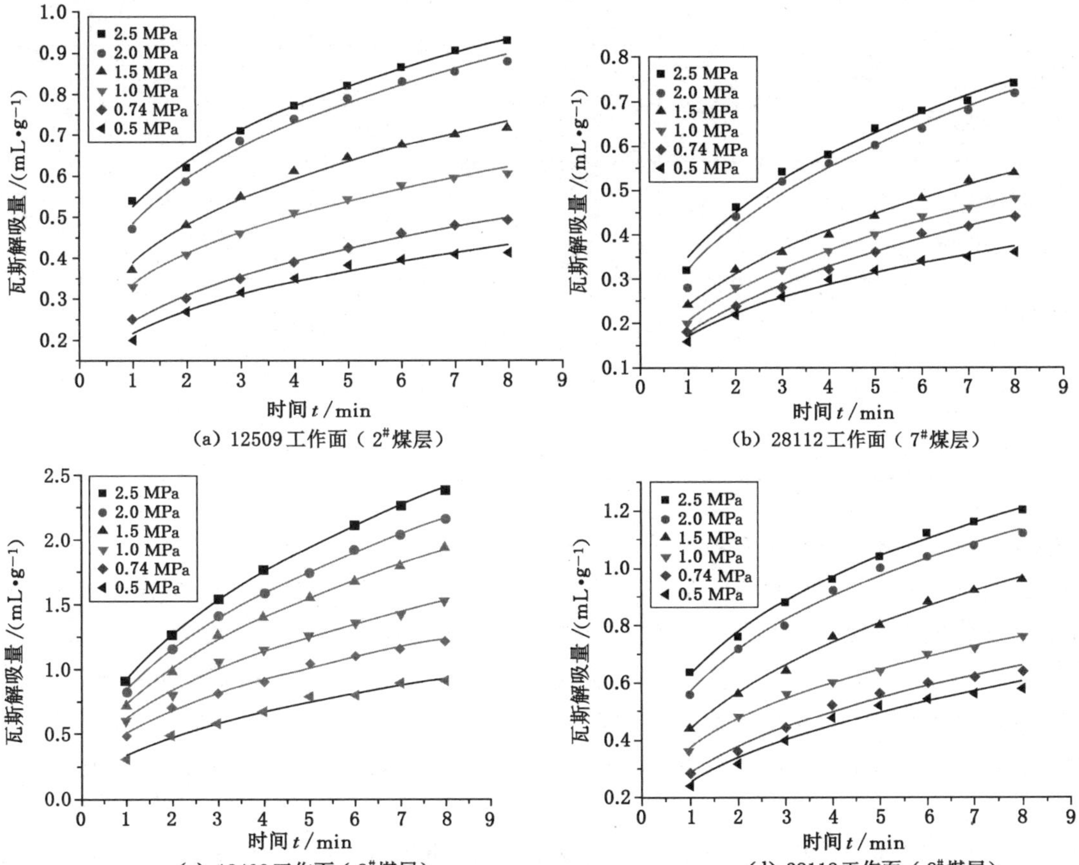

(a) 12509工作面(2#煤层)　(b) 28112工作面(7#煤层)

(c) 18403工作面(8#煤层)　(d) 28112工作面(9#煤层)

图 2.17　屯兰矿各煤层煤样在不同吸附压力下前8分钟瓦斯解吸量随时间变化的曲线

与瓦斯吸附平衡压力呈正相关;同一吸附平衡压力下,解吸曲线的斜率在初始时刻最大且解吸曲线的斜率随时间的增长递减,即随着时间的延长瓦斯解吸量逐渐增加,但解吸速度逐渐减小;屯兰矿 8# 煤层煤样在 30 min 内瓦斯解吸速度明显快于 2#、7#、9# 煤层煤样。

本节选用巴雷尔式[23]、孙重旭式[24]、乌斯基诺夫式[25]、对数式[26]对不同吸附平衡压力下的 30 min 内瓦斯解吸数据进行拟合比较分析,不同公式拟合所得的相关性指数见表 2.13。可以看出,乌斯基诺夫式拟合的相关性指数相对来说较低,拟合效果较差,而巴雷尔公式、孙重旭式和对数式对解吸曲线的拟合效果较好。用巴雷尔公式对屯兰矿各煤层解吸曲线进行拟合的效果最好,能够准确可靠地描述屯兰矿各煤层的瓦斯解吸特性。

表 2.13　屯兰矿煤样瓦斯解吸特性的不同拟合公式及拟合相关性指数

取样地点	相关性指数 R^2			
	巴雷尔公式 $Q_t=k\sqrt{t}$	乌斯基诺夫式 $Q_t=v_0\left[\frac{(1+t)^{1-n}-1}{1-n}\right]$	孙重旭式 $Q_t=at^i$	对数公式 $Q_t=A\ln(t-B)$
12509 工作面(2# 煤层)	0.982 5	0.926 02	0.973 45	0.972 09
28112 工作面(7# 煤层)	0.954 5	0.876 85	0.949 83	0.941 18
18403 工作面(8# 煤层)	0.959 3	0.868 02	0.936 85	0.933 97
28112 工作面(9# 煤层)	0.965 1	0.871 65	0.940 85	0.936 92

2.3.2.2　同一煤矿同一煤层瓦斯解吸量变化规律

以官地矿 6# 煤层为例,南五区、36406 工作面和 16506 综采面煤样前 5 分钟解吸量随压力变化情况如图 2.18 所示。3 个煤样呈现出不同的解吸特性,36406 工作面和 16506 综采面呈现出瓦斯“压力大解吸量小”的异常情况,此时瓦斯吸附量大,但不容易解吸;南五区符合煤解吸时瓦斯“压力大解吸量大”的规律。36406 工作面和 16506 综采面埋深相对较浅,并且官地矿透气性系数较小,可能是导致这两个工作面瓦斯解吸规律出现异常的主要因素。

马兰矿 02# 煤层工作面瓦斯解吸量与煤样灰分、挥发分的相关性如表 2.14 所示。灰分、挥发分与同一煤矿同一煤层工作面煤的最大瓦斯解吸量有密切关系。

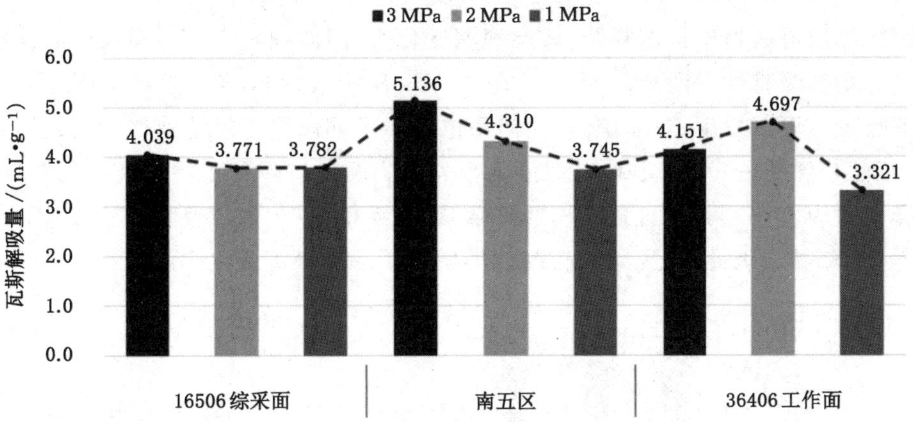

图 2.18　官地矿 6# 煤层各工作面瓦斯解吸量随压力变化的情况

表 2.14　马兰矿 02# 煤层工作面瓦斯解吸量与煤样灰分、挥发分的相关性

马兰矿 02# 煤层	最大瓦斯解吸量/(mL·g^{-1})	灰分/%	挥发分/%
10604 工作面	5.559	18.37	25.43
10607 工作面	6.084	29.83	28.36
10608 工作面	4.656	26.29	27.28

2.3.2.3　不同煤矿同一煤层瓦斯解吸量变化规律

以 8# 煤层为例，研究不同煤矿同一煤层煤样的平均最大瓦斯解吸量变化规律，计算同一煤矿同一煤层不同地点所取煤样最大瓦斯解吸量的平均值，结果如图 2.19 所示。在 2 MPa 的瓦斯压力下，东曲矿和杜儿坪矿 8# 煤层煤样的平均最大瓦斯解吸量总体上大于马兰矿和屯兰矿 8# 煤层煤样的平均最大瓦斯解吸量。这是由于西山矿区自西北向东南煤化程度逐渐增高，而随着煤化程度增高，煤的变质程度增大，导致其瓦斯含量及瓦斯解吸量变大。

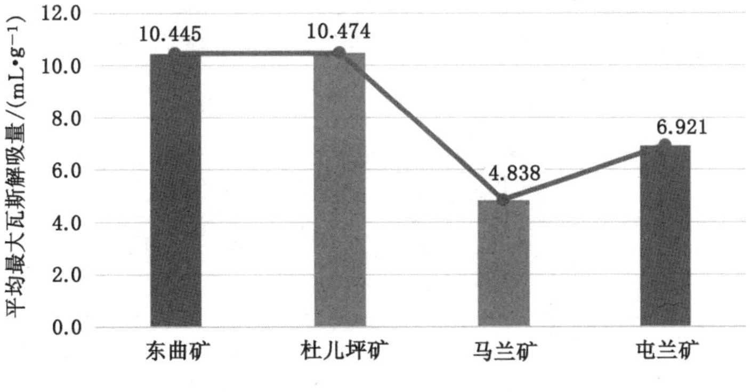

图 2.19　在 2 MPa 瓦斯压力下不同煤矿 8# 煤层煤样的平均最大瓦斯解吸量

2.3.2.4 同一煤矿不同煤层瓦斯解吸量变化规律

近距离煤层群的地质构造复杂、煤层埋深变化大，因此同一煤矿不同煤层的煤样可能呈现不同的瓦斯解吸特性。图2.20给出了在2 MPa瓦斯压力下，各个煤矿不同煤层的平均最大瓦斯解吸量。可以看出，东曲矿、马兰矿和屯兰矿不同煤层之间的平均最大瓦斯解吸量相差不大，而杜儿坪矿中8#煤层和9#煤层的平均最大瓦斯解吸量相差较大。杜儿坪矿中8#煤层变异系数为25.43%，并且地质构造复杂，存在大量断层、褶皱及陷落柱等，而9#煤层变异系数为14.85%。因此，变异系数较高的煤层瓦斯解吸量可能更大。

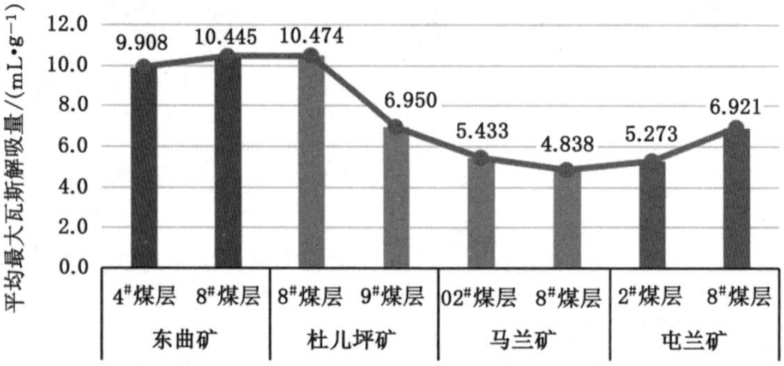

图2.20 在2 MPa瓦斯压力下同一煤矿不同煤层煤样的平均最大瓦斯解吸量

以马兰矿的两个煤层为例，02#煤层和8#煤层表现出不同的瓦斯解吸特性，8#煤层工作面比02#煤层工作面在相同时间内瓦斯解吸体积分数高，如图2.21(a)所示。而随着煤层埋深增加，8#煤层工作面煤的灰分、挥发分均小于02#煤层工作面，如图2.21(b)所示。因此，对于埋深大、灰分和挥发分较小的煤层，瓦斯解吸较快，在开采时需注意初始瓦斯涌出量较大带来的问题。

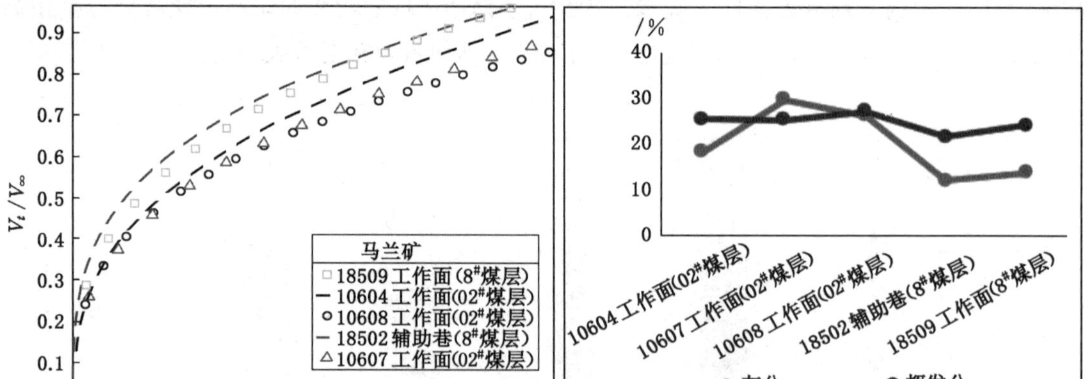

图2.21 马兰矿不同煤层工作面瓦斯解吸特性

2.3.2.5　不同煤矿瓦斯解吸量变化规律

将同一煤矿所有煤样的最大瓦斯解吸量进行平均处理，如图 2.22 所示。东曲矿、杜儿坪矿和官地矿平均最大瓦斯解吸量总体上大于马兰矿和屯兰矿的平均最大瓦斯解吸量，其中在 2 MPa 瓦斯压力下官地矿的平均最大瓦斯解吸量为 12.130 mL/g，在所有煤矿中的瓦斯解吸量最大；马兰矿的平均最大瓦斯解吸量仅为 5.136 mL/g，在所有煤矿中的瓦斯解吸量最小。

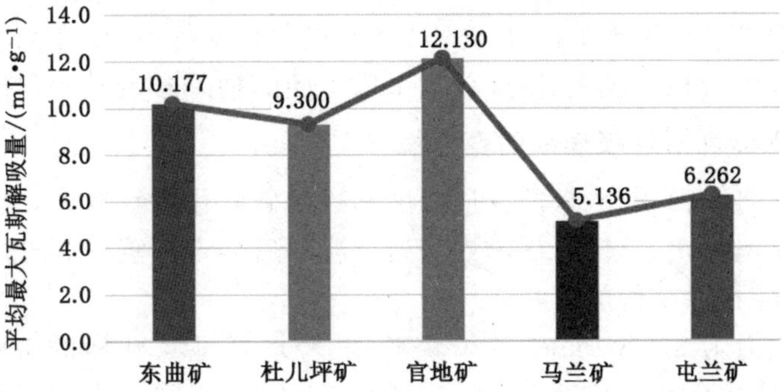

图 2.22　在 2 MPa 瓦斯压力下不同煤矿平均最大瓦斯解吸量

进一步分析表 2.12 中相同时间内不同瓦斯压力下各煤矿的瓦斯解吸量可以发现：对于大部分煤矿的煤样，随着压力的增加瓦斯解吸量明显变大，但少部分煤矿的瓦斯解吸量并没有随瓦斯压力的增加而显著增加。如图 2.23 所示，杜儿坪矿 68306 底抽巷（9# 煤层）、官地矿 16506 综采面（6# 煤层）、官地矿 36406 工作面（6# 煤层）存在瓦斯“压力大解吸量不大”的赋存特征，瓦斯吸附量大，但不容易解吸；而除了这三个地点外，其他煤样均符合瓦斯“压力大解吸量大”的规律，瓦斯易解吸。

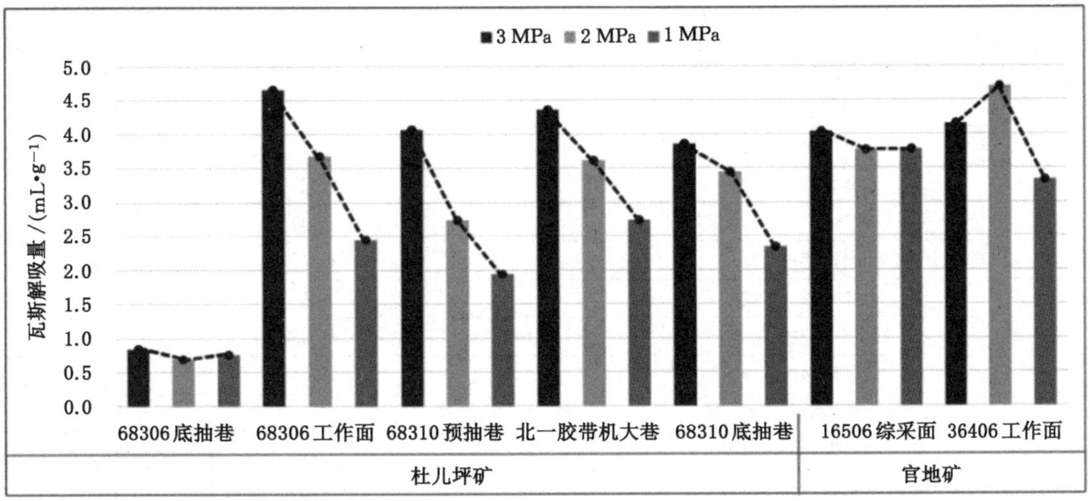

图 2.23　不同压力下前 5 分钟各煤矿不同工作面的瓦斯解吸量

综上所述，不同煤层、不同煤矿、不同煤样的瓦斯吸附解吸特性具有差异性。

(1) 杜儿坪矿和官地矿的煤样存在瓦斯“压力大解吸量不大”的特征，导致其瓦斯比其他煤矿的瓦斯更难抽采，在瓦斯治理过程中需要采取更多的抽采措施，比如煤层增透、高负压抽采或者高密度钻孔抽采等。

(2) 东曲矿、杜儿坪矿和官地矿的瓦斯解吸量总体上大于其他煤矿的瓦斯解吸量。东曲矿、马兰矿和屯兰矿不同煤层的瓦斯解吸量相差不大，杜儿坪矿两个煤层间瓦斯解吸量相差较大。

(3) 东曲矿、官地矿、屯兰矿各取样地点在相同瓦斯压力下瓦斯解吸量为 9～12 mL/g，在瓦斯抽采过程中可以采用类似的技术方法和相同的抽采标准；而杜儿坪矿、马兰矿不同工作面的最大瓦斯解吸量相差较大，因此应当采取不同的抽采参数和治理措施。

2.3.3 西山矿区煤样瓦斯解吸速率的变化规律

瓦斯解吸速率与煤的成分、煤的变质程度和煤的破碎程度等有关。自然解吸条件下，初始阶段瓦斯解吸速率很快，总体表现为先快速下降然后趋于平缓，解吸过程中如果出现跳跃性变化，可能是受煤孔隙结构的影响。

在煤层瓦斯压力为 2.0 MPa 时，5 个煤矿 26 个取样地点瓦斯的解吸体积分数各不相同，统计瓦斯解吸体积分数分别为 30%、50%和 70%时，不同地点煤样瓦斯解吸所用的时间，如表 2.15 所示。

表 2.15 不同煤矿工作面不同瓦斯解吸体积分数瓦斯解吸所用时间统计

煤矿	取样地点	所用时间/min		
		$V_t/V_\infty=0.3$	$V_t/V_\infty=0.5$	$V_t/V_\infty=0.7$
东曲矿	14412 工作面(4# 煤层)	5.6	22.0	66.9
	18309 工作面(8# 煤层)	2.6	12.0	44.9
	24808 工作面(4# 煤层)	5.2	22.9	60.8
	14403 工作面(4# 煤层)	3.5	18.6	57.4
	18314 工作面(8# 煤层)	5.4	24.6	65.6
	28810 工作面(8# 煤层)	5.2	22.9	60.1
杜儿坪矿	北一下组回风巷(8# 煤层)	9.5	34.5	93.6
	68306 底抽巷(9# 煤层)	17.7	45.3	97.5
	68306 工作面(8# 煤层)	4.5	16.4	47.0
	68310 瓦斯预抽巷(8# 煤层)	3.5	14.7	41.9
	北一胶带机大巷延伸(8# 煤层)	6.0	19.4	58.7
	68310 底抽巷(9# 煤层)	2.5	11.2	40.0
官地矿	16506 综采面(6# 煤层)	1.5	18.1	58.3
	南五区(6# 煤层)	3.0	14.2	41.0
	36406 工作面(6# 煤层)	2.6	13.0	47.0
马兰矿	10604 工作面(02# 煤层)	5.6	20.0	52.6
	18502 胶带巷(8# 煤层)	8.6	32.4	94.9
	18502 辅运巷(8# 煤层)	3.0	10.8	31.9
	10608 工作面(02# 煤层)	5.6	22.4	67.3
	10607 工作面(02# 煤层)	6.5	21.6	60.8
	18509 掘进工作面(8# 煤层)	4.0	15.5	40.0

表 2.15(续)

煤矿	取样地点	所用时间/min		
		$V_t/V_\infty=0.3$	$V_t/V_\infty=0.5$	$V_t/V_\infty=0.7$
屯兰矿	18403 工作面(8# 煤层)	6.9	25.0	79.0
	28112 工作面(8# 煤层)	3.0	11.7	30.6
	18507 掘进工作面(8# 煤层)	6.0	22.0	62.1
	12509 工作面(2# 煤层)	6.5	25.5	78.5
	22307 工作面(2# 煤层)	4.5	16.0	42.7

从表 2.15 可以得到,煤样均在较短时间内解吸了 30%,即在初始阶段瓦斯解吸速度快;而随着时间的延长,解吸 70%所用时间均较长,即瓦斯解吸速度逐渐减缓。有些工作面在相对较短的时间内就达到 30%、50%和 70%的解吸体积分数,例如屯兰矿 28112 工作面(8# 煤层)、马兰矿 18502 辅运巷(8# 煤层)等,因此在实际开采中应特别注意这些工作面可能在较短时间放散出大量瓦斯。

瓦斯解吸速率与时间可近似成 $v=a/(t+b)$ 关系,直观表示出瓦斯解吸速率变化趋势及不同地点瓦斯解吸规律的差异性。在 3 MPa 瓦斯压力下,以东曲矿 18309 工作面(8# 煤层)、杜儿坪矿 68310 底抽巷(9# 煤层)、马兰矿 18502 胶带巷(8# 煤层)、屯兰矿 28112 工作面(8# 煤层)以及官地矿 36406 工作面(6# 煤层)为例,对各工作面的瓦斯解吸实验数据进行拟合,如图 2.24 所示,为了更加清楚地显示不同曲线的差异,图中采用了对数坐标。由图 2.24 可以看出,煤样瓦斯的解吸速率随解吸时间的增加一直处于下降状态,未出现初始阶段的跳跃性变化,属于煤样自然状态解吸速率的下降段。其中马兰矿 18502 胶带巷(8# 煤层)瓦斯解吸速率下降最快,官地矿 36406 工作面(6# 煤层)解吸速率下降最慢,屯兰矿 28112 工作面(8# 煤层)与杜儿坪矿 68310 底抽巷(9# 煤层)解吸速率曲线经拟合后趋于一致。

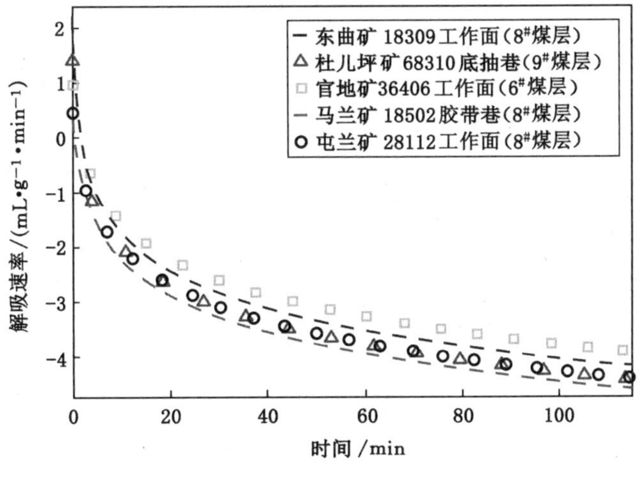

图 2.24 在 3 MPa 瓦斯压力下 5 个煤矿工作面瓦斯解吸速率的拟合曲线

各不同工作面瓦斯解吸速率的拟合公式如表 2.16 所示，拟合曲线的相关性指数均达到 0.97 以上，拟合效果好。

表 2.16　在 3 MPa 压力下瓦斯解吸速率的拟合公式

地点	拟合公式	相关性指数
东曲矿 18309 工作面（$8^{\#}$ 煤层）	$v=\dfrac{1.254}{t+0.061\ 6}$	0.995 7
杜儿坪矿 68310 底抽巷（$9^{\#}$ 煤层）	$v=\dfrac{0.605\ 3}{t+0.000\ 481\ 8}$	0.976 0
马兰矿 18502 胶带巷（$8^{\#}$ 煤层）	$v=\dfrac{0.436\ 8}{t+0.062\ 6}$	0.984 2
屯兰矿 28112 工作面（$8^{\#}$ 煤层）	$v=\dfrac{0.731\ 5}{t+0.246\ 3}$	0.977 0
官地矿 36406 工作面（$6^{\#}$ 煤层）	$v=\dfrac{1.141}{t+0.223}$	0.973 9

2.3.3.1　同一煤矿同一煤层瓦斯解吸速率变化规律

以官地矿 $6^{\#}$ 煤层为例，瓦斯解吸速率情况如图 2.25 所示。从图中可以得到，各个工作面瓦斯解吸初始速率均相对较大，瓦斯解吸速率曲线几乎重合，因此官地矿 $6^{\#}$ 煤层各工作面有相似的瓦斯解吸速率变化规律。

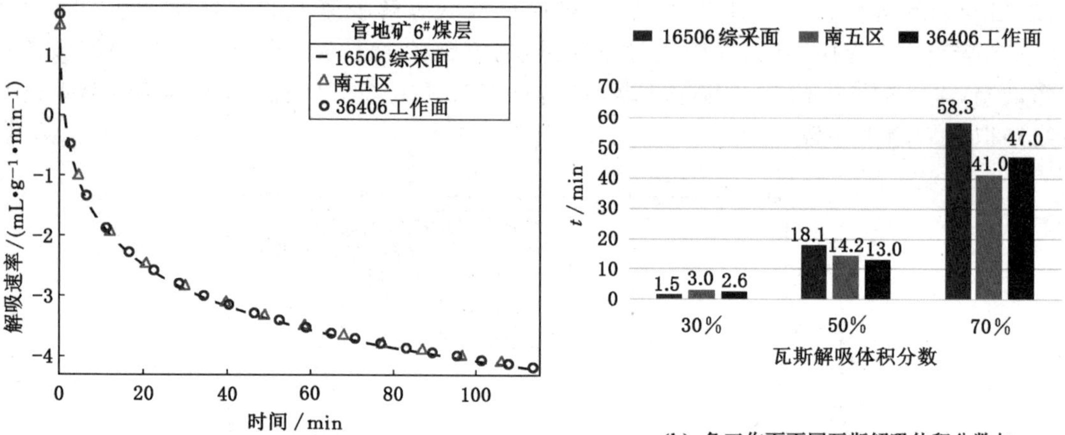

(a) 各工作面瓦斯解吸速率拟合曲线

(b) 各工作面不同瓦斯解吸体积分数与瓦斯解吸所用时间关系

图 2.25　官地矿 $6^{\#}$ 煤层瓦斯解吸速率变化规律

以东曲矿 $8^{\#}$ 煤层为例，瓦斯解吸速率变化规律如图 2.26 所示。从图中可以得到，各工作面瓦斯解吸速率均下降较快，开采时应注意东曲矿 $8^{\#}$ 煤层瓦斯放散速度较快。通过研究 18314 综采面、28810 工作面以及 18309 工作面瓦斯解吸速率与灰分、挥发分的关系，结果表明随着灰分和挥发分的降低，瓦斯解吸速率随之增大。

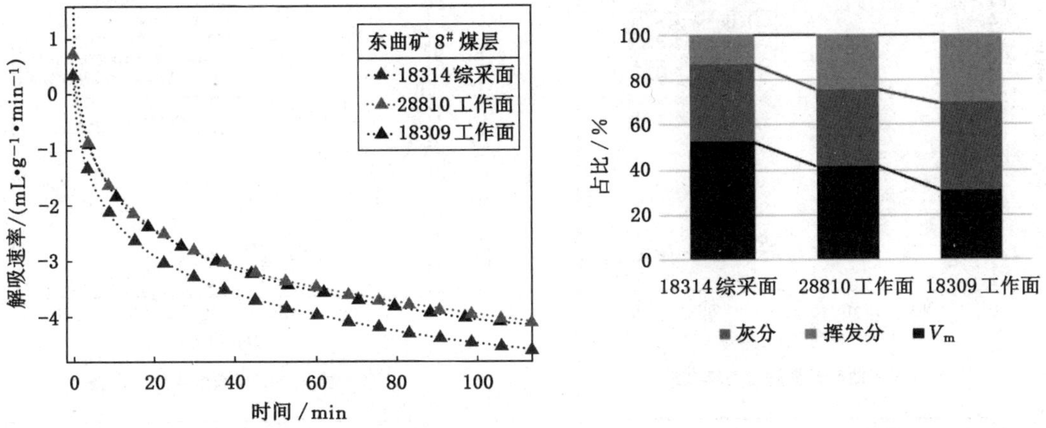

(a) 各工作面瓦斯解吸速率拟合曲线　　　　(b) 灰分、挥发分参数

图 2.26　东曲矿 8# 煤层瓦斯解吸速率变化规律

2.3.3.2　同一煤层不同煤矿瓦斯解吸速率变化规律

以 8# 煤层为例，研究同一煤层不同煤矿煤样的瓦斯解吸速率变化。在相同煤层瓦斯压力(2 MPa)下，不同煤矿煤样的解吸速率曲线如图 2.27 所示。可以看出，不同煤矿 8# 煤层瓦斯解吸速率变化情况有所不同，马兰矿和屯兰矿的瓦斯解吸速率小且下降速度快，杜儿坪矿的瓦斯解吸速率大且衰减较慢，这可能是由于 8# 煤层受构造应力作用明显，节理裂隙发育。

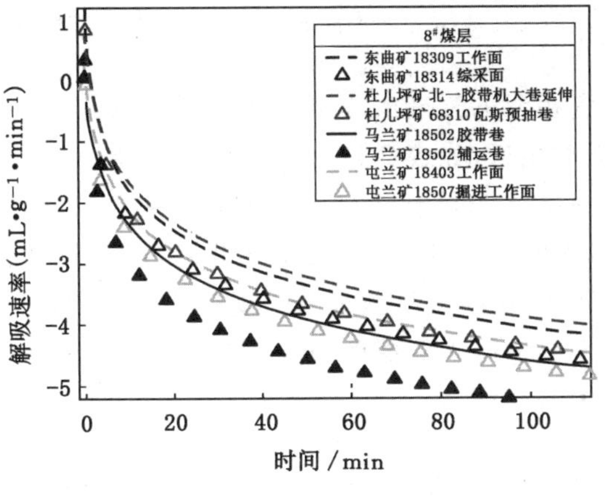

图 2.27　在 2 MPa 瓦斯压力下不同煤矿 8# 煤层煤样的瓦斯解吸速率曲线

2.3.3.3　不同煤矿不同煤层瓦斯解吸速率变化规律

以东曲矿、杜儿坪矿、马兰矿和屯兰矿为例，在 2 MPa 瓦斯压力下，得到不同煤矿不同煤层瓦斯解吸速率随时间变化的曲线，如图 2.28 所示。

从各个煤矿不同煤层瓦斯解吸速率曲线可以发现，东曲矿 4# 煤层和 8# 煤层各个工作

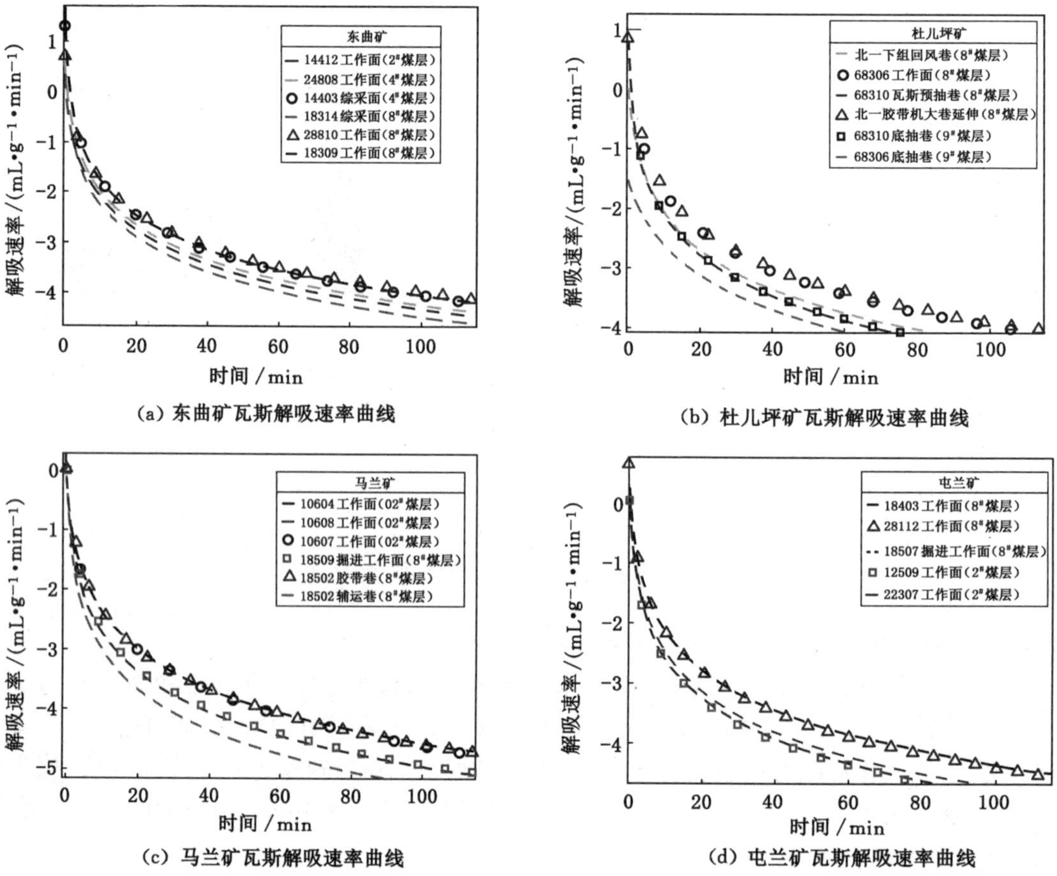

(a) 东曲矿瓦斯解吸速率曲线　　(b) 杜儿坪矿瓦斯解吸速率曲线

(c) 马兰矿瓦斯解吸速率曲线　　(d) 屯兰矿瓦斯解吸速率曲线

图 2.28　在 2 MPa 瓦斯压力下不同煤矿各工作面瓦斯解吸速率曲线

面瓦斯解吸曲线相差不大，有相似的瓦斯解吸速率变化规律，可能由于 4# 煤层和 8# 煤层坚固性系数和煤体最大破坏类型相近，如表 2.17 所示。杜儿坪矿 9# 煤层整体上比 8# 煤层瓦斯解吸速率衰减得快，但同一煤层不同地点的瓦斯解吸速率并不相同。马兰矿不同煤层之间的瓦斯解吸速率变化情况无明显规律，因此在实际开采过程中需要经常进行瓦斯参数测定。屯兰矿 2# 煤层和 8# 煤层的瓦斯解吸速率变化规律明显不同，2# 煤层比 8# 煤层瓦斯解吸速率衰减得快，而且同一煤层不同工作面的瓦斯解吸速率基本一致，这与杜儿坪矿有明显区别。

表 2.17　东曲矿 4# 煤层和 8# 煤层坚固性系数、煤体最大破坏类型

煤层编号	坚固性系数	煤体最大破坏类型
4#	0.33	Ⅲ
8#	0.34	Ⅲ

综上所述，初期瓦斯解吸速率快，但随着时间的增加迅速衰减，且不同煤层、取样地点之间瓦斯解吸速率的变化规律也不尽相同。

2.4 瓦斯赋存影响因素

煤层瓦斯赋存参数包括瓦斯含量、瓦斯压力和煤层透气性系数等，煤层瓦斯的赋存受多种因素的影响，诸如埋深、构造、煤的物理化学性质、煤层顶底板岩性等，不同矿区各种地质因素施加影响的显著性可能是不相同的[27-29]。

2.4.1 煤层埋深对瓦斯赋存的影响

2.4.1.1 煤层埋深对瓦斯含量的影响

以马兰矿为例，为了研究瓦斯含量与煤层埋深之间的关系，首先对各煤层地勘期间或者未受煤层采动影响区所测的原始瓦斯含量进行数据收集，再将煤层埋深与瓦斯含量进行线性回归分析，得到如图 2.29～图 2.31 所示结果。

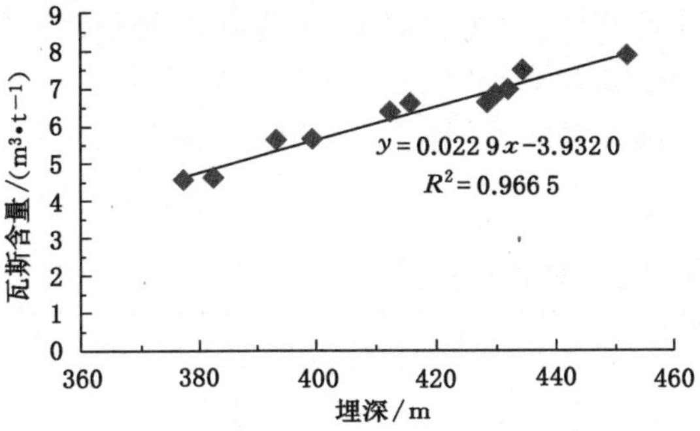

图 2.29 马兰矿 02# 煤层瓦斯含量与埋深关系

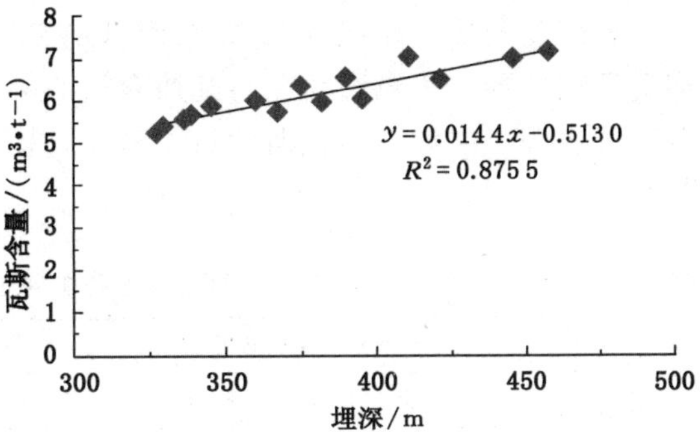

图 2.30 马兰矿 2# 煤层瓦斯含量与埋深关系

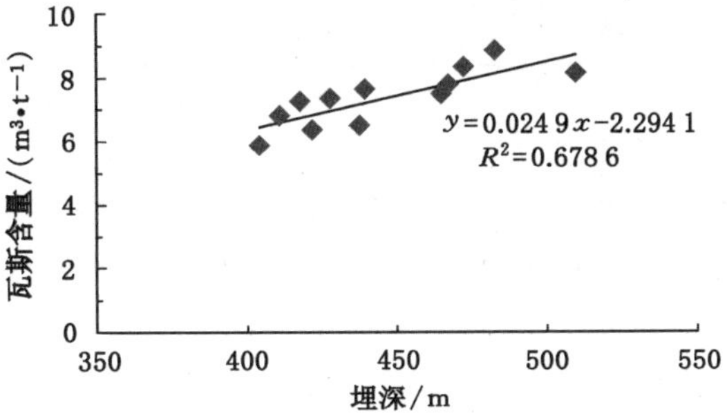

图 2.31 马兰矿 8# 煤层瓦斯含量与埋深关系

从线性回归结果可以看出：各煤层瓦斯含量(y)与煤层埋深(x)之间具有较好的线性关系，其数学模型见表 2.18。可以得出：马兰矿 02# 煤层瓦斯含量梯度为 2.29 $m^3/(t \cdot hm)$，2# 煤层瓦斯含量梯度为 1.44 $m^3/(t \cdot hm)$，8# 煤层瓦斯含量梯度为 2.49 $m^3/(t \cdot hm)$。依据瓦斯含量梯度，在井田范围内选取若干个预测含量点可知：

表 2.18　马兰矿各煤层瓦斯含量与埋深的数学模型

煤层	数学模型	拟合度 R^2
02#	$y=0.022\,9x-3.932\,0$	0.966 5
2#	$y=0.014\,4x-0.513\,0$	0.875 5
8#	$y=0.024\,9x-2.294\,1$	0.678 6

(1) 02# 煤层埋深由西向东逐渐增大，埋深最深点位于采区的东部；02# 煤层瓦斯含量也是由西向东逐渐增大，最大瓦斯含量为 10.95 m^3/t，埋深为 650 m。

(2) 2# 煤层埋深由西向东逐渐增大，埋深最深点位于采区的东部；2# 煤层瓦斯含量也是由西向东逐渐增大，最大瓦斯含量为 10.2 m^3/t，埋深为 745 m。

(3) 8# 煤层埋深由西向东逐渐增大，埋深最深点位于采区的东部；8# 煤层瓦斯含量也是由西向东逐渐增大，最大瓦斯含量为 16.89 m^3/t，埋深为 770 m。

根据瓦斯参数测试数据，结合测试地点煤层埋深、上覆基岩厚度，可以作出西山矿区各高瓦斯矿井各主采煤层埋深与瓦斯含量的关系模型，如表 2.19 所示。从表 2.19 可以看出，各矿井主采煤层埋深与瓦斯含量相关性均较好，随着煤层埋深增加，瓦斯含量呈现规律性的变化。

表 2.19　西山矿区各矿井主采煤层埋深与瓦斯含量关系

矿井	2# 煤层埋深与瓦斯含量关系	8# 煤层埋深与瓦斯含量关系	9# 煤层埋深与瓦斯含量关系
马兰矿	$y=0.014\,4x-0.513\,0$	$y=0.024\,9x-2.294\,1$	$y=0.022\,2\,x-5.200\,1$
屯兰矿	$y=0.027\,0x+0.059\,4$	$y=0.041\,5x-1.533\,7$	—
东曲矿	$y=0.078\,2x+9.828\,6$	$y=0.054\,8x-11.697\,0$	$y=0.134\,9x-41.232\,0$
西铭矿	$y=0.006\,6x+3.143\,3$	$y=0.031\,1x-1.132\,7$	—
杜儿坪矿	$y=0.006\,4x+2.273\,6$	$y=0.037\,3x-3.910\,2$	—
官地矿	$y=0.008\,6x+2.312\,3$	$y=0.018\,7x+0.350\,1$	—

2.4.1.2　煤层埋深对瓦斯压力的影响

以马兰矿为例，为研究瓦斯压力与煤层埋深之间的关系，收集了煤层地勘期间或未受采动影响的原始瓦斯压力数据，并将煤层埋深与瓦斯压力进行线性回归分析，得到如图 2.32～图 2.34 所示结果。

从线性回归结果可以看出：各煤层瓦斯压力(y)与煤层埋深(x)之间具有较好的线性关系，其数学模型见表 2.20。可以得出：马兰矿 02# 煤层瓦斯压力梯度为 0.33 MPa/hm，2# 煤层瓦斯压力梯度为 0.27 MPa/hm，8# 煤层瓦斯压力梯度为 0.36 MPa/hm。依据瓦斯压力梯度可知：① 02# 煤层埋深由西向东逐渐增大，埋深最深点位于采区的东部；02# 煤层瓦斯压力也是由西向东逐渐增大，最大瓦斯压力约为 1.28 MPa，埋深为 650 m。② 2# 煤层埋深由西向东逐渐增大，埋深最深点位于采区的东部；2# 煤层瓦斯压力也是由西向东逐渐增大，最大瓦斯压力约为 1.77 MPa，埋深为 745 m。③ 8# 煤层埋深由西向东逐渐增大，埋深最深点位于采区的东部；8# 煤层瓦斯压力也是由西向东逐渐增大，最大瓦斯压力约为2.07 MPa，埋深为 770 m。

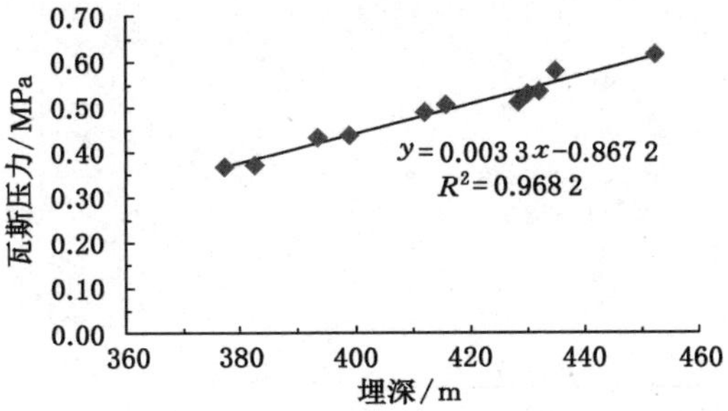

图 2.32　马兰矿 02# 煤层瓦斯压力与埋深关系

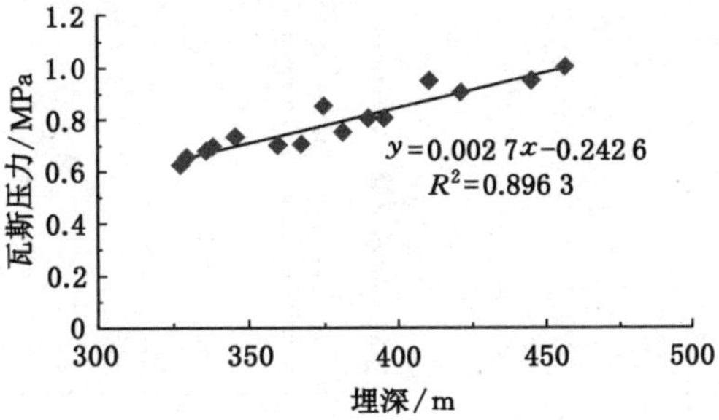

图 2.33　马兰矿 2# 煤层瓦斯压力与埋深关系

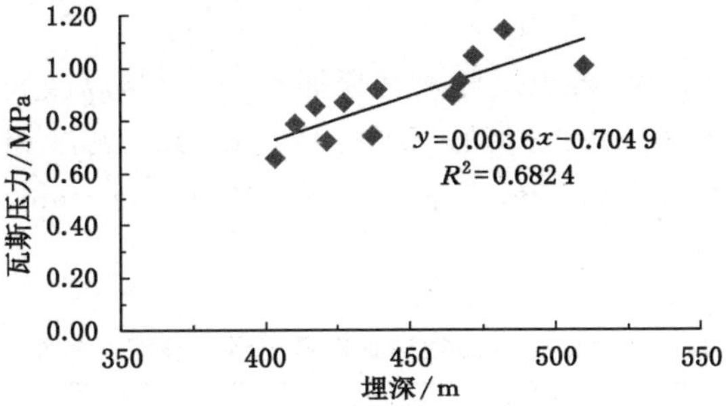

图 2.34　马兰矿 8# 煤层瓦斯压力与埋深关系

表 2.20　马兰矿各煤层瓦斯压力与埋深的数学模型

煤层	数学模型	拟合度 R^2
02#	$y=0.003\ 3x-0.867\ 2$	0.968 2
2#	$y=0.002\ 7x-0.242\ 6$	0.896 3
8#	$y=0.003\ 6x-0.704\ 9$	0.682 4

2.4.1.3　煤层埋深对瓦斯涌出量的影响

以马兰矿为例，为研究瓦斯涌出量与煤层埋深之间的关系，将煤层埋深与瓦斯涌出量进行线性回归分析，得到如图 2.35～图 2.37 所示结果。

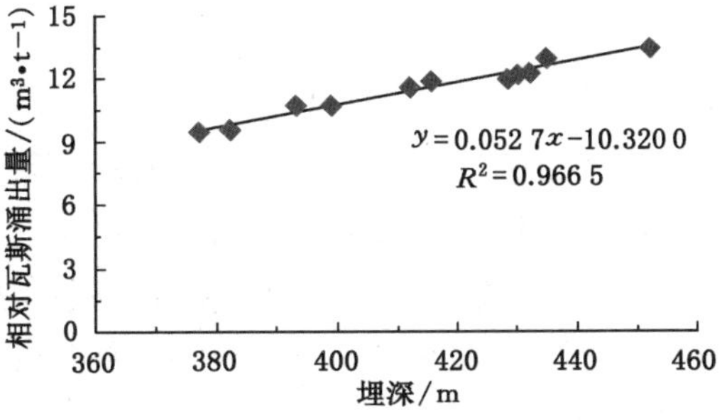

图 2.35　马兰矿 02# 煤层相对瓦斯涌出量与埋深关系

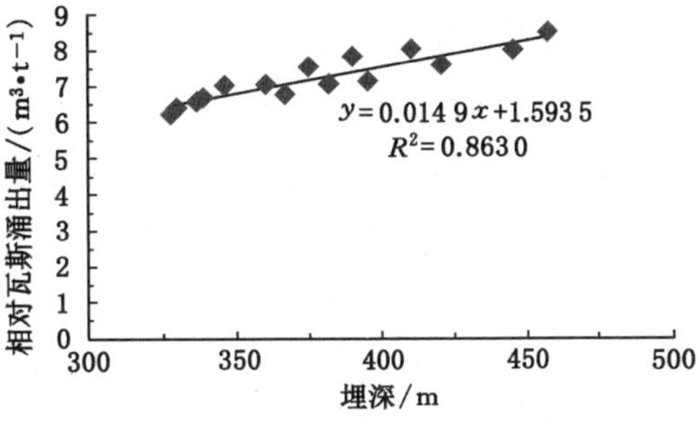

图 2.36　马兰矿 2# 煤层相对瓦斯涌出量与埋深关系

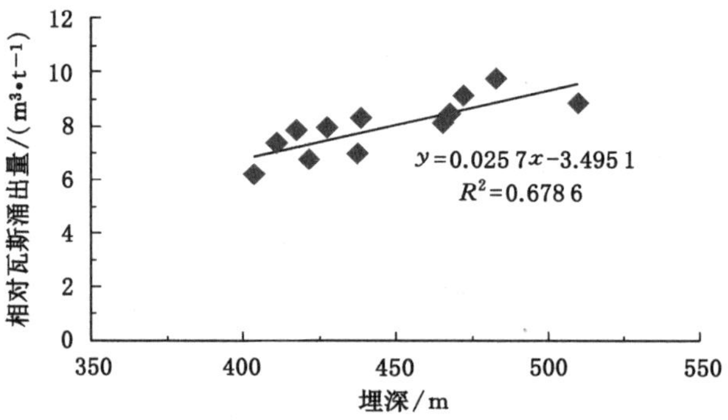

图 2.37　马兰矿 8# 煤层相对瓦斯涌出量与埋深关系

从线性回归结果可以看出：各煤层相对瓦斯涌出量(y)与煤层埋深(x)之间具有较好的线性关系，其数学模型见表 2.21。可以得出：马兰矿 02# 煤层相对瓦斯涌出量梯度为 5.27 $m^3/(t \cdot hm)$，2# 煤层相对瓦斯涌出量梯度为 1.49 $m^3/(t \cdot hm)$，8# 煤层相对瓦斯涌出量梯度为 2.57 $m^3/(t \cdot hm)$。

表 2.21　马兰矿各煤层相对瓦斯涌出量与埋深的数学模型

煤层	数学模型	拟合度 R^2
02#	$y=0.052\,7x-10.320\,0$	0.966 5
2#	$y=0.014\,9x+1.593\,5$	0.863 0
8#	$y=0.025\,7x-3.495\,1$	0.678 6

依据相对瓦斯涌出量梯度，在井田范围内选取若干个预测含量点可知：① 02# 煤层埋深由西向东逐渐增大，最深点位于采区东部；02# 煤层相对瓦斯涌出量也是由西向东逐渐增大，最大相对瓦斯涌出量为 23.94 $m^3/(t \cdot hm)$，埋深为 650 m。② 2# 煤层埋深由西向东逐渐增大，最深点位于采区东部；2# 煤层相对瓦斯涌出量也是由西向东逐渐增大，最大相对瓦斯涌出量为 12.69 $m^3/(t \cdot hm)$，埋深为 745 m。③ 8# 煤层埋深由西向东逐渐增大，最深点位于采区东部；8# 煤层相对瓦斯涌出量也是由西向东逐渐增大，最大相对瓦斯涌出量为 16.29 $m^3/(t \cdot hm)$，埋深为 770 m。

2.4.2　西山矿区地质构造对瓦斯赋存的影响

(1) 断层对瓦斯赋存的影响

开放性断层(张性、张扭性和导水断层)不论其是否与地表直接相通，都会引起断层附近煤层瓦斯含量的降低，当与煤层接触的对盘岩层透气性高时，瓦斯含量降低的幅度更大。封闭性断层(压性、压扭性和不导水性)与煤层接触的对盘岩层透气性低时，可以阻止煤层瓦斯的排放，在这种条件下，煤层具有较高的瓦斯含量。由于断层集中应力带的影响，距断层一定距离的岩层与煤层的透气性因受挤压而降低，故出现瓦斯含量增高区。

根据马兰矿野外地质调查、钻孔控制、井下工程揭露及二维地震勘探结果，井田内已查明落差大于或等于 5 m 的断层有 157 条，多属高角度开放性的正断层，对煤层瓦斯的排放比较有利。但是，根据勘探资料，由于 F_{78} 北社正断层其下部分布着大范围的岩浆岩侵蚀区，具有比较充分的瓦斯供给条件，而以上沿煤层走向切割的大断层实际上切断了深部瓦斯向地表的运移通道，因此该区域必然成为高瓦斯带，具有发生煤与瓦斯突出的可能。井田北翼分布有诸多走向小断层，总体上也应该表现为与南部相似的瓦斯地质规律，但由于其埋藏较浅，瓦斯涌出量要明显小于井田南翼。

(2) 褶皱对瓦斯赋存的影响

闭合而完整的背斜或穹隆且覆盖不透气的地层是良好的储瓦斯构造，在其轴部煤层内往往积存高压瓦斯，形成“气顶”。倾伏背斜轴部的瓦斯含量通常也比相同埋深的翼部高。但是当背斜轴的顶部岩层为透气岩层或因张力形成连通地面的裂隙时，瓦斯会大量流失，轴部瓦斯含量反而比翼部小；向斜轴部围岩常因受挤压透气性变低，瓦斯封存条件较好。轴部瓦斯含量一般要比翼部高。这在杜儿坪矿、西铭矿、屯兰矿表现较为明显。

马兰向斜从井田北部镇城底井田伸入本井田，在井田北部走向为南北向，到马兰村后走向转为南东，井田内轴向延伸长 12.79 km，两翼极不对称，西陡东缓，西翼倾角为 11°～27°，东翼倾角为 6°～14°，为平缓宽幅褶曲，向斜轴部煤层最低标高为＋450 m，比现水平(＋910 m 水平)低 460 m，且向斜轴部及两翼构造应力大，中、小型断层发育，因此，马兰向斜轴部瓦斯含量相对较高。

2.4.3　陷落柱对瓦斯赋存的影响

如果陷落柱的发育裂隙沟通强含水地层、地表水或老窑积水，煤矿开采时水流量会增大，表现为水大瓦斯小的特点。一方面水流驱动着裂隙和孔隙中的瓦斯运移，同时又促使溶于水的瓦斯一起流动；另一方面水被吸附在煤裂隙和孔隙的表面后降低了煤对瓦斯的吸附能力，并增大了瓦斯排放能力。对于隐伏于地表以下的陷落柱，不存在大量直接和地面沟通的孔隙、通道，瓦斯保存条件较好，陷落柱周围的瓦斯容易积聚。

根据马兰矿地质报告资料，井田内陷落柱分布比较分散，个体相对较小，数量较少，胶结状态中等，充填较密实，不利于瓦斯富集。但由于陷落柱破坏煤层的整体性，对工作面布置有一定影响。

2.4.4　顶底板岩性对瓦斯赋存的影响

围岩的透气性对煤层瓦斯含量有着重要的影响。当直接顶板属泥岩时，如碳质泥岩或砂质泥岩，一般透气性不好，对煤层中瓦斯起封闭作用；若煤层的直接顶板以粉砂岩为主，如细粒、中粒砂岩，则有利于瓦斯扩散。

本节以官地矿为例说明顶底板岩性对瓦斯赋存的影响。各个煤层的顶底板岩性情况如下：

(1) 2# 煤层顶板多为砂质泥岩、泥岩，局部为中细粒砂岩及粉砂岩；底板为细粒砂岩、砂质泥岩，局部为中粒砂岩、粉砂岩及泥岩。其中，顶板 20 m 内泥岩厚度为 1.90～17.91 m，平均为 8.6 m；底板 10 m 内泥岩厚度为 1.7～10 m，平均为 5.0 m。

(2) 3# 煤层直接顶以砂质泥岩和细粒砂岩为主，基本顶为中粗粒砂岩，有时夹碳质泥岩伪顶；底板多为砂质泥岩或泥岩，局部为碳质泥岩或粉砂岩。其中，顶板 20 m 内泥岩厚度为 1.9～18.1 m，平均为 7.8 m；底板 10 m 内泥岩厚度为 0.40～5.37 m，平均为 2.2 m。

(3) 6# 煤层直接顶为钙质泥岩，局部为东大窑灰岩(L_5)，有时夹碳质泥岩伪顶。底板为泥岩或砂质泥岩。其中，顶板 20 m 内泥岩厚度为 3.76～17.07 m，平均为 10.2 m；底板 10 m 内泥岩厚度为 1.4～6.9 m，平均为 4.1 m。

(4) 8# 煤层顶板为庙沟灰岩(L_1)；底板为泥岩或砂质泥岩，局部为细粒砂岩和中粒砂岩。其中，顶板 20 m 内泥岩厚度为 2.8～12.1 m，平均为 7.0 m；底板 10 m 内泥岩厚度为 0.73～9.06 m，平均为 4.7 m。

(5) 9# 煤层顶板为泥岩或砂质泥岩，局部为中、细粒砂岩。底板为砂质泥岩、泥岩或碳质泥岩，局部为中粒、细粒砂岩。其中，顶板 20 m 内泥岩厚度为 2.0～13.2 m，平均为 7.2 m；底板 10 m 内泥岩厚度为 0.9～10 m，平均为 6.2 m。

由以上分析可知，本区山西组煤层顶底板封盖能力较好，瓦斯较易保存，太原组煤层顶部较厚的泥岩层更有利于阻止瓦斯向上运移，造成本区瓦斯含量较大。

2.4.5 水文地质对瓦斯赋存的影响

孔隙水、裂隙水在构造破碎带、灰岩浅埋区强风化地段下渗补给岩溶水；在隆升地段与构造明显破碎地段岩溶均较发育，富水性好。汾河、屯兰河、天池河流经奥灰浅埋段，由于断裂构造发育使河床岩溶甚为发育，为下渗补给段；除红崖子地堑段外，其余汾河段古交地垒段为奥灰岩极富水区；受其影响并有勘探资料证实西曲矿、镇城底矿地下岩溶也极其发育，赋水性好。滞流区主要分布在古交的马兰向斜上，包括马兰矿、屯兰矿、东曲矿，在地质结构上是一个较完整的储水构造，瓦斯能得以大量保存，造成马兰矿、屯兰矿、东曲矿瓦斯含量高，为突出矿井。

3 近距离突出煤层群预测临界值与危险性快速辨识

煤与瓦斯突出是突出矿井采掘过程中面临的重大自然灾害，严重威胁煤矿安全生产，制约矿井的采掘速度，影响煤矿的经济效益[30-33]。作为防治突出的首要环节，突出预测的准确与否直接关系着突出危险煤层开采的作业安全，同时也涉及需要施工防突工程范围的大小，与矿井的经济效益有着直接的关系。此外，同一指标在不同的矿井甚至同一矿井不同地点的突出敏感程度也是不同的，所以有些矿区会出现“低指标突出，高指标不突”的现象，突出预测敏感指标就是既能保证矿井生产安全又能在最小区域内实施防突技术措施的预测突出危险的指标[34-38]。所以，研究建立突出预测敏感指标及临界值具有重要意义。

随着采掘进度的推进，西山矿区瓦斯灾害愈发严重，瓦斯灾害成为制约矿井高产、高效可持续发展的瓶颈。为了更有效地进行瓦斯防治，需要进一步提高瓦斯防治的针对性，充分利用井下实测信息建立矿井煤层、采区、工作面三级瓦斯地质信息，通过对工作面瓦斯地质、突出预测等信息进行动态管理与更新，实现区域突出危险性的预测与分析；同时利用掘进工作面瓦斯涌出特征与突出危险性之间的关系，建立瓦斯涌出特征预警模型，实现突出危险性的实时预警，对指导矿井防突工作有着十分重要的意义。

3.1 区域突出预测敏感指标分析

区域预测是突出煤层安全生产的重要环节，根据国内外开采突出煤层的实践，突出煤层并非处处都有突出危险，突出只发生在突出煤层中的局部地带，其突出危险带的面积还不到突出煤层面积的10%～20%，其长度为10～100 m，而突出危险带的分布也很不均匀，有的相距较近，有的相隔很远，达1 000 m以上。

《防治煤与瓦斯突出细则》第五十一条规定：突出矿井应当主要依据煤层瓦斯的井下实测资料，并结合地质勘查资料、上水平及邻近区域的实测和生产资料等对开采的突出煤层进行区域突出危险性预测(以下简称区域预测)。经区域预测后，突出煤层划分为无突出危险区和突出危险区，用于指导采煤工作面设计和采掘生产作业。未进行区域预测的区域视为突出危险区。

因此，对煤层进行准确的区域预测的作用有两个：一是将突出危险区域准确预测出来，采取区域防突措施，保证生产安全；二是对非突出区域减少防突工程，节约防突费用。西山矿区开采的主要煤层为2#、4#、8#、9#煤层，这些煤层均为突出煤层，其敏感指标考察以东曲矿为例，通过实验室和现场分析相结合的方法，研究了突出预测指标的敏感性，确定突出预测敏感指标及其临界值。

3.1.1 煤与瓦斯突出区域预测指标

《防治煤与瓦斯突出细则》第五十七条规定：区域预测一般根据煤层瓦斯参数结合瓦斯

地质分析的方法进行，也可以采用其他经试验证实有效的方法。根据煤层瓦斯压力和瓦斯含量进行区域预测的临界值应当由具有煤与瓦斯突出鉴定资质的机构进行试验考察。预测方法参照《防治煤与瓦斯突出细则》第五十八条，根据煤层瓦斯参数结合瓦斯地质分析的区域预测方法应当按照下列要求进行：

① 煤层瓦斯风化带为无突出危险区。

② 根据已开采区域确切掌握的煤层赋存特征、地质构造条件、突出分布的规律和对预测区域煤层地质构造的探测、预测结果，采用瓦斯地质分析的方法划分出突出危险区。当突出点或者具有明显突出预兆的位置分布与构造带有直接关系时，则该构造的延伸位置及其两侧一定范围的煤层为突出危险区；否则，在同一地质单元内，突出点和具有明显突出预兆的位置以上 20 m(垂深)及以下的范围为突出危险区(图 3.1)。

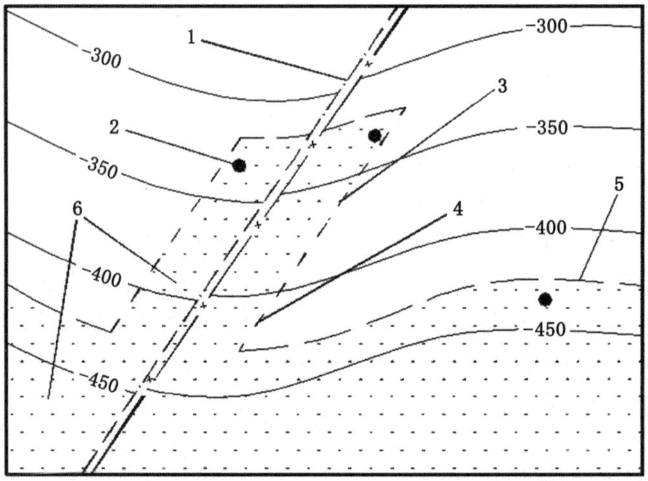

1—断层；2—突出点；3—上部区域突出点在断层两侧的最远距离线；
4—推测的下部区域断层两侧的突出危险区边界线；5—推测的下部区域突出危险区上边界线；6—突出危险区(阴影部分)。

图 3.1 根据瓦斯地质分析划分突出危险区域示意图

③ 在第一项划分出的无突出危险区和第二项划分的突出危险区以外的范围，应当根据煤层瓦斯压力 p 和煤层瓦斯含量 W 进行预测。预测所依据的临界值应当根据试验考察确定，在确定前可暂按表 3.1 预测。

表 3.1 根据煤层瓦斯压力或瓦斯含量进行区域预测的临界值

瓦斯压力 p/MPa	瓦斯含量 $W/(m^3 \cdot t^{-1})$	区域类别
$p<0.74$	$W<8$(构造带<6)	无突出危险区
除上述情况以外的其他情况		突出危险区

依据上述论述，区域敏感指标主要有瓦斯含量和瓦斯压力，而瓦斯含量和瓦斯压力临界值的确定对局部敏感指标临界值确定也有很重要的意义。区域敏感指标中瓦斯压力突出临界值的确定方法主要有经验公式、规定临界值、现场突出动力现象等，而对于瓦斯含量临界值则可以通过确定后的最小突出压力利用间接法计算得到。

自20世纪70年代以来，国内外很多学者对煤层发生突出的最小瓦斯压力进行了研究。突出最小瓦斯压力多是在现场实际数据的基础上利用统计学手段获得的。通过研究发现，煤与瓦斯突出的发生不仅与瓦斯压力的大小有关，而且还与煤的本身性质相关，如煤的坚固性系数、煤的挥发分等。目前有很多先进的方法均运用于煤与瓦斯突出的预测中，然而根据统计学得到的经验公式法，由于其简便性一直较好地被用于突出最小瓦斯压力的确定中。

3.1.2 煤层瓦斯压力预测指标的确定

研究表明，煤层瓦斯压力越高，突出的危险性就越大，瓦斯突出的最小突出瓦斯压力与煤的坚固性系数有关，且存在着函数关系，因此可以利用经验公式来计算最小突出瓦斯压力，目前常用的经验公式有以下3种。

煤炭科学研究总院和原北票矿务局对北票矿区进行了统计研究，得出煤层突出瓦斯压力最小值也与煤层最小坚固系数有关，并得出以下关系[39]：

$$p_{\min} = 2.79 f_{\min} + 0.39 \tag{3.1}$$

式中 $p_{\min}$——煤层突出时最小瓦斯压力，MPa；

$f_{\min}$——煤层最小坚固系数。

俞启香通过对26个突出矿井煤层突出统计资料分析，得出了最小突出瓦斯压力与煤的挥发分和坚固性系数的乘积（挥坚积）的公式[40]：

$$p_{\min} = A(0.1 + BVf) \tag{3.2}$$

式中 f——煤层的坚固性系数；

A——常数，在本统计条件下得出 $A=5$；

V——煤层的挥发分，%；

B——常数，在本统计条件下得出 $B=0.017$。

根据胡千庭等的研究成果，瓦斯突出的临界瓦斯压力与煤的坚固性系数有关，可用如下形式的经验公式来推测煤层的临界瓦斯压力[41]：

$$p_{\min} = 3.994(f_{\min} - 0.1)^{0.6} \tag{3.3}$$

由中煤科工集团重庆研究院有限公司出具的2#、4#、8#、9#煤层煤与瓦斯突出危险性鉴定报告数据可以看出，在测定的4层煤样中，其坚固性系数的变化区间为0.21～0.40，将各煤层测定的最小坚固性系数 $f_{\min}$ 代入各个经验公式，可求得各煤层对应的消突最小突出瓦斯压力（相对压力），如表3.2所示。其中，参照公式(3.2)得2#、4#、8#、9#煤层突出瓦斯压力的最小值分别为1.12 MPa、1.00 MPa、0.92 MPa、0.76 MPa。

表3.2 东曲矿2#、4#、8#、9#煤层最小突出瓦斯压力计算表

煤层	最小坚固性系数 $f_{\min}$	最小挥发分 V_{daf}/%	最小突出瓦斯压力 $p_{\min}$/MPa		
			胡千庭等	原北票矿务局	俞启香
2#	0.4	18.25	1.94	1.51	1.12
4#	0.33	17.75	1.65	1.31	1.00
8#	0.34	14.55	1.70	1.34	0.92
9#	0.21	14.47	1.06	0.98	0.76

3.1.3 煤层瓦斯含量预测指标的确定

以各煤层消突的最小突出瓦斯压力为基础，各煤层不同水分条件下对应的煤层瓦斯含量计算公式如下。

（1）水分为 0.71%～0.99%时：

$$W=\frac{25.625p}{1+1.28p} \tag{3.4}$$

（2）水分为 1.01%～1.21%时：

$$W=\frac{33.55p}{1+1.959p} \tag{3.5}$$

（3）水分为 1.23%～1.60%时：

$$W=\frac{36.578p}{1+2.7p} \tag{3.6}$$

取上述确定的 2#、4#、8#、9# 煤层最小突出瓦斯压力分别为 1.12 MPa、1.00 MPa、0.92 MPa、0.76 MPa，代入上式可得各煤层最小突出瓦斯含量情况，如表 3.3 所示。

表 3.3　东曲矿 2#、4#、8#、9# 煤层最小突出瓦斯含量情况计算表

水分区间/%	最小突出瓦斯含量 W_{min}/($m^3 \cdot t^{-1}$)			
	2# 煤层	4# 煤层	8# 煤层	9# 煤层
0.71～0.99	11.79	11.24	10.83	9.87
1.01～1.21	11.76	11.34	11.01	10.24
1.23～1.60	10.18	9.89	9.66	9.11

由表 3.3 可知，东曲矿 2#、4#、8#、9# 煤层对应的瓦斯含量临界域分别为 10.18～11.79 m^3/t、9.89～11.34 m^3/t、9.66～11.01 m^3/t、9.11～10.24 m^3/t，安全起见，在采用煤层瓦斯含量指标进行区域预测时，各煤层瓦斯含量临界值应取其临界域的下限，即东曲矿 2#、4#、8#、9# 煤层对应的区域预测瓦斯含量临界值分别为 10.18 m^3/t、9.89 m^3/t、9.66 m^3/t、9.11 m^3/t，但考虑到煤层水分赋存的不均衡性、煤层瓦斯吸附的复杂性、试验样本的局限性，在其临界域下限的基础上还应考虑一定的安全系数，安全系数取 1.1，2#、4#、8#、9# 煤层区域预测瓦斯含量临界值分别为 9.25 m^3/t、8.99 m^3/t、8.78 m^3/t、8.28 m^3/t，如表 3.4 所示。

表 3.4　东曲矿 2#、4#、8#、9# 煤层最小突出瓦斯含量表

项目	最小突出瓦斯含量 W_{min}/($m^3 \cdot t^{-1}$)			
	2# 煤层	4# 煤层	8# 煤层	9# 煤层
原始数据	10.18	9.89	9.66	9.11
安全数据	9.25	8.99	8.78	8.28

3.2 局部突出敏感指标分析

局部突出危险性预测(工作面突出危险性预测)作为我国防治突出体系中的一个重要环节,是在区域预测或区域防突措施效果检验判定为无突出危险区内进行的[42-44]。预测方法主要有钻屑指标法、R 值指标法、综合指标法和复合指标法,使用钻屑瓦斯解吸指标 K_1、Δh_2,钻屑量指标 S 等进行工作面突出危险性预测。

3.2.1 煤与瓦斯突出局部预测指标

(1) 钻屑瓦斯解吸指标。钻屑瓦斯解吸指标是根据特定粒径煤样的瓦斯解吸规律判断突出危险性的一种预测指标,其中 Δh_2 和 K_1 是我国突出矿井最常使用的两个工作面突出预测指标,现场测定过程中所用仪器分别是原煤炭科学研究总院抚顺分院研制的 MD-2 型瓦斯解吸仪和中煤科工集团重庆研究院有限公司研制的 WTC 型瓦斯突出参数仪。

(2) 钻屑量指标。利用钻屑量来判断井下生产过程中动力现象(煤与瓦斯突出、冲击地压等)发生的危险性,在联邦德国、法国、苏联等国都进行过现场试验研究。我国学者结合我国的煤田具体条件,提出了以每米钻孔钻进过程中排出的钻屑重量或者体积来表征突出危险性的大小。

2019 年颁布的《防治煤与瓦斯突出细则》中,将直径 42 mm 钻孔的钻屑量 6 kg/m 或 5.4 L/m 定为突出预测的临界值。

3.2.2 煤样钻屑瓦斯解吸指标测定结果分析

(1) 钻屑解吸指标测定结果

对东曲矿 2#、4#、8#、9# 煤层 4 组煤样的解吸指标 Δh_2 分别进行了实验室测定,结果如表 3.5 所示。

表 3.5 实验煤样在不同压力下的瓦斯解吸指标测定结果

煤样所在煤层	平衡压力 /MPa	实验温度 /℃	大气压力 /Pa	解吸指标 Δh_2/Pa
2#	0.10	28	99 800	40
	0.25	28	99 800	65
	0.40	30	99 800	90
	0.53	30	99 800	101
	0.75	29	99 800	125
4#	0.10	28	99 800	90
	0.25	28	99 800	109
	0.40	30	99 800	140
	0.53	30	99 800	153
	0.75	29	99 800	179

表 3.5(续)

煤样所在煤层	平衡压力 /MPa	实验温度 /℃	大气压力 /Pa	解吸指标 Δh_2/Pa
8#	0.10	28	99 800	106
	0.25	28	99 800	126
	0.40	30	99 800	150
	0.53	30	99 800	164
	0.75	29	99 800	181
9#	0.15	28	99 800	166
	0.28	28	99 800	181
	0.45	30	99 800	188
	0.48	30	99 800	193
	0.60	29	99 800	198

(2) 钻屑解吸指标测定结果与压力的拟合分析

胡千庭等认为 K_1 指标与吸附平衡压力 p 之间存在 $K_1 = Ap^B$ 的幂函数关系[41,45]。将东曲矿 2# 煤层、4# 煤层、8# 煤层、9# 煤层煤样在实验室测定的不同吸附平衡压力下的钻屑瓦斯解吸指标 Δh_2 进行幂函数拟合,如图 3.2 所示。

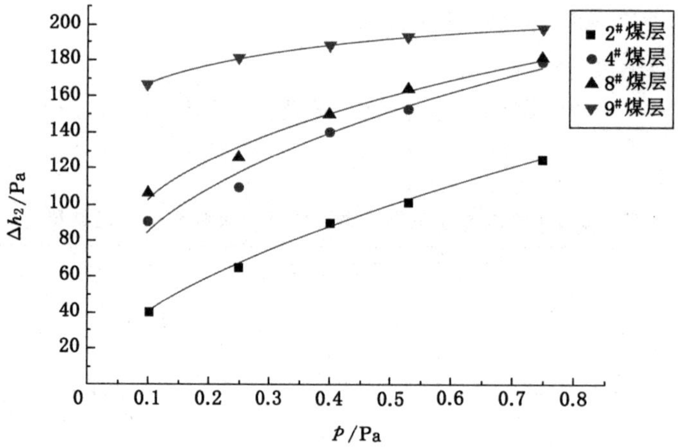

图 3.2 Δh_2 与瓦斯压力 p 的关系

钻屑瓦斯解吸指标 K_1 为煤样自煤体脱落暴露后,第 1 分钟内每克煤样的累积瓦斯解吸量,如式(3.7)所示:

$$K_1 = (Q_t + W_t)/3 \tag{3.7}$$

式中 Q_t——煤样解吸测定开始后,第 t 分钟时解析仪实测每克煤样的累积瓦斯解吸量,mL/g;

W_t——解吸测定开始前,煤样在暴露时间内损失的瓦斯量,mL/g。

由式(3.7)可将图 3.2 转换为图 3.3，试验煤样钻屑解吸指标与压力关系的拟合结果如表 3.6 所示。

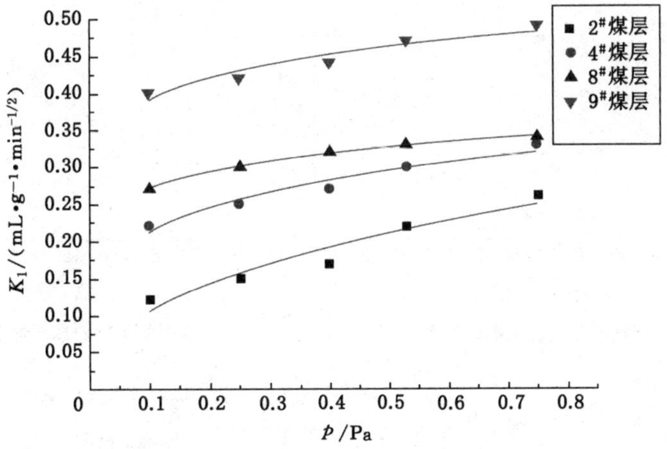

图 3.3 K_1 与瓦斯压力 p 的关系

表 3.6 试验煤样钻屑解吸指标与压力关系的拟合结果

煤样所在煤层	钻屑瓦斯解吸指标	拟合曲线方程	相关性指数 R^2
2#	K_1	$K_1=0.284p^{0.431}$	0.914 00
	Δh_2	$\Delta h_2=147.143p^{0.57}$	0.996 02
4#	K_1	$K_1=0.341p^{0.208}$	0.940 00
	Δh_2	$\Delta h_2=195.379p^{0.369}$	0.967 00
8#	K_1	$K_1=0.354p^{0.117}$	0.995 00
	Δh_2	$\Delta h_2=194.71p^{0.281}$	0.980 00
9#	K_1	$K_1=0.497p^{0.104}$	0.905 00
	Δh_2	$\Delta h_2=203.651p^{0.088}$	0.998 00

3.2.3 钻屑瓦斯解吸指标 K_1 与 Δh_2 的关系分析

将煤样的钻屑瓦斯解吸指标 K_1 和 Δh_2 进行线性拟合，结果如图 3.4 所示。从图 3.4 可以看出，各组煤样钻屑瓦斯解吸指标 K_1 随着 Δh_2 的提高而增大，且增大趋势具有较好的一致性，且两指标之间具有线性关系。

3.2.4 突出预测指标 K_1、Δh_2、S 的敏感性分析

选取 12610 胶带巷、18414 回风专用巷、24808 轨道巷、28810 底抽巷掘进过程中的突出预测数据来对东曲矿钻屑解吸指标 K_1、Δh_2 及钻屑量指标 S 的敏感性进行论证，见表 3.7。

目前，确定敏感指标及其临界值的方法大都倾向于按预测或防突措施效果检验实测数据进行统计分析，在此基础上利用模糊聚类方法进行分析[46]。该方法是在跟踪考察数据的基础上，建立预测敏感指标的数学模型，把抽象敏感指标的确定问题通过具体数值表示出来，其具体计算步骤如下。

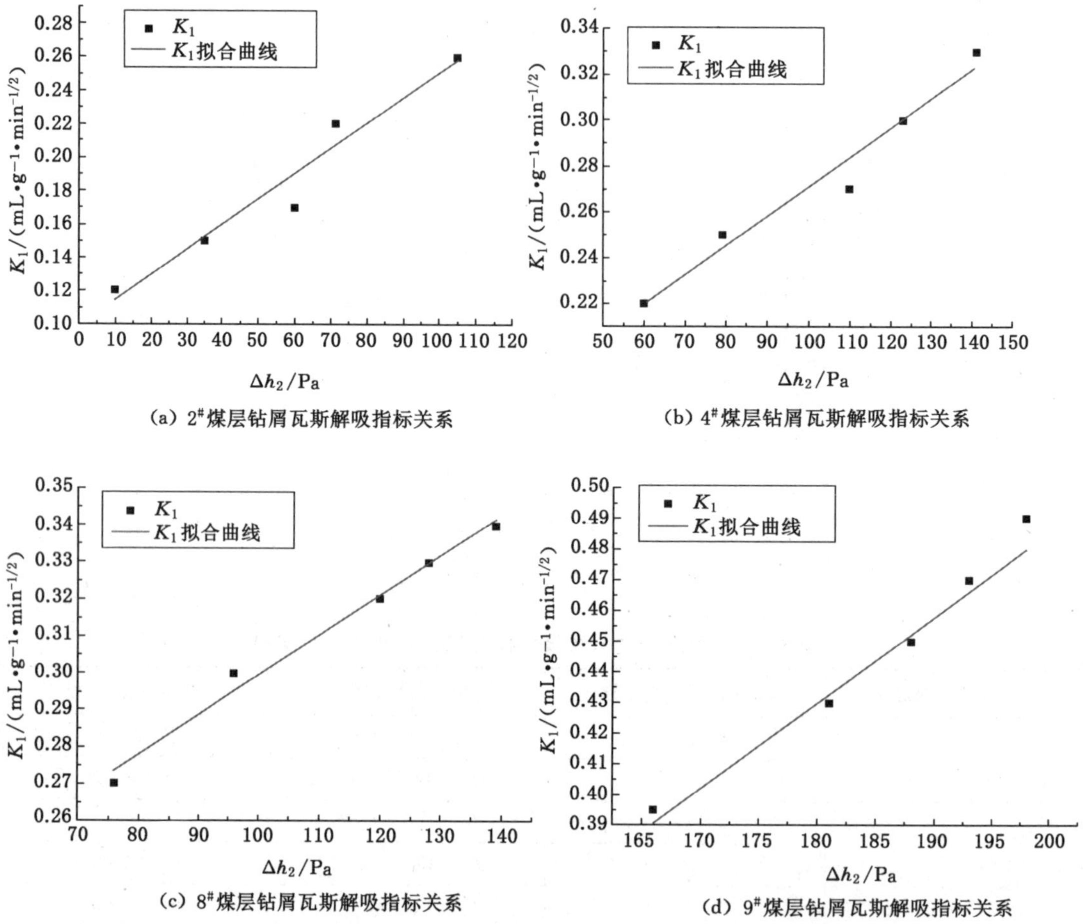

(a) 2#煤层钻屑瓦斯解吸指标关系

(b) 4#煤层钻屑瓦斯解吸指标关系

(c) 8#煤层钻屑瓦斯解吸指标关系

(d) 9#煤层钻屑瓦斯解吸指标关系

图 3.4 钻屑瓦斯解吸指标 K_1 和 Δh_2 之间的拟合曲线

表 3.7 东曲矿 K_1、Δh_2 和 S 的跟踪数据

煤层	测定地点	Δh_{2max} /Pa	K_{1max} /(mL·g^{-1}·min$^{-\frac{1}{2}}$)	S_{max} /(kg·m^{-1})	现场施工情况
2#	12610 胶带巷	80	0.10	2.0	无瓦斯动力现象
	12610 胶带巷	120	0.18	5.8	无瓦斯动力现象
	12610 胶带巷	100	0.16	2.0	无瓦斯动力现象
	12610 胶带巷	180	0.48	5.9	钻进时给进压力大
	12610 胶带巷	170	0.49	5.9	钻进时给进压力大
	12610 胶带巷	90	0.08	2.0	无瓦斯动力现象
	12610 胶带巷	100	0.08	2.0	无瓦斯动力现象
	12610 胶带巷	80	0.07	1.8	无瓦斯动力现象
	12610 胶带巷	120	0.18	4.9	无瓦斯动力现象
	12610 胶带巷	100	0.09	2.0	无瓦斯动力现象

表 3.7(续)

煤层	测定地点	$\Delta h_{2\max}$ /Pa	$K_{1\max}$ /(mL·g^{-1}·min$^{-\frac{1}{2}}$)	$S_{\max}$ /(kg·m^{-1})	现场施工情况
4#	24808 轨道巷 46 m	130	0.13	1.8	无瓦斯动力现象
	24808 轨道巷 54 m	120	0.11	1.8	无瓦斯动力现象
	24808 轨道巷 63 m	140	0.12	1.8	无瓦斯动力现象
	24808 轨道巷 98 m	130	0.12	1.8	无瓦斯动力现象
	24808 轨道巷 117 m	190	0.49	5.6	无瓦斯动力现象
	24808 轨道巷 150 m	180	0.49	5.3	钻进时给进压力大
	24808 轨道巷 172 m	220	0.50	5.7	钻进时给进压力大
	24808 轨道巷 183 m	160	0.16	2.0	无瓦斯动力现象
	24808 轨道巷 376 m	70	0.01	1.8	无瓦斯动力现象
	24808 轨道巷 398 m	60	0.01	1.8	无瓦斯动力现象
	24808 轨道巷 412 m	80	0.01	1.8	无瓦斯动力现象
8#	18414 回风专用巷	200	0.49	5.7	钻进时给进压力大
	18414 回风专用巷	240	0.52	5.1	钻进时给进压力大
	18414 回风专用巷	220	0.49	5.7	钻进时给进压力大
	18414 回风专用巷	140	0.14	2.0	无瓦斯动力现象
	18414 回风专用巷	130	0.19	2.0	无瓦斯动力现象
	18414 回风专用巷	210	0.50	5.9	无瓦斯动力现象
	18414 回风专用巷	190	0.37	2.0	无瓦斯动力现象
	18414 回风专用巷	180	0.27	2.0	无瓦斯动力现象
	18414 回风专用巷	190	0.38	5.8	无瓦斯动力现象
	18414 回风专用巷	190	0.36	2.0	无瓦斯动力现象
	18414 回风专用巷	180	0.19	2.0	无瓦斯动力现象
9#	28810 底抽巷	200	5.6	3.6	钻进时给进压力大
	28810 底抽巷	260	6.6	4.0	钻进时给进压力大
	28810 底抽巷	160	0.15	1.8	无瓦斯动力现象
	28810 底抽巷	140	0.08	2.0	无瓦斯动力现象
	28810 底抽巷	80	0.12	1.8	无瓦斯动力现象
	28810 底抽巷	120	0.19	2.0	无瓦斯动力现象
	28810 底抽巷	140	0.12	1.8	无瓦斯动力现象
	28810 底抽巷	140	0.21	1.8	无瓦斯动力现象
	28810 底抽巷	200	5.7	4.1	钻进时给进压力大
	28810 底抽巷	180	0.14	2.0	无瓦斯动力现象
	28810 底抽巷	100	0.04	2.0	无瓦斯动力现象
	28810 底抽巷	140	0.24	2.0	无瓦斯动力现象
	28810 底抽巷	200	5.8	3.2	无瓦斯动力现象
	28810 底抽巷	120	0.26	2.0	无瓦斯动力现象

钻屑瓦斯解吸指标 K_1、Δh_2 和钻屑量 S 有不同的单位，为了使比较对象处于相同的数学体系中进行同类级的比较，需要做无量纲化处理，即通过数学变换消除指标单位及其数值数量级的影响。无量纲化过程可用下式进行处理[47-49]：

$$y_i = \frac{x_i - \bar{x}}{S'} \tag{3.8}$$

式中 x_i——预测指标实际值；

y_i——预测指标值；

$\bar{x}$——预测指标实际值的平均值；

S'——预测指标实际值的标准差。

$$S = \sqrt{\frac{1}{m-1}\sum_{i=1}^{m}(x_i - \bar{x})^2} \tag{3.9}$$

经过式(3.9)计算，带有不同单位的突出预测指标 K_1、Δh_2 和钻屑量 S 便都可以转换成无量纲量。

可用广义方差极小法[50-51]、极大不相关法[52]、相关系数法[53]、最小均方差法[54]、极小极大离差法[55-56]等方法进行敏感指标筛选。本节采用最小均方差法：

$$S'_j = \sqrt{\frac{1}{m}\sum_{i=1}^{n}(y_{ij} - \bar{y}_j)^2} \quad (j = 1,2,3,\cdots,n) \tag{3.10}$$

式中 S'_j——第 j 个预测指标的评价值的样本均方差；

$\bar{y}_j$——第 j 个预测指标的评价值的平均值。

对于 $k_0(1 \leqslant k_0 \leqslant n)$，令：

$$S_{k_0} = \min\{S'_j\} \quad (1 \leqslant j \leqslant n) \tag{3.11}$$

S_{k_0} 值越大则其对应的指标越敏感，反之则不敏感。

Δh_2、K_1、S 三个指标计算结果 S'_1 为 0.55 kg/m、S'_2 为 0.54 kg/m、S'_3 为 0.18 kg/m，Δh_2 最敏感，K_1 次之，S 最不敏感。

综上可知：在采用钻屑解吸指标 Δh_2、K_1 和钻屑量 S 三个指标对东曲矿各煤层进行突出危险性预测的过程中，Δh_2 与 K_1 的敏感性相差不大，均可作为预测的敏感指标，钻屑量 S 的敏感性最差。

3.3 突出预测指标的可靠性考察与临界值确定

3.3.1 区域预测敏感指标的可靠性考察与临界值确定

以东曲矿 2017 年 5—6 月瓦斯含量、瓦斯压力测定结果为主要研究对象，考证以上研究结果作为东曲矿区域预测最小突出瓦斯含量临界值的可行性，结果如表 3.8 所示。

由表 3.8 可知，出现瓦斯动力现象时，瓦斯压力变化不大，并没有达到最小突出瓦斯压力，相反，在出现的 4 次瓦斯动力现象中，瓦斯含量均超过了各煤层最小突出瓦斯含量临界值，虽然有 3 组数据瓦斯含量达到了 7 m^3/t 以上，但未发生瓦斯动力现象，仍需警惕煤与瓦斯突出事故的发生。由以上分析理论得出的东曲煤矿 2#、4#、8#、9# 煤层区域预测瓦斯含量临界值是可靠的。

表 3.8 各煤层瓦斯含量、瓦斯压力情况统计表

时间	地点	瓦斯含量/($m^3 \cdot t^{-1}$)	瓦斯压力/MPa	现场施工情况
5 月 31 日	28210 回风措施巷	5.732 1	0.173	无瓦斯动力现象
6 月 21 日		5.4638	0.159	无瓦斯动力现象
5 月 31 日	28810 底抽巷	6.489 6	0.219	无瓦斯动力现象
6 月 17 日		5.838 0	0.180	无瓦斯动力现象
6 月 24 日		5.896 6	0.186	无瓦斯动力现象
6 月 29 日		5.963 5	0.190	无瓦斯动力现象
5 月 31 日	18314 底抽巷	7.209 4	0.278	无瓦斯动力现象
6 月 2 日		7.051 9	0.266	无瓦斯动力现象
6 月 5 日		8.684 5	0.359	钻进时给进压力大
6 月 7 日		8.368 1	0.339	钻进时给进压力大
6 月 6 日	28216 胶带巷外围	9.042 7	0.363	钻进时给进压力大
6 月 15 日		8.748 9	0.367	钻进时给进压力大
6 月 4 日	18315 轨道巷	4.145 4	0.087	无瓦斯动力现象
6 月 6 日		7.244 7	0.246	无瓦斯动力现象
6 月 26 日		5.445 1	0.157	无瓦斯动力现象
6 月 2 日	29804 轨道巷	3.806 5	0.079	无瓦斯动力现象
6 月 28 日		3.728 9	0.077	无瓦斯动力现象
6 月 26 日	12509 工作面	3.402 1	0.063	无瓦斯动力现象
6 月 13 日	14311 工作面	3.896 7	0.078	无瓦斯动力现象
6 月 25 日		4.063 8	0.085	无瓦斯动力现象
6 月 15 日	28808 工作面	5.136 8	0.156	无瓦斯动力现象
6 月 23 日	18308 工作面	4.398 7	0.097	无瓦斯动力现象
6 月 10 日	14218 新开切眼	4.003 7	0.082	无瓦斯动力现象

3.3.2 局部预测敏感指标临界值

突出危险和非突出危险的突出预测指标，即在突出危险和非危险工作面实测该指标的值无交叉或交叉区域较少。标志突出危险的指标最小值即突出预测敏感指标临界值。

敏感指标及临界值是工作面预测和措施效果检验的关键，也是我国突出矿井日常防突工作的关键技术。《防治煤与瓦斯防突细则》要求工作面突出预测各项指标的临界值应根据现场测定资料考察确定。在无实测资料的情况下，《防治煤与瓦斯防突细则》给出的各项预测指标的临界值是带有普遍性的。因此应当根据现场煤层实际情况开展工作面预测，确定该煤层工作面突出危险性预测适用预测敏感指标及其临界值。

采用“三率”法，根据突出预测结果，对马兰矿 8# 煤层的突出预测敏感指标及临界值进行分析研究。

“三率”法即根据预测突出率、预测突出准确率和预测不突出准确率对突出预测数据进行分析，从而确定突出敏感指标。防突措施效果检验是在防突措施执行后再一次进行突出危险性预测，故效果检验所用的敏感指标及其临界值与突出预测是相同的。针对 18508 辅运巷突出预测情况，按以下“三率”法来确定敏感指标及临界值。

（1）预测突出率：

$$\eta_1 = 100n_t/n \tag{3.12}$$

式中 η_1——预测突出率，%；

n_t——预测有突出危险次数，次；

n——预测总次数，次。

预测突出率 η_1 代表着预测有突出危险区段所占总预测区段的比例大小，当然 η_1 越小，需采取防突措施的范围越小，防突投入少，进度快，但其取决于突出预测的准确率。

（2）预测突出准确率：

$$\eta_2 = 100n_k/n_t \tag{3.13}$$

式中 η_2——预测突出准确率，%；

n_k——预测有突出危险次数中，真正有突出危险的次数。

在试验中发现，如果以实际突出的发生确定指标临界值和敏感性，一是生产中不允许，二是不安全。为此提出凡符合下列条件之一时工作面即突出危险工作面：

① 实际已发生过突出；

② 预测指标超标较大，预报有危险但采取措施（超前排放钻孔、慢速掘进甚至停掘等）后未发生突出；

③ 在施工防突排放钻孔过程中，有动力现象（喷孔、夹钻、顶钻等现象）。

（3）预测不突出准确率：

$$\eta_3 = 100n_A/n_B \tag{3.14}$$

式中 η_3——预测不突出准确率，%；

n_B——检验防突措施有效次数，次；

n_A——预测无突出危险次数中真正无突出危险的次数，次。

预测不突出准确率 η_3 应该达到 100%，但一般达到 95%以上即可。

鉴于东曲矿采用测量 K_1 值作为突出预测指标的实际情况，且相关研究表明，Δh_2 与 K_1 的敏感性相差不大，均有很好的敏感度，故对表 3.8 所示数据进行了研究，结果如表 3.9、表 3.10 所示。

表 3.9 东曲矿 K_1 临界指标分析

煤层	测定地点	K_1 临界值	η_1/%	η_2/%	η_3/%
2#	12610 胶带巷	0.48	20.00	100.00	100
4#	24808 轨道巷	0.49	27.27	66.67	100
8#	18414 回风专用巷	0.49	36.36	75.00	100
9#	28810 底抽巷	0.48	21.43	100.00	100

表 3.10 东曲矿钻屑量 S 临界指标分析

煤层	测定地点	S 临界值	η_1/%	η_2/%	η_3/%
2#	12610 胶带巷	5.8	30.00	67	100
4#	24808 轨道巷	5.7	18.18	50	88.89
8#	18414 回风专用巷	5.7	36.36	75	50
9#	28810 底抽巷	5.6	28.57	75	100

由表可知，K_1 对煤层瓦斯异常情况的反映明显优于 S，实际应用时应以 K_1 为主要预测指标，S 为辅助指标来综合判断。

3.4 煤与瓦斯突出危险快速辨识

3.4.1 突出危险的辨识指标模型

3.4.1.1 工作面瓦斯涌出的外在表现

工作面瓦斯监控数据受到瓦斯风量以及瓦斯涌出的影响，井下风量一般较为稳定，因此工作面瓦斯监控数据可以比较客观地描述工作面的瓦斯涌出。不同突出危险区域瓦斯涌出特征存在显著的差异，西山煤电马兰矿、屯兰矿、东曲矿都开采 8# 煤层，三个矿井井田边界相连，但区域瓦斯赋存在较大的差异，突出危险性也显著不同。东曲矿、马兰矿 8# 煤层瓦斯含量较小，平均瓦斯含量不超过 10 m^3/t，在实际生产过程中也没有出现任何瓦斯异常、喷孔等动力现象；屯兰矿 8# 煤层瓦斯含量较大，局部位置原始瓦斯含量都超过 15 m^3/t。根据上述信息，可以基本上判定马兰矿和东曲矿 8# 煤层掘进工作面突出危险性较小，屯兰矿 8# 煤层掘进工作面突出危险性较大。马兰矿 8# 煤层选择南翼瓦斯治理巷工作面，屯兰矿 8# 煤层选择 18403 综掘工作面，东曲矿 8# 煤层选择 28802 轨道巷，三条煤巷掘进工作面数据如图 3.5～图 3.7 所示。

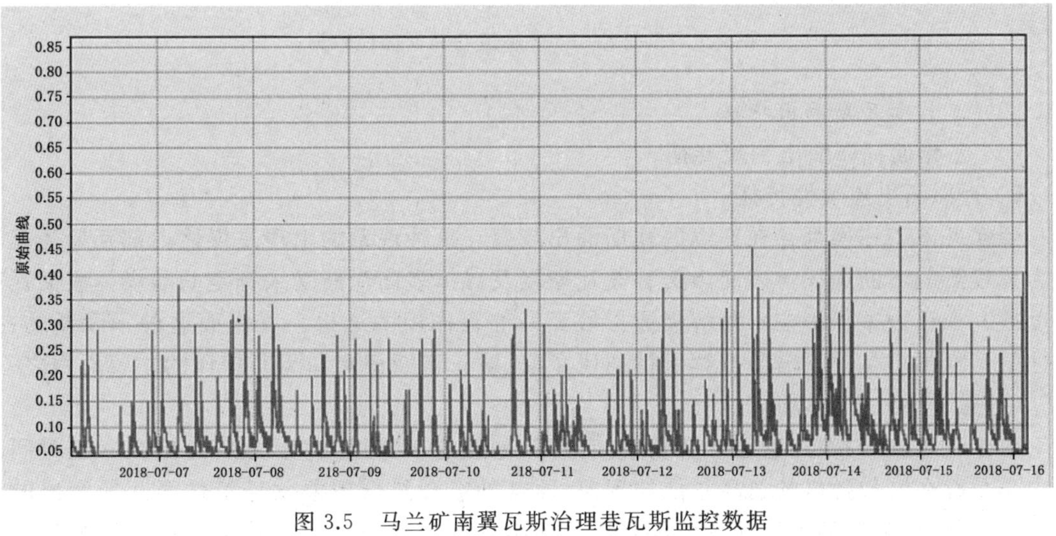

图 3.5 马兰矿南翼瓦斯治理巷瓦斯监控数据

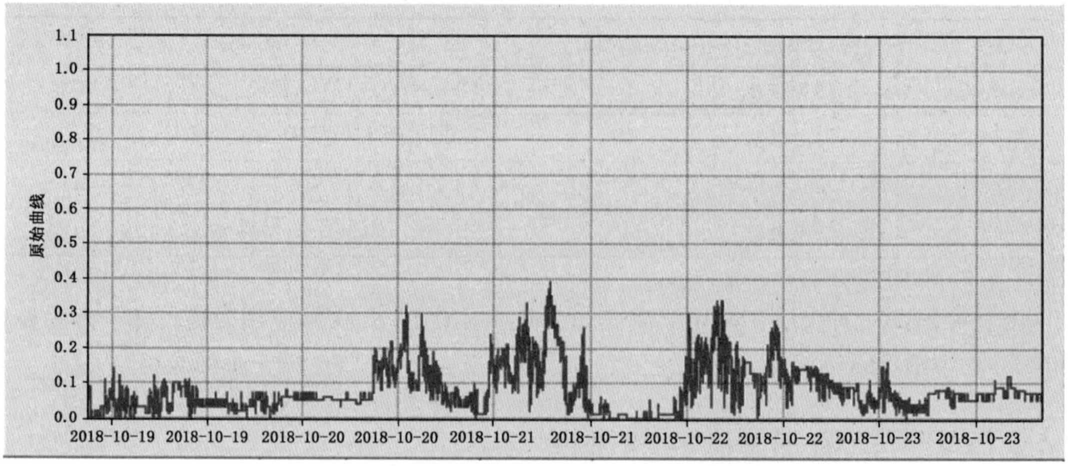

图 3.6　屯兰矿 18403 综掘工作面瓦斯监控数据

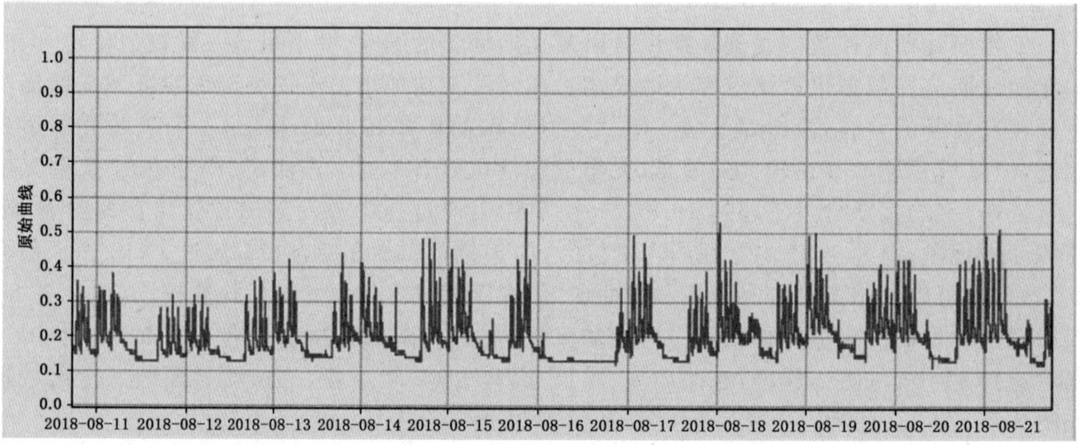

图 3.7　东曲矿 28802 轨道巷瓦斯监控数据

3.4.1.2　工作面瓦斯涌出特征

（1）工作面瓦斯涌出一般特征

① 瓦斯涌出连续性特征

煤矿井下工作面都存在连续的瓦斯涌出现象。这种现象的出现是煤体内部瓦斯受瓦斯压力梯度影响不断向煤体表面渗透补充瓦斯以及煤体表面瓦斯受采掘空间与煤体表面瓦斯浓度或瓦斯压力差异影响不断解吸或扩散瓦斯综合作用的结果。工作面这种不间断的、持续性的瓦斯涌出是井下需要持续保持通风顺畅、防止瓦斯积聚和瓦斯爆炸的主要原因之一。

② 瓦斯涌出波动特征

对于处于施工状态（巷道没有长时间停滞）的掘进工作面，井下瓦斯涌出在一定时间范围内总是存在看似随机的忽高忽低的现象，而这种忽高忽低现象就是工作面瓦斯涌出的波动特征，工作面瓦斯涌出波动特征包括瓦斯涌出的峰值特征与衰减特征。这些特征虽然可能因不同采掘工序以及掘进工艺会存在明显的不同,但是这些特征本身是始终存在的。

a. 瓦斯涌出峰值特征

(a) 落煤峰值特征。机掘面在落煤期间存在一定的峰值现象,只是其落煤速度存在较大的变数,这也导致其峰值的上升时间略长于掘进面,一般都在 15 min 以上。另外,机掘工作面的瓦斯涌出峰值还存在多峰值的现象,这主要是机掘工作面落煤非一次性落煤造成的。

(b) 掘进面施钻峰值特征。机掘面施钻峰值存在多峰值现象,这与钻孔瓦斯解吸量、钻孔排渣、排瓦斯情况相关。

(c) 掘进面其他作业的峰值特征。掘进面其他作业所表现的峰值特征也是一种随机现象,有时由于其峰值过小无法通过监控系统监测得到。

b. 瓦斯涌出衰减特征

井下瓦斯涌出的衰减现象分为两种:一种是落煤或施钻造成新鲜煤面暴露的峰值之后的衰减现象;另一种是井下无作业期间煤壁瓦斯涌出的自然衰减现象。这些衰减现象在不同的掘进巷道、不同的掘进工艺或者不同的监测位置表现出极大的差异。在同一巷道,无作业期间的煤壁瓦斯涌出自然衰减现象基本是一致的,这种衰减现象往往较为隐蔽,一般需要一天以上的时间才能够完全显现。而新鲜煤面或落煤暴露的峰值之后的衰减现象则由于不同掘进工艺会存在较大的差异。

(2) 工作面瓦斯涌出突出危险特征

在不同突出危险区域,工作面瓦斯特征存在一定的差异,而这些差异本身主要是瓦斯涌出一般特征中的量化反映。图 3.5～图 3.7 中,瓦斯涌出基本特征量化见表 3.11,表中不参与对比的特征是由于计算数据受到干扰或巷道瓦斯情况相差较大不适合参与对比。

表 3.11　不同突出危险工作面瓦斯涌出特征量化表

特征名称	班次均值 X 班	班次最大值 X_{max}	标准方差 S'	变动系数 K_v
南翼瓦斯治理巷	0.17	0.51	0.06	0.35
18403 综掘工作面	0.39	0.52	0.05	0.14
28802 轨道巷	0.13	0.19	0.02	0.14
效果	明显	明显	明显	一般
南翼瓦斯治理巷	1.47	2.08	0.73	0.38
18403 综掘工作面	1.53	不对比	不对比	不对比
28802 轨道巷	1.50	不对比	不对比	不对比
效果	差	差	差	一般

通过表 3.11 可知,不同突出危险区域,工作面瓦斯涌出特征的主要差异在于工作面瓦斯涌出量特征、工作面瓦斯涌出峰值特征、工作面瓦斯涌出波动特征以及工作面瓦斯涌出趋势特征等。

① 瓦斯涌出量特征

瓦斯涌出量在这里是指工作面在掘进环境相似的情况下,不同时间段涌入采掘空间的瓦斯量大小,主要包括班次均值、落煤 30 分钟涌出量等。图 3.5、图 3.6 以及图 3.7 中,在巷道基本情况、采掘工艺、掘进速度以及通风条件基本相同的情况下,突出危险区班次中瓦斯涌出量均值明显大于无突出危险区的班次均值。

② 瓦斯涌出峰值特征

瓦斯涌出峰值特征主要是指煤体初始暴露后，瓦斯涌出解吸量快速增加以及瓦斯解吸达到峰值之后的衰减现象，因此也称之为瓦斯解吸特征。在非突出危险区，瓦斯涌出解吸特征变化不大且较为稳定，但是在突出危险区瓦斯涌出解吸特征变动较大，突出危险区瓦斯峰值明显大于无突出危险区瓦斯峰值。

③ 瓦斯涌出波动特征

在非突出危险区，瓦斯涌出波动较为规律，但是在突出危险区瓦斯波动不规律。根据井下工作面作业工序特点，当井下工作面瓦斯涌出较小时，工作面一般已经停止作业，这时工作面的瓦斯涌出主要来自煤壁瓦斯涌出。工作面在此时的瓦斯涌出来源比较单一、受人为影响较小。

④ 瓦斯涌出趋势特征

煤与瓦斯突出的发生在实际生产过程中是从不突出到突出逐步发展起来，在能量积累上，也是逐步形成的。从无突出危险到突出危险再到突出发生，是一个能量不断积累、瓦斯涌出不断变化的过程，更是一个采掘环境不断变化的过程。这个过程的发展，也伴随着瓦斯涌出发展趋势的变化。

(3) 工作面瓦斯涌出影响因素

工作面瓦斯涌出出现上述特征的影响因素是极为复杂的。煤体的瓦斯含量、煤体的渗透性、地质构造、采掘工艺条件、煤体的物理力学性质等都会影响工作面的瓦斯涌出。除采掘工艺条件外，其他影响因素看似杂乱无章，但是究其根本这些影响因素都是通过对煤体瓦斯含量、煤体的解吸特性以及煤体渗透性的影响与控制，从而达到对瓦斯涌出的影响与制约的[57-58]。因此，可以认为工作面瓦斯涌出的主要影响因素是煤体瓦斯含量、煤体的瓦斯解吸特性、煤体的渗透性以及井下开采技术与开采工艺。

① 煤体瓦斯含量

煤体瓦斯含量是煤体瓦斯涌出潜能的直接表现。煤体瓦斯涌出量的多少最终还是要看煤体本身拥有的瓦斯含量或者瓦斯潜能的多少。煤体本身拥有的瓦斯含量越大，其越有可能涌出大量的瓦斯。反之，无论何种煤体，其内部没有瓦斯，也是不可能涌出瓦斯的。

② 煤体的瓦斯解吸特性

煤体瓦斯涌出的另一大主要影响因素是煤体对瓦斯的吸附特性。可能出现这种情况：煤体的瓦斯含量并不是很高，但是其吸附能力很差，使得煤体内绝大多数的瓦斯都能释放出来，从而使得煤体向采掘空间涌出大量瓦斯；反之，当煤体的瓦斯含量比较大，但是其吸附能力很强，从而使得煤体向采掘空间涌出的瓦斯量不多。这就造成煤体本身拥有较多的瓦斯含量，却因为煤体本身对瓦斯吸附特性的不同，使得采掘空间内的瓦斯涌出产生显著的差异。

③ 煤体渗透性

煤体表面瓦斯解吸特性是造成暴露煤体瓦斯涌出的根本原因。但是一定量煤体的瓦斯含量是有限的，而井下瓦斯得以持续、近乎无限地向采掘空间涌入，其主要原因在于煤体的渗透性(也称煤体内、外瓦斯流通通道)。

在同一地质构造单元，其煤体可以近似地认为是一个多孔介质，这种多孔介质不但可以大量地吸附瓦斯，也可以成为瓦斯流通通道，帮助高压力区域的瓦斯向低压力区域流动，这种流动现象就是瓦斯在煤体内部的渗透现象。原始煤体本身在经过千百万年的演化后，其瓦斯含量与瓦斯压力是相对平衡的。但是，采掘活动改变了这种相对平衡。暴露煤体表面的瓦斯压力与井下空间连通，气体压力急速下降，从而使得煤体内部瓦斯压力相对升高，从而造成了内部煤体与暴露煤体的瓦斯压力差或者瓦斯压力梯度，致使瓦斯向采掘空间涌入。

煤壁瓦斯涌出就是煤体瓦斯渗透现象的一个最常见的宏观表现。通过渗流理论发现，距离暴露煤体表面越远，其瓦斯可能渗透或扩散到煤体暴露表面越困难。因此，煤体内部与表面的瓦斯压力差会随着时间的改变而改变，其瓦斯渗透强度亦会出现相应的变化，直至产生新的动态平衡。

④ 井下开采技术与开采工艺

开采技术与采掘工艺对工作面的瓦斯涌出影响是极为显著也是极为复杂的。同样的工作面，因不同的采掘工艺、不同的抽采时间以及不同的作业工序都会严重影响工作面的瓦斯涌出。但是在生产现场，一条巷道在掘进过程中的开采技术或者开采工艺一般都是固定的或变化不大的。

（4）瓦斯涌出特征指标体系

虽然瓦斯涌出特征因为受到瓦斯涌出影响因素的控制，从而建立了其与突出危险之间的关联，但是瓦斯涌出影响因素并不全是突出影响因素，并且在同一瓦斯涌出特征之中往往隐含了多种突出影响因素，而这些影响因素可能出现相互抵消的现象。例如瓦斯涌出量越大，瓦斯涌出量特征越明显，说明前方煤体瓦斯含量越大，突出危险性越高。瓦斯涌出量大可能是巷道煤壁瓦斯涌出量较大的原因，巷道煤壁瓦斯涌出量大说明的不是煤体瓦斯含量引发的突出危险性大，而是煤壁渗透性好引发的突出危险性减小的现象。这种完全相悖的理论在同一指标中是应该避免的。另外，区域突出预测综合指标 $D=(0.0075H/f-3)(p-0.74)$ 所引发的争议也值得深刻思索。突出预测指标的建立最终肯定是建立一个或一套较为完整的体系，直接预测工作面突出危险性，但是这个实施过程却应该是不同的。因此，提出一套有效的瓦斯涌出指标体系的建立原则是最终瓦斯涌出动态特征预测煤与瓦斯突出实践应用的重要基础。通过现行突出预测指标体系在现场的应用分析，认为瓦斯涌出指标体系的建立应遵循以下原则：

① 瓦斯涌出指标的建立应避免同一指标反映多种突出影响因素而致使因素相互影响的现象，针对区域突出预测指标瓦斯压力 p、瓦斯含量 W，以及 K_1 或 Δh_2 与钻屑量 S 的联合预测技术现场应用总结，建立可以分别反映瓦斯含量、物理力学性质、地应力以及采掘环境的变化四类指标。

② 分析研究瓦斯涌出“忽大忽小”现象的描述方法，由于研究技术的落后，研究瓦斯涌出“忽大忽小”这一突出预兆的物理意义较为困难。但是可以通过对“忽大忽小”现象的计算方法的研究，解释或说明当前研究方法的不足，并尽量提出更为有效的计算方法。

③ 建立受井下施工工序影响较小的指标计算模型，井下施工工艺甚至是施工工序对瓦斯涌出特征的影响是必然的，想要完全建立不受井下作业影响的指标体系几乎是不可能的，但是对于作业工序影响过于敏感的指标在现场实用性方面是存在严重缺陷的。前人研究 V_{30} 指标对落煤量近乎苛刻的要求就是一个典型的反面事例。通过一定的数学方

法处理，建立受井下施工工序影响较小的指标计算模型是瓦斯涌出突出预测方法的必然要求。

④ 建立自动化计算的瓦斯涌出指标模型，指标计算过程中较少的人为参与是非接触式、连续预测技术的基础与现场应用实践的可靠保证。因此，从指标模型的建立就应该对自动化计算因素做出一定的考量。

针对 4 个指标建立原则，建立瓦斯涌出量、瓦斯解吸特性、瓦斯波动特征、瓦斯趋势 4 类特征指标，如图 3.8 所示。

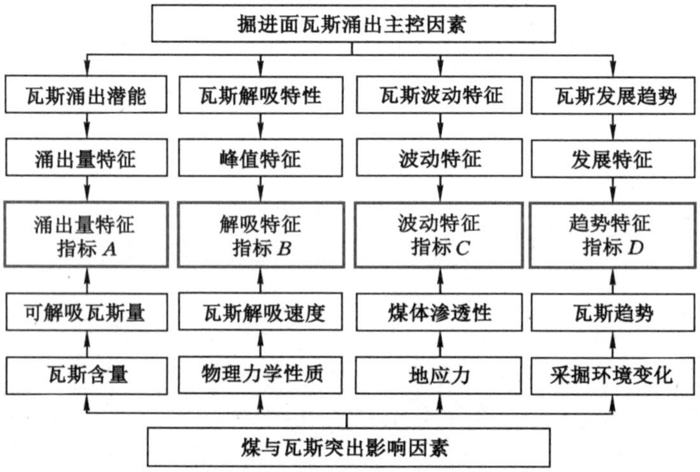

图 3.8　瓦斯涌出特征与突出影响因素之间的关系

3.4.1.3　瓦斯量指标模型的建立

(1) 瓦斯量指标模型的提出

瓦斯是煤与瓦斯突出的主要动力源之一，煤体的瓦斯含量越大，其产生的瓦斯压力可能越大，越容易破坏煤体。这也是《防治煤与瓦斯突出细则》将瓦斯含量作为区域突出预测指标之一的主要原因之一。另外，煤体瓦斯含量还在一定程度上影响了煤体的物理力学性质，使得瓦斯涌出量抵抗突出的能力降低。因此建立可以反映煤体瓦斯含量(特别是可解吸瓦斯含量)的指标对利用瓦斯涌出特征连续预测煤与瓦斯突出具有极为重要的意义。瓦斯涌出量特征指标建立的直接目的就是反映工作面前方煤体可解吸瓦斯含量的发展状态或发展趋势。

(2) 不同突出煤体瓦斯量特征差异

瓦斯含量对瓦斯涌出的影响体现在涌出总量和涌出时间延迟上。在瓦斯含量相同的情况下，无论瓦斯涌出是来自多孔介质的渗流、气-固脱附还是气体扩散，在真空环境下，拥有无限的解吸时间，瓦斯最终的解吸量理论上会是一致或者十分接近的，不同之处仅仅是瓦斯涌出所需要花费的时间长短。在实验室煤样解吸试验中，将井下同一位置获取的软煤样与硬煤样分别在 1.97 MPa 和 1.52 MPa 压力下进行吸附，当吸附 48 h 后，达到吸附平衡。随后将煤样做自由脱附记录，在 30 min 之内的记录数据曲线如图 3.9 与图 3.10所示。

两幅图中瓦斯涌出曲线呈现两个方面的特点：

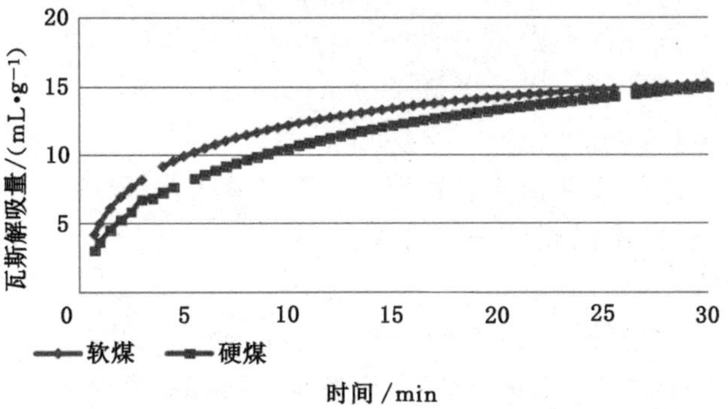

图 3.9　1.97 MPa 吸附压力下瓦斯解吸曲线

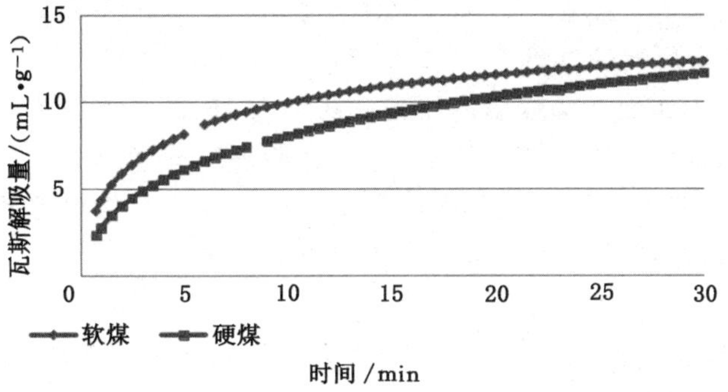

图 3.10　1.52 MPa 吸附压力下瓦斯解吸曲线

① 相同瓦斯吸附量情况下，煤体在经过较长时间自然解吸后，瓦斯总解吸量趋于一致。不同煤质、相同吸附压力下，瓦斯解吸总量随着时间的不断增加，逐渐趋于一致或者接近，这验证了在相同瓦斯含量情况下，拥有无限的解吸时间，瓦斯最终的解吸量理论上会是一致或者十分接近的这一推断。

② 在 1.5～12 min 期间，煤样瓦斯解吸量差异较大。不同煤质本身的吸附特性存在一定的差异，两者的差异最大发生在 2～12 min。这说明煤质越软，瓦斯解吸速度越快；煤质越硬，瓦斯解吸速度越慢，这种速度上的差异可能是粒径分布不规律、也可能是煤质本身的解吸差异造成的。

上述两个方面的差异，表明瓦斯解吸受到瓦斯含量、煤质结构的影响，可以利用瓦斯解吸特征反映工作面瓦斯含量以及煤质结构的变化情况。

(3) 瓦斯涌出量特征指标模型

根据不同矿井采掘工艺的不同，将瓦斯涌出量指标又细化为瓦斯涌出量特征指标 A、瓦斯涌出量特征指标 A_2、炮后 n 分钟瓦斯涌出量 Q_n，炮后 n 分钟吨煤瓦斯涌出量 V_n。

① 瓦斯涌出量特征指标 A 模型的建立

瓦斯涌出量特征指标 A 建立的直接目的是反映掘进面前方煤体可解吸瓦斯含量的发展状态或发展趋势。井下监控数据最能反映瓦斯涌出量特征的是巷道煤壁瓦斯涌出均值。

但是，以班次瓦斯涌出均值为基础建立的瓦斯涌出量特征指标 A 除了需要排除瓦斯涌出量影响因素(煤体渗透性、残存瓦斯含量)对瓦斯涌出量特征指标 A 的影响之外，在现场应用中还需要排除巷道煤壁瓦斯涌出以及落煤量对指标的影响。

(a) 可解吸瓦斯含量的处理

煤体可解吸瓦斯含量是瓦斯涌出量特征指标 A 的反映对象，除了需要对煤层瓦斯的抽采效果作简要的评价之外，不需要做任何处理。

(b) 煤体渗透性的处理

煤体渗透性对瓦斯涌出的影响是在较短时间或是较小范围内瓦斯涌出分源的影响，对一个较长时间段内的瓦斯涌出量影响较小。因此采用增加计算步长来处理煤体渗透性对瓦斯涌出量的影响。

(c) 残存瓦斯含量的处理

落煤残存瓦斯含量在同一巷道或同一采掘工艺可以基本认为其变化不大，基本可以融入掘进速度一并处理。

(d) 煤壁瓦斯涌出影响的处理

掘进面传感器与工作面迎头煤壁的距离一般都在 1～3 m，可以认为在瓦斯传感器距离迎头煤壁的这段巷道煤壁属于巷道新鲜煤壁，其瓦斯涌出强度与迎头煤壁瓦斯涌出强度相等。另外，在一个班次时间内，瓦斯涌出最小值可以大致认为是煤壁瓦斯涌出的表现。因此，可以较为简单地减去巷道煤壁瓦斯涌出作为处理方法。

(e) 落煤量影响的处理

炮后 30 min 吨煤瓦斯涌出量 V_{30} 指标的最大不足便在于其对落煤量计算的苛刻要求，在建立瓦斯涌出量特征指标 A 时同样遇到了落煤量对瓦斯涌出量的影响。落煤量的计算出现误差的主要原因在于井下生产作业的特殊环境使得井下班次落煤量的准确测量以及监督存在较多的漏洞。井下落煤量在一个班次内的计算与测量虽然存在较大的误差，但是在一段时间内(例如一个循环)落煤量的误差却是较小的，这是突出矿井井下作业的主要特点之一。利用井下生产的这种特点——利用一段时间内的落煤量排除落煤量对瓦斯涌出量特征的影响是极为可行的。

综上所述，根据井下采掘工艺的现实情况建立瓦斯涌出量特征指标 A 计算模型如下：

$$A_i = \left\{ \left[\int_{t_{i-n}}^{t_i} Q_f \cdot (\bar{x}_i + \alpha \cdot x'_{i,\min 30}) \mathrm{d}t \right] / M_n + c \cdot \ln V + d \right\} / W_0 \tag{3.15}$$

式中 A_i——第 i 个班次瓦斯涌出动态特征指标 A；

Q_f——掘进面风流，m^3/min；

α——巷道特征系数；

M_n——工作面 n 个班次内落煤量，t；

c，d——巷道掘进速度修正系数；

W_0——煤层原始瓦斯含量，m^3/t；

t_{i-n}，t_i——开始计算时间与结束计算时间；

$\bar{x}_i$——第 i 个班次瓦斯监控数据均值，%。

② 瓦斯涌出量特征指标 A_2 模型的建立

瓦斯涌出量特征指标 A 的计算需要较多的参数，但整体处理上需要风量和煤量的数据。若不考虑风量和煤量数据，当工作面风量稳定且采掘速度均衡时，瓦斯监控数据的增长趋势跟 A 指标的趋势基本一致，因此将 A 指标简化为另一个瓦斯涌出量特征指标 A_2。A_2 指标是利用瓦斯监控数据发展变化量来反映工作面前方瓦斯含量的变化，当工作面掘进速度较为均匀时，A_2 指标基本可以替代 A 指标。A_2 指标的计算方法如下：

$$A_{2,i}=\frac{\overline{X}_{i,480}}{\sum\limits_{i=i-n}^{i}\overline{X}_{i,480}}\times n_1 \tag{3.16}$$

式中　$A_{2,i}$——第 i 个班次 A_2 指标值；

$\overline{X}_{i,480}$——第 i 个班次 480 分钟移动平均值，%；

n_1——A_2 指标时间步长，班次。

③ 炮后 n 分钟吨煤瓦斯涌出量 V_n 模型的建立

落煤瓦斯涌出量一直是瓦斯涌出的主要量化特征。落煤作业时，新鲜暴露的煤体会随着暴露时间的增加产生自然解吸过程，解吸出的瓦斯量越多，则表明煤体的解吸强度或者瓦斯含量越大。机掘落煤过程或者炮掘落煤后一定时间范围的吨煤瓦斯涌出量 V_n 指标的计算方法如下：

$$V_{n,i}=\frac{(\overline{X}_{i,\max n}-\overline{X}_{i,\min 30})\times t}{M_i} \tag{3.17}$$

式中　$V_{n,i}$——第 i 个班次 V_n 指标值，m^3/t；

$\overline{X}_{i,\max n}$——第 i 个班次 n 分钟移动平均值的最大值，%；

$\overline{X}_{i,\min 30}$——第 i 个班次 30 分钟移动平均值的最小值，%；

t——时间，min；

M_i——第 i 个班次落煤量，t。

④ 炮后 n 分钟瓦斯涌出量 Q_n 模型的建立

Q_n 指标是 V_n 指标的简化，当班次落煤量 M 未知时，用 Q_n 反映涌出量更加便捷。机掘落煤过程或者炮掘落煤后一定时间范围的瓦斯涌出量 Q_n 指标的计算方法如下：

$$Q_{n,i}=(\overline{X}_{i,\max n}-\overline{X}_{i,\min 30})\times n \tag{3.18}$$

式中　$Q_{n,i}$——第 i 个班次 Q_n 指标值，m^3；

其他符号含义同前。

3.4.1.4　瓦斯解吸指标模型的建立

(1) 瓦斯解吸指标模型的提出

煤质结构的软硬在突出事故中担当着抵抗突出的作用，煤质越软，煤体抵抗突出的能力越低，突出发生所需要的瓦斯压力和地应力越小，反之亦然。《防治煤与瓦斯突出细则》中将煤体坚固性系数 f 值一直作为煤层突出鉴定的主要指标也反映了煤体结构对突出危险判定的重要性。实验室中煤样的自然解吸特点也往往作为煤体结构的主要分析指标。

(2) 不同突出煤体瓦斯解吸特征

在煤质结构中，不同突出煤体的最大表现是工作面受相同机械功后，受功的煤体的平均粒径越小则煤体越软。通过实验对同一煤质、不同粒径、相同吸附压力下，瓦斯自然解吸存在的差异来分析不同突出煤体瓦斯解吸特征的差异。利用经典乘幂关系对解吸数据进行拟合，如图 3.11 所示。

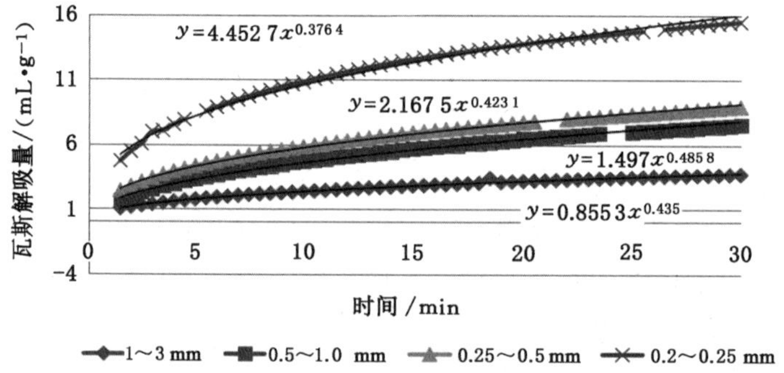

图 3.11　不同粒径瓦斯解吸量规律图

同一煤质、不同粒径、相同吸附压力下，瓦斯自然解吸存在的差异主要表现在瓦斯解吸初始量 α 以及瓦斯解吸量衰减参数 i 上，其中煤样粒径越小，瓦斯解吸初始量 α 参数也就越大，变化较为明显，规律性极强，而瓦斯解吸量衰减参数的变化则不明显，并且变化的规律性也不强，见表 3.12。

表 3.12　不同粒径瓦斯解吸量特征参数

粒径/mm	α	变化量	i	变化量
1～3	0.855 3	—	0.435 0	—
0.5～1.0	1.497 0	0.641 7	0.485 8	0.050 8
0.25～0.5	2.167 5	0.670 5	0.423 1	−0.062 7
0.2～0.25	4.452 7	2.285 2	0.376 4	−0.046 7

同时，通过对同一煤质、不同粒径、相同吸附压力下的煤体进行物理实验，分析不同突出煤体瓦斯解吸速度衰减的特征。利用经典乘幂关系对解吸数据进行拟合，如图 3.12 所示。煤样粒径越小，瓦斯解吸初速度特征参数 V_0 以及瓦斯解吸速度衰减参数 K_t 也越大，其中 V_0 变化幅度更大，如表 3.13 所示。

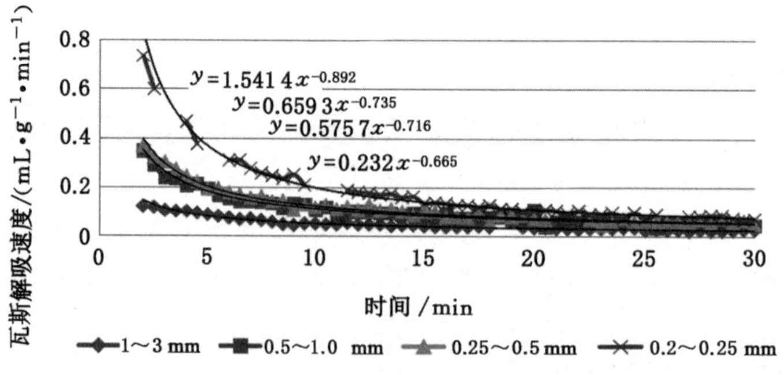

图 3.12　不同粒径瓦斯解吸量特征参数变化图

表 3.13 不同粒径瓦斯解吸衰减特征参数

粒径/mm	V_0	变化量	K_t	变化量
1～3	0.232 0	—	0.665	—
0.5～1.0	0.575 7	0.343 7	0.716	0.051
0.25～0.5	0.659 3	0.083 6	0.735	0.019
0.2～0.25	1.541 4	0.892 1	0.892	0.157

(3) 瓦斯解吸特征的影响因素

掘进面瓦斯涌出解吸特征主要与煤体吸附特性、煤体可解吸瓦斯含量、煤体暴露面积以及煤壁渗透特性有关。

① 煤体的吸附特性

吸附理论认为单位暴露面积的煤体解吸速度与煤体的吸附特性有密切的关系。在其他条件基本稳定的情况下,煤体对瓦斯气体的吸附特性主要是指煤体对瓦斯气体的极限吸附量以及煤体对瓦斯气体的脱附活化能。煤体的极限吸附量或脱附活化能越大,煤体的吸附能力可能越强,越不容易发生解吸现象,解吸初始量也就越小,峰值现象也就越不明显。但是在井下生产现场,同一工作面、同一区域甚至是同一煤层,煤体整体的变质程度相差不大,因此可以认为在井下生产现场煤体的吸附特性对煤体瓦斯解吸速度的影响十分微小。

② 煤体可解吸瓦斯含量

煤层的瓦斯含量是指单位质量或体积中含有的瓦斯总量,包括吸附态瓦斯、游离态瓦斯和水溶态瓦斯。煤具有多重孔隙结构,煤层中的瓦斯以三种状态赋存:吸附在煤体孔隙内表面上的吸附态瓦斯、游离分布在煤体孔隙和裂隙中的游离态瓦斯以及溶解在煤层水中的溶解态瓦斯。其中吸附态瓦斯是煤层瓦斯的主要部分,所占比例一般大于 50%,游离态瓦斯含量相对较小,而水溶态瓦斯含量甚微,在计算中可以忽略。煤层的吸附态瓦斯与瓦斯压力和煤体内表面积关系密切,目前一般按 Langmuir 方程计算。周世宁等也曾提出了考虑煤中水分、可燃物百分比以及温度影响的吸附态瓦斯含量计算公式[59-61]:

$$q=\frac{abp}{1+bp}\cdot\frac{1}{1+0.31\cdot M}\cdot e^{n(t_s-t)}\cdot\frac{100-M-A}{100}\tag{3.19}$$

式中 a——煤的吸附常数,m^3/t;

b——煤的吸附常数,MPa^{-1}

q——煤中吸附态瓦斯含量,m^3/t;

p——瓦斯压力,MPa;

M——煤中水分,%;

n——经验系数;

t_s——煤的吸附实验温度,℃;

t——瓦斯温度,℃;

A——煤中灰分,%。

③ 煤体的暴露面积

Langmuir 理论是最理想的固体表面吸附理论,其要求固体表面完全暴露,但是无论是在掘进过程还是实验室实验过程中,煤体暴露都是相对的、不完全的。同一煤样,当煤体暴露面积增加时（粒径减小），煤体表面的瓦斯初始解吸总量就会相应增加[62-63]。

$$Q_0 = N \times q_0 \times t \tag{3.20}$$

式中 Q_0——暴露煤体初始解吸总量，mol；

N——暴露煤体表面积增加的倍率；

t——时间，s；

q_0——单位面积煤体的解吸初始量，mol/s。

影响井下煤体暴露面积的因素主要是掘进落煤量以及煤体坚固性系数。

④ 煤壁渗透特性

井下瓦斯峰值绝对值的大小是建立在煤体渗透性即煤壁瓦斯涌出基础之上的。也就是说，瓦斯涌出峰值可能只有0.5%，但是煤壁瓦斯涌出高达0.3%。这就迫使瓦斯峰值的绝对值变为0.8%。这种现象严重地影响瓦斯涌出峰值反映煤体瓦斯解吸速度的可靠性。但是，煤壁瓦斯涌出对瓦斯峰值的影响是较为稳定的，其造成的绝对误差（整体影响）较大，但相对误差（个体影响）较小。

(4) 瓦斯解吸指标模型的建立

根据不同瓦斯解吸速度在不同作业时间段的不同，将瓦斯解吸指标又细化为瓦斯解吸指标 B、瓦斯解吸量特征指标 α、瓦斯解吸量特征指标 i、瓦斯解吸速度特征指标 V_0、瓦斯解吸速度特征指标 K_t。

① 瓦斯涌出解吸特征指标 B 模型

煤体结构越软，煤体抵抗瓦斯压力或地应力的破坏能力越差，突出就越容易发生。瓦斯涌出解吸指标特征 B 就是根据不同物理力学性质的煤体在瓦斯解吸速度上的差异所建立起的特征指标。指标建立的根本目的是反映掘进落煤瓦斯解吸速度，从而间接反映落煤物理力学性质。通过前文对于瓦斯涌出解吸特征影响因素的分析可以发现，井下监控数据中最能反映煤体物理力学性质的是掘进面落煤瓦斯涌出峰值。瓦斯解吸特征指标 B 需要考虑煤体吸附特性、可解吸瓦斯含量以及落煤暴露面积的影响。此外，在现场应用中还需要考虑煤壁瓦斯涌出对指标 B 的影响。

(a) 煤体吸附特性的处理

在同一外界环境下，同一巷道、同一区域甚至是同一煤层煤体的瓦斯吸附特性变化不大。因此，其对瓦斯涌出解吸特征指标 B 建立的影响可忽略不计。

(b) 可解吸瓦斯含量的处理

在井下较小的连续范围内，煤体的瓦斯含量变化不大。因此，可解吸瓦斯含量对瓦斯涌出解吸特征指标 B 建立的影响也可忽略不计。

(c) 落煤暴露面积的处理

落煤暴露面积又分为落煤量和煤体坚固性系数，其中落煤量在前文中已经有较为详细的描述，固不再作重复论述；而煤体坚固性系数是瓦斯解吸特征本身想要反映的特征，因此不需做任何处理。

(d) 煤壁瓦斯涌出影响的处理

与上一节巷道煤壁瓦斯涌出影响的处理类似，只是这里的研究主体是落煤瓦斯涌出峰值，巷道煤壁与迎头煤面同属于煤壁。

总而言之，根据井下采掘工艺的现实情况建立瓦斯涌出解吸特征指标 B 计算模型如下[64-65]：

$$B_i = X_{i,\max} - X_{i,\min30} \tag{3.21}$$

式中　B_i——第 i 个班次瓦斯涌出解吸指标 B；

$X_{i,\max}$——第 i 个班次瓦斯监控数据最大值，%；

$X_{i,\min30}$——第 i 个班次瓦斯监控数据 30 分钟移动最小值，%。

② 瓦斯解吸量特征指标 α 模型的建立

利用煤矿安全监控系统的监测数据可以建立瓦斯解吸指标的计算模型。瓦斯解吸量特征指标 α 是通过对煤体瓦斯自然解吸曲线的一个拟合数值，其具体的数学计算模型为：

$$Q = \alpha \cdot t^i - c \cdot t \Rightarrow \ln Q = \frac{\ln \alpha + i \cdot \ln t}{\ln(c \cdot t)} \tag{3.22}$$

$$\alpha = \exp[\ln Q \cdot \ln(c \cdot t) - i \cdot \ln t] \tag{3.23}$$

式中　Q——t 时间内瓦斯解吸量，m^3；

α——瓦斯解吸量特征指标；

i——瓦斯解吸量特征指标参数；

其他符号含义同前。

③ 瓦斯解吸量特征指标 i 模型的建立

瓦斯解吸量特征指标 i 是对煤体瓦斯自然解吸曲线的一个拟合数值，其具体的数学计算模型为[66]：

$$i = \frac{\ln Q - \ln \alpha}{\ln t} \tag{3.24}$$

④ 瓦斯解吸速度特征指标 V_0 模型的建立

与前述 α、i 指标计算模型类似，V_0 指标是对煤体瓦斯自然解吸曲线的一个拟合数值，其具体的数学计算模型为：

$$\ln V = \ln V_0 - K_t \cdot \ln t \tag{3.25}$$

$$V_0 = \exp[\ln V + K_t \ln t] \tag{3.26}$$

式中　V——t 时刻瓦斯解吸量，m^3/min；

V_0——瓦斯解吸速度特征指标；

K_t——瓦斯解吸速度特征指标。

其他符号含义同前。

⑤ 瓦斯解吸速度特征指标 K_t 模型的建立

瓦斯解吸速度特征指标的数学计算模型为：

$$K_t = \frac{\ln V_0 - \ln V}{\ln t} \tag{3.27}$$

式中符号含义同前。

3.4.1.5　瓦斯涌出波动指标模型的建立

(1) 瓦斯涌出波动指标模型的提出

瓦斯涌出波动特征是指瓦斯涌出数据或曲线所表现出来的没有明确物理意义的“忽大忽小”特征。瓦斯“忽大忽小”本身是具有一定的物理意义的，但是其“忽大忽小”的表现不同，其物理意义也就不同。前人研究中并未说明瓦斯涌出“忽大忽小”的基本参量(时间长度），也就是说瓦斯涌出“忽大忽小”现象的出现可能有两种情况：即短时间内“忽大忽小”与长时间内“忽大忽小”。如果这个时间长度是长的，便可以认为这是因为瓦斯涌出受煤体瓦斯流通通道的影响，瓦斯涌出在时间上出现滞后或提前，在分源上出现落煤与煤壁瓦斯相互转换的现象。如果是短时间内的“忽大忽小”，那么这可能是煤体内部应力传播振荡的结果。其与突出影响因素的关联也不可一概论之。因此，瓦斯涌出“忽大忽小”的影响因素可能有地应力扰动、煤体渗透性以及施工作业等。

（2）瓦斯涌出波动特征的影响因素

瓦斯涌出波动特征从根本上就是研究煤壁渗透瓦斯、落煤解吸瓦斯的波动幅度与特征[67]。在井下生产现场，煤瓦斯涌出波动特征的主要影响因素有煤体渗透性、工作面周围围岩地应力等。

① 煤体本身的渗透性

研究表明[68-69]，当煤体的渗透性较小时，在开采初期，煤体未产生破裂时，工作面前方未形成瓦斯压力梯度，瓦斯并未形成流动。以往的研究表明，当渗透性小到一定程度时，存在着启动压力梯度，而且渗透性越小，启动压力梯度越大，突出危险性也就越大[70]。煤体本身的渗透性越好，波动特征越不明显，煤体内部瓦斯压力梯度越小，突出危险性越小，反之亦然。

② 外界压力

外界压力是指煤体在采掘过程中受到地应力、自重力以及采掘应力等对煤体围压或轴压产生影响的力。外界压力对波动特征的影响主要是通过对煤体渗透性的影响来实现的。当围岩压力或者轴压增大时，型煤的渗透性会显著降低。

③ 其他因素

实际上，煤体的渗透性影响因素较多，煤体的温度、瓦斯压力、吸附作用等都会对煤体的渗透性产生一定的影响，只是其影响较小或者井下温度、压力等变化不大，一般可以忽略不计。

（3）瓦斯涌出波动指标模型

根据瓦斯涌出波动特征类型、波动幅度、样本的不同，将瓦斯涌出波动指标又细化为瓦斯涌出分源特征指标 C、峰均比指标 P_a、变异系数指标 V、标准方差指标 S'、波动系数指标 K_v。

① 瓦斯涌出分源特征指标 C 模型的建立

掘进面瓦斯涌出存在波动特征的根本原因在于煤体瓦斯流通通道的动态改变。当煤壁瓦斯流通通道不畅时，瓦斯倾向于在落煤期间涌出，而当煤壁瓦斯流通通道流畅时，瓦斯倾向于在非落煤期间涌出。因此瓦斯涌出这种分源特征就可以比较有效地反映煤体的瓦斯流通通道顺畅情况。瓦斯涌出分源特征指标 C 建立的直接目的就是反映掘进面煤壁瓦斯涌出的能力，进而间接反映工作面前方煤体的地应力情况。根据井下采掘工艺的现实情况建立瓦斯涌出分源特征指标 C 计算模型如下：

$$C_i = (X_{i,\min30} \div X_{i,均}) - \frac{\sum_{t_0}^{t_i}(X_{i,\min30} \div X_{i,均})}{i} \tag{3.28}$$

式中 C_i——第 i 个班次瓦斯涌出分源特征指标；

$X_{i,\min30}$——第 i 个班次瓦斯涌出 30 分钟移动最小值，%；

$X_{i,均}$——第 i 个班次瓦斯涌出均值，%；

t_0——开始计算时间，min。

② 峰均比指标 P_a 模型的建立

峰均比指标是指工作面落煤时引起的瓦斯峰值相对于工作面瓦斯涌出平均值之间的对比关系。峰均比越大，说明落煤瓦斯涌出量占总瓦斯涌出量的比例也就越大，煤壁的瓦斯排放能力越差。反之，说明落煤瓦斯涌出量占总瓦斯涌出量的比例就越小，煤壁的瓦斯排放能力越好。峰均比指标 P_a 的计算模型为：

$$P_{a,i}=\frac{X_{i,\max}}{\overline{X}_i} \tag{3.29}$$

式中 $P_{a,i}$——第 i 个班次峰均比指标；

$X_{i,\max}$——第 i 个班次瓦斯涌出最大值，%；

$\overline{X}_i$——第 i 个班次瓦斯涌出平均值，%。

③ 变异系数指标 V 模型的建立

瓦斯涌出波动最大幅度实际上就是瓦斯最大值和最小值之间的差值，但是最大值和最小值往往受到监控系统硬件数据采集以及监控系统数据传输网络的影响，容易出现错误数据，例如某时刻突然出现－1%或者0%这种数据，也经常出现瞬时小于正常瓦斯浓度的监控数据，这类数据持续时间一般不到10 s。此类数据首先由系统滤除小于0%的数据，其余瞬时数据造成的变异系数指标 V 的误差需要由模型减少误差。变异系数指标 V 的计算模型为[71]：

$$V_i=\overline{X}_{i,\max n}-\overline{X}_{i,\min n} \tag{3.30}$$

式中 V_i——第 i 个班次变异系数指标；

$\overline{X}_{i,\max n}$——第 i 个班次 n 分钟移动平均值的最大值，%；

$\overline{X}_{i,\min n}$——第 i 个班次 n 分钟移动平均值的最小值，%。

④ 标准方差指标 S' 模型的建立

标准方差指标 S' 是反映瓦斯监控数据紊乱程度的一种指标，其计算方法为[72-73]：

$$S_i'=\sqrt{\frac{\sum_{t=1}^{n}(X_{t,i}-\overline{X}_i)^2}{n-1}} \tag{3.31}$$

式中 S_i'——第 i 个班次标准方差指标 S'；

$X_{t,i}$——第 i 个班次瓦斯监测实时数据，%；

$\overline{X}_i$——第 i 个班次瓦斯 监测数据均值，%；

n——样本数，个。

⑤ 波动系数指标 K_v 模型的建立

波动系数指标也称偏方差指标[74-75]，主要反映瓦斯监控数据相对于瓦斯涌出均值的偏离幅度，计算方法为：

$$K_{v,i}=\sqrt{\sum_{i=1}^{n}(X_{i,t}-\overline{X}_i)^2/(n-1)}\,/\overline{X}_i \tag{3.32}$$

式中 $K_{v,i}$——第 i 个班次瓦斯涌出变动系数；

其他符号含义同前。

3.4.1.6 瓦斯趋势指标模型的建立

(1) 瓦斯趋势指标模型的提出

瓦斯涌出趋势变化是井下瓦斯、煤层赋存、施工作业等变化引起的常见现象，但是这种变化本身是在一定范围内存在的。当变化幅度超过一定幅度，特别是发生突然变化时则可能是由工作面前方突出影响因素发生变化所引起的，需要提醒井下施工注意防止事故发生。

(2) 瓦斯趋势特征的影响因素

工作面瓦斯赋存情况会受到瓦斯抽采钻孔施工、地质构造、煤层赋存变化等情况的影响，而现代综掘工作面掘进速度极快，遇到工作面前方瓦斯抽采钻孔施工、地质构造、煤层赋存发生突变时，工作面突出危险性会急速增大。例如，工作面前方施工大量的不均匀抽采钻孔，但因钻孔施工未按设计执行，大量钻孔仅施工 3～5 m 便停止施工，不能有效地抽排前方10～20 m 处的瓦斯，使工作面前方 5～10 m 处成为突变的突出危险区域。当工作面接近或进入这种危险区域时，工作面瓦斯涌出会呈现显著的突变情况，因此需要建立瓦斯趋势指标，利用瓦斯涌出的变化趋势反映这种突变情况，并预测工作面前方的突出危险性。

(3) 瓦斯趋势指标模型的建立

瓦斯趋势模型是根据瓦斯涌出量变化趋势 D、相邻两次作业过程中瓦斯涌出峰值的比值与差值波峰比 P_r、波峰差 P_d 以及落煤过程中的波宽比 W_r 四类指标建立的。

① 瓦斯趋势指标 D 模型的建立

瓦斯趋势指标 D 是反映工作面瓦斯涌出量变化的指标，当工作面瓦斯涌出减小或者增大时，指标都会出现一定程度的变化。其计算模型如下[76-77]：

$$D_i = \frac{\overline{X}_{i,n}}{\sum_{i-j+1}^{i} \overline{X}_{i,n}/j} \tag{3.33}$$

式中 D_i——第 i 个班次瓦斯趋势指标；

$\overline{X}_{i,n}$——第 i 个班次 n 分钟移动均值，%；

j——时间步长，班次数。

② 瓦斯涌出波峰比指标 P_r 模型的建立

瓦斯涌出波峰比指标 P_r 是指在相同作业条件下，相邻两次作业瓦斯涌出峰值之间的比值，其计算模型如下[78-79]：

$$P_{r,i} = \frac{X_{i,\max}}{X_{i-1,\max}} \tag{3.34}$$

式中 $P_{r,i}$——第 i 个班次瓦斯涌出波峰比指标；

$X_{i,\max}$——第 i 个作业班次瓦斯涌出峰值，%；

$X_{i-1,\max}$——第 $i-1$ 个作业班次瓦斯涌出峰值，%。

③ 瓦斯涌出波峰差指标 P_d 模型的建立

瓦斯涌出波峰差指标 P_d 是指在相同作业条件下，相邻两次作业瓦斯涌出峰值之间的差值，其计算模型如下[80-81]：

$$P_{d,i} = X_{i,\max} - X_{i-1,\max} \tag{3.35}$$

式中 $P_{d,i}$——第 i 个班次瓦斯涌出波峰差指标；

$X_{i,\max}$——第 i 个作业班次瓦斯涌出峰值，%；

$X_{i-1,\max}$——第 $i-1$ 个作业班次瓦斯涌出峰值，%。

④ 瓦斯涌出波宽比指标 W_r 模型的建立

瓦斯涌出波宽比指标 W_r 是指在相同作业条件下，相邻两次作业瓦斯涌出峰值持续时间之间的比值，其计算模型如下[82-83]：

$$W_{r,i}=\frac{t_{i,\max}}{t_{i-1,\max}} \tag{3.36}$$

式中 $W_{r,i}$——第 i 个班次瓦斯涌出波宽比指标；

$t_{i,\max}$——第 i 个作业班次瓦斯涌出峰值持续时间，min；

$t_{i-1,\max}$——第 $i-1$ 个作业班次瓦斯涌出峰值持续时间，min。

3.4.2 辨识指标及临界值优选

上一节描述了 4 类瓦斯涌出特征指标，见表 3.14。这 4 类指标分别从工作面前方可解吸瓦斯含量、煤体破坏程度、地应力以及采掘环境的变化情况分析工作面的突出危险性，这是因为大量的事实表明当工作面从低瓦斯区进入瓦斯富集区时，其整体的瓦斯涌出量呈现明显的上升，瓦斯量存在明显的变化；其次，在瓦斯赋存平稳的小区域范围，煤体结构越软，其瓦斯解吸的速度越快；再次，在突出危险区，其瓦斯波动的频率与幅度要明显高于非突出危险区；最后，局部防突措施不到位，会较大幅度影响瓦斯涌出，使其在发展趋势上存在大幅变动。

表 3.14 瓦斯突出快速辨识指标分类

指标类型	指标名称	指标类型	指标名称
瓦斯量类	瓦斯涌出量特征指标 A	瓦斯波动类	瓦斯涌出分源特征指标 C
	瓦斯涌出量特征指标 A_2		变异系数指标 V
	吨煤瓦斯涌出量 V_n		峰均比指标 P_a
	瓦斯涌出量 Q_n		瓦斯变动系数 K_v
瓦斯解吸类	瓦斯涌出解吸特征指标 B	瓦斯趋势类	标准方差指标 S'
	瓦斯解吸量特征指标 α		瓦斯趋势指标 D
	瓦斯解吸量特征指标 i		瓦斯涌出波峰比指标 P_r
	瓦斯解吸速度特征指标 V_0		瓦斯涌出波峰差指标 P_d
	瓦斯解吸速度特征指标 K_t		瓦斯涌出波宽比指标 W_r

然而在实际应用过程中，各类辨识指标敏感性及临界值的判定需要花费大量的人力、物力，人为确定指标敏感性及临界值总是存在经验因素的干扰，影响辨识的准确性以及技术人员的工作效率。所以研究瓦斯突出快速辨识指标及临界值优选方法，利用计算机软件自动实现指标敏感性及临界值的确定是非常必要的。

3.4.2.1 辨识指标优选方法

(1) 辨识效果考察方法

参照突出危险指标评价方法，建立突出危险快速辨识效果考察方法，即利用常规预测信息与辨识结果之间的对比关系确定指标的辨识“四率”，即辨识率 η_1、辨识准确率 η_2、辨识误报率 η_3、辨识漏报率 η_4，从而量化辨识效果。

设井下真实突出危险区所在的时空位置 $a_i(t_i,s_i)$，由于 $a_i(t_i,s_i)$ 的出现往往是在一段时间和一定空间范围，而空间位置 s 与时间 t 存在函数关系 $s=Q(t)$，因此令 $A_i(t_{i-3\sigma},t_{i+\sigma})$ 为经检验存在突出危险的区域，$P_j(t_j)$ 为辨识指标发布威胁或者危险信息，见图 3.13。

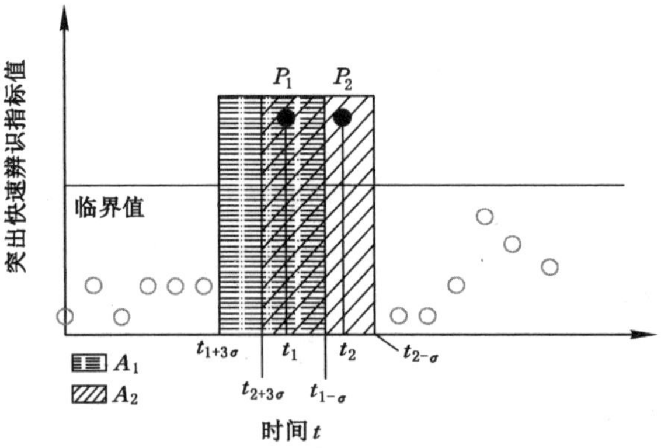

图 3.13　辨识效果考察示意图

P_j 与 A_i 之间的关系可以得出第 L 个辨识指标 X_L，辨识临界值 X_{Lk} 对应的辨识率、辨识准确率、辨识误报率、辨识漏报率分别为 η_{Lk1}，η_{Lk2}，η_{Lk3}，η_{Lk4}。

$$\begin{cases} \eta_{Lk1}=\dfrac{n_{Lk1}}{N_0} \\ \eta_{Lk2}=\dfrac{n_{Lk2}}{n_{Lk1}} \\ \eta_{Lk3}=\dfrac{n_{Lk3}}{n_{Lk1}}=1-\dfrac{n_{Lk2}}{n_{Lk1}} \\ \eta_{Lk4}=\dfrac{n_{Lk4}}{n_{Lk0}} \end{cases} \tag{3.37}$$

式中　N_0——辨识总次数，包括发布正常、威胁与危险三种辨识信息，次；

n_{Lk1}——辨识中超过 X_{Lk} 的次数，即发布威胁与危险的辨识次数，次；

n_{Lk2}——辨识中超过 X_{Lk} 且经验证存在突出威胁、危险或发生突出的次数，即发布威胁与危险的辨识时间处于 A_i 区间的次数，次；

n_{Lk3}——辨识指标超过 X_{Lk} 但经验证井下无异常的次数，即发布威胁与危险的辨识时间不处于 A_i 区间的次数，次；

n_{Lk0}——独立的 A_i 区间个数，个（图 3.14 中 A_1 与 A_2 存在交集，则 $n_{Lk0}=1$）；

n_{Lk4}——独立的 A_i 区间内存在辨识指标超过 X_{Lk} 的区间个数，个；

η_1，η_2，η_3，η_4——分别为辨识率、辨识准确率、辨识误报率、辨识漏报率，%。

(2) 辨识指标及临界值最优选方法

辨识指标及临界值的优化选取是在合适的辨识率 η_1 下，提高辨识准确率 η_2，降低辨识误报率 η_3 与辨识漏报率 η_4。四者的线性方程为 $R=a_2\eta_2-a_1\eta_1-a_3\eta_3-a_4\eta_4$，其中 R 越大，则辨识效果越佳，考虑到安全生产的重要性，一般要求 η_4 恒等于 0，该最优化方程见式(3.38)。

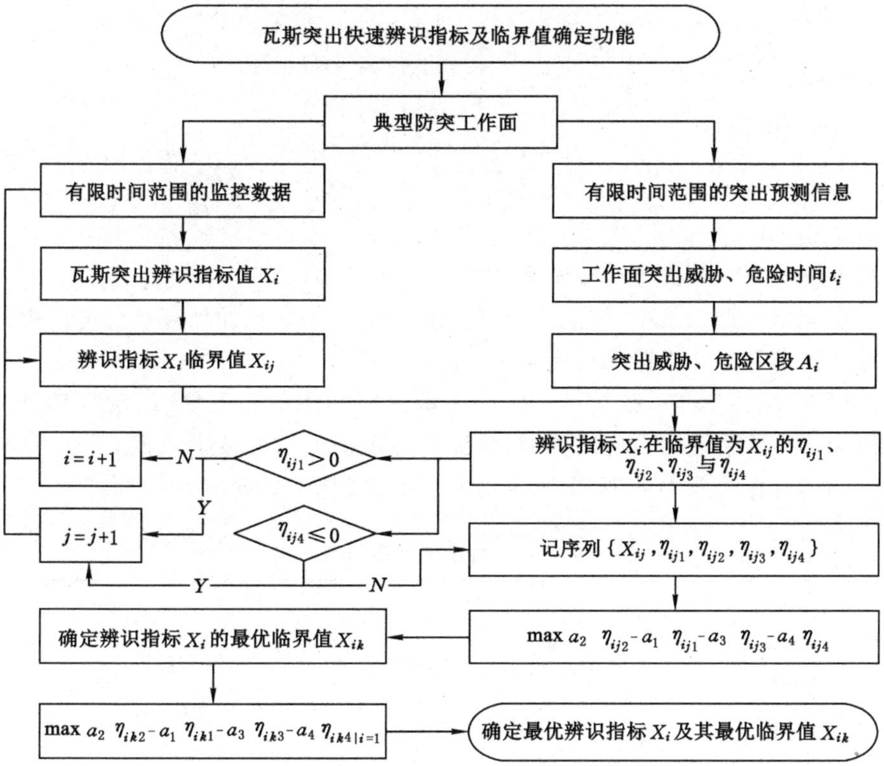

图 3.14　辨识指标及临界值优选流程图

$$
\begin{aligned}
&\max \quad a_2\eta_2 - a_1\eta_1 - a_3\eta_3 - a_4\eta_4 \\
&\text{s.t.} \quad \eta_2 + \eta_3 = 1 \\
&\eta_1,\eta_2,\eta_3,\eta_4 \in [0,1],\eta_4 = 0
\end{aligned} \tag{3.38}
$$

式中　a_1,a_2,a_3,a_4——常系数。

同一辨识指标不同临界值对应的辨识率、辨识准确率、辨识误报率以及辨识漏报率是变化的，即 $\eta_{L1},\eta_{L2},\eta_{L3},\eta_{L4}$ 是指标 X_L 的函数，进一步令：

$$
\begin{cases}
\eta_{L1} = F(X_L) \\
\eta_{L2} = H(X_L) \\
\eta_{L3} = 1 - H(X_L) \\
\eta_{L4} = G(X_L)
\end{cases} \tag{3.39}
$$

式(3-38)、式(3-39)等价于求 $R(X_L)$ 最大值，当 $R(X_L)$ 满足下列条件，则可认为 X_L 存在局部极值 X_{Lm}：

$$
\begin{cases}
\max \quad R(X_L) = (a_2 + a_3)\cdot F(X_L) - a_3 - a_1\cdot H(X_L) - a_4\cdot G(X_L) \\
\nabla R(X_{Lm}) = \left[(a_2+a_3)\cdot \dfrac{\partial F(X_L)}{\partial X_L} - a_1\cdot \dfrac{\partial H(X_L)}{\partial X_L} - a_4\cdot \dfrac{\partial G(X_L)}{\partial X_L}\right]\Bigg|_{X_L=X_{Lm}} = 0 \\
\nabla^2 R(X_{Lm})\ |_{X_L-X_{Lm}} < 0
\end{cases}
$$

(3.40)

式(3-40)有效解则为辨识指标 X_i 的最优临界值,进一步推广至 n 个辨识指标,则:

$$\begin{cases} \max \quad D(X)=\{R(X_L)\}\big|_{L=1}^{n}=\left.\begin{Bmatrix}(a_2+a_3)\cdot F(X_L)\\ -a_3-a_1\cdot H(X_L)\\ -a_4\cdot G(X_L)\end{Bmatrix}\right|_{L=1}^{n} \\ \nabla R(X_{Lm})=(a_2+a_3)\cdot \dfrac{\partial F(X_L)}{\partial X_L}-a_1\cdot \dfrac{\partial H(X_L)}{\partial X_L}-a_4\cdot \left.\dfrac{\partial G(X_L)}{\partial X_L}\right|_{L=1}^{n}=0 \\ \nabla^2 R(X_{Lm})\big|_{L=1}^{n}<0 \end{cases} \tag{3.41}$$

3.4.2.2 辨识指标及临界值计算机优选流程

为提高辨识指标选取效率,按照式(3.40)建立图 3.14 所示的计算机优选流程。

3.4.2.3 辨识敏感指标及临界值优选实例

以东曲矿 8# 煤层 18314 胶带巷工作面为例。矿井用动力现象、瓦斯含量、K_1、地质构造作为预测指标。为量化突出危险等级,将无具体数值的指标分别赋值 0—正常,1—威胁,有具体数值的指标做无量纲处理,即测定值 C_i 除以指标临界值,见表 3.15。

表 3.15 东曲矿预测指标赋值表

类别	0(正常)	1(威胁)
瓦斯含量/($m^3\cdot t^{-1}$)	临界值为 8 m^3/t	
地质构造	无(0)	有(1)
动力现象	无现象	有现象
K_1	临界值为 0.4 $mL/(g\cdot min^{1/2})$	

动力现象权系数为 1,其余 n 个预测指标权系数为 $1/n$,即可得工作面第 m 个循环预测指标的系数矩阵 $\boldsymbol{B}$,预测指标赋值矩阵为 $\boldsymbol{C}$:

$$\boldsymbol{B}=[1\quad 1/n\quad \cdots\quad 1/n] \tag{3.42}$$

$$\boldsymbol{C}_m=[C_{1m}\quad C_{2m}\quad \cdots\quad c_{nm}]^{\mathrm{T}} \tag{3.43}$$

$$\boldsymbol{Y}=\boldsymbol{B}\cdot\boldsymbol{C}=[1\quad 1/n\quad \cdots\quad 1/n]\cdot\begin{bmatrix}C_{11} & C_{12} & \cdots & C_{1n}\\ C_{21} & C_{22} & \cdots & C_{2n}\\ \cdots & \cdots & \cdots & \cdots\\ C_{m1} & C_{m2} & \cdots & C_{mn}\end{bmatrix} \tag{3.44}$$

式中 n——某循环预测指标个数;

m——第 m 个预测循环;

$\boldsymbol{Y}$——工作面突出危险度。

$$\boldsymbol{Y}\subset\begin{cases}(-\infty,\ 0.5),\text{正常}\\ [0.5,\ 1],\text{威胁}\\ (1,\ +\infty),\text{危险}\end{cases} \tag{3.45}$$

(1) 工作面实际危险性判识

18314 胶带巷 2018 年 8 月 1 日至 2018 年 8 月 24 日期间工作面进尺 125 m,14 个辨识指标各发布 72 次辨识信息,工作面累计预测 24 个循环,其中 4 个循环存在异常,见表 3.16。

表 3.16 81111 尾巷预测异常信息汇总表

时间	瓦斯含量/($m^3 \cdot t^{-1}$)	K_1/($mL \cdot g^{-1} \cdot min^{-1/2}$)	动力现象	地质构造
8 月 1 日—8 月 3 日	14.97	0.46	无	正断层
8 月 4 日—8 月 5 日	10.77	0.39	无	无
8 月 6 日—8 月 7 日	11.78	0.41	无	陷落柱
8 月 8 日—8 月 12 日	7.43	0.36	无	无
8 月 13 日—8 月 17 日	7.04	0.33	无	无
8 月 18 日—8 月 23 日	6.86	0.33	无	无

利用式(3.44)、式(3.45)得 18314 胶带巷危险度 **Y**,设 $\sigma=24$ h,掘进期间威胁、正常区间划分见图 3.15。18314 胶带巷工作面累计 24 个循环中,1 个循环处于危险状态,2 个循环处于威胁状态。

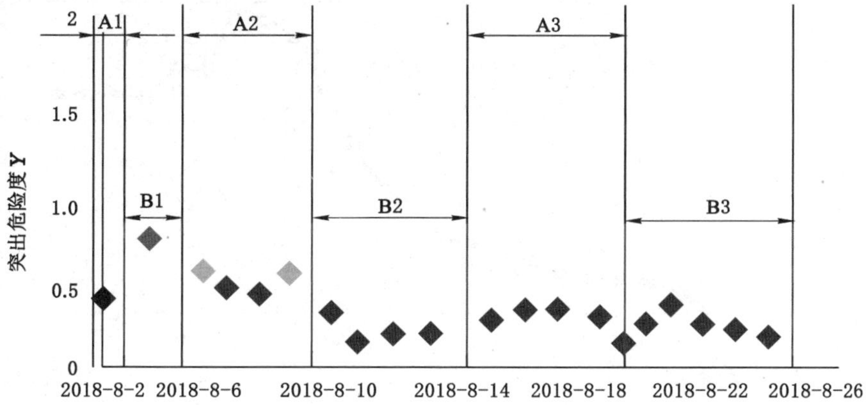

图 3.15 18314 胶带巷实际危险图

(2) 辨识指标及临界值确定

在 18314 胶带巷在 2018 年 8 月 1 日至 2018 年 8 月 24 日掘进期间,计算各指标最优辨识临界值 X_{Lk} 及辨识率 η_{Lk1}、辨识准确率 η_{Lk2}、辨识误报率 η_{Lk3} 以及辨识漏报率 η_{Lk4}。利用指标自适应确定方法,各辨识指标的最优临界值选取结果如下,见表 3.17。

表 3.17 18314 胶带巷辨识最优临界值表

指标	临界值	η_1/%	η_2/%	η_3/%	η_4/%	R_{max}/%
A	0.90	10	100	0	0	90
B	0.50	7	88	13	0	68
V	0.45	6	86	14	0	65
Q_n	62.0	15	71	29	0	26
V_n	1.90	16	67	33	0	17
D	0.15	21	57	43	0	−8
P_a	2.60	14	38	63	0	−39
K_v	0.45	31	38	62	0	−55
A_2	1.05	39	42	58	0	−55

表 3.17(续)

指标	临界值	η_1/%	η_2/%	η_3/%	η_4/%	R_{max}/%
I	0.90	37	34	66	0	−69
C	−0.06	33	30	70	0	−74
K_t	0.10	36	30	70	0	−76
P_r	1.50	51	25	75	0	−102
S'	0.03	83	27	73	0	−129

由表 3.17 可知,瓦斯辨识指标中 A 指标的辨识效果最佳,A 指标不同临界值对应的辨识效果 R 值如图 3.16 所示。当 $A=0.9$ 时,辨识效果 R 值最大,利用此辨识临界值,辨识效果见图 3.17。

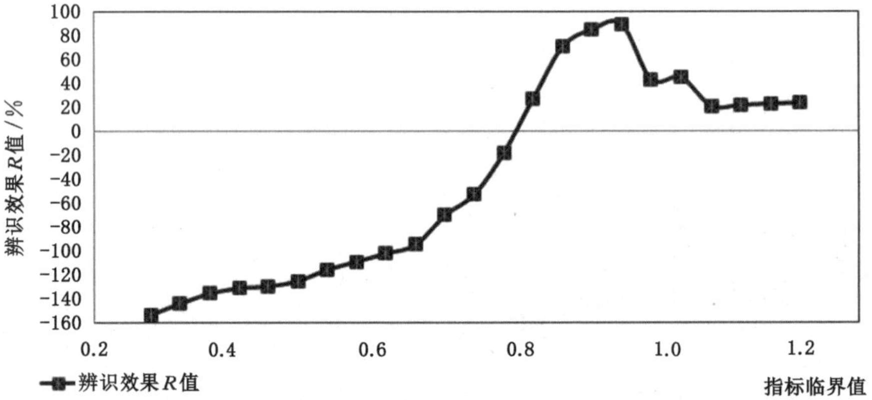

图 3.16　A 指标不同临界值辨识效果 R 值图

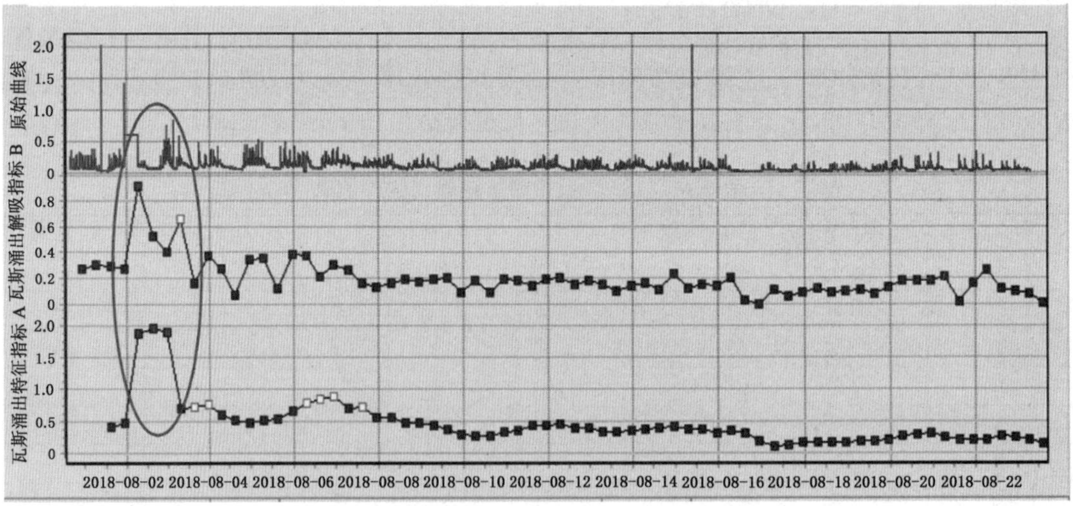

图 3.17　18314 胶带巷 A 指标最优临界值辨识效果

将 A 指标及其临界值为 0.9 应用到东曲矿其他防突工作面，指标仅以 10% 的辨识率获取了 83.5% 的辨识准确率，13.7% 的辨识误报率，没有出现漏报现象，辨识效果 R 值达到了 63.6%，取得了良好的应用效果。

3.4.3 瓦斯涌出动态特征突出预警系统

煤与瓦斯突出预警系统，就是指在事故理论、预警理论、煤与瓦斯突出防治理论的指导下，充分利用和发挥煤矿安全监控系统、计算机网络技术和现有防突技术的优势，实时、动态地采集突出孕育过程中各种变化的信息和征兆，并经过综合分析，从系统的观点出发，在时间维度和空间维度的连续性上，对采掘工作面的突出危险状态和发展趋势进行超前和动态的监控、预测与警告，以便提醒管理者提前采取防突措施、加强防突管理、消除突出隐患，保证现场作业人员生命和财产安全。

3.4.3.1 KJA 系统系统概述

KJA 瓦斯涌出预警系统配有实时、多任务操作系统，系统软件多运行在 WindowsXP、Windows 7、Windows 8 或 Windows 10 中文操作平台上，不仅可以充分利用多进程、多线程技术实时并发处理任务，还具有丰富的用户界面，使 KJA 预警系统的前后台数据处理能力变得强大。

瓦斯涌出特征突出预警系统首先根据矿井的实际情况，建立煤矿动态安全信息数据库，然后构建煤与瓦斯突出的预警指标体系和预测模型[84]。随着采掘空间的拓展，根据瓦斯涌出信息的综合分析结果，对工作面前方存在的突出危险及其发展趋势给出警示信息，及时提供各工作面煤与瓦斯突出危险性的状态预警和趋势预警信息。这对于煤炭生产单位进一步强化安全管理、预防突出灾害发生、及时救灾等有重要的现实意义和实用价值。

突出预警是通过监控硬件设备和客户端采集获取煤与瓦斯突出灾害孕育、发生和发展的情况，并将灾害情况通过图、声等方式显示。预警系统的应用效果取决于系统的设计。

该系统设计的基本要求是：

(1) 建立良好的煤与瓦斯突出预警指标的输入界面，系统能够在主流 Windows 操作环境下运行，有比较友好的图形界面；

(2) 实现瓦斯涌出监测数据的自动导入和实时读取；

(3) 自动完成监测数据的预处理；

(4) 根据需要选择历史数据进行预警或在线实时预警，并及时发出警示信号；

(5) 可进行多种预警方法及预警参数的选择；

(6) 可生成多种预警曲线，并据此分析煤与瓦斯突出的孕育过程；

(7) 存储预警结果，生成运算结果报表。

3.4.3.2 系统结构设计

瓦斯预警是以计算机硬件和网络平台为依托。监控数据分析系统由传输器、采集器、客户端和 KJA 数据库组成：传输器负责从监测监控系统数据库中读取相关瓦斯监测数据并实时传输至 KJA 数据库；采集器负责实时计算瓦斯涌出指标和将指标数据传输给预警数据库；KJA 客户端(即瓦斯涌出分析系统)的设计主要是便于用户对瓦斯涌出数据进行查询和分析。在实际运行过程中，KJA 数据库及采集器安装于预警服务器以后台服务自动运行。突出预警服务是预警分析模型的集中实现，安装于预警服务器以后台服务运行，减少系统管理员的工作量，系统构架图如图 3.18 所示。

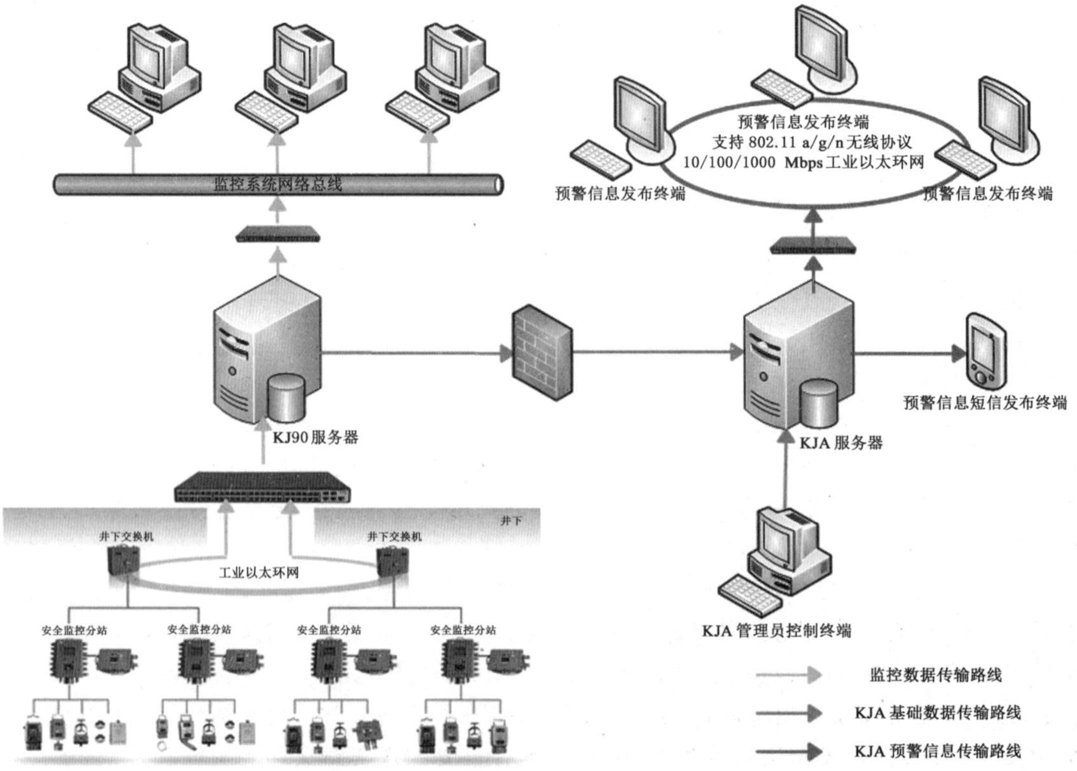

图 3.18　KJA 突出预警系统构架图

预警系统实现瓦斯涌出指标的在线监测与分析，并进行工作面开始预警前的预警规则和指标参数的定制和预警过程中的预警信息的查询分析与发布，实现瓦斯突出灾害的预兆在线监测、结果实时分析、信息及时发布。

3.4.3.3　系统数据库建设

瓦斯涌出特征突出预警系统在实际运行过程中需要及时快速地获取、处理和存储海量数据，因此，只有借助数据库技术，才能对这些数据进行有效管理。

选择合适的数据管理模式，有助于预警系统的可靠、稳定运行。以马兰矿为例，由于开采时间长，矿区分布范围广，终端数量多，网络结构复杂，难以有效支持大型数据库所要求的长期稳定连接。基于此，马兰矿 KJA 预警系统系统设计采用分布式数据库(DDB)的数据管理模式，从而减少各系统数据访问时间，提高操作响应速度。

3.4.3.4　系统功能综述

瓦斯涌出动态分析系统的主要目的是对矿井监控系统的瓦斯浓度监测数据进行综合分析，为突出预警提供瓦斯涌出动态指标信息，实现工作面突出危险性的实时、动态及智能预警。该系统的具体功能需求如下：

① 实现矿井瓦斯监测信息的实时获取，自动绘制瓦斯浓度实时监测数据曲线；

② 实现对历史预警结果的便捷查询及报表打印与输出；

③ 实现瓦斯涌出动态特征指标的自动分析、计算，并绘制指标变化曲线图；

④ 实现工作面基于瓦斯监测数据的突出危险状态及趋势的实时、自动分析和报警；

⑤ 实现瓦斯探头调校、更换探头时等获取的无效监测信息的自动过滤及手动过滤。

对瓦斯涌出动态分析系统的适应性调整是基于中煤科工集团重庆研究院有限公司瓦斯涌出动态分析信息平台，由于该系统需要从矿井监控系统实时获取矿井瓦斯监测信息，并进行实时、动态分析，因此该系统对数据的处理具有量大、速度快、持续性强的特点。基于此，设计瓦斯涌出动态分析系统采用服务和客户端联合运行模式，其中 KJA 服务主要负责人机交互少、实时性强的功能，客户端主要负责人机交互较为频繁的功能。

(1) 服务

KJA 服务采用 Windows 服务模式，开机自动启动，无需人工干预，因此无操作界面。KJA 服务主要用于从监控系统服务器实时读取矿井监控数据，实时、自动计算瓦斯涌出特征预警指标，并将指标计算结果实时传输给预警数据库，为瓦斯突出预警提供瓦斯涌出特征基础信息。

(2) KJA 客户端

KJA 客户端登录后主界面如图 3.19 所示，其主要功能包括瓦斯涌出动态特征分析、无效监测信息判识、瓦斯涌出预警指标及规则设置、预警结果管理和系统管理等。

图 3.19　瓦斯涌出动态分析系统主界面

① 瓦斯涌出动态特征分析

瓦斯涌出动态特征分析功能主要用于对吨煤瓦斯涌出量 V_n、瓦斯涌出量 Q_n、瓦斯解吸速度特征指标 K_t 等矿井瓦斯涌出动态特征指标的适用性辅助分析，确定适合矿井瓦斯地质条件、采掘工艺等客观条件的指标。利用系统的这一功能，可以针对考察工作面某时间段的瓦斯涌出曲线，进行瓦斯涌出动态特征指标计算，并能对各指标计算结果曲线进行统一展示，便于用户分析(图 3.20)。

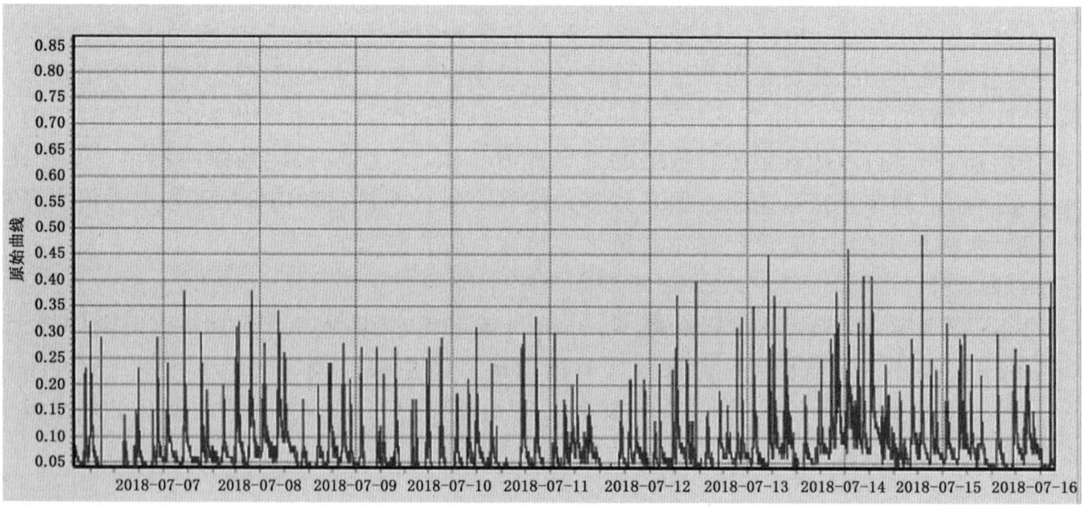

图 3.20　瓦斯涌出动态特征分析

② 无效监测数据判识

该功能主要用于对瓦斯探头调校、探头损害等人为因素造成的无效监测信息进行自动判识和过滤，从而最大限度地保证瓦斯涌出监测数据的可靠性，提高预警准确率。

③ 瓦斯涌出预警指标及规则设置

用户通过系统的瓦斯涌出预警指标及规则管理功能，既可以基于系统提供的“或”、“与”和“非”等逻辑关系，灵活地设置矿井预警规则，也可以针对工作面进行瓦斯涌出预警指标定制和指标计算参数、指标临界值等的设置，用于煤与瓦斯突出实时预警(图 3.21)。

图 3.21　瓦斯涌出预警指标管理

④ 瓦斯涌出预警结果管理

预警结果管理功能主要用于控制预警结果的实时发布、预警结果查询、预警结果报表生成，并能便捷地对预警报表进行输出或打印。

⑤ 系统管理

KJA 客户端的系统管理功能，主要用于数据库连接配置、用户信息管理等。

(3) 瓦斯监控数据采集、传输端开发

基于瓦斯涌出动态特征指标的突出预警系统基础是对井下监控数据的采集与存储。监控系统在煤矿安全生产中拥有举足轻重的作用，不允许其他系统对数据库进行直接访问或数据读取，以免造成数据库破坏、病毒攻击等，为了减少预警系统的建设成本、维护成本，中煤科工集团重庆研究院有限公司根据马兰矿使用的瓦斯监控系统数据传输及数据库构架，开发了可以自由选择数据库类型的数据采集、传输端口。端口根据煤矿监控系统管理规定，又分别建立主动式端口和被动式端口，矿井选择由监控主机主动发送数据时，系统采用被动式端口，如图 3.22 所示。

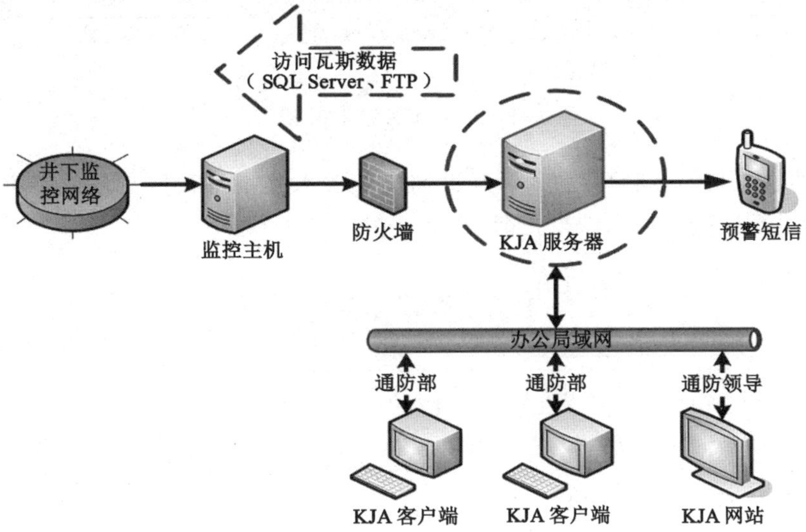

图 3.22　主动访问瓦斯数据示意图

(4) 报表设计与开发

① 预警信息综合报表设计与开发

KJA 突出预警系统提供了预警结果报表和预警信息报表功能，系统自动提取某个时间段预警信息制成报表，可输出打印，该报表还可根据用户需要进行报表信息及报表格式调整。

用户进入预警结果报表后显示默认报表，对当天矿井所有预警工作面的危险性情况进行一个综合统计，通过不同颜色显示危险性，其中红色代表危险，橙色代表威胁，绿色代表正常，如图 3.23 所示。

② 突出参数测定信息录入报表设计与开发

考察马兰矿现场突出参数测定工作流程、管理组织、数据填报等防突工艺及模式，从数据录入、数据管理、数据显示等进行专项数据管理模板开发，如图 3.24 所示，设计开发形成

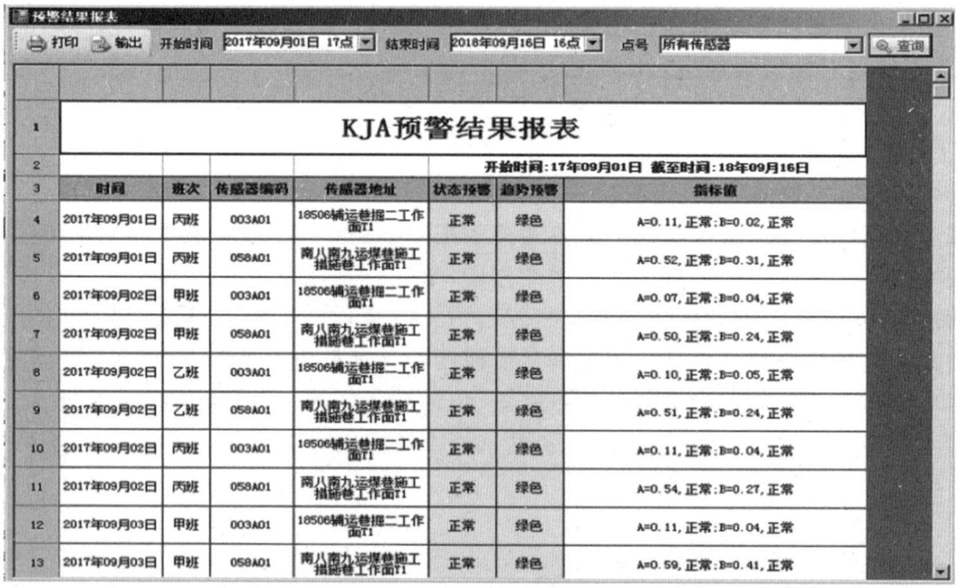

预警结果报表

打印 输出 开始时间 2017年09月01日 17点 结束时间 2018年09月16日 16点 点号 所有传感器 查询

KJA预警结果报表

开始时间:17年09月01日 截至时间:18年09月16日

时间	班次	传感器编码	传感器地址	状态预警	趋势预警	指标值
2017年09月01日	丙班	003A01	18506辅运巷掘二工作面T1	正常	绿色	A=0.11,正常:B=0.02,正常
2017年09月01日	丙班	058A01	南八南九运煤巷施工措施巷工作面T1	正常	绿色	A=0.52,正常:B=0.31,正常
2017年09月02日	甲班	003A01	18506辅运巷掘二工作面T1	正常	绿色	A=0.07,正常:B=0.04,正常
2017年09月02日	甲班	058A01	南八南九运煤巷施工措施巷工作面T1	正常	绿色	A=0.50,正常:B=0.24,正常
2017年09月02日	乙班	003A01	18506辅运巷掘二工作面T1	正常	绿色	A=0.10,正常:B=0.05,正常
2017年09月02日	乙班	058A01	南八南九运煤巷施工措施巷工作面T1	正常	绿色	A=0.51,正常:B=0.24,正常
2017年09月02日	丙班	003A01	18506辅运巷掘二工作面T1	正常	绿色	A=0.11,正常:B=0.04,正常
2017年09月02日	丙班	058A01	南八南九运煤巷施工措施巷工作面T1	正常	绿色	A=0.54,正常:B=0.27,正常
2017年09月03日	甲班	003A01	18506辅运巷掘二工作面T1	正常	绿色	A=0.11,正常:B=0.04,正常
2017年09月03日	甲班	058A01	南八南九运煤巷施工措施巷工作面T1	正常	绿色	A=0.59,正常:B=0.41,正常

图 3.23　预警结果报表

马兰矿专用的数据填写及管理模板,使矿井防突相关人员能够按照自己的防突管理习惯及模式,方便地进行数据集中维护与查询、分析工作。

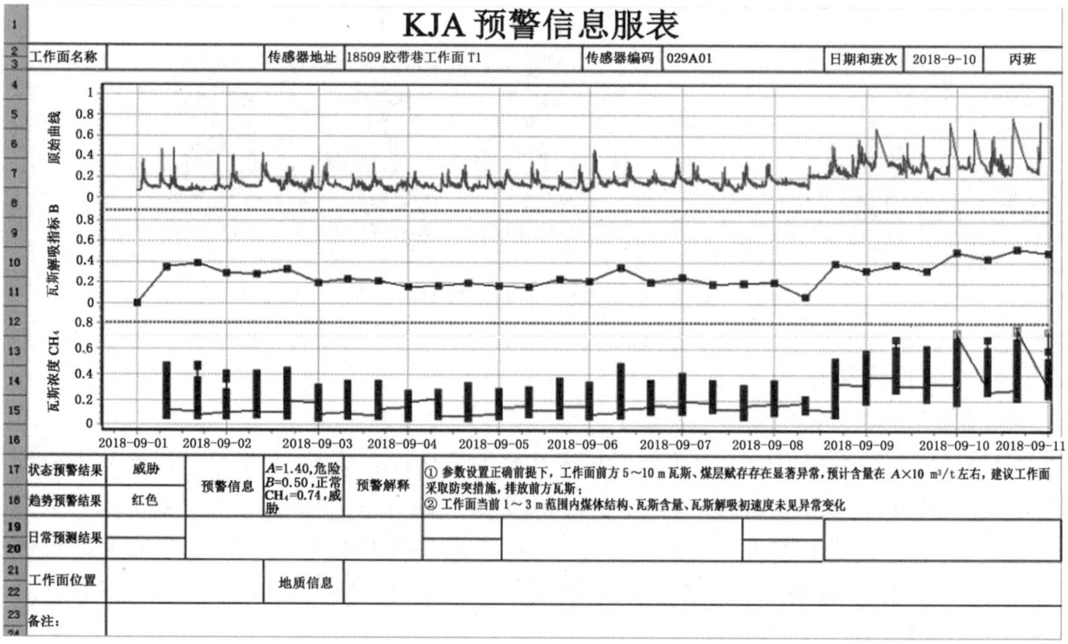

图 3.24　突出参数测定信息录入报表

(5) 短信发布平台开发

预警信息的短信发布通过预警短信平台与系统服务器端进行网络连接，预警服务器端将预警信息发送至预警短信平台数据库，短信平台根据预警信息分别发送至指定用户。预警短信在线发布主要包括预警等级设定、预警团组设置以及短信接收人员编制。便于用户根据矿井人员职责划分特点设置预警信息发布规则。

预警等级设定是将预警等级按照排列组合设定为不超过 12 个等级的预警级别，通过预警分级确定信息的紧急程度，见图 3.25。预警系统设定是根据矿井技术、管理人员智能分工，将不同预警级别的信息发送至指定团组，实现预警规则与预警团组映射对接。预警短信接收人员编制是根据用户技术、管理人员的职责、人事调整增减或更高预警短信接收人员的基本信息与预警团组。

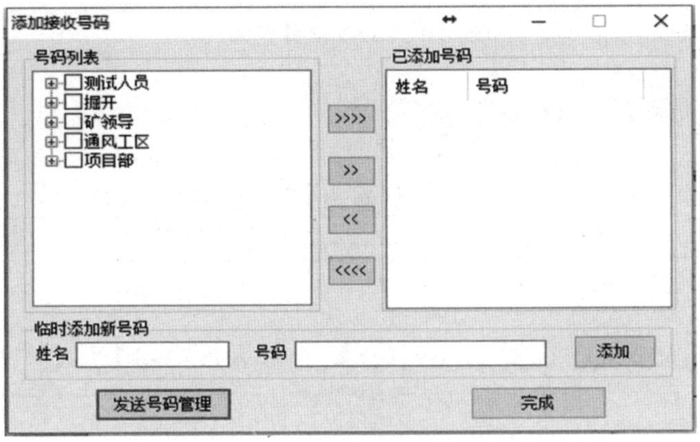

图 3.25　预警等级设定图

(6) 预警网站建设

预警查询网站是对工作面生产情况与预警结果的集中展示，方便各部门与公司领导查询防突工作面的预警情况。通过该网站可以查询和了解当前生产情况下，矿井采掘工作面瓦斯灾害预警的结果等级和详细的预警指标信息。用户凭借分配的账号和密码就可以登入该网站，可以查询工作面当前的状态和趋势预警结果、工作面的局部预测指标，系统还可以自动生成日常预测指标变化曲线，以供用户分析。预警网站还提供了历史预警结果查询功能，用户可以根据不同的时间、不同工作面查询工作面的预警结果信息，如图 3.26所示。

3.4.3.5　应用效果

矿区突出危险快速辨识系统应用效果主要分为三个方面：对突出危险性小或者没有的工作面，辨识为威胁或者危险的报警率低于 2%；对典型的指标超标、指标偏大、异常地质构造等可以及时地超前辨识，辨识准确率超过 80%；对典型的动力现象具备超前的辨识能力，辨识准确率尽可能达到 100%。

(1) 突出危险性小或者没有的工作面误报率低

东曲矿 28802 轨道巷因地质条件较为稳定以及区域瓦斯预抽效果较为明显，区域校检指标测试表明工作面所处区域突出危险性较小，在预警系统跟踪分析过程中，也基本没有出

图 3.26　KJA 预警查询网

现辨识为威胁或者危险的结果,如图 3.27 所示。

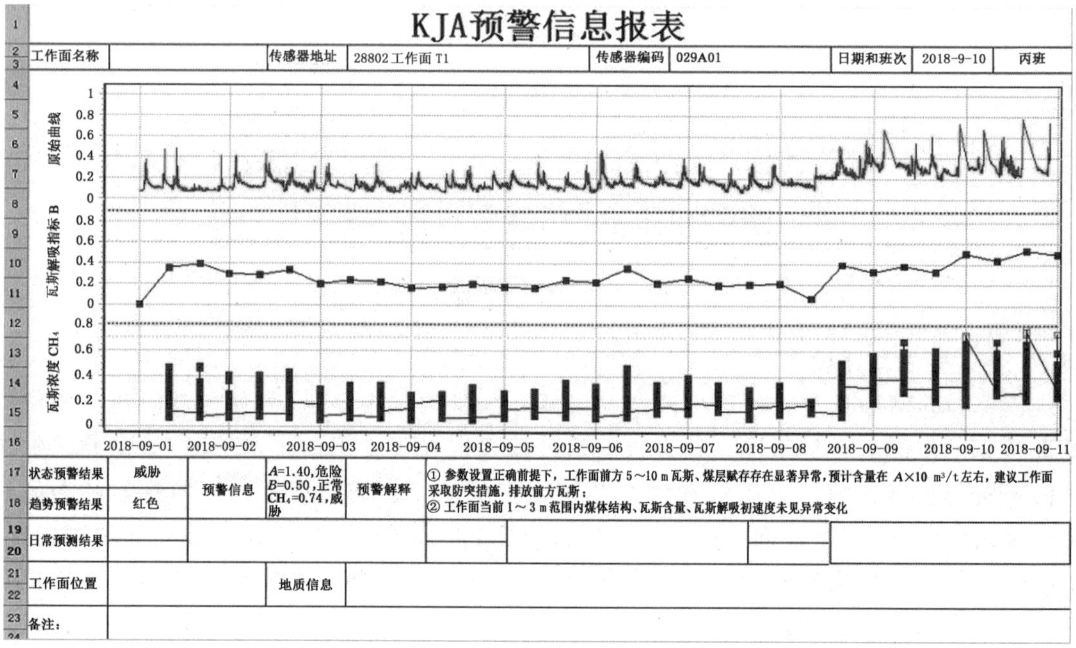

图 3.27　东曲矿 28802 轨道巷突出危险预警效果

(2) 超前标识异常信息

屯兰矿 28112 胶带巷因受构造的影响,局部区域瓦斯含量较大,2018 年 8 月初至 8 月底,瓦斯存在逐步增大的情况,8 月 19 日施工队伍发现煤层存在明显变化,其间实测瓦斯含量明显增大,并于 8 月 23 日揭露一正断层。工作面 6 月份至 9 月期间辨识效果如图 3.28所示,突出危险辨识系统对 28112 胶带巷地质构造异常区超前进行了预测,表现了良好的适用性。

图 3.28　屯兰矿 28112 胶带巷突出危险预警效果

东曲矿 28214 回风措施巷掘进期间多次遇到 K_1 偏大、煤层变化、瓦斯含量高以及遇到地质构造等情况，突出危险快速辨识系统也被多次证明具有明显的超前辨识能力，辨识效果见图 3.29。

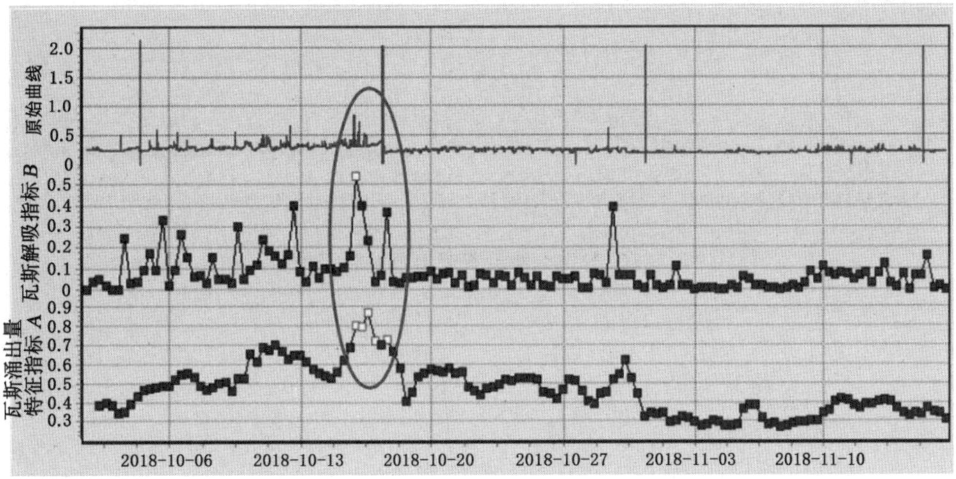

图 3.29　东曲矿 28214 回风措施巷突出危险预警效果

(3) 超前预警动力现象

KJA 突出预警系统在马兰矿 18504 辅运巷预警效果最为典型。18504 辅运巷因区域防突措施较差，突出危险性较大。在实际掘进过程中，2015 年 10 月中旬快速辨识系统多次发出超前预警，随后井下实测钻屑瓦斯解吸指标 K_1 出现超标现象，瓦斯涌出指标对井下实际情况进行了极为准确的预测，如图 3.30 所示。

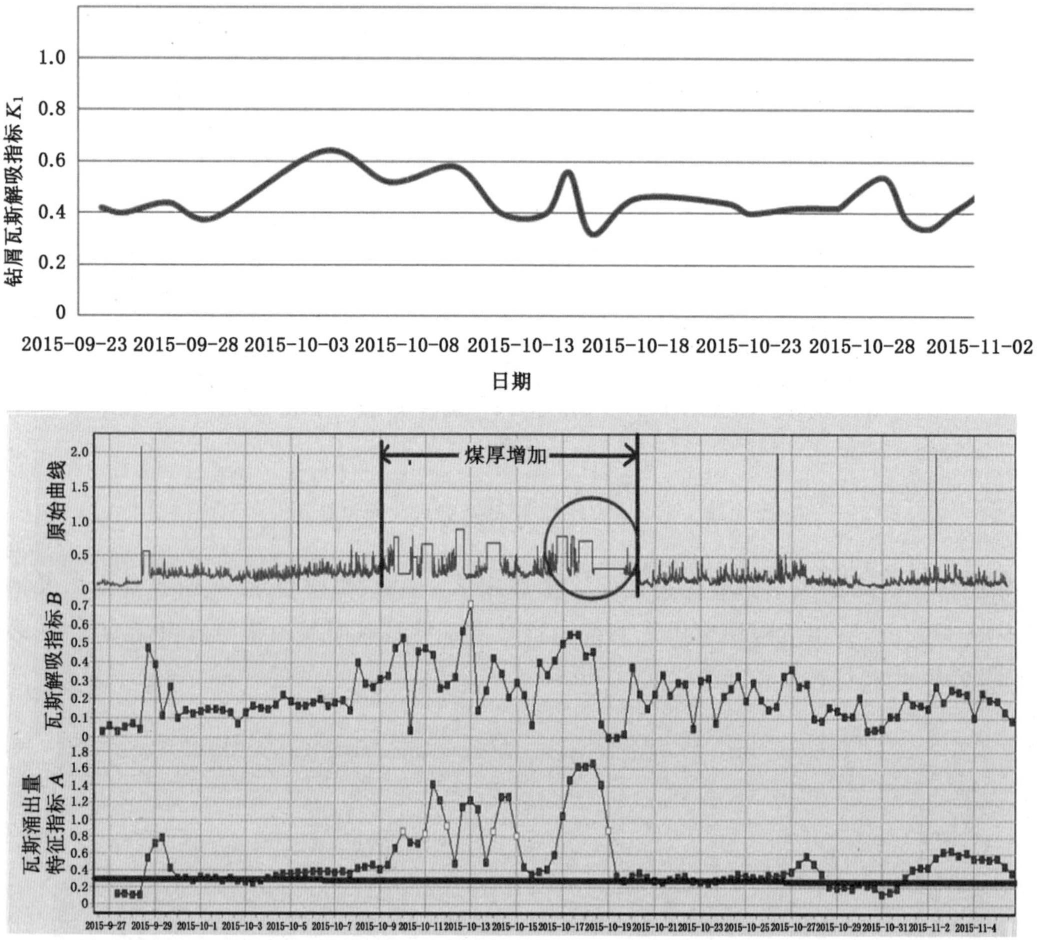

图 3.30　18504 辅运巷突出危险预警效果

4 低透气性煤层增透技术

西山矿区主采煤层透气性小[透气性系数 0.1～1 $m^2/(MPa^2 \cdot d)$]，且煤层松软。增加煤层透气性是解决低透气性煤层瓦斯抽采难题的关键。为了提高煤层透气性、有效促进瓦斯高效抽采，西山矿区从井下本煤层钻孔、穿层钻孔、掘进工作面超前钻孔和地面钻孔 4 个方面，开展了相应的水力化增透(水力压裂和水力割缝)、液态 CO_2 相变致裂和地面钻井压裂等技术[85-88]。

4.1 煤层水力压裂增透

水力压裂的技术最早应用于 1947 年，但当时并未应用到煤矿当中，真正用于煤矿是在 1960 年的苏联。当矿井中煤层进行注水后[89-90]，煤层透气性得到了显著提高。我国对水力压裂的研究始于 20 世纪 70 年代，多年来一直在研究和不断开展业务，突破了许多技术和理论的难关。我国于 1965 年首次将水力压裂技术应用于瓦斯抽采领域，效果显著。西山矿区大多数为低渗透煤层，原始煤体煤层透气性差，抽采钻孔瓦斯浓度衰减快，煤体抽采达标缓慢，制约煤层的回采与掘进，造成矿井接替困难。水力压裂技术是通过注入高压水，对煤体造成破坏，使钻孔周围煤体产生裂隙，随着高压水的持续作用使裂隙得到扩展和延伸，并使钻孔之间形成裂隙网络，从而提高煤层透气性，有效地卸除地应力和降低煤层瓦斯压力，提高瓦斯抽采率，是常用的一种卸压增透措施。

4.1.1 水力压裂力学数值模拟

4.1.1.1 水力压裂模型的构建

水力压裂技术是借助注入的高压水，将部分区域的硬煤摧毁，使其破坏过程由脆性转变为塑性，从而达到卸压的目的，同时由于煤体被破坏，产生初始裂隙，在应力变化的情况下引起次级裂隙发育，达到增透的目的。其成功的关键是考察分析高压水注入后煤体塑性卸压范围。一般认为注水压力越大，塑性范围越大，但致裂压力越大对设备的要求越高，致裂时对封孔的要求较高，且对系统的安全性影响较大，因此水力压裂时选择一个合理经济的注水压力十分重要，同时致裂时应充分考虑钻孔方向、钻孔直径等参数对致裂效果的影响。

以屯兰矿 4# 煤层为例，将初始模型共分为 6 组，由上到下依次为砂质泥岩、粉砂岩、泥岩、煤层、砂质泥岩和细砂岩，初始模型如图 4.1 所示。

模型具体参数以倾角 60°，孔径 0.8 m 算例为例，具体如下。

(1) 模型尺寸：90 m×50 m×10 m；

(2) 巷道尺寸：3 m×4.6 m；

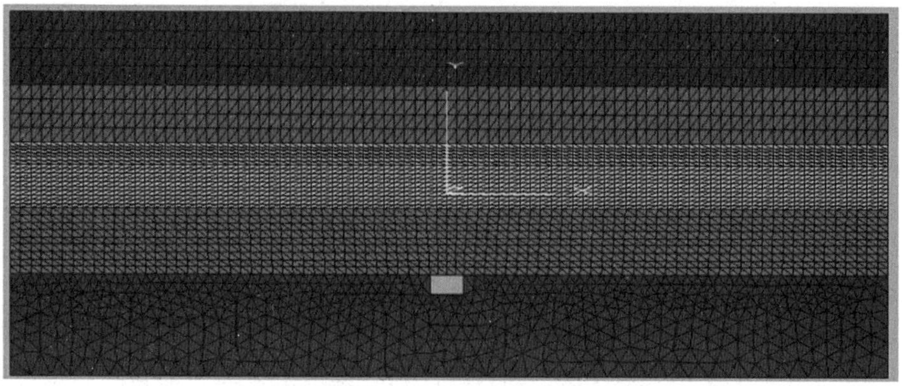

图 4.1　4# 煤层及其顶底板岩层初始模型

(3) 本构关系:摩尔-库伦本构模型;

(4) 模型参数:由上到下依次为砂质泥岩、粉砂岩、泥岩、煤层、砂质泥岩和细砂岩;

(5) 网格类型:Tet(四面体单元);

(6) 单元网格近似尺寸:煤层 0.2 m,邻近层 0.2～1 m;

(7) 网格数量:127 599 个;

(8) 边界条件:竖向荷载为 $\sigma V=25$ MPa,水平荷载为 $\sigma h=15$ MPa;

(9) 约束:模型底部施加竖直方向的位移和转角约束,模型四周水平方向施加水平方向的位移和转角约束;

(10) 荷载施加:在模型内部的压裂孔顶端 1 m 范围内,分别施加 5 MPa、10 MPa、15 MPa、20 MPa、25 MPa 水压;

(11) 加载方式:共两个加载步,地应力平衡部分施加 abaqus 静载模块,模拟孔压采用 abaqus 动载模块。

4.1.1.2　高压水压力对钻孔孔塑性区的影响

模拟计算时钻孔参数设置为:钻孔角度为 60°,钻孔直径为 0.8 m,巷道尺寸为 3 m×4.6 m,模型尺寸为 90 m×50 m×10 m。

考察施加 5 MPa、10 MPa、15 MPa、20 MPa、25 MPa 共计 5 组孔高压水压力变化工况的卸压增透塑性区范围影响,得到相同角度、孔径和边界条件下压裂后,不同孔压的数值云图如图 4.2 所示。

从不同压裂水压条件下塑性区、竖向位移、竖向应力、水平应力云图的发展趋势看,塑性区范围是随着孔压的增大而不断增大的,竖向位移云图中上覆岩层竖向膨胀随着孔压增大也显著增大,而竖向应力随着孔压增大变化也有增大的趋势,水平应力的发展也和孔压呈正相关关系。高压水压力对压裂孔塑性区面积的影响关系如图 4.3 所示。

由图 4.3 可得,随着压力的增加,塑性区面积增加,压裂和塑性区面积值呈"$y=5.447\ 2x+81.214$"的线性关系。因而可以看出随着孔压的增大,塑性区面积与孔压变化呈现出一定的正线性相关。

a(1) 压裂后塑性区影响范围

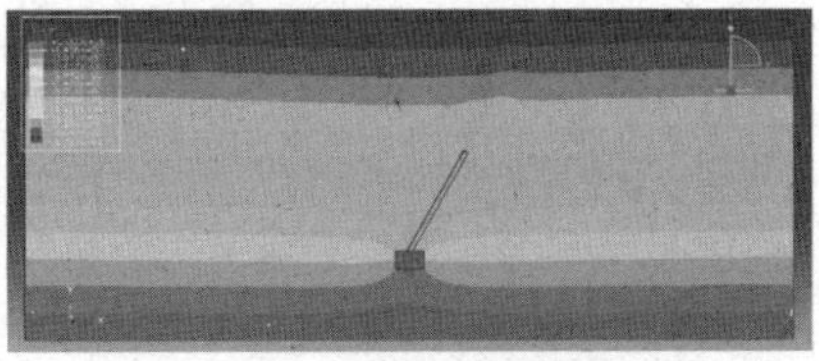

a(2) 压裂后竖立向移云图

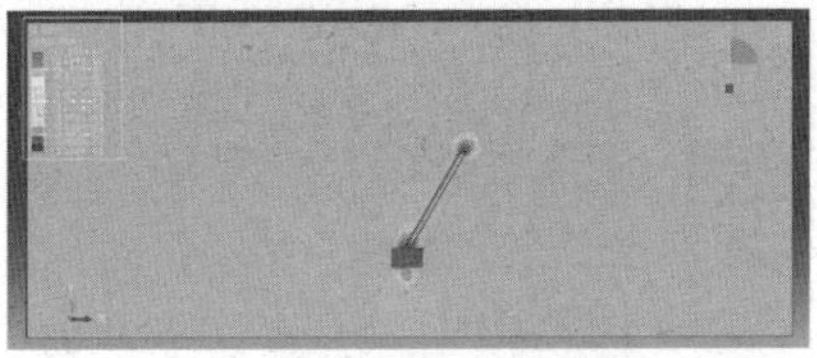

a(3) 压裂后竖向应力云图

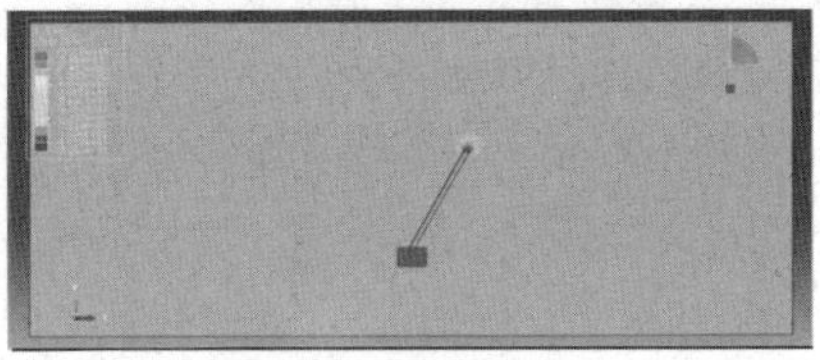

a(4) 压裂后水平应力云图

(a) 5 MPa 高压水压裂应力、位移和塑性区发展云图

b(1) 压裂后塑性区影响范围

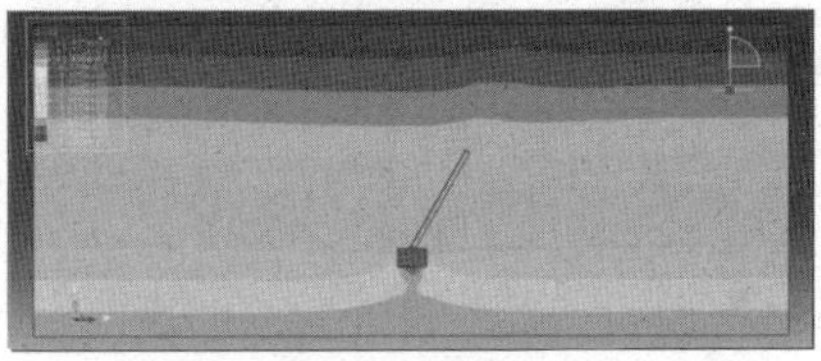

b(2) 压裂后竖向移云图

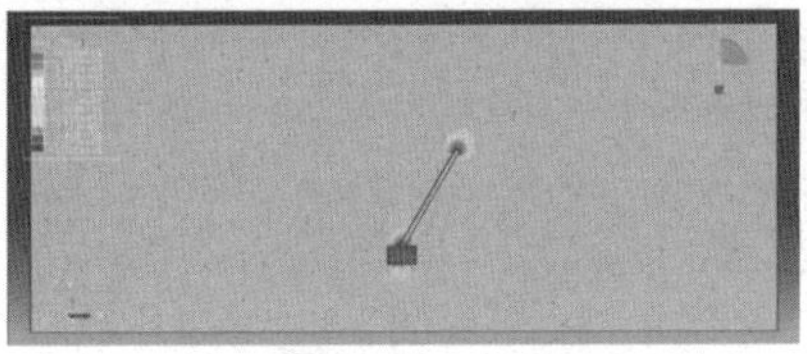

b(3) 压裂后竖向应力云图

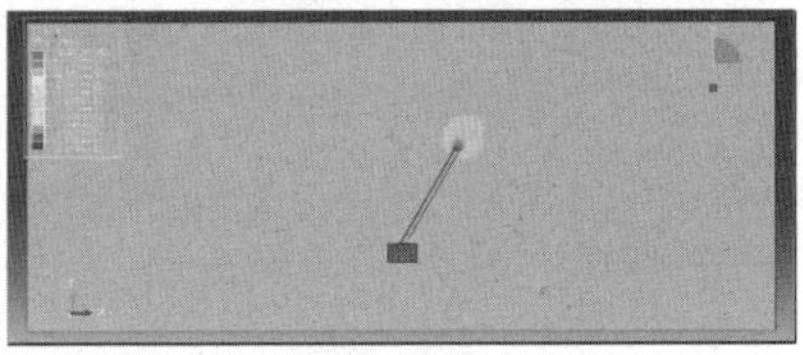

b(4) 压裂后水平应力云图

(b) 10 MPa高压水压裂模拟应力、位移和塑性区发展云图

c(1) 影响范围压裂后塑性区

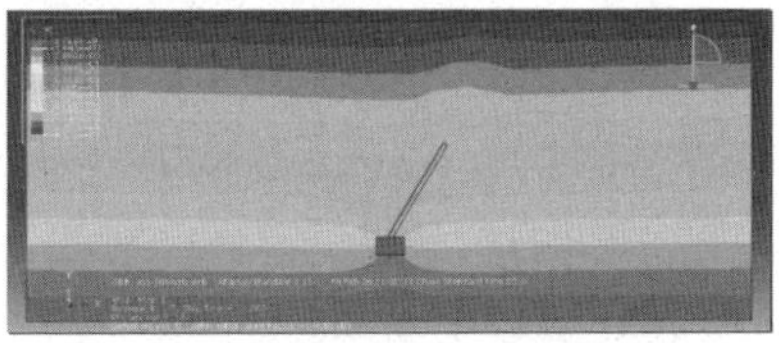

c(2) 压裂后竖向位移云图

c(3) 压裂后竖向应力云图

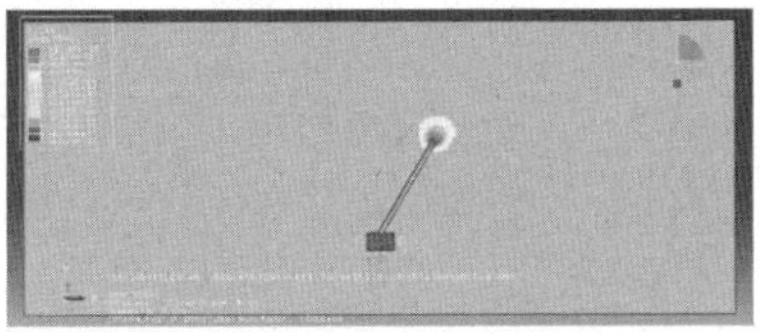

c(4) 压裂后水平应力云图

(c) 15 MPa 高压水压裂模拟应力、位移和塑性区发展云图

图 4.2 不同水压压裂模拟应力、位移和塑性区发展云图

d(1) 压裂后塑性区影响范围

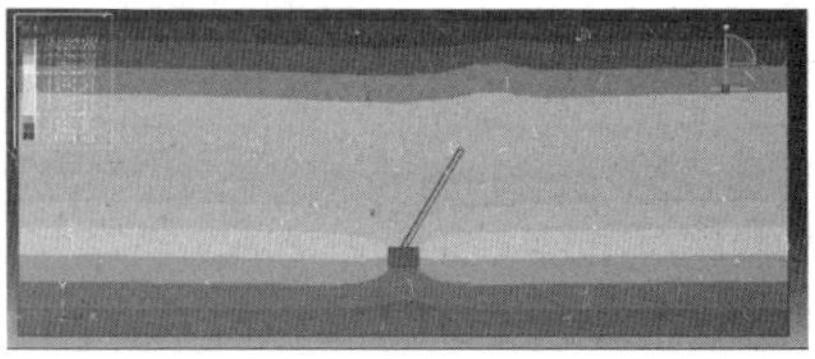

d(2) 压裂后竖向位移云图

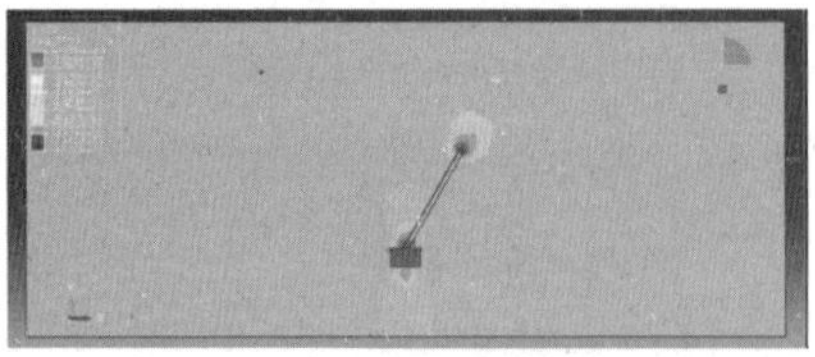

d(3) 压裂后竖向应力云图

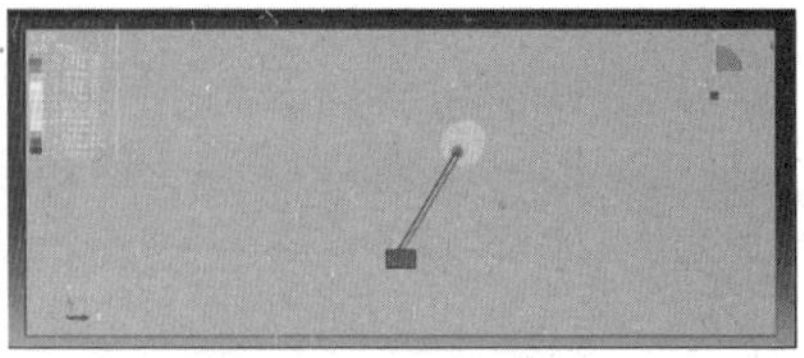

d(4) 压裂后水平应力云图

(d) 20 MPa高压水压裂模拟应力、位移和塑性区发展云图

e(1) 压裂后塑性区影响范围

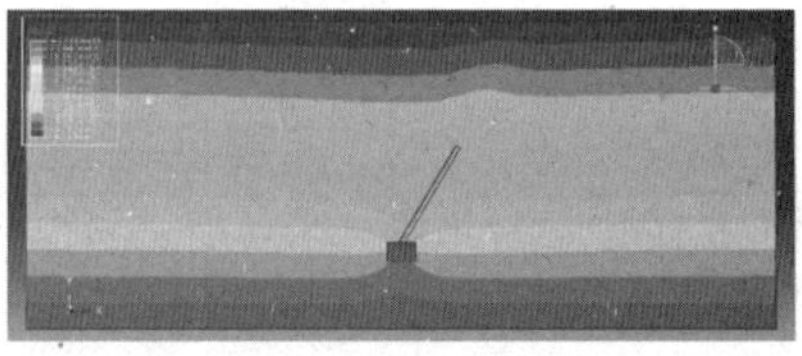

e(2) 压裂后竖向位移云图

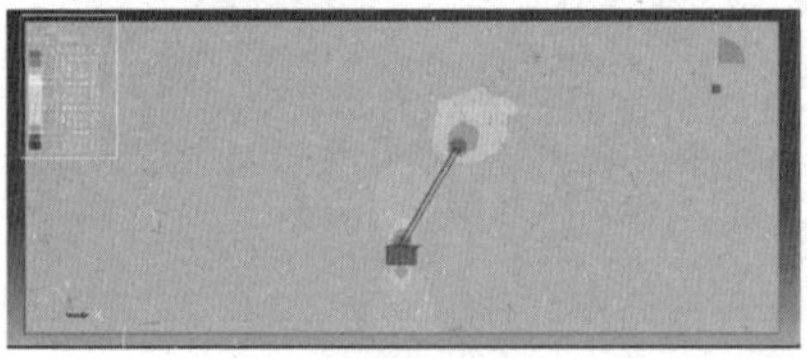

e(3) 压裂后竖向应力云图

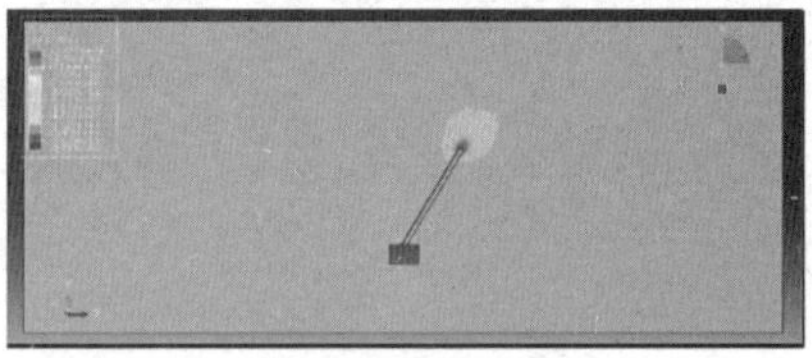

e(4) 压裂后水平应力云图

(e) 25 MPa高压水压裂模拟应务、位移和塑性区发展云图

图 4.2（续）

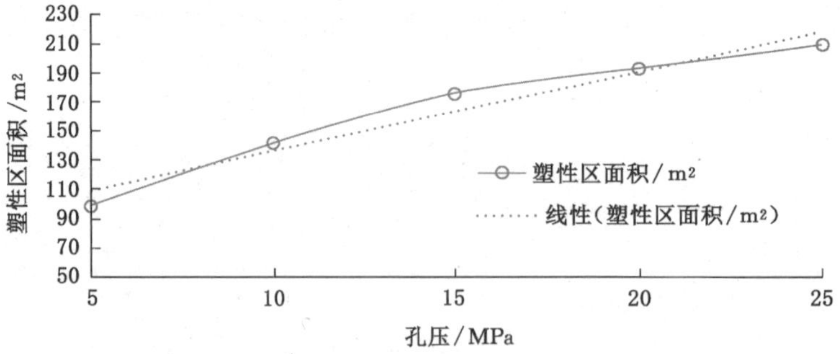

图 4.3　高压水压裂对压裂孔塑性区面积的影响

4.1.1.3 水力压裂致裂压力

为考察压裂后卸压增透情况，提取压裂卸压增透后模型沿压裂轴向不同距离的单元信息与压裂前相同位置作对比得到压裂前后竖向应力和水平应力卸压增透曲线，如图 4.4～4.5 所示，不同压力下卸压增透率如图 4.6 所示。

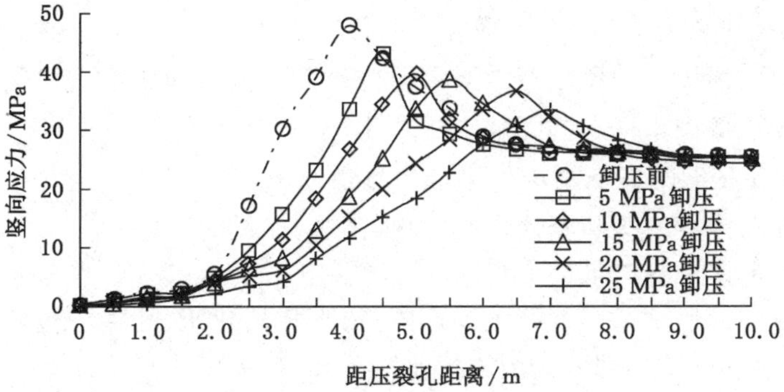

图 4.4 不同孔压下竖向应力卸压增透曲线

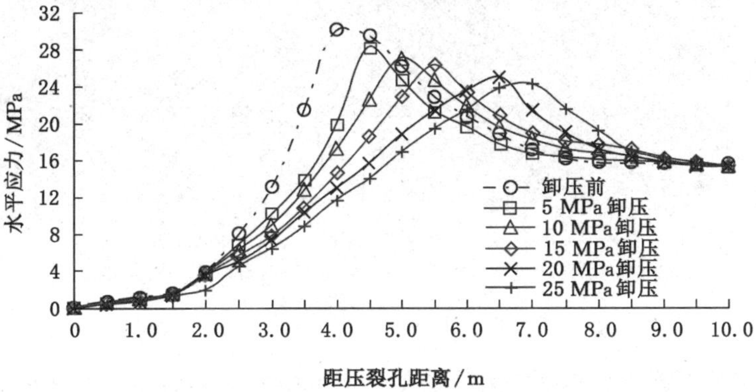

图 4.5 不同孔压下水平应力卸压增透曲线

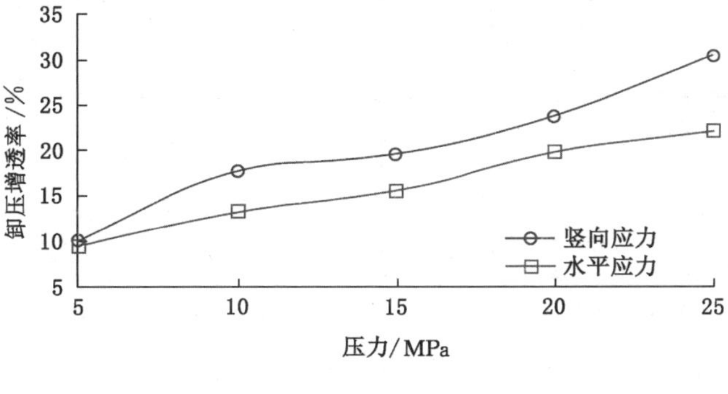

图 4.6 不同压力下卸压增透率

由图4.4～图4.6可知，随着压力的增加，竖向应力和水平应力均呈现增加趋势，且竖向应力卸压增透率大于同等压力下的水平应力卸压增透率。竖向应力最大卸压增透率为30.34%(25 MPa孔压)，水平应力最大卸压增透率为22.11%(25 MPa孔压)。如果以90%的“最后卸压增透优先”为原则，由于竖向应力水平始终在水平应力之上，应考虑将水平应力作为卸压增透判定标准主应力。从卸压增透效果看，垂直应力随着孔压增大而不断增大，在孔压为25 MPa时丝毫没有衰减，而水平应力在孔压达到20 MPa后，区域明显稳定，单纯增加孔压效果已很难大幅提升卸压增透效果。因此，根据“最后卸压增透优先”原则，应选取水平主应力为敏感卸压增透指标，在孔壁施加10 MPa的孔压裂时卸压增透效果即有效，在孔壁上施加20 MPa孔压裂时卸压增透效果最优且最经济。

4.1.1.4　压裂孔角度对水力压裂塑性区的影响

以数值模拟的形式考察施加20°、25°、30°、35°、40°、45°、50°、55°、60°、65°共计10组压裂孔角度工况变化后的卸压增透塑性区范围影响，得到相同孔压、孔径和边界约束条件下不同角度钻孔压裂后的数值云图，部分云图如图4.7所示。

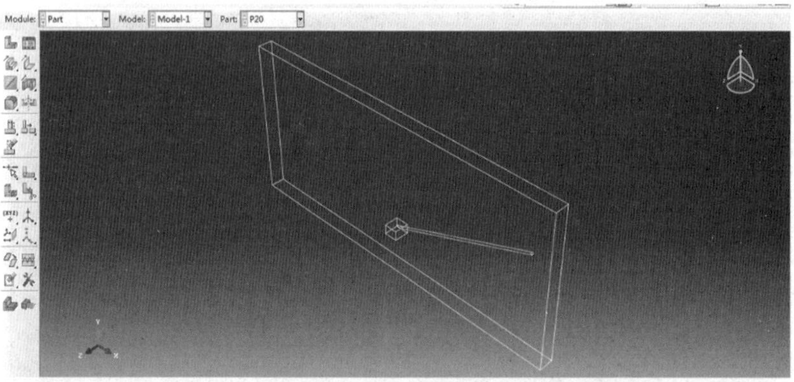

(a) 20°倾角模型

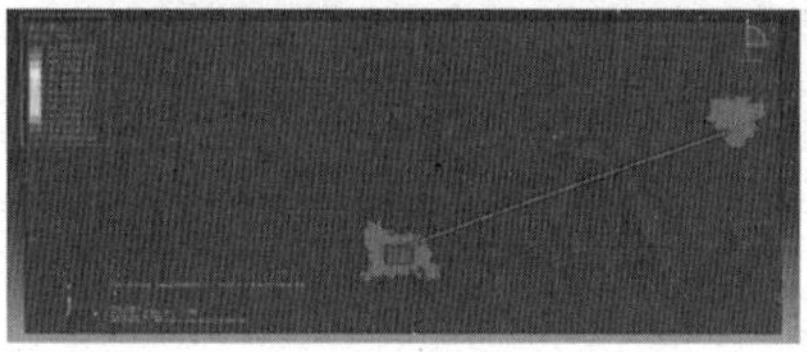

b(1) 塑性区影响范围

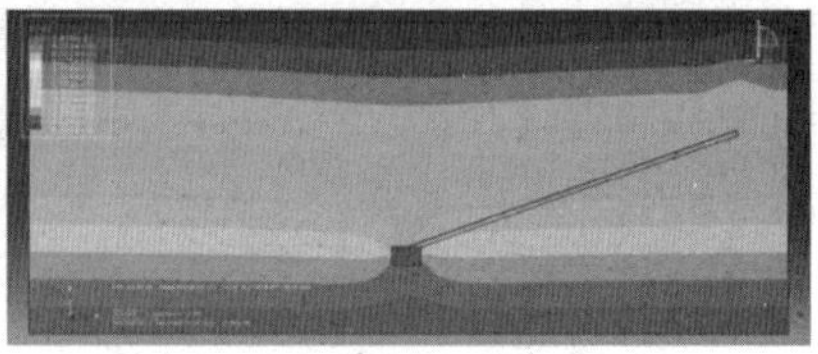

b(2) 竖向位移云图

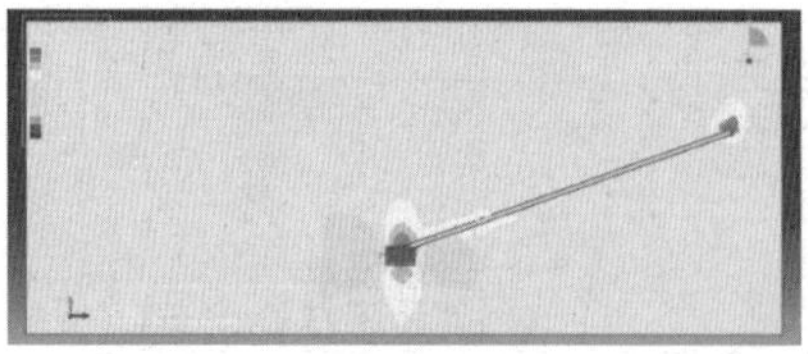

b(3) 竖向应力云图

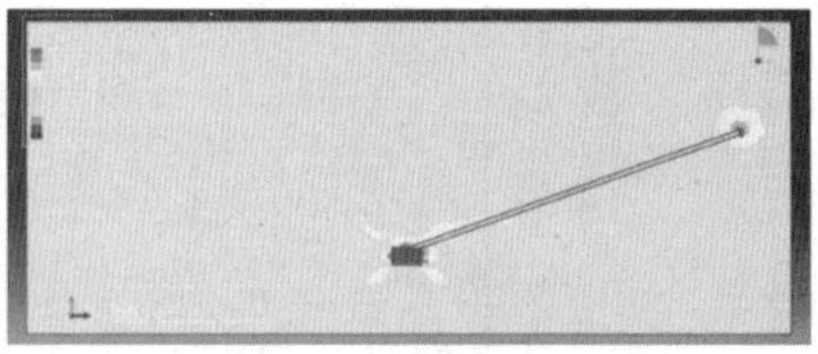

b(4) 水平应力云图

(b) 20°压裂后塑性区、竖向位移、竖向应力和水平应力云图

图4.7　不同角度压裂后塑性区、竖向位移、竖向应力和水平应力云图

c(1) 塑性区影响范围

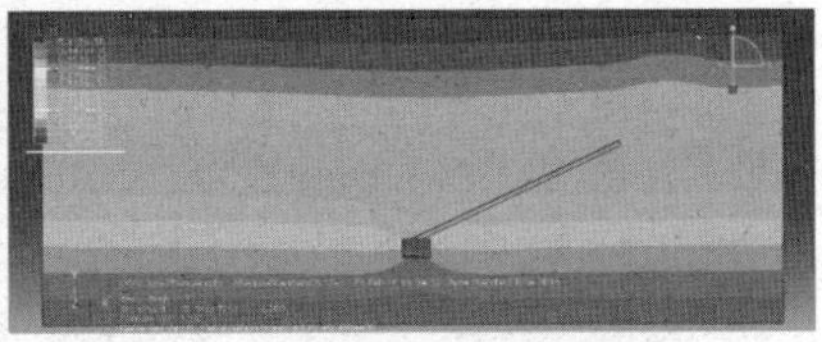

c(2) 竖向位移云图

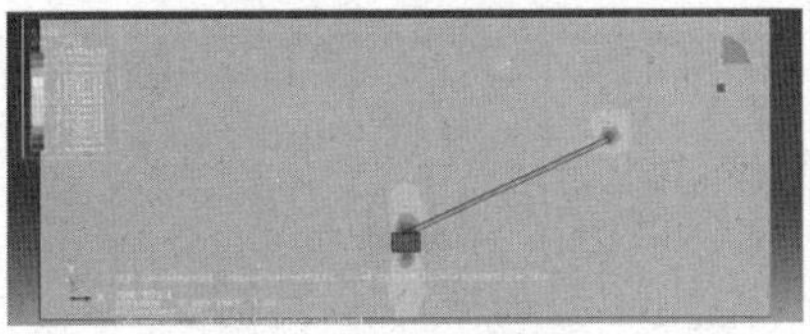

c(3) 竖向应力云图

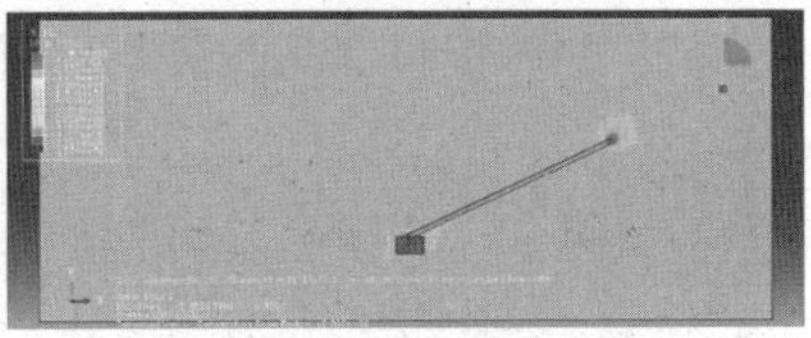

c(4) 水平应力云图

(c) 25°压裂后塑性区范围、竖向位移、竖向应力和水平应力云图

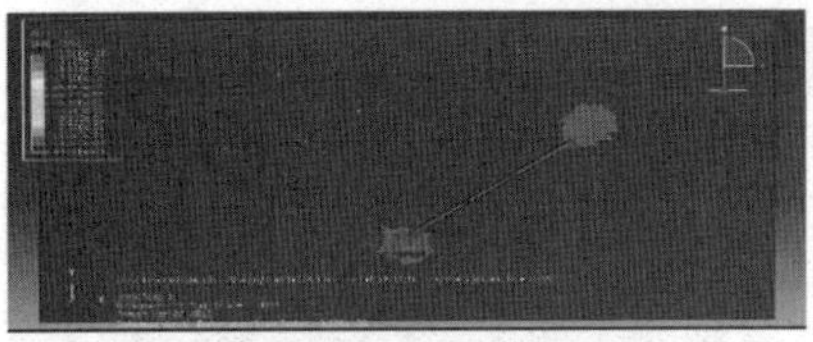

d(1) 塑性区影响范围

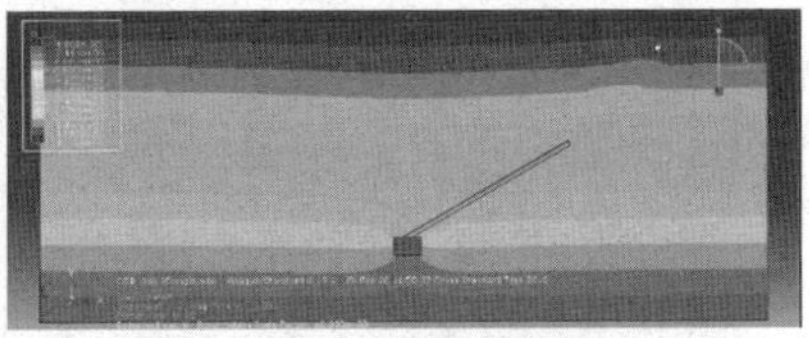

d(2) 竖向位移云图

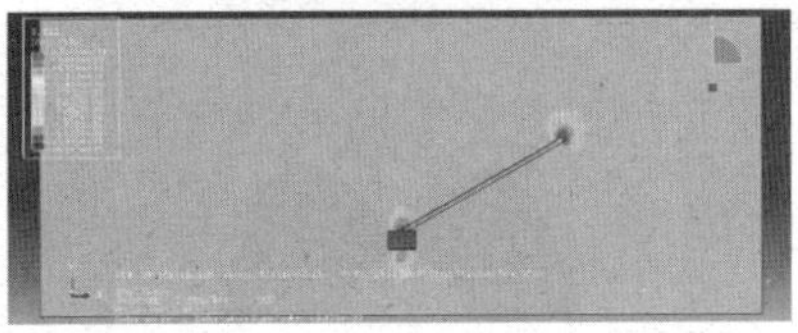

d(3) 竖向应力云图

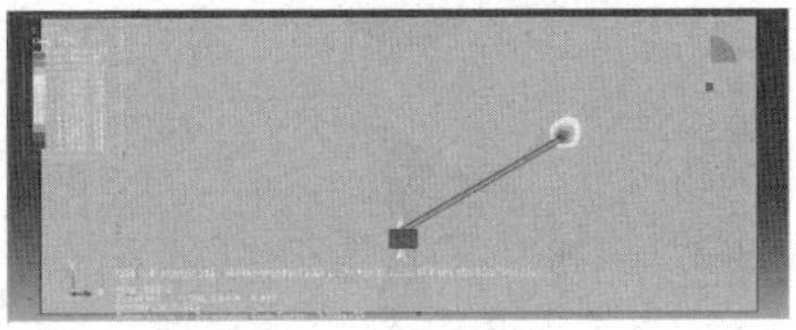

d(4) 水平应力云图

(d) 30°压裂后塑性区范围、竖向位移、竖向应力和水平应力云图

e(1) 塑性区影响范围

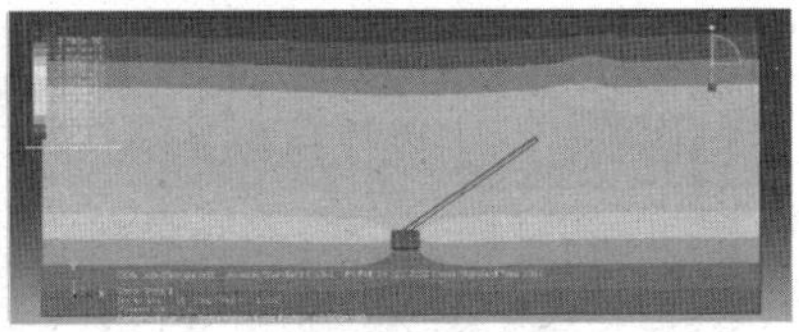

e(2) 竖向位移云图

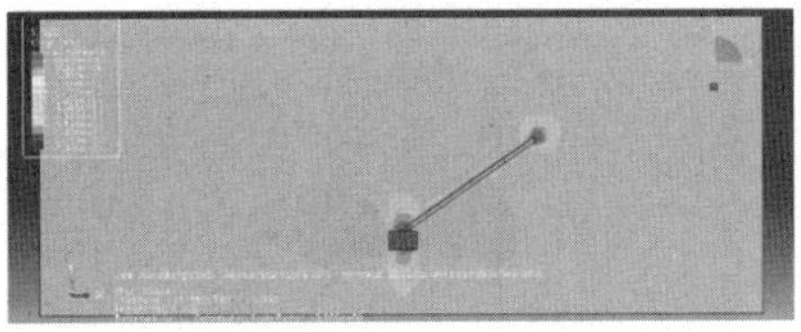

e(3) 竖向应力云图

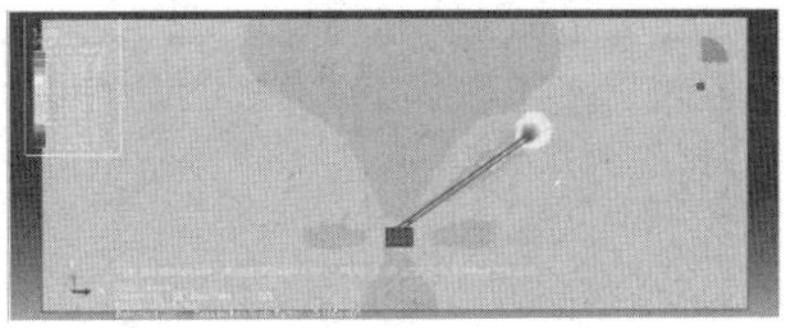

e(4) 水平应力云图

(e) 35°压裂后塑性区范围、竖向位移、竖向应力和水平应力云图

图 4.7（续）

f(1) 塑性区影响范围

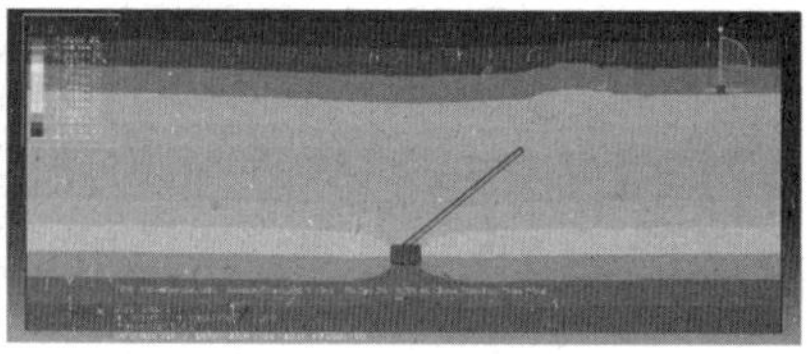

f(2) 竖向位移云图

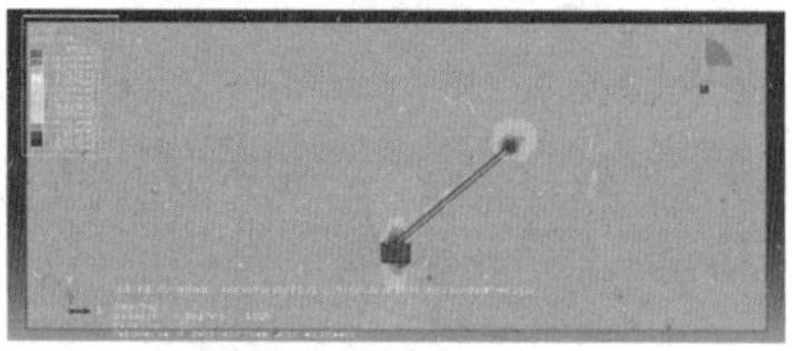

f(3) 竖向应力云图

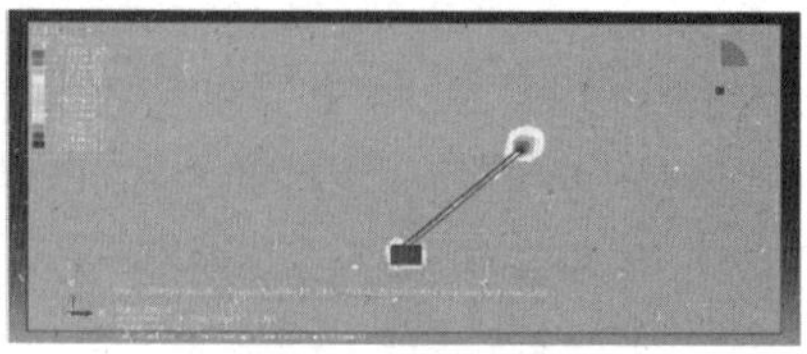

f(4) 水平应力云图

(f) 40°压裂后塑性区范围、竖向位移、竖向应力和水平应力云图

g(1) 塑性影响范围

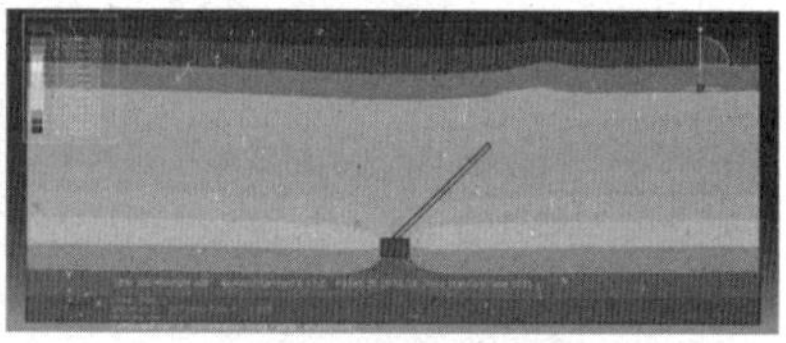

g(2) 竖向位移云图

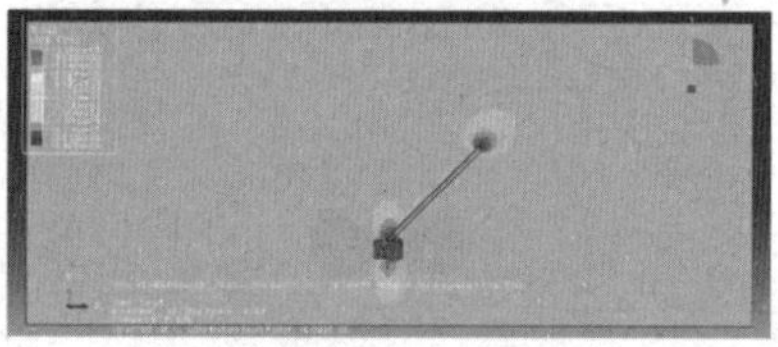

g(3) 竖向应力云图

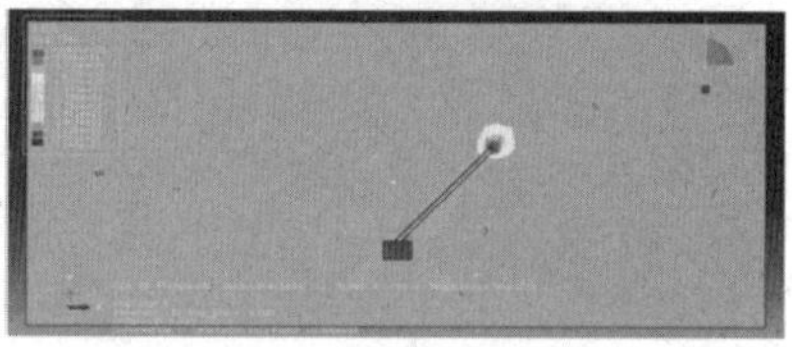

g(4) 水平应力云图

(g) 45°压裂后塑性区范围、竖向位移、竖向应力和水平应力云图

h(1) 塑性影响范围

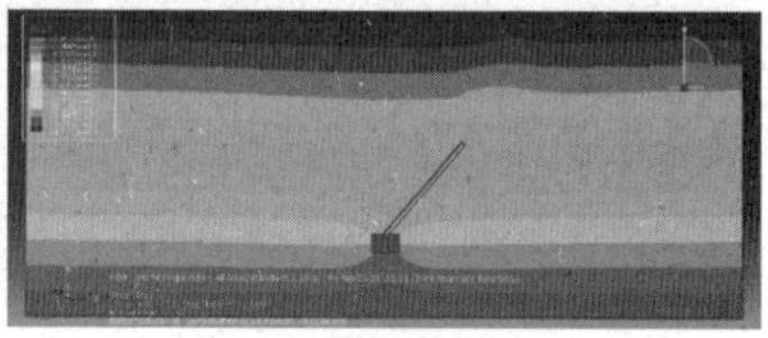

h(2) 竖向位移云图

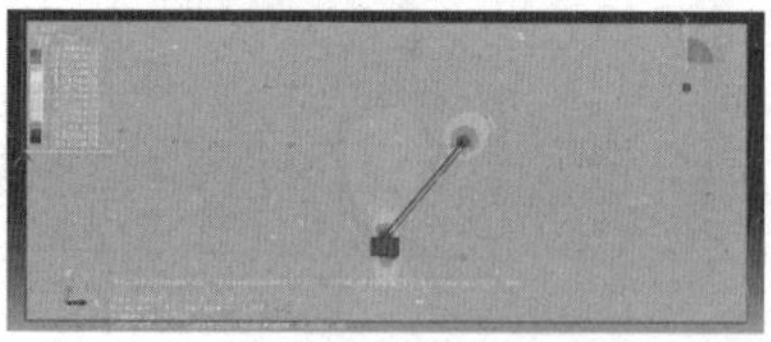

h(3) 竖向应力云图

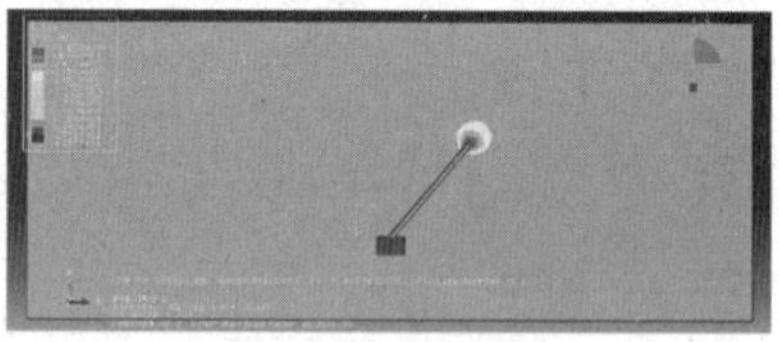

h(4) 水平应力云图

(h) 50°压裂后塑性区范围、竖向位移、竖向应力和水平应力云图

图 4.7（续）

i(1) 塑性影响范围

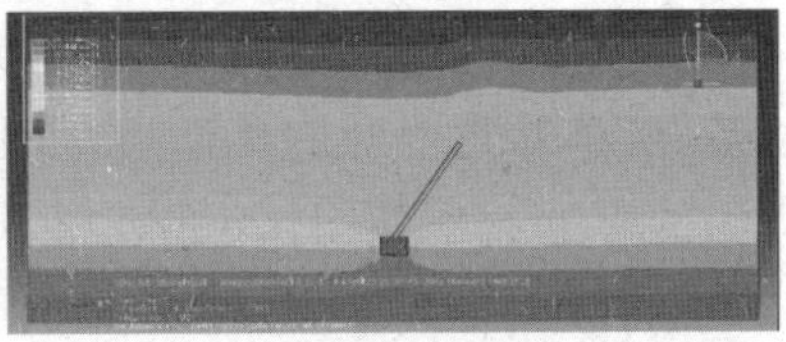
i(2) 竖向位移云图

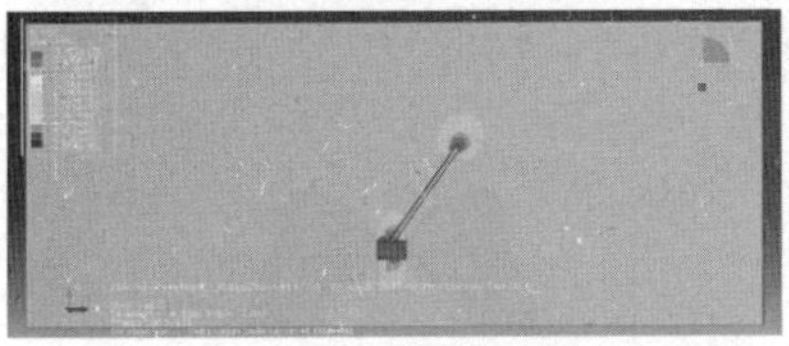
i(3) 竖向应力云图

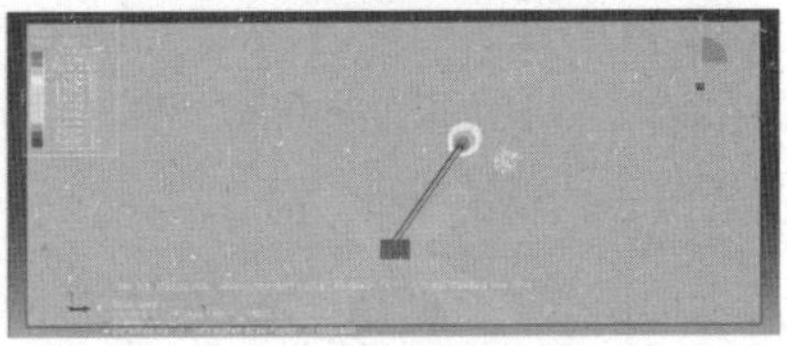
i(4) 水平应力云图

(i) 55°压裂后塑性区范围、竖向应力和水平应力云图

j(1) 塑性区影响范围

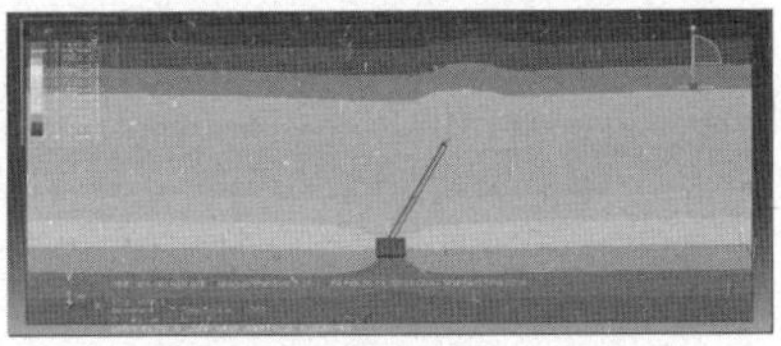
j(2) 竖向应力云图

j(3) 竖向应力云图

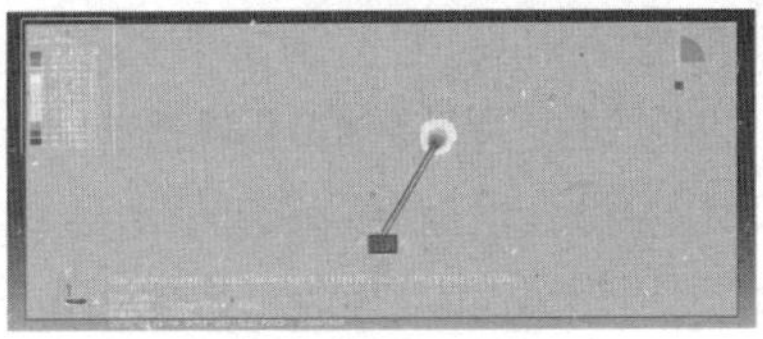
j(4) 水平应力云图

(j) 60°压裂后塑性区范围、竖向位移、竖向应力和水平应力云图

k(1) 塑性区影响范围

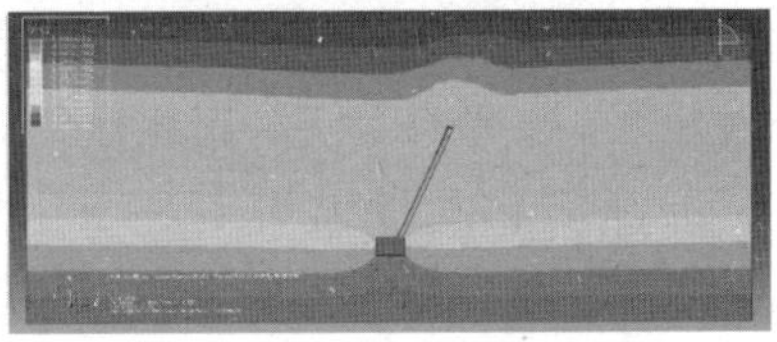
k(2) 竖向应力云图

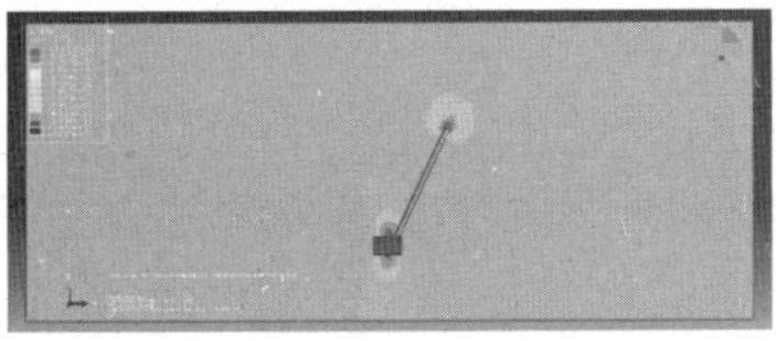
k(3) 竖向应力云图

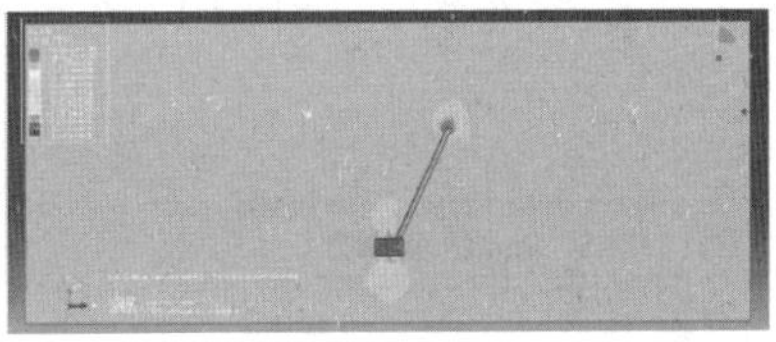
k(4) 水平应力云图

(k) 65° 压裂后塑性区范围、竖向位移、竖向应力和水平应力云图

图 4.7（续）

从 20°到 65°云图上观察压裂孔角度对塑性区范围、竖向位移、竖向应力、水平应力的影响。共计 10 个角度节点中塑性区范围、竖向位移量、竖向应力降低范围、水平应力降低范围均呈正相关关系，可推知角度对卸压增透范围影响也是成正相关关系的。钻孔角度对卸压增透塑性区产生的影响关系如图 4.8 所示。

由图 4.8 可知，钻孔角度越大，越靠近 90°，其塑性区发展面积从趋势来看就越来越大，但 60°后即接近稳定，钻孔角度增大对塑性区发展的影响趋于稳定。因此，单独从塑性区发展趋势来看，钻孔角度在 60°左右较为经济有效。从 20°到 65° 10 个孔角度节点的竖向应力和水平应力在孔周 0～10 m 的变化如图 4.9 所示。

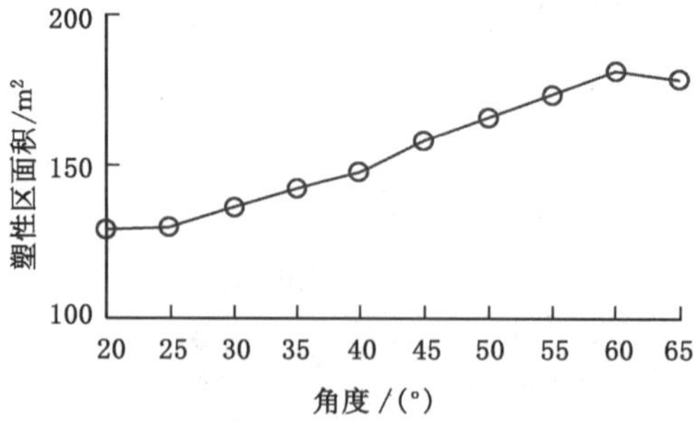

图 4.8　不同倾角对塑性区发展的影响

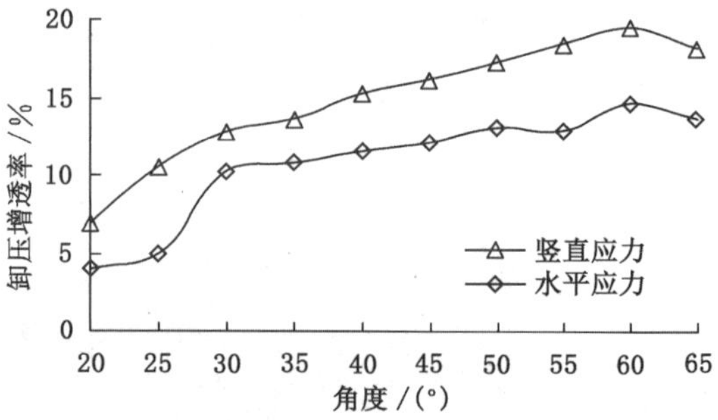

图 4.9　不同角度下应力卸压增透率曲线

由图 4.9 可知，随着角度的增加，竖直应力和水平应力卸压增透率呈现先增加后缓和降低的趋势，且随着角度的增大，卸压增透率峰值持续增大，峰值周围斜率的绝对值也随之增大(即“驼峰”变陡峭)。竖向应力最大卸压增透率为 19.45%(60°压裂)，水平应力最大卸压增透率为 14.6%(60°压裂)。因此，根据“最后卸压增透优先”原则，水平应力依然应作为敏感卸压增透指标，35°孔角度卸压增透效果即有效，60°孔角度卸压增透效果最优且最为经济。

4.1.2　压裂增透系统与钻孔密封

(1) 水力压裂系统

按照以上确定的最佳注水压力，选择满足要求的注水设备组成水力压裂实验系统，高压水力压裂系统由液压泵、水箱、压力表、高压管、封孔器、开关及相关装置连接接头等组成。液压泵安设位置距试验压裂钻孔进风侧不小于 150 m，操作人员距离高压设备及管路不得少于 50 m；将井下供水管连接至高压注水泵的水箱进水口，水箱出水口采用专用胶管与高压注水泵连接，然后使用 ϕ25 mm 高压胶管以及快速接头将高压管路与钻孔内部高压钢管连通，压裂孔孔口处高压注水管必须安设高压闸门、卸压阀等。水力压裂系统装置连接方式如图 4.10 所示。

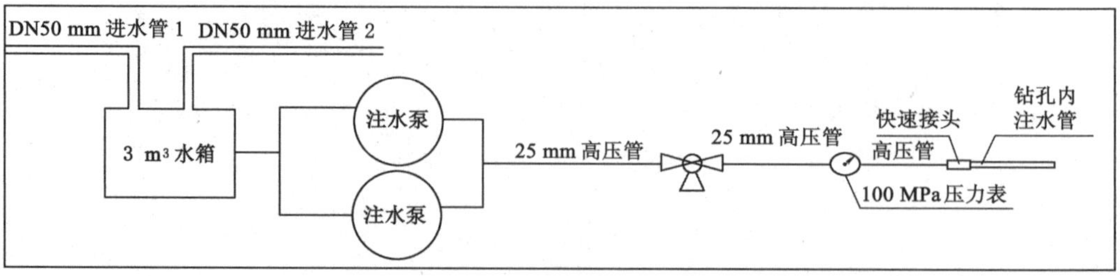

图 4.10　水力压裂系统装置连接示意图

完成水力压裂所需设备主要有钻孔钻进设备、封孔设备、参数测定设备和压裂设备，材料主要有压裂管路、封孔材料、测试仪器仪表等。

（2）钻孔施工与封孔

水力压力钻孔施工孔径充分考虑瓦斯抽采，选用常用的瓦斯抽采孔径。施工完成后进行封孔，以完成压裂。压裂过程中压力高，封孔工作是保证足够的压裂时间和压裂压力的基础，钻孔封得住才能达到预期压裂效果。

水力压裂钻孔终孔于煤层顶板；压裂钻孔施工成功后，用 ϕ94 mm 直径的钻头扩孔至煤层底板，确保压裂管能正常送入孔底，注浆管能正常送入孔内至煤层底板。埋管时，压裂管前端为筛管，在筛管下端 50～100 cm 处用纱布包裹并捆绑长度不小于 0.4 m 的棉纱，然后依次加接压裂管和注浆管，压裂管直接送入压裂钻孔孔底；注浆管送入孔内至煤层底板下 0.5 m；注浆管口与闸阀连接，闸阀与注浆泵出口端的注浆管连接；注浆时开启闸阀，注浆结束后及时关闭闸阀；压裂钻孔孔口采用 AB 胶加棉纱封堵，封堵长度不低于 1 m，同时在孔口打入木塞；压裂钻孔采用水泥砂浆机械封孔，封孔材料按照水泥和白水泥 3.5∶1 的比例进行混合，注浆至煤层底板位置。水力压裂钻孔封孔示意图见图 4.11。

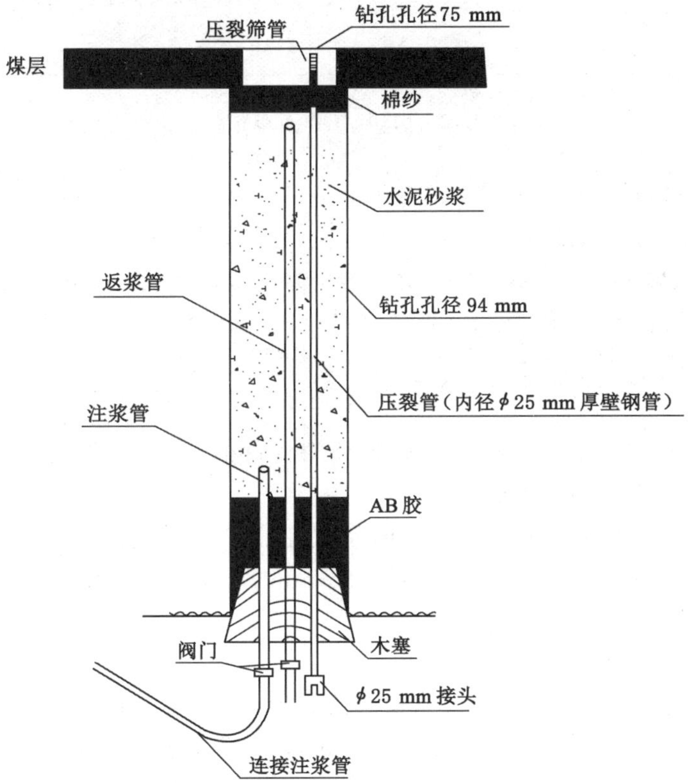

图 4.11　水力压裂钻孔封孔示意图

4.1.3　水力压裂效果评价

根据屯兰矿 12507 底抽巷施工穿层钻孔的实际揭露煤层情况，同时考虑矿生产衔接需求，为了进一步提高抽采瓦斯效果，节省瓦斯治理时间，保证 12507 工作面回采巷道安全快速掘进，实现良好的采掘接替，结合 12507 底抽巷实际煤层和围岩赋存特征，精确选择部分钻孔进行水力压裂增透。

4.1.3.1　*水力压裂增透技术实施地点*

12507 工作面位于南五盘区，北接南五回风巷，东邻 12505 采空区，南邻土地沟断层，西邻 12509 工作面。12507 底抽巷沿 4# 煤层顶板掘进，4# 煤层位于山西组下部，上距 2# 煤层 9.09 m，下距 6# 煤层 23.22 m 左右，距 K_3 砂岩 7.9 m 左右。煤层厚 0～3.54 m，平均为 1.26 m。煤层结构简单，为大部可采的不稳定煤层。顶板以泥岩、砂质泥岩为主，底板为砂质泥岩，12507 工作面布置如图 4.12 所示。

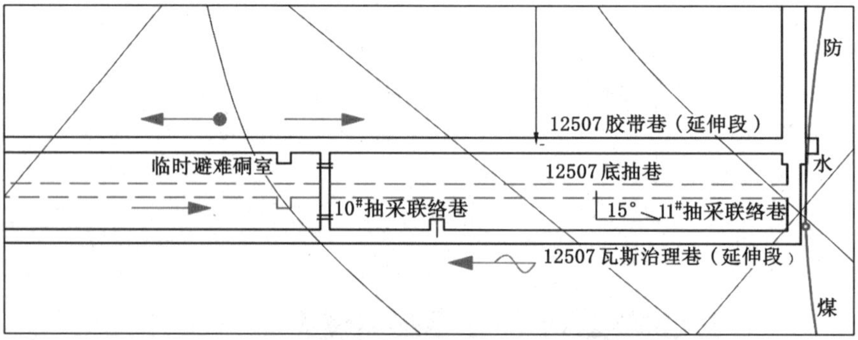

图 4.12　12507 工作面布置图

4.1.3.2　*水力压裂增透技术方案*

（1）水力压裂增透技术装备

水力压裂装备由高压水泵（RBW200/31.5 型）、高压旋转接头（40 MPa）、高压水射流钻杆（50 MPa）、高压水射流喷头和喷嘴、高压胶管、阀门、封孔器、压裂钢管及封孔材料等部分组成。

（2）水力压裂增透工艺流程

① 封孔管加工

压裂钻孔需送入 ϕ25 mm 内径的压裂管，压裂管每根长 2 m，采用特制接头连接，压裂煤层底板以上至终孔位置采用花眼管。

压裂钻孔孔口至见煤段送入 ϕ25 mm 内径的超高压无缝钢管，每根无缝钢管长 2 m，采用丝扣连接；孔外的一根无缝钢管尾端焊接 ϕ25 mm 高压直通快速接头，确保能正常与两根 ϕ19 mm 内径高压缠绕钢编管连接。

② 压裂孔封孔

压裂钻孔直径为 ϕ94 mm，确保 ϕ25 mm 压裂管和 4 分注浆管能正常送入孔内；孔内压裂管为内径 ϕ25 mm 的无缝钢管，用专用接头进行连接；压裂煤层底板以上至终孔位置（距离煤层顶板 0.5 m）为筛管，筛管外用纱布包裹；孔口至见煤段压裂管为内径 ϕ25 mm 的加厚无缝钢管，抗压能力不小于 50 MPa。压裂管采用钻机送入，直接送入压裂钻孔孔底。在见煤点前 3 m 处压裂管上设置聚氨酯内堵，起到封堵水泥砂浆及过滤水的作用，防止砂浆侵入压裂煤层段。压裂钻孔孔口采用聚氨酯加棉纱封堵，长度不低于 2 m。压裂钻孔采用水泥浆封孔。

③ 辅助孔封孔

辅助孔采用 ϕ94 mm 钻头进行施工，并采用 1 寸无缝钢管作为封孔管，具体工艺如下。

(a) 封孔前准备：封孔前将封孔材料，注浆泵准备齐全。

(b) 下封孔管：在封孔管最前端下放 3 m 筛管，并用纱布包裹，防止煤屑堵塞筛管；依次连接无缝钢管，逐步送入钻孔内并进入煤孔段。在连接无缝钢管的过程中，管接头处要缠生料带以加强气密性。

(c) 注浆：在搅拌桶中将足量清水与水泥按 0.7∶1 混合拌匀，采用注浆泵注浆封孔。

为更好地取得压裂效果，在压裂实施过程中，需实时监测注水压力与流量。由于试验中采用远距离操作，受高差、管路摩阻等因素的影响，在压裂泵处监测到的压力仅为泵注压力，与压裂孔内的压力相差甚远，为精确计算并实时监测孔内压力变化，试验中设计在压裂孔孔口安装压力传感器，实现孔内压力变化的远距离精确监测。流量及累计注入量可在泵注系统管路中安装流量计，实现实时监控。在压裂孔及回风侧 10～5 m 范围内安设瓦斯浓度传感器，监测瓦斯浓度变化。

压裂孔实施后，在其周边布置压裂效果检验孔，考察内容主要有两部分：一是压裂对瓦斯抽采的影响，包括瓦斯抽采浓度、瓦斯流量、钻孔瓦斯涌出初速度及抽采半径；二是压裂在增加煤层透气性的同时，是否会对煤炭开采产生影响，主要从地应力场分布、顶底板移动及煤层破坏等角度考察。考察半径为压裂孔周边半径 35 m 范围，分别在压裂孔的四周布孔，终孔位置参照抽采半径考察钻孔。

压裂后的有效半径内的煤层渗透率得到一定程度的提高，因此其瓦斯涌出量较未压裂煤层要大。有效半径的考察主要是在压裂孔周边不同距离处布置施工效果检验孔，根据钻孔的瓦斯涌出量、煤层透气性系数、钻孔瓦斯流量衰减系数、瓦斯涌出速度及瓦斯含量等判断该处是否处于压裂有效半径内。

抽采效果考察时在距压裂孔分别为 6 m、12 m、18 m、21 m 的钻孔进行单孔瓦斯抽采参数考察。在每个测定单孔的钻孔口安装一个固定的自动检测装置，必须能测定单孔瓦斯流量、瓦斯浓度、钻孔内压力、温度等参数并上传至监控终端。同时在支管进行瓦斯抽采流量考察，抽采支管安设抽采自动计量装置进行实时考察，测定瓦斯流量、瓦斯浓度、压力、温度等参数。抽采的纯瓦斯流量，可按下式换算为标准状态下的瓦斯流量：

$$Q_b = Q_w \times \left(\frac{p_1 T_b}{p_b T_1}\right)^{1/2} \tag{4.1}$$

式中　p_1—当地的绝对大气压，kPa；

T_1—当地的绝对温度，K；

p_b—标准状态下的大气压，101.325 kPa；

T_b—标准状态下的绝对温度，293 K；

Q_w——实际工况下的瓦斯流量，m^3/min。

4.1.3.3　水力压裂钻孔布置方案

在 12507 底抽巷（延伸段）布置穿层钻孔，并通过实施高压水力压裂煤层综合增透措施来强化预抽 12507 底抽巷（延伸段）顶部 $2^{\#}$ 煤层瓦斯。根据 12507 底抽巷掘进预抽钻孔设计图、12507 底抽巷顶底板柱状图，在 12507 底抽巷（延伸段）强化预抽钻孔施工方案及钻孔布置如下，穿层钻孔施工参数为：12507 胶带巷（延伸段）钻孔施工 282 个孔，孔间距为 3.0 m，方位角为 90°，孔径为 113 mm，合计钻孔进尺 6 096 m。12507 瓦斯治理巷（延伸段）钻孔施工 274 个孔，孔间距为 3.0 m，方位角为 90°，孔径为 113 mm，合计钻孔进尺 5 661 m。钻孔开孔高度为底板以上 2 m 处。水力压裂增透钻孔单组孔布置平面图如图 4.13 所示，剖面图如图 4.14 所示，钻孔布置如图 4.15 所示。

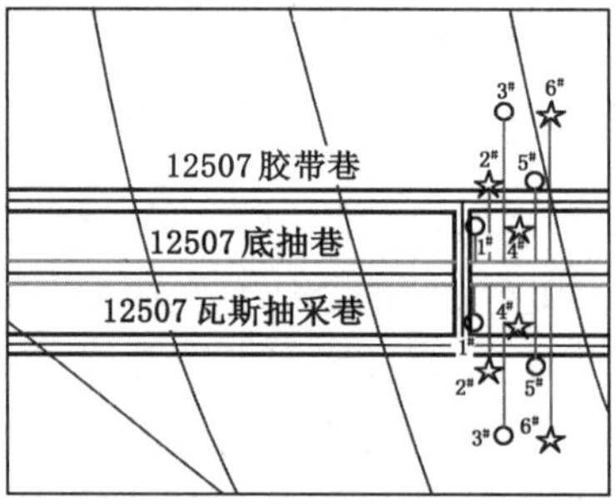

图 4.13　水力压裂增透钻孔单组孔布置平面图

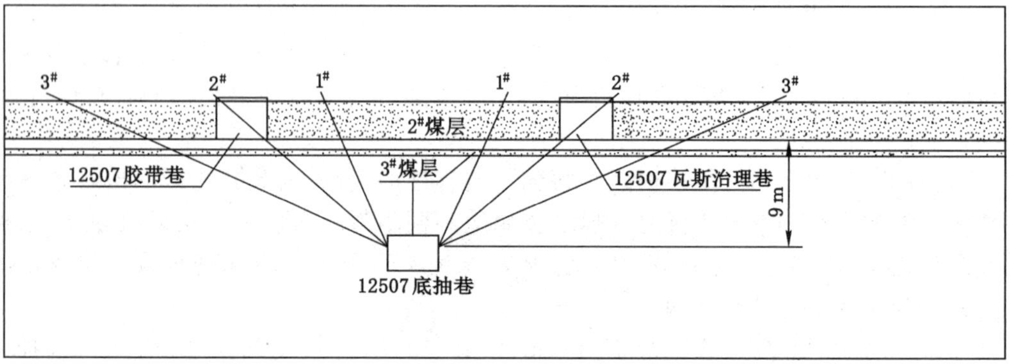

图 4.14　水力压裂增透钻孔单组孔布置剖面图

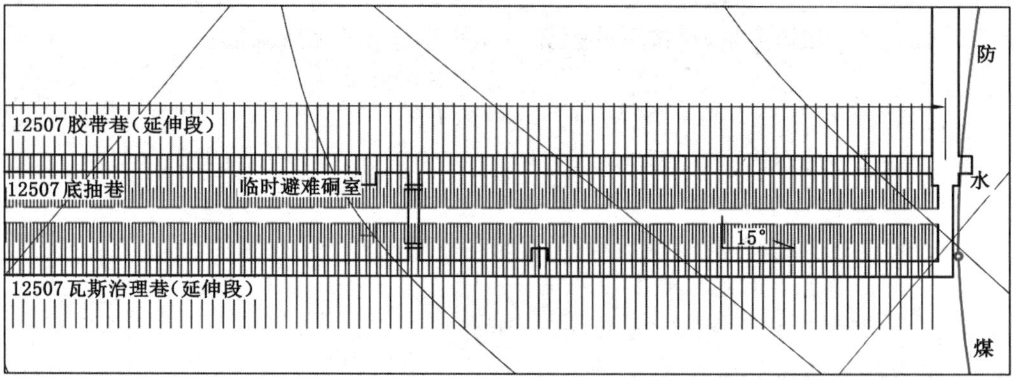

图 4.15　水力压裂增透钻孔布置平面图

高压水力压裂钻孔按照 1 组 6 个钻孔作为一个作业循环，钻孔参数及作业参数见表 4.1。钻孔施工中，需准确记录钻孔参数、钻孔见各煤层时的长度、钻孔在煤层中的长度，以及钻孔开孔时间、见煤时间、结束时间和其他情况(包括喷孔煤量、瓦斯涌出量等)。

表 4.1　水力压裂增透单组钻孔施工参数

孔号	开孔高度/m	方位角/(°)	倾角/(°)	岩孔长度/m	煤孔长度/m	过煤岩段长度/m	钻孔总长度/m	钻孔施工方式
1#	2	90	66	10.5	3.5	1	15	压裂
2#	2	90	40	14	5.0	1	20	观察孔
3#	2	90	23	24	8.0	1	33	压裂
4#	2	90	66	10.5	3.5	1	15	观察孔
5#	2	90	40	14	5.0	1	20	压裂
6#	2	90	23	24	8.0	1	33	观察孔

屯兰矿 12507 底抽巷穿层钻孔高压水力压裂煤层瓦斯治理工程于 2016 年 12 月 11 日开始，2017 年 3 月 2 日现场工程完工；其中 12507 底抽巷掩护 12507 胶带巷（延伸段）增透预裂施工长度为 383 m，钻孔增透预裂施工 128 个钻孔，64 个压裂孔；12507 瓦斯治理巷（延伸段）增透预裂施工长度 433 m，钻孔增透预裂施工 144 个钻孔，72 个压裂孔。

4.1.3.4　水力致裂效果评价

（1）抽采浓度分析

工程竣工后，对抽采效果进行了考察对比，钻孔瓦斯抽采浓度对比见表 4.2～表 4.5。

表 4.2　水力压裂左帮钻孔瓦斯抽采浓度监测记录

孔号	169#	170#	171#	172#	173#	174#	190#	191#	192#	193#	194#	195#
2 月 6 日	42	50	37	40	35	35	41	36	35	53	45	48
2 月 8 日	44	48	36	40	36	40	42	32	37	54	49	50
2 月 13 日	44	51	36	39	36	32	44	35	30	51	56	57
2 月 17 日	40	51	38	40	35	35	43	30	55	57	54	51
2 月 24 日	40	50	35	40	37	35	40	44	33	52	49	55
3 月 1 日	40	53	37	42	30	36	46	32	56	60	57	47
3 月 3 日	45	53	35	42	30	35	44	44	32	56	60	52

表 4.3　水力压裂右帮钻孔瓦斯抽采浓度监测记录

孔号	177#	178#	179#	180#	181#	182#	217#	218#	219#	220#	221#	222#
2 月 6 日	47	40	31	32	65	29	55	90	86	81	89	77
2 月 8 日	49	41	30	34	65	34	53	88	87	82	90	76
2 月 13 日	46	47	30	33	64	32	56	89	87	79	87	78
2 月 17 日	45	40	33	32	65	35	55	90	87	80	89	77
2 月 24 日	45	40	33	35	67	32	55	87	88	78	90	77
3 月 1 日	51	45	34	32	66	33	53	85	86	80	87	78
3 月 3 日	55	43	34	33	66	33	53	85	87	80	88	76

表 4.4　常规钻孔瓦斯抽采浓度监测记录

孔号	21#	22#	23#	24#	25#	110#	109#	108#	107#	106#
2 月 6 日	22	20	23	25	19	18	18	16	16	25
2 月 8 日	27	13	28	22	11	18	13	15	13	28
2 月 13 日	26	21	20	20	17	19	16	16	19	25
2 月 17 日	29	16	25	28	17	16	16	16	20	28
2 月 24 日	26	13	20	21	14	20	20	20	16	21
3 月 1 日	27	20	28	22	13	15	17	16	17	22
3 月 3 日	26	19	25	25	15	16	18	16	17	25

表 4.5　压裂增透钻孔和常规钻孔瓦斯抽采浓度的对比表

<table>
<tr><th>孔号</th><th>平均瓦斯抽采浓度/%</th><th>总平均瓦斯抽采浓度/%</th><th>倍数</th><th>类型</th></tr>
<tr><td>169# ～174#</td><td>39.88</td><td rowspan="4">51.88</td><td rowspan="5">2.61</td><td rowspan="4">水力压裂钻孔</td></tr>
<tr><td>190# ～195#</td><td>46.29</td></tr>
<tr><td>177# ～182#</td><td>42.29</td></tr>
<tr><td>217# ～222#</td><td>79.07</td></tr>
<tr><td>21# ～25#</td><td>21.23</td><td>19.86</td><td>常规钻孔</td></tr>
</table>

(2) 抽采流量分析

压裂增透钻孔平均瓦斯抽采纯流量是 0.011 m^3/min,见表 4.6。常规钻孔平均瓦斯抽采纯流量是 0.004 4 m^3/min,见表 4.7。压裂增透钻孔与常规钻孔瓦斯纯流量对比如表 4.8 所示。

表 4.6　压裂钻孔抽采瓦斯纯流量表

孔号	177#	178#	179#	180#	181#
瓦斯抽采纯流量/($m^3 \cdot min^{-1}$)	0.009 1	0.009 7	0.010 8	0.012 1	0.013 1
孔号	217#	218#	219#	220#	221#
瓦斯抽采纯流量/($m^3 \cdot min^{-1}$)	0.009 3	0.012 5	0.011 7	0.010 6	0.011 3

表 4.7　常规钻孔瓦斯抽采纯流量表

孔号	21#	22#	23#	24#	25#
瓦斯抽采纯流量/($m^3 \cdot min^{-1}$)	0.004 7	0.003 6	0.003 9	0.005 5	0.004 5

表 4.8 压裂增透钻孔和常规钻孔瓦斯纯流量的对比表

<table>
<tr><th>孔号</th><th>平均瓦斯抽采纯流量/($m^3 \cdot min^{-1}$)</th><th>总平均瓦斯抽采纯流量/($m^3 \cdot min^{-1}$)</th><th>对比(倍数)</th><th>备注</th></tr>
<tr><td>177#～181#</td><td>0.011 0</td><td rowspan="2">0.011 0</td><td rowspan="3">2.5</td><td rowspan="2">水力压裂钻孔</td></tr>
<tr><td>217#～221#</td><td>0.011 1</td></tr>
<tr><td>21#～25#</td><td>0.004 4</td><td>0.004 4</td><td>常规钻孔</td></tr>
<tr><th>瓦斯抽采管路</th><th colspan="2">瓦斯抽采纯流量/($m^3 \cdot min^{-1}$)</th><th>对比(倍数)</th><th>备注</th></tr>
<tr><td>常规瓦斯抽采管路</td><td colspan="2">1.55</td><td rowspan="2">2.6</td><td></td></tr>
<tr><td>综合增透后瓦斯抽采管路</td><td colspan="2">4.03</td><td></td></tr>
</table>

(3) 瓦斯含量对比

压裂前后瓦斯含量变化如表 4.9 所示。

表 4.9 压裂增透钻孔和常规钻孔瓦斯含量的对比表

综合增透	瓦斯含量/($m^3 \cdot t^{-1}$)	对比(倍数)
前	9.985 9	1.566
后	6.377 1	

通过表 4.8 和表 4.9 对比结果可以看出，采取压裂增透的钻孔，其平均瓦斯抽采纯流量约为常规钻孔的 2.5 倍，其支管里的瓦斯抽采纯流量是未压裂前的 2.6 倍，煤层瓦斯含量下降了约 3.6 m^3/t。显然采取压裂作业取得了明显的增透效果，达到制定的瓦斯治理目标，不仅保证了工作面的正常生产，缩短了抽采时间、提高了瓦斯抽采效果，而且降低了瓦斯管理难度，缓解了生产衔接紧张的局面。

4.2 煤层水力割缝卸压增透

高压水射流割缝是一种充分利用高压水作为冲击动力来源，从钻孔孔壁至煤(岩)体进行扫圈式切割、排渣，最终在煤(岩)体中形成缝槽的技术[91-92]。这种方法是用钻割一体钻头在煤(岩)层中先打一定孔径卸压钻孔，然后退钻时在钻孔内利用高压水射流沿孔壁对煤(岩)体进行切割，在垂直钻孔方向形成多条具有一定宽度和深度的扁平缝槽，利用水流将切割下来的煤(岩)渣排出孔外，从而达到煤体增透、降温、降尘、防冲(突)卸压的目的[93]。

采用高压水射流割缝技术后，扁平缝槽相当于在局部范围内开采了一层极薄的保护层，达到层内的自我解放，给煤层内部卸压、瓦斯释放和瓦斯流动创造了良好的条件，增大了煤层的透气性能，使缝槽周围的煤体向缝槽产生一定的位移，促使应力重新分布，使煤体产生多级裂隙，达到卸压增透、扩大瓦斯排放范围、降低预抽时间的目的。水力割缝如图 4.16 所示。

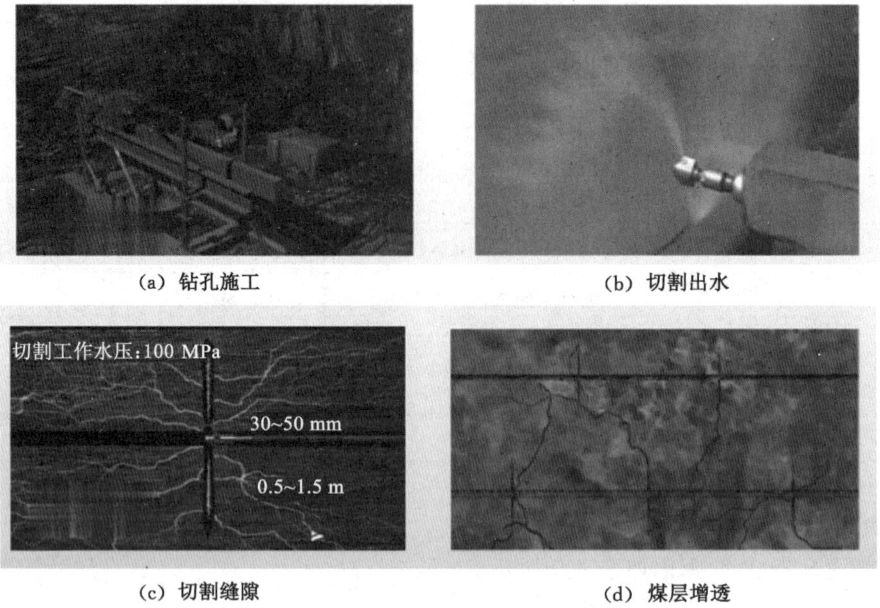

(a) 钻孔施工　(b) 切割出水

(c) 切割缝隙　(d) 煤层增透

图 4.16　高压水射流割缝示意图

4.2.1　高压水射流割缝系统与钻孔密封

(1) 高压水射流割缝系统

水力割缝系统设备由钻割一体钻头、高压输水钻杆、进口高压旋转器、独立转头、钻切转换器、高压输水胶管、高压泵组、水箱等组成，如图 4.17 所示。在进行切割时，配用钻机仅作为推进旋转器，不对现有的钻机进行任何改动。高压泵组是水力割缝的动力源，高压泵组总成如图4.18所示。

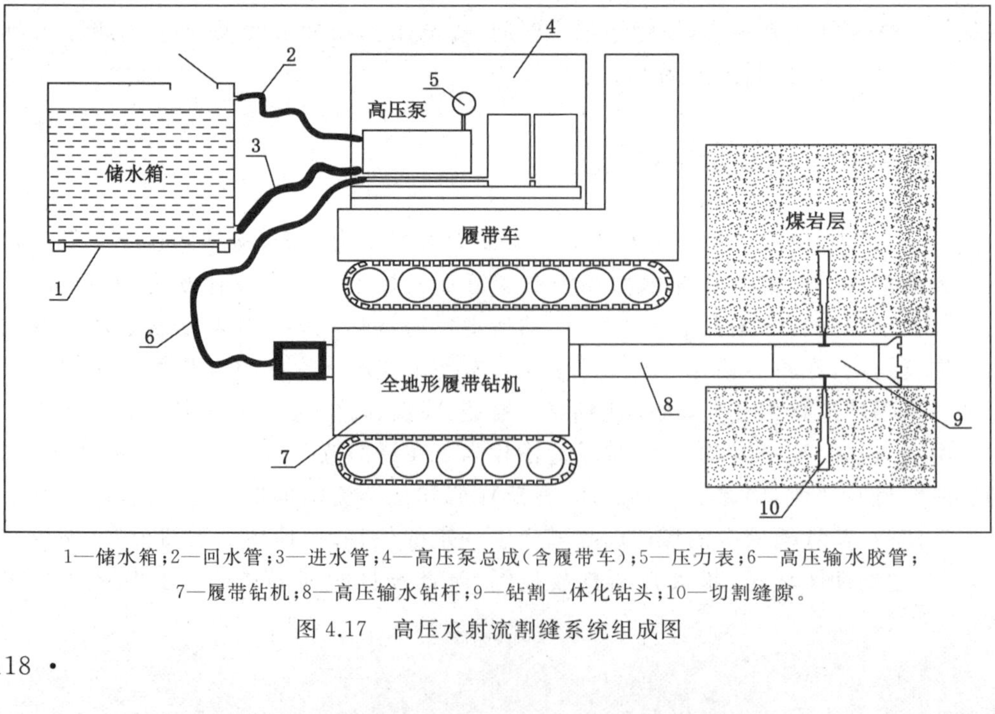

1—储水箱；2—回水管；3—进水管；4—高压泵总成(含履带车)；5—压力表；6—高压输水胶管；7—履带钻机；8—高压输水钻杆；9—钻割一体化钻头；10—切割缝隙。

图 4.17　高压水射流割缝系统组成图

图 4.18 高压泵组总成

其中，钻割一体化钻头是集钻进和切缝为一体的孔内装置。在正常钻进时，操作方式不变，高压钻杆接高压旋转水辫，钻头前面的轴向水孔正常出水，钻进至设计深度；钻孔到位后拆除钻杆使钻割一体化钻头后退移动至设计切缝位置，高压钻杆后加高压旋转水辫，钻机匀速转动带动钻割一体化钻头转动，开启高压泵，钻头轴向水道关闭，径向射流喷嘴开启，径向射流在钻孔的煤壁上切割。钻杆与钻头如图 4.19、图 4.20 所示。

图 4.19 高压输水螺纹钻杆

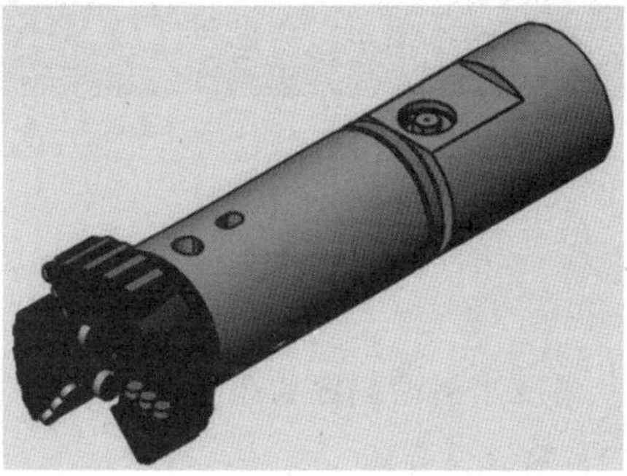

图 4.20 高压水射流钻割一体化钻头

水力割缝的最高压力一般大于 60 MPa，因此对设备的要求较高，在选用高压泵组、输送高压胶管、高压输水钻杆、高压旋转器时应满足表 4.10 中构件参数要求。

表 4.10 部分构件参数

序号	主要项目		参考值
1	高压泵	压力/MPa	60～100
2		流量/(L·min^{-1})	60～150
3		电机功率/kW	250
4		电压/V	660/1 140
5	输送高压胶管	压力/MPa	60～100
6	高压输水钻杆	压力/MPa	100
7	高压旋转器(进口)	压力/MPa	60～100

(2) 水力割缝的钻孔密封

根据矿钻机配备情况,结合钻孔参数,选择 CMS1-8000/90 型煤矿用深孔钻车施工割缝钻孔,该钻机是以电机为动力带动液压泵,液压马达驱动履带行走、液压马达驱动钻具,具有结构紧凑、操作灵活、机动性好、全断面作业、安全性能好、一机多用等特点,可以满足高压水力割缝工程的需要。

水力割缝压力较高对钻孔密封质量高。钻孔采用双囊袋封孔器和无机封孔材料联合进行封孔。钻孔施工完后,依次向钻孔内封入 1 根 1.5 m 的筛孔管、囊袋式封孔器、2 根 4 m 长的 2 寸 PVC 管,将水与无机封孔材料按照 3 ∶ 5 的比例搅拌均匀后,采用注浆泵注入囊袋;当注浆泵压力第一次上升到 0.8～1.0 MPa 后,继续注浆,压力会瞬间归零,说明囊袋已完全膨胀,铝箔阀打开,继续注浆至压力再次上升到 0.6～0.8 MPa 并稳定后,停止注浆。注浆完成后在孔口 200 mm 段封入水泥砂浆。钻孔封孔示意图如图 4.21 所示。

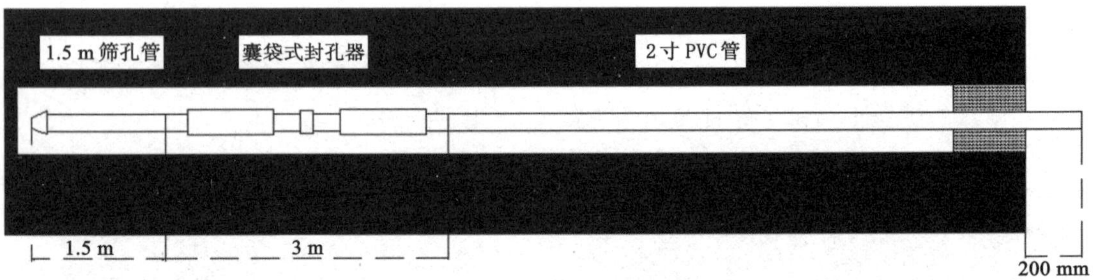

图 4.21　钻孔封孔示意图

4.2.2　高压水射流割缝效果考察

(1) 割缝钻孔施工方式

马兰矿 18503 工作面采用顺层钻孔预抽回采区煤层瓦斯区域防突措施进行预抽,钻孔从胶带巷里程 128 m 开始布置,至里程 1 384 m 结束。钻孔均垂直于 18503 胶带巷布置,孔深 180 m,方位角为 308°,倾角为煤层倾角,开孔距巷道底板 1.3～1.5 m,孔径为 113 mm,孔间距为 8 m,共计钻孔 158 个,进尺 28 440 m,每个钻孔采用水力割缝工艺。水力割缝钻孔布置示意图见图 4.22。

单数孔从距离孔底 1 m 位置开始后退式割缝,每隔 8 m 割缝一刀,距离孔口 19 m 处停止割缝,设计每孔割缝 11 次;双数孔从距离孔底 5 m 位置开始后退式割缝,每隔 8 m 割缝一刀,距离孔口 15 m 处停止割缝,设计每孔割缝 11 次。每次割缝时间为 5～10 min,割缝水压达到 80 MPa 以上,割缝直径为 0.5～2.0 m,割缝的裂隙宽度为 30～50 mm。割缝间距根据实际情况可调整。水力割缝抽采钻孔断面、成缝如图 4.23、图 4.24 所示。

采用高压水射流割缝技术后,扁平缝槽相当于在局部范围内开采了一层极薄的保护层,达到层内的自我解放,给煤层内部卸压、瓦斯释放和瓦斯流动创造了良好的条件,其结果是缝槽上下的煤体在一定范围内得到较充分的卸压,增大了煤层的透气性能,使缝槽周围的煤体向缝槽产生一定的位移,因而更扩大了缝槽卸压增透、排放瓦斯的范围,降低预抽时间,实现防突和快速高效抽采的目的。68307 机轨巷施工本煤层钻孔观测对比

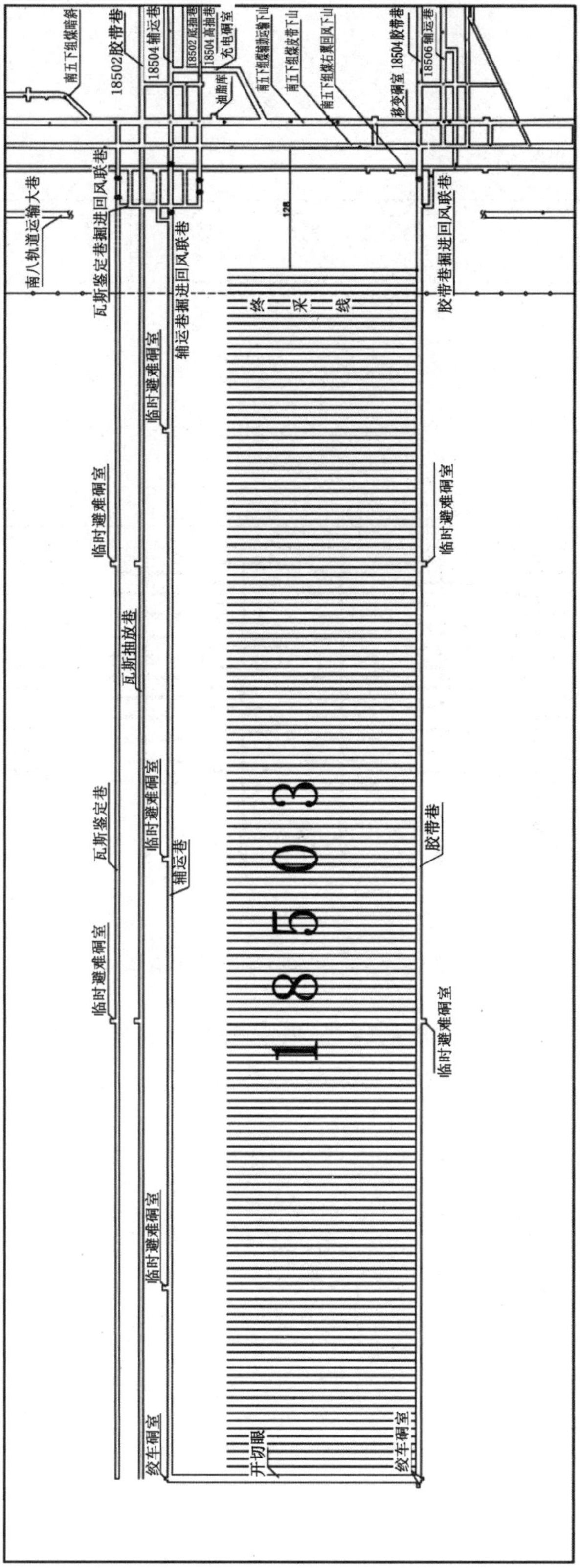

图 4.22　水力割缝钻孔布置示意图

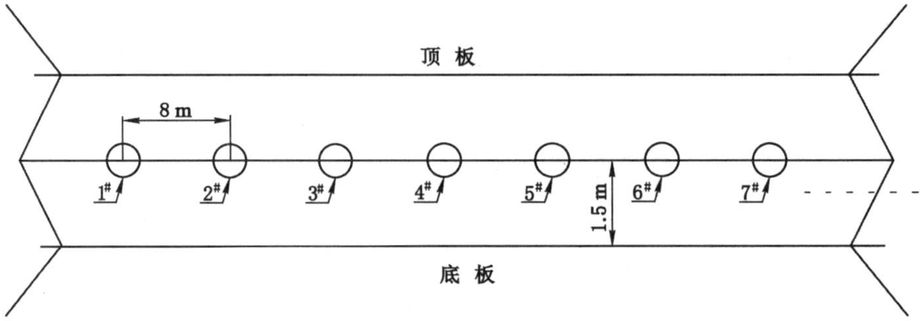

图 4.23 高压水射流增透卸压瓦斯抽采孔断面图

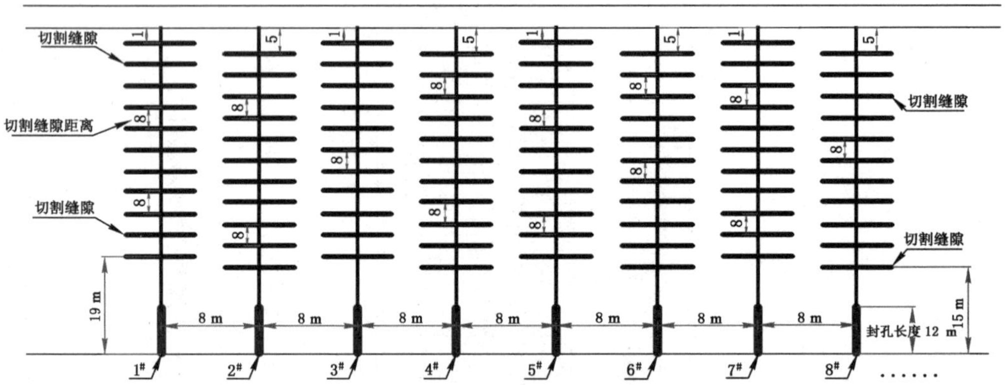

图 4.24 高压水射流割缝示意图

如图 4.25、图 4.26 所示。实施该技术后，瓦斯抽采纯流量提高了 2.13 m^3/min。全年发电量提高了 4 539 419 kW·h，新增收入 226.97 万元。

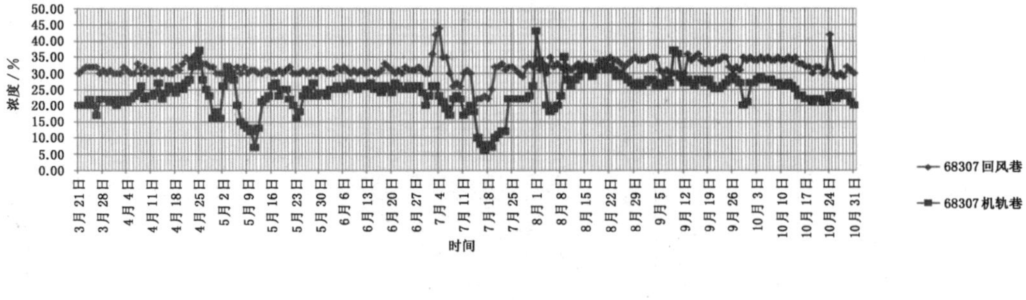

图 4.25 高压水射流割缝后抽采钻孔浓度变化曲线

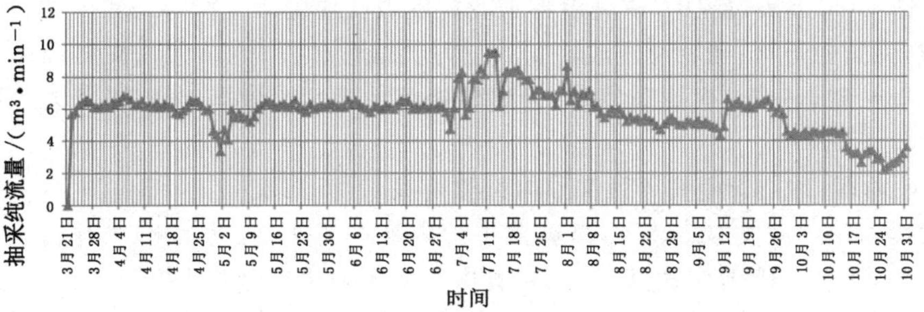

图 4.26 高压水射流割缝钻孔抽采钻孔纯流量变化情况

4.3 液态 CO_2 爆破增透

屯兰矿、马兰矿和东曲矿开采的 2# 煤层、8# 煤层，由于煤层透气性差，属于较难抽采煤层，要消除采掘工作面前方区域的突出危险性需要进行大量的瓦斯抽采钻孔施工，抽采时间较长，严重影响到采掘工作面作业进度。CO_2 预裂爆破强化抽采技术措施是通过液态 CO_2 气化瞬间产生强大的冲击波和膨胀能将煤体撑裂，使煤体内的原生裂隙得以扩展，并产生大量的新裂隙，增强煤层的透气性，达到强化瓦斯抽采、缩短瓦斯抽采时间的目的[94-95]。

4.3.1 液态 CO_2 爆破增透技术简介

4.3.1.1 液态 CO_2 爆破原理

CO_2 在低于 310 ℃且压力大于 7.35 MPa 时以液态存在，而超过 310 ℃时开始汽化，且随温度的变化压力也不断变化[96-101]。利用这一特点，在爆破器主管内充装液态 CO_2，使用发爆器快速激发加热装置，在 40 ms 内使主管内液态 CO_2 迅速汽化，体积膨胀 600 倍以上，产生大量高压 CO_2 气体，达到泄能片极限压力后，泄能片在 0.1～0.5 s 内破断，高压气体由泄能头两侧的出气孔急速冲出，接触空气介质后，产生应力波，冲击目标煤体，使目标煤体开裂，达到爆破的目的，其工作原理见图 4.27。

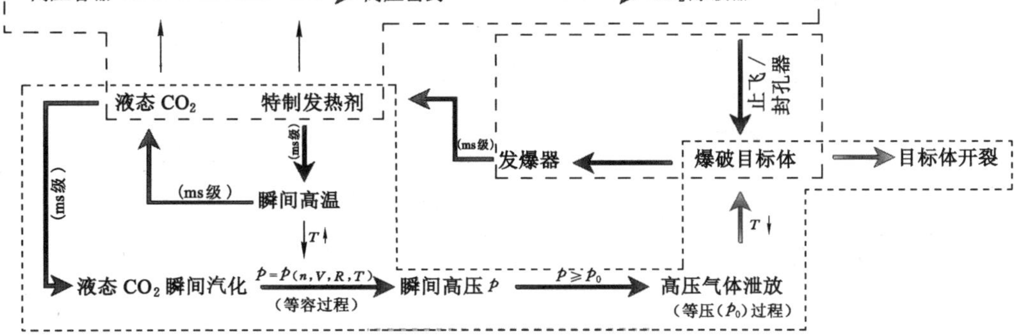

图 4.27 CO_2 爆破工作原理

煤层液态 CO_2 爆破过程中，首先由冲击波在爆破孔周围产生粉碎区和爆破孔法向的初始导向裂隙，为裂隙近区；随着冲击波转变为应力波继续传播，后续大量高压气体在初始导向裂隙中尖劈扩展，形成二次裂隙发育，为爆破裂隙中远区。液态 CO_2 爆破大致可以分为以下三个过程。

(1) 第一阶段：冲击产生粉碎区和导向裂隙阶段

启动发爆器快速激发加热装置，爆破器主管内液态 CO_2 迅速汽化，汽化过程在 40 ms 内完成，液态 CO_2 体积膨胀 600 多倍，当主管内气体压力达到泄能片极限压力时，泄能片破断。高压气体急速冲出并强烈地压缩着相邻的空气介质，使压力和密度突跃式地升高，形成一系列的压缩波，各压缩波最终叠加形成冲击波。冲击波的冲击压缩作用在出气孔方向形成两个导向型爆破空腔，由于爆破孔与爆破器之间波的不断反射叠加，爆破孔不断扩孔，与爆破空腔一起形成粉碎区，如图 4.28 所示。

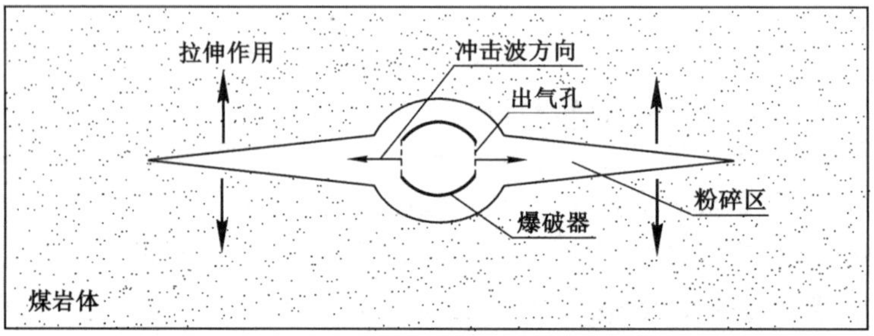

图 4.28　冲击孔壁形成粉碎区

(2) 第二阶段：初始裂纹形成阶段

冲击波冲击煤壁，形成粉碎区和导向裂隙，随着传播距离的增大，冲击波衰减为应力波，以压应力的形式作用于粉碎区煤壁，煤体压缩变形，形成径向裂隙，随着压应力场的不断传播与衰减，压应力不断减小，当压应力小于抗压强度时，由于惯性作用，煤体继续压缩变形，压应力继续衰减，最终煤体压缩变形区域变形能释放，煤体回弹，与压应力一起在裂隙区形成切向和环向上的拉伸应力，当拉伸应力大于煤体抗拉强度时，煤体产生切向裂隙和环向裂隙，应力波继续向远方传播衰减，径向和环向裂隙交错形成裂隙区，如图 4.29、图 4.30 所示。

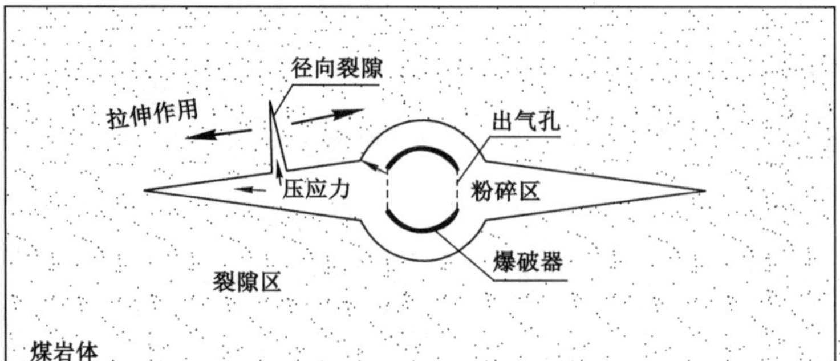

图 4.29　应力波形成径向裂隙

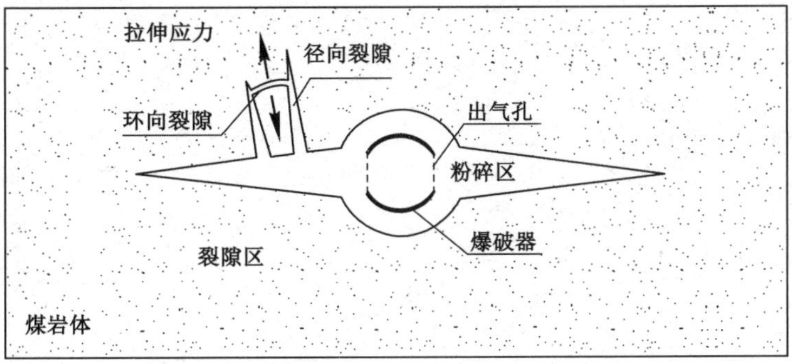

图 4.30 回弹形成环向裂隙

(3) 第三阶段:裂纹扩展阶段

随着初始裂隙区的形成,高压气体楔入粉碎区和裂隙区的各孔裂隙中,与煤层瓦斯压力形成准静力场,在裂隙尖端形成应力集中,使各裂隙得到进一步扩展,直到气体压力与瓦斯压力平衡裂隙不再扩展,形成最终裂隙区,如图 4.31 所示。

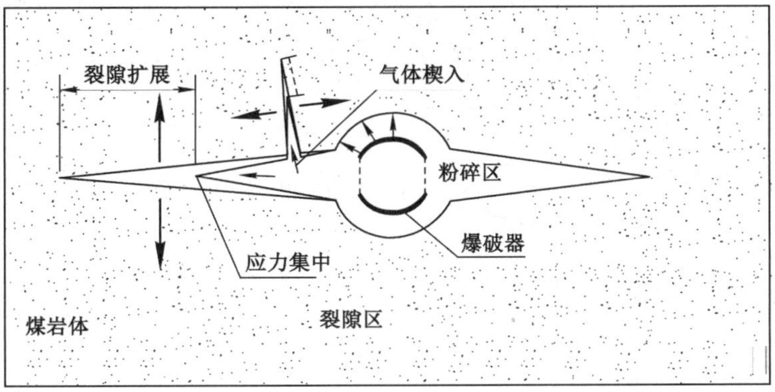

图 4.31 高压气体扩展裂隙

高压冲击波冲击形成对后续裂隙的发育和扩展起控制作用的初始导向裂隙,裂缝内压力的大小与应力差的大小对裂缝形成同方位多裂缝有重要作用,裂隙的透气性系数与裂隙的线裂隙率、裂隙的线密度成正比,由距钻孔不同距离节点应力和位移时程曲线建立应力、位移场-裂隙场-透气性的对应关系,表征液态 CO_2 爆破煤层的增透效果。在煤层水平层理上监测距离出气孔不同距离节点的应力、位移变化曲线,如图 4.32、图 4.33 所示。

监测点布置于出气孔方向,由近及远分别为 1 m、2 m、……、6 m,由图 4.32 可知,节点应力随爆破时程衰减,随距离爆破孔距离的增加而递减,距离爆破孔 5~6 m 时,点应力衰减至与煤层应力平衡,节点位移趋向于 0;由图 4.33 可知,距爆破孔距离越远,节点位移越小,呈非线性衰减。距离爆破孔 5~6 m 时,节点应力衰减至与煤层应力平衡,节点位移趋向于 0,说明液态 CO_2 爆破法向距离约为 6 m。由应力、位移-裂隙-透气性的对应关系可知,距离爆破孔由远及近煤层透气性的变化规律为非线性增加。

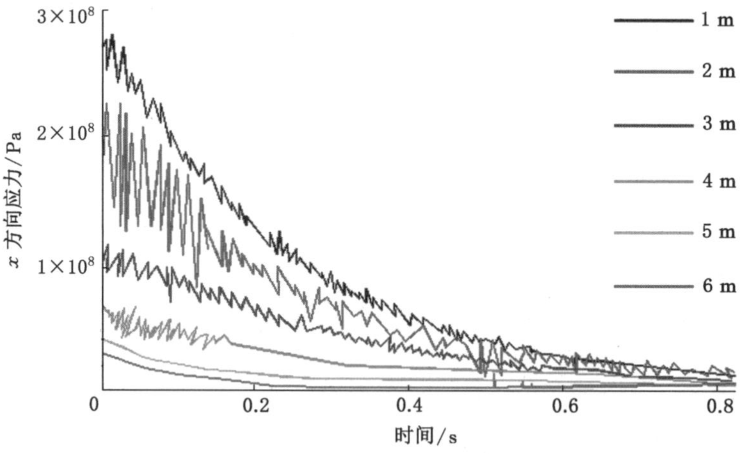

图 4.32　距钻孔不同距离节点应力变化

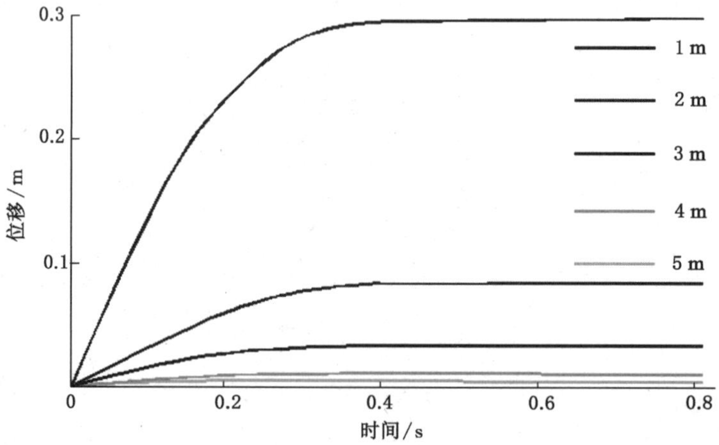

图 4.33　距钻孔不同距离节点位移变化

4.3.1.2　液态 CO_2 爆破设备的组成

液态 CO_2 爆破卸压增透包含 CO_2 爆破器的组装、充装、固定以及起爆等多个工艺流程，爆破工艺流程见图 4.34。

其中液态 CO_2 爆破器是系统的主要部分，其组成结构见图 4.35，爆破器由主管、充气头（起爆头）、排气头、加热棒、爆破片、泄能片、止飞器等组成。矿区以型号为 MZL200-1180/50 的液态 CO_2 爆破器为实施对象，爆破器长 1.5 m，主管长度为 1.415 m，外径为 ϕ50 mm，内径为 ϕ30 mm，泄能片极限压力为 200 MPa，爆破器主管中充装液态 CO_2 时质量为 0.8～1 kg，液态 CO_2 充装压力为 8～10 MPa。

4.3.2　液态 CO_2 爆破增透数值模拟

液态 CO_2 爆破的卸压增透性能与煤体的性质直接相关，其有效爆破半径与钻孔设计密切相关，因此采用该技术应确定不同煤体的有效爆破半径。有效爆破半径的获得需要

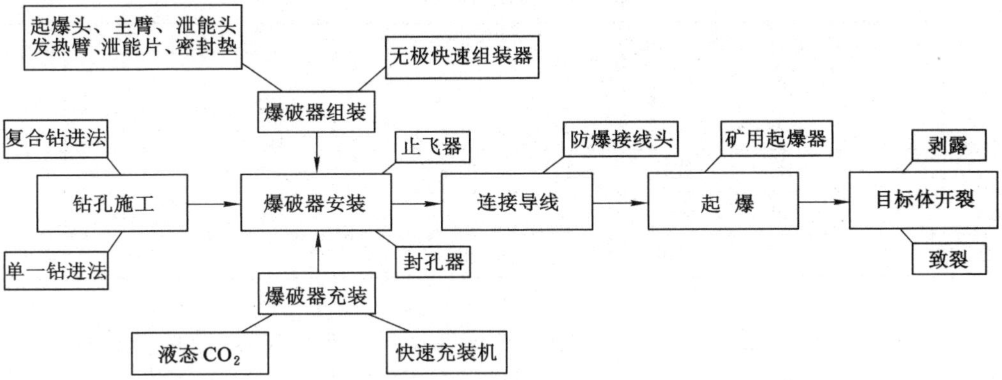

图 4.34 CO_2 爆破器工艺流程示意图

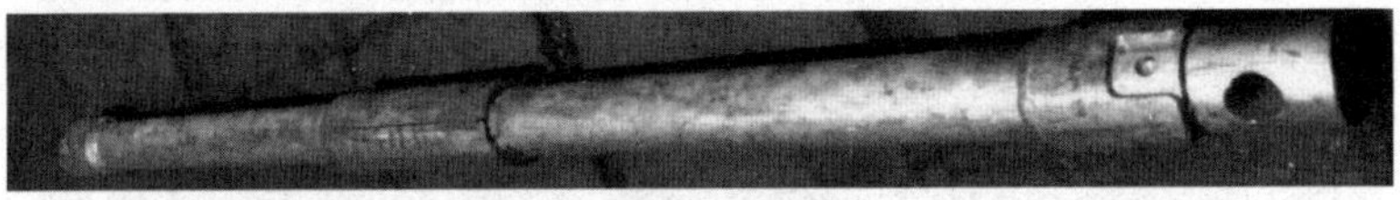

(a) 爆破器实物

(b) 爆破器组成结构

1—起爆头;2—发热管;3—主管;4—密封垫;5—泄能片;6—泄能头。

图 4.35 CO_2 爆破器实物及组成结构

根据矿井实际采用数据模拟,然后现场验证,根据效果反馈,最后调整确定有效爆破半径。

CO_2 预裂爆破对周围煤岩施加的载荷属动态载荷,借助 RFPA2D-Dynamic 软件通过数值模拟的方法,对钻孔内 CO_2 预裂爆破过程中,分析在轴向方向上的应力场、裂隙场的预裂爆破效果,数值模拟参数如下:

① 模型尺寸:马兰矿 8# 煤层 250 m×3.98 m;屯兰矿 2# 煤层 250 m×3.28 m;屯兰矿 8# 煤层 250 m×3.41 m;东曲矿 8# 煤层 250 m×3.87 m;

② 单元划分:马兰矿 8# 煤层 250 m×40 m;屯兰矿 2# 煤层 250 m×33 m;屯兰矿 8# 煤层 250 m×34 m;东曲矿 8# 煤层 250 m×39 m;

③ 钻孔尺寸:长度为 200 m,直径为 113 mm;

④ 动载荷施加长度:自封孔段(10 m)里端向里 20 m;

⑤ 模型类型:二维应变模型;

⑥ 静载荷:垂直应力 4 MPa,水平应力 4 MPa;

⑦ 动态荷载施加:150 MPa 的三角波,时间步长 0.1 ms,加载步 1 000 步。

材料参数参考表 4.11。

表 4.11　物理力学参数表

矿井	模拟煤层	厚度/m	抗压强度/MPa	均质度	弹性模量/GPa	均质度	内摩擦角/(°)	泊松比	密度/(t·m^{-3})
兰屯矿	2#	3.28	340	3	30	3	30	0.3	1.44
	8#	3.41	270	3	30	3	30	0.3	1.39
马兰矿	8#	3.98	490	3	30	3	30	0.3	1.4
东曲矿	8#	3.87	350	3	30	3	30	0.3	1.36

通过对屯兰矿 2# 煤层、8# 煤层，马兰矿 8# 煤层及东曲矿 8# 煤层 CO_2 钻孔预裂爆破的数值模拟，可以得到各煤层破坏情况和 CO_2 钻孔预裂效果，如图 4.36 所示。

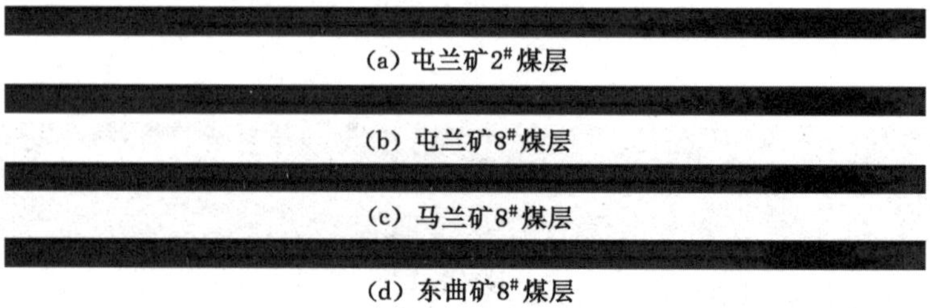

(a) 屯兰矿2#煤层

(b) 屯兰矿8#煤层

(c) 马兰矿8#煤层

(d) 东曲矿8#煤层

图 4.36　不同煤层 CO_2 预裂爆破钻孔轴向剖面上煤体破坏情况

经过 CO_2 预裂爆破煤层情况后，在钻孔轴向剖面上，预裂效果最好的是屯兰矿 2# 煤层，在预裂管周围不仅产生了煤体破碎带，还在钻孔深处产生大量裂隙，裂隙圈半径为 4.20 m，影响范围最大。其次是屯兰矿 8# 煤层，预裂半径为 3.90 m。马兰矿 8# 煤层预裂半径为 3.45 m，东曲矿 8# 煤层预裂半径为 3.30 m。以屯兰矿 2# 煤层数值模拟结果为例，分析 CO_2 预裂爆破过程中的煤体应力演化规律和破坏机理，屯兰矿 2# 煤层 CO_2 预裂爆破钻孔轴向剖面不同时间节点的剪切应力和 x 方向应力如图 4.37、图 4.38 所示。

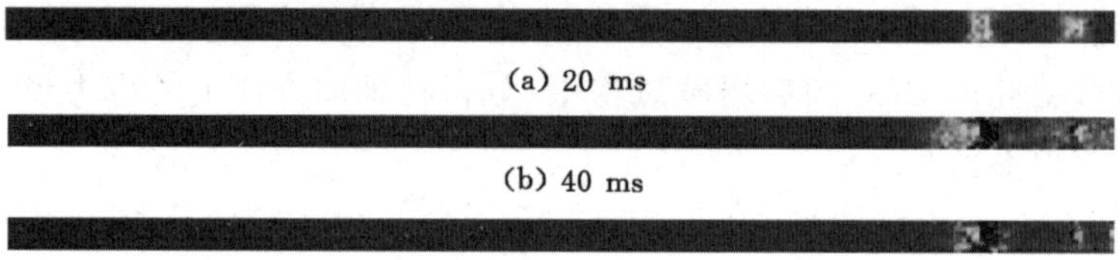

(a) 20 ms

(b) 40 ms

(c) 60 ms

图 4.37　屯兰矿 2# 煤层 CO_2 预裂爆破钻孔轴向剖面上煤体剪应力演化规律及破坏过程

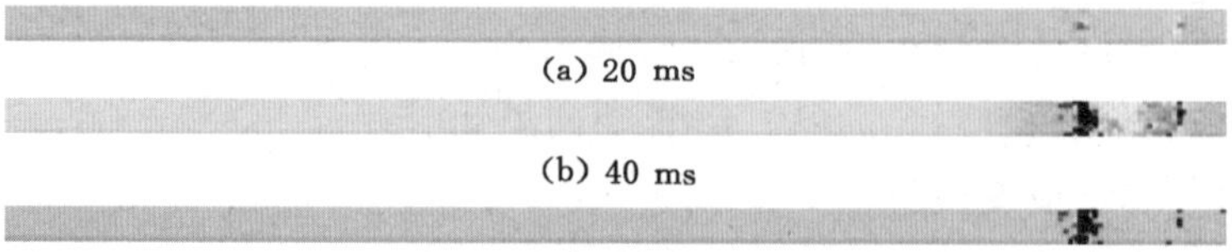

(a) 20 ms

(b) 40 ms

(c) 60 ms

图 4.38　屯兰矿 2# 煤层 CO_2 预裂爆破钻孔轴向剖面上煤体 x 方向应力演化规律及破坏过程

如图 4.37、图 4.38 所示，后 20 ms 时，由于液态的 CO_2 正在转化为高压气体的初期，此时的应力对煤体产生剪切作用，特别是在预裂管两端，应力比较集中，但未达到煤体破坏极限，图 4.37 (a)显示，在起爆初期，爆破孔周围压力呈环形状态分布，此时，煤体的应力状态为弹性状态。随着爆破孔压力的不断增加，爆破孔周围煤体的应力状态也开始变化，会变成塑性状态，形成的高应力区也越来越大，当爆炸产生的压应力大于煤体的抗拉强度和黏结力之和时，煤体就会产生破裂，并不断向外扩展。应力波在逐渐扩展的过程遇到煤层顶底板时发生反射，反射的应力波将对煤体产生再次破坏。40 ms 时[图 4.37(b)]，煤体开始产生大量破坏，破坏范围贯穿整个煤层厚度方向，在钻孔轴向方向煤体沿着顶底板孕育裂隙，并向钻孔深处发展。60 ms 时[图 4.37(c)]，煤体沿着钻孔抽向剖面产生裂隙。通过煤体应力场的变化情况，可以清晰地了解爆炸应力波的传播和煤体裂隙发展过程。应力波首先作用于爆破孔周围的煤体，使之发生应力集中，直至产生裂隙，并最终形成破碎圈；其次，爆炸应力波在传播的过程中遇到煤层顶底板发生反射，使得应力波在煤层顶底板之间来回震荡，不断加深对煤体的破坏程度。而在钻孔轴向方向，爆炸应力的传播不断向里扩散，煤体逐渐产生裂隙。

图 4.39 表示的是屯兰矿 8# 煤层 CO_2 预裂爆破钻孔轴向剖面上声发射场的变化情况。

从图 4.39(a)中看，当起爆后 20 ms，爆孔周围以数量较多的高能量，但此时煤体还未发生破坏，这种高能量来自钻孔内 CO_2 预裂管的爆破。当到达 40 ms 时[图 4.39(b)]，爆破孔周围，高能量破坏振动有所减少，低能量破坏振动集中产生，在预裂管里端处的煤体优先出现大范围的破坏。至 60 ms 时[图 4.39(c)]，高能量破坏振动极速增加，说明破坏的范围随着爆破孔压力的增加不断扩大，同时受到顶底板边界对动态载荷应力波的反射作用，不断叠加的震荡的高能量应力波进一步造成煤体的扰动破坏。

(a) 20 ms

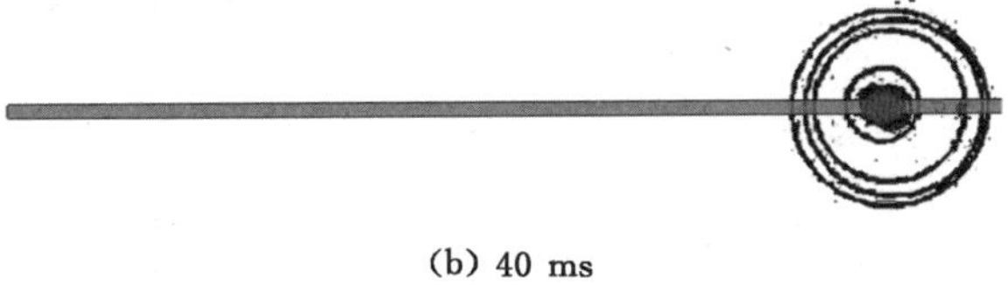

(b) 40 ms

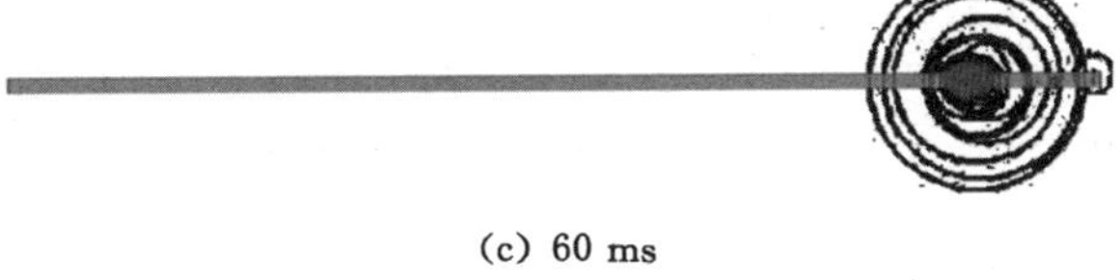

(c) 60 ms

图 4.39 屯兰矿 8# 煤层 CO_2 预裂爆破钻孔轴向剖面上声发射场的变化情况

4.3.3 液态 CO_2 爆破增透应用效果

4.3.3.1 屯兰矿液态 CO_2 爆破增透效果分析

(1) 28115 胶带巷本煤层钻孔液态 CO_2 爆破增透效果分析

① 工作面概况

28115 工作面走向长度为 423 m，倾斜长度为 225 m，煤层厚度平均为 2.8 m，煤层瓦斯含量为 6.125 m^3/t。工作面有 4 条断层、2 个无炭柱，对回采有一定影响。

② 钻孔布置情况

在 28115 胶带巷布置 10 个本煤层钻孔进行试验。其中，5 个孔为预裂孔，5 个为未预裂钻孔，两种钻孔交替布置，钻孔间距 5 m。钻孔与巷道中线夹角成 90°，钻孔的倾角为煤层倾角，根据地质等高线计算各段煤层倾角平均在 2°左右，钻孔开孔和终孔孔径均为 113 mm；钻孔开孔位置距离巷道底板 1.3 m。

③ 28115 胶带巷预裂钻孔瓦斯抽采情况对比

28115 工作面胶带巷本煤层钻孔用 CO_2 预裂的 5 个钻孔为 17#、19#、21#、23#、24# 钻孔，未采用 CO_2 预裂的钻孔有 15#、22#、23#、25#、26# 钻孔。对钻孔进行连续观测，瓦斯抽采情况如表 4.12 所示。

表 4.12　钻孔预裂与未预裂瓦斯抽采情况对比表

	钻孔参数				抽采参数	
	孔号	倾角/(°)	孔深/m	钻孔间距/m	平均抽采浓度/%	平均抽采纯流量/($m^3\cdot min^{-1}$)
本煤层预裂钻孔	17#	+1.5	100	5	40	0.028
	19#	+2	100	5	32	0.034
	21#	+2	100	5	43	0.031
	24#	+2	100	5	45	0.048
	钻孔参数				抽采参数	
	孔号	倾角/(°)	孔深/m	钻孔间距/m	平均抽采浓度/%	平均抽采纯流量/($m^3\cdot min^{-1}$)
本煤层未预裂钻孔	15#	+1.5	100	5	26	0.018
	22#	+2.0	100	5	27	0.016
	23#	+2.0	100	5	18	0.013
	25#	+2.0	100	5	28	0.023
	26#	+2.0	100	5	21	0.017

28115 工作面 5 个预裂钻孔平均瓦斯抽采浓度为 32%～45%，28115 工作面 5 个预裂钻孔平均瓦斯抽采纯流量为 0.035 m^3/min，而本煤层未采用 CO_2 预裂的 5 个钻孔平均瓦斯抽采浓度为 18%～28%，平均瓦斯抽采纯流量为 0.017 m^3/min，本煤层采用 CO_2 预裂的 5 个钻孔平均瓦斯抽采纯流量较未预裂钻孔的提高了约 1.1 倍。

(2) 22306 胶带巷本煤层钻孔液态 CO_2 爆破增透效果分析

① 工作面概况

工作面走向长度为 1 768 m，倾斜长度为 198 m，煤层平均厚度为 2.9 m，瓦斯含量为 9.2 m^3/t。工作面有断层和陷落柱，对回采有一定影响。

② 钻孔布置情况

在 22306 胶带巷布置 10 个本煤层钻孔进行试验。其中，5 个钻孔为预裂钻孔，5 个为未预裂钻孔，两种钻孔交替布置，钻孔间距为 5 m。钻孔与巷道中线夹角成 90°，钻孔倾角为煤层倾角，根据地质等高线计算各段煤层倾角平均在 2°左右，钻孔开孔和终孔孔径均为 113 mm；钻孔开孔位置距离巷道底板 1.3 m。

③ 22306 胶带巷预裂钻孔抽采情况对比

22306 工作面用 CO_2 预裂的 5 个钻孔为 53#、55#、57#、59#、61# 钻孔，未采用 CO_2 预裂钻孔有 54#、56#、58#、60#、62# 钻孔。对钻孔进行连续观测，其瓦斯抽采情况如表 4.13 所示。

表 4.13 钻孔预裂与未预裂瓦斯抽采情况对比表

	钻孔参数				抽采参数	
	孔号	倾角/(°)	孔深/m	钻孔间距/m	平均抽采浓度/%	平均抽采纯流量/($m^3\cdot min^{-1}$)
本煤层预裂钻孔	53#	3	170	5	91	0.083
	55#	4	170	5	47	0.105
	57#	4	170	5	70	0.069
	59#	3	170	5	53	0.075
	61#	4	170	5	63	0.095
	钻孔参数				抽采参数	
	孔号	倾角/(°)	孔深/m	钻孔间距/m	抽采浓度/%	平均抽采纯流量/($m^3\cdot min^{-1}$)
本煤层未预裂钻孔	54#	4	170	5	58	0.017
	56#	5	170	5	45	0.029
	58#	3	170	5	77	0.032
	60#	3	170	5	69	0.025
	62#	3	150	5	57	0.029

22306 工作面预裂钻孔和未预裂钻孔瓦斯抽采效果见图 4.40～图 4.43。

④ 效果分析

22306 胶带巷预裂的 5 个钻孔平均瓦斯抽采浓度为 47%～91%，22306 胶带巷预裂钻孔平均瓦斯抽采纯流量为 0.085 m^3/min，而未采用 CO_2 预裂的本煤层钻孔平均瓦斯抽采浓度为 45%～77%，平均瓦斯抽采纯流量为 0.026 m^3/min，采用 CO_2 预裂的本煤层钻孔平均瓦斯抽采纯流量较未预裂钻孔提高了 2.27 倍。

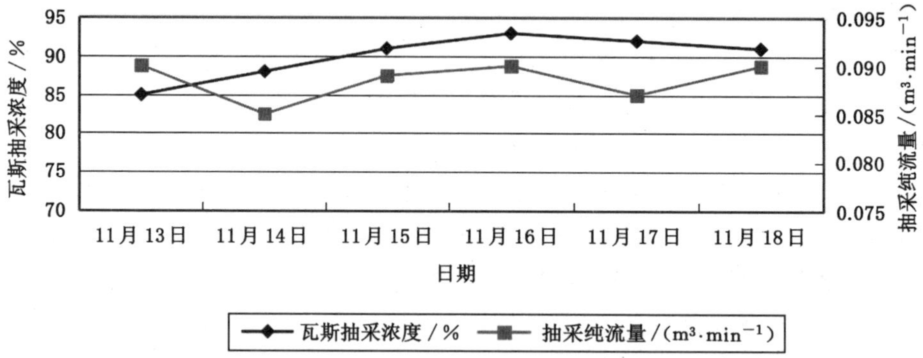

图 4.40　22306 工作面 53# 预裂钻孔瓦斯抽采情况图

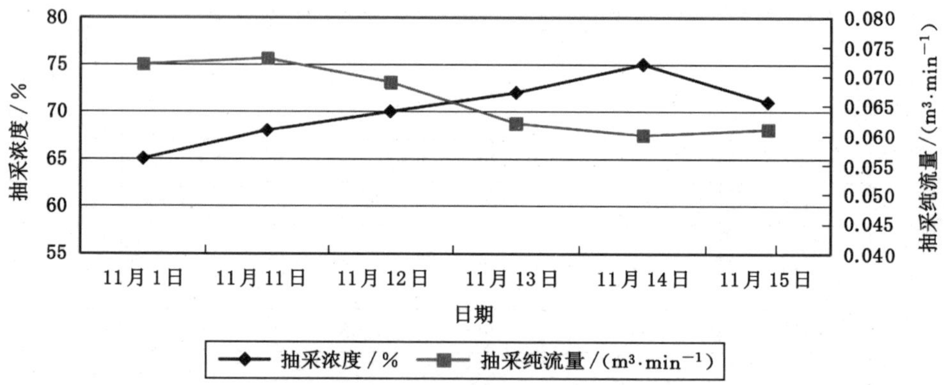

图 4.41　22306 工作面 57# 预裂钻孔瓦斯抽采情况图

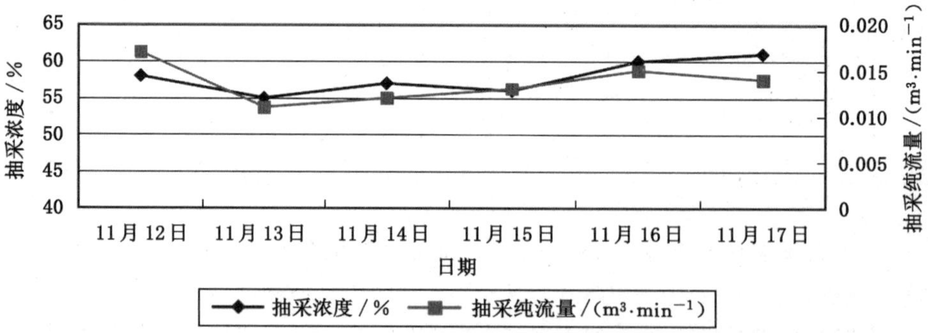

图 4.42　22306 工作面 54# 未预裂钻孔瓦斯抽采情况图

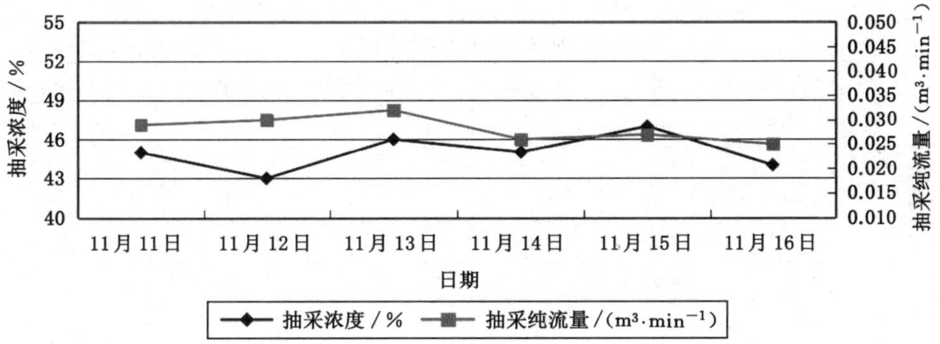

图 4.43 22306 工作面 56# 未预裂钻孔瓦斯抽采情况图

钻孔间距为 5 m，54#、56# 钻孔周围的 53#、57# 钻孔皆进行了预裂，但从抽采状况分析，53# 钻孔平均瓦斯抽采浓度为 85%～94%、57# 钻孔平均瓦斯抽采浓度为 65%～75%；54# 钻孔平均瓦斯抽采浓度为 55%～61%、56# 钻孔平均瓦斯抽采浓度为 43%～47%。从抽采状况分析，瓦斯浓度变化幅度不大，说明 53#、57# 钻孔预裂后对相邻的未进行预裂的 54#、56# 钻孔有影响。抽采半径达超过 2.5 m 以上。

4.3.3.2 *马兰矿液态 CO_2 爆破增透效果分析*

(1) 18509 辅运巷本煤层钻孔液态 CO_2 爆破增透效果分析

① 工作面概况

工作面位于南五下组煤采区右翼，两巷均开口于南五下组煤进风胶带运输下山。工作面由胶带巷、辅运巷、开切眼、底抽巷和高抽巷组成，走向长度 1 367 m，倾斜长度为 250 m，平均采高 4.45 m。

② 钻孔布置情况

在工作面辅运巷里程 140～800 m 每隔 4 m 施工一个本煤层钻孔，里程 803～1 352 m 每隔 3 m 施工一个本煤层钻孔进行本煤层瓦斯抽采。按照本煤层布孔的要求，设计钻孔长度为 225 m/265 m/135 m，孔径为 113 mm，设计布置 351 个钻孔(其中 CO_2 增透预裂钻孔为 150 个)。

③ 18509 辅运巷预裂钻孔抽采情况对比

18509 辅运巷共施工 351 个本煤层钻孔，其中有 201 个钻孔不进行 CO_2 增透预裂，剩余 150 个钻孔均采取 CO_2 增透预裂。该工作面钻孔全部施工、预裂完毕，在刚做完增透预裂带入抽采系统的情况下对该类钻孔支系统进行连续观测，抽采情况见表 4.14 和图 4.44。

表 4.14 18509 辅运巷抽采支管路瓦斯抽采情况表

18509 辅运巷抽采支管抽采参数						
日期	抽采负压 /(mmHg)	负压 /kPa	大气压 /kPa	瓦斯抽采浓度 /%	温度 /℃	瓦斯抽采纯流量 /(m^3·min^{-1})
10 月 29 日	127	16.93	90.4	62	17.4	15.92
11 月 3 日	128	17.06	90.4	61	17.4	15.77
11 月 8 日	128	17.06	90.4	60	17.4	15.22

表 4.14(续)

18509 辅运巷抽采支管抽采参数						
日期	抽采负压 /(mmHg)	负压 /kPa	大气压 /kPa	瓦斯抽采浓度 /%	温度 /℃	瓦斯抽采纯流量 /($m^3 \cdot min^{-1}$)
11 月 13 日	127	16.93	90.4	62	17.4	15.03
11 月 18 日	120	15.99	90.4	61	17.4	14.93
11 月 23 日	130	17.33	90.4	60	17.4	14.51
11 月 28 日	112	14.93	90.4	61	17.4	14.29
12 月 3 日	120	15.99	90.4	60	17.4	13.92
平均瓦斯抽采纯流量/($m^3 \cdot min^{-1}$)				14.95		

注:1 mmHg=0.133 kPa,下同。

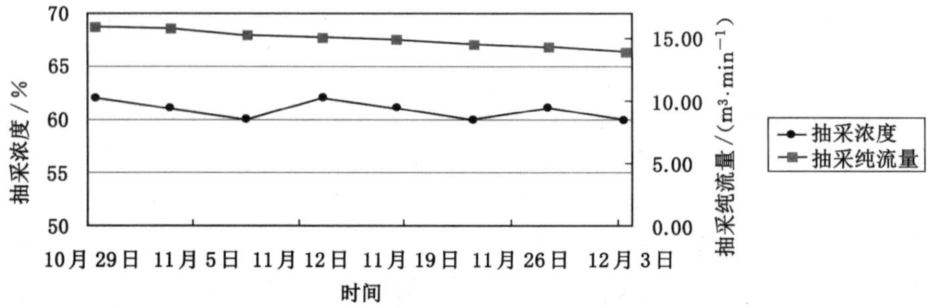

图 4.44　18509 辅运巷抽采支管路瓦斯抽采情况曲线图

结合矿井连续观测数据分析,18509 辅运巷采用 CO_2 增透预裂的本煤层钻孔刚预裂完立即带入抽采时系统钻孔抽采浓度较高,随着抽采时间的延长,钻孔瓦斯抽采浓度能够稳定在 32%~93%,该巷道未采用 CO_2 预裂的本煤层钻孔瓦斯抽采浓度在 30%~87%,预裂钻孔的瓦斯抽采浓度较未预裂钻孔的有所提高。邻近 18504 胶带巷未采用 CO_2 预裂的本煤层钻孔(72 个)平均瓦斯抽采纯流量为 0.011 m^3/min,18509 辅运巷本煤层钻孔(351 个钻孔)平均瓦斯抽采纯流量为 0.042 6 m^3/min,18509 辅运巷本煤层平均瓦斯抽采纯流量较 18504 胶带巷未预裂钻孔提高了 2.87 倍。

(2) 10606 胶带巷本煤层钻孔液态 CO_2 爆破增透效果分析

① 工作面概况

工作面位于南六采区左翼,两巷均开口于南六 2# 煤层集中轨道巷。工作面由胶带巷、轨道巷、开切眼、底抽巷和瓦斯抽采巷组成,走向长度为 1 716 m,倾斜长度为 144 m/229 m,平均采高 2.14 m。

② 钻孔布置情况

在工作面胶带巷里程 115~1 705 m 每隔 5 m 施工一个本煤层钻孔。按照本煤层布孔的要求,设计钻孔长度为 205 m/115 m。孔径为 113 mm,设计布置 319 个钻孔(其中 CO_2 增透预裂钻孔为 158 个)。

③10606 胶带巷预裂钻孔抽采情况对比

10606 胶带巷共施工 319 个本煤层钻孔,其中有 161 个钻孔不进行 CO_2 增透预裂,剩余

158 个钻孔均采取 CO_2 增透预裂。该工作面钻孔全部施工、预裂完毕，在刚做完增透预裂带入系统的情况下对该类钻孔支系统进行连续观测，抽采情况见表 4.15 和图 4.45。

表 4.15 10606 胶带巷抽采支管路抽采情况表

10606 胶带巷抽采支管抽采参数						
日期	抽采负压/(mmHg)	负压/kPa	大气压/kPa	瓦斯抽采浓度/%	温度/℃	瓦斯抽采纯流量/($m^3 \cdot min^{-1}$)
5 月 22 日	111	14.79	89.9	49	17.4	7.66
5 月 27 日	106	14.13	89.9	49	17.4	8.12
6 月 1 日	111	14.79	89.9	48	17.4	7.59
6 月 6 日	106	14.13	89.9	49	17.4	8.12
6 月 11 日	111	14.79	89.9	48	17.4	7.59
6 月 16 日	110	14.66	89.9	47	17.4	7.42
6 月 21 日	105	13.99	89.9	46	17.4	7.65
6 月 26 日	125	16.66	89.9	46	17.4	7.52
7 月 1 日	128	17.06	89.9	46	17.4	7.50
7 月 6 日	117	15.59	89.9	47	17.4	7.47
7 月 11 日	115	15.33	89.9	46	17.4	7.40
7 月 16 日	119	15.86	89.9	46	17.4	7.37
7 月 21 日	113	15.06	89.9	46	17.4	7.41
7 月 26 日	102	13.59	89.9	46	17.4	7.39
7 月 31 日	109	14.53	89.9	45	17.4	7.35
8 月 5 日	111	14.79	89.9	45	17.4	7.43
8 月 10 日	106	14.13	89.9	45	17.4	7.37
8 月 15 日	107	14.26	89.9	46	17.4	7.36
8 月 20 日	108	14.39	89.9	45	17.4	7.36
8 月 25 日	105	13.99	89.9	44	17.4	7.19
8 月 30 日	110	14.66	89.9	44	17.4	7.16
9 月 4 日	107	14.26	89.9	44	17.4	7.00
9 月 9 日	105	13.99	89.9	43	17.4	6.92
9 月 14 日	103	13.73	89.9	44	17.4	6.93
9 月 19 日	103	13.73	89.9	43	17.4	6.93
9 月 24 日	108	14.39	89.9	42	17.4	6.89
9 月 29 日	102	13.59	89.9	38	17.4	6.28
10 月 4 日	102	13.59	89.9	38	17.4	6.13
10 月 9 日	107	14.26	89.9	35	17.4	5.71
10 月 14 日	101	13.46	89.9	33	17.4	5.57
平均瓦斯抽采纯流量/($m^3 \cdot min^{-1}$)				7.19		

结合矿井连续观测数据分析，10606 胶带巷采用 CO_2 增透预裂的本煤层钻孔刚预裂完立即带入抽采系统时钻孔抽采浓度较高，随着抽采时间的延长，钻孔瓦斯抽采浓度能够稳定在 32%～88%，而该巷道未采用 CO_2 预裂的本煤层钻孔瓦斯抽采浓度在 30%～82%，预裂

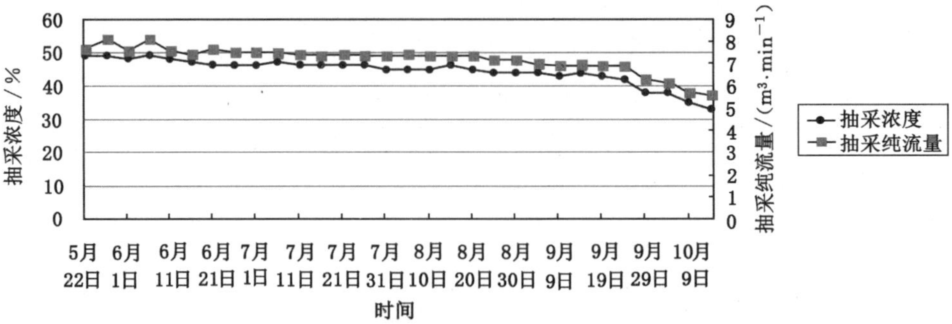

图 4.45　10606 胶带巷抽采支管路瓦斯抽采情况曲线图

钻孔的瓦斯抽采浓度较未预裂钻孔有所提高。南五 10507 轨道巷未采用 CO_2 预裂的本煤层钻孔(124 个)平均瓦斯抽采纯流量为 0.0131 m^3/min,10606 胶带巷本煤层钻孔(319 个钻孔)平均瓦斯抽采纯流量为 0.022 5 m^3/min,10606 胶带巷本煤层平均瓦斯抽采纯流量较 10507 轨道巷未预裂钻孔提高了 0.72 倍。

4.3.3.3　*东曲矿液态 CO_2 爆破增透效果分析*

① 工作面概况

28210 工作面上方地面位于白家山村(已搬迁),盖山厚度为 226～370 m。工作面北东为二采 8# 煤层边界回风巷;北西为已形成的 28208 工作面;南东为白家山断层,南西为 +860 m 水平大巷保护煤柱。上方 2#、4# 煤层已回采,4#～8# 煤层间距为 70 m。

28210 工作面走向长 1 323～1 343 m,倾向长 224 m,煤层厚度为 3.10～4.50 m,平均为 3.97 m。煤层倾角为 2°～8°,平均为 5°,结构较复杂,夹 1～2 层夹石,煤层厚度变化不大,属较稳定煤层。基本顶为 9.8 m 的细、中砂岩,下部为细砂岩,上部为中砂岩。直接顶为 4.40 m的灰黑色石灰岩,含动物化石碎片,有节理。直接底为 6.90 m 的灰色砂质泥岩,含大量云母及黑色矿物。

根据东曲矿煤层瓦斯基本参数测定报告,+860 m 水平二采区 8# 煤层煤层瓦斯压力为 0.25～0.30 MPa;煤层孔隙率为 4.41%;煤层透气性系数为 0.396 $m^2/(MPa^2 \cdot d)$;瓦斯吸附常数为 $a=30.738\ m^3/t$、$b=0.860\ MPa^{-1}$;煤层原始瓦斯含量为 6.67 m^3/t。

② 钻孔布置情况

进行 CO_2 预裂的钻孔为 28210 胶带巷本煤层抽采钻孔,从距 28210 胶带巷回风联络巷 70 m处开始施工钻孔,至距开切眼 25 m 处结束,施工巷道 1 170 m。28210 胶带巷本煤层抽采钻孔共设计施工 117 个,钻孔设计深度为 204 m,开孔位置在距底板 1.5 m 处,钻孔直径为 113 mm,钻孔间距为 10 m。28210 胶带巷本煤层钻孔布置图见图 4.46,预裂钻孔和未预裂钻孔瓦斯抽采数据见图 4.47～图 4.52。

28210 胶带巷预裂钻孔平均抽采浓度为 43%,平均瓦斯抽采纯流量为 0.022 1 m^3/min,未预裂钻孔平均瓦斯抽采浓度为 21%,平均瓦斯抽采纯流量为 0.014 m^3/min。28810 胶带巷本煤层抽采支管路平均瓦斯抽采纯流量为 1.74 m^3/min,平均瓦斯抽采纯流量为 0.010 9 m^3/min,通过与 28210 胶带巷预裂钻孔比较,预裂后的钻孔平均瓦斯抽采纯流量提高了 1.03 倍。

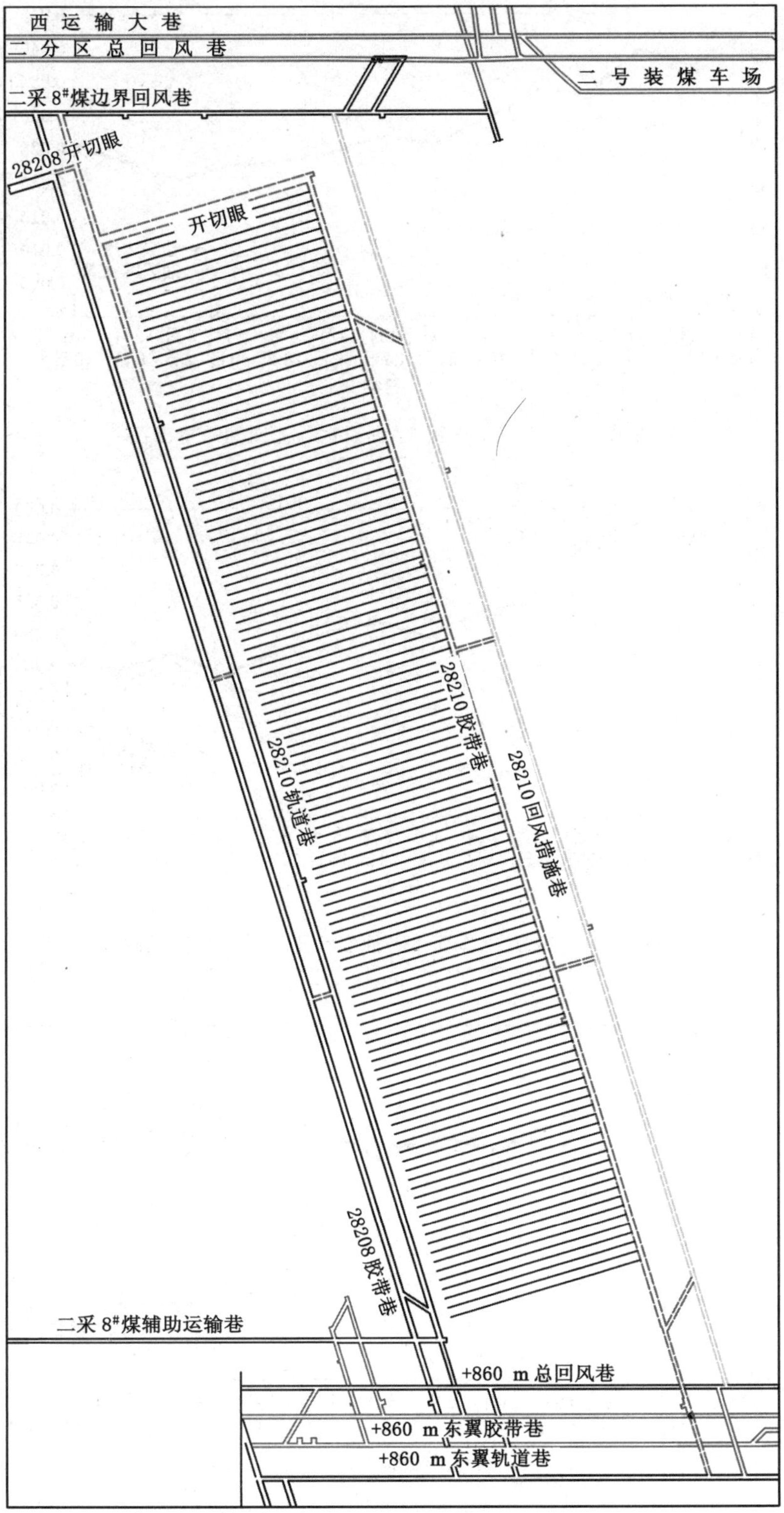

图 4.46 28210胶带巷本煤层钻孔布置图

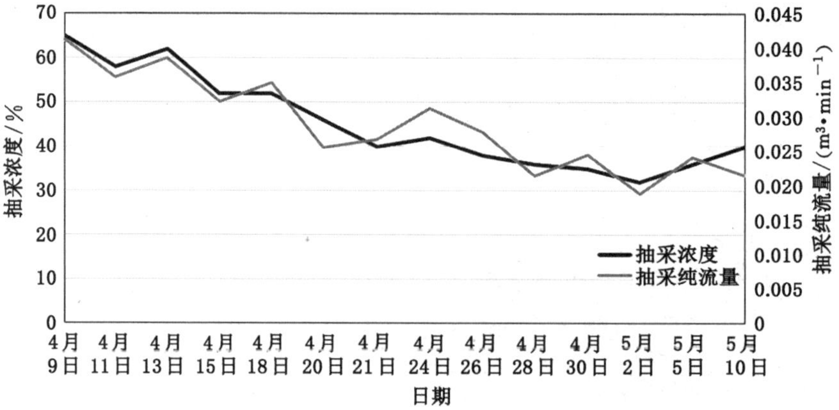

图 4.47 28210 工作面 3# 预裂钻孔瓦斯抽采情况图

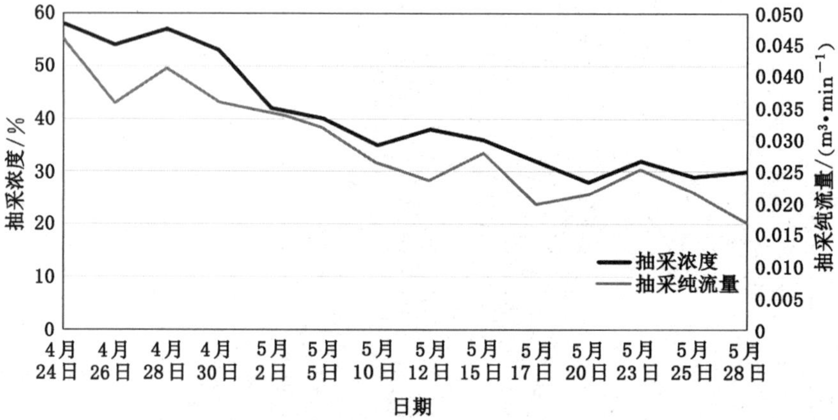

图 4.48 28210 工作面 18# 预裂钻孔瓦斯抽采情况图

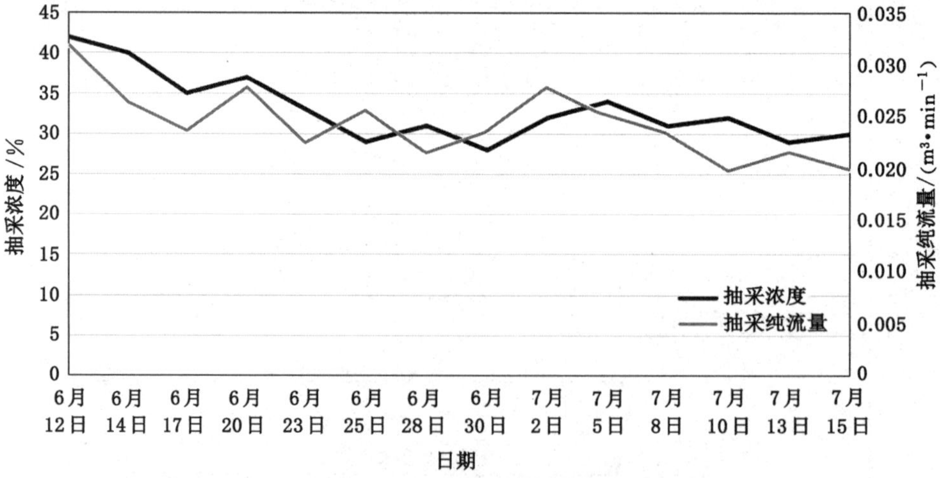

图 4.49 28210 工作面 42# 预裂钻孔瓦斯抽采情况图

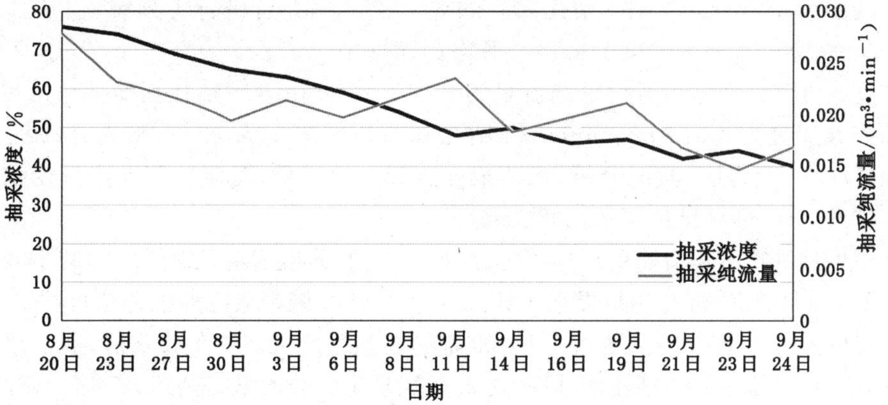

图 4.50 28210 工作面 85# 预裂钻孔瓦斯抽采情况图

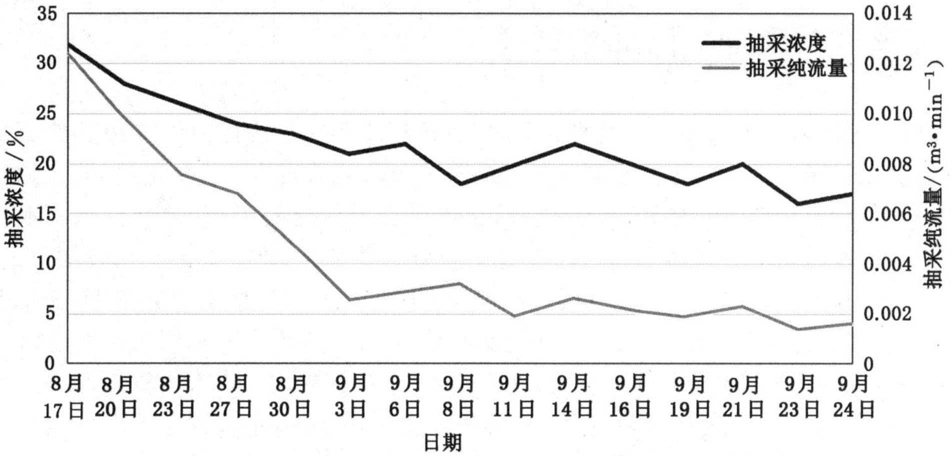

图 4.51 28210 工作面 82# 未预裂钻孔瓦斯抽采情况图

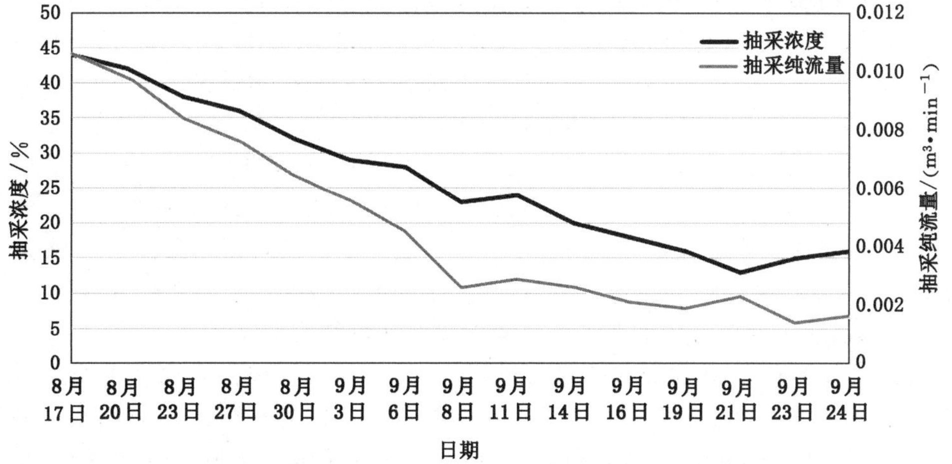

图 4.52 28210 工作面 83# 未预裂钻孔瓦斯抽采情况图

钻孔间距为 10 m，82#、83# 钻孔前后的 81#、84# 钻孔皆进行了预裂，但从抽采状况分析，81# 钻孔平均瓦斯抽采浓度为 80%、平均瓦斯抽采纯流量为 0.022 m^3/min，84# 钻孔瓦斯抽采浓度为 35%、平均瓦斯抽采纯流量为 0.010 m^3/min；82# 钻孔瓦斯抽采浓度 19%、平均瓦斯抽采纯流量为 0.012 m^3/min，83# 钻孔瓦斯抽采浓度为 23%、平均瓦斯抽采纯流量为0.016 m^3/min。从抽采状况分析，瓦斯浓度有较大的变化，瓦斯抽采纯流量变化不大。

4.3.3.4　*液态 CO_2 爆破增透现场应用总结*

在试验地点进行了瓦斯抽采，并监测瓦斯抽采参数，爆破后屯兰矿 22306 胶带巷瓦斯抽采浓度提高了 1.0 倍、抽采混合流量提高了约 2.27 倍；28115 胶带巷瓦斯抽采浓度提高了 1.1 倍、抽采混合流量提高约 1.13 倍。马兰矿 18509 辅运巷抽采浓度提高约 1.5 倍、抽采混合流量提高约 2.34 倍；10606 胶带巷抽采浓度提高约 2.9 倍、抽采混合流量提高约 2.7 倍。东曲矿 28210 工作面抽采浓度与瓦斯抽采纯流量分别提高 1 倍。通过屯兰矿、马兰矿和东曲矿五个地点实施 CO_2 预裂后，前一个月效果明显，一个月以后瓦斯浓度与瓦斯抽采纯流量开始下降。

4.4　地面压裂钻井瓦斯抽采技术

目前，钻孔抽采是国内外煤层瓦斯治理的主要方式之一。钻孔抽采有地面钻孔抽采和井下布孔抽采两种[102-103]。两者各有优缺点：井下抽采瓦斯投入大、难度大，但适用于各种条件；地面预抽安全性高、效果好、前景佳，但受煤层透气性差的影响，地面抽采瓦斯技术难度较大。通过地面井压裂增透、增流作用，并配合顺层孔抽采，是很好的技术发展方向。

通过对采煤工作面瓦斯涌出来源进行分析，西山矿区工作面瓦斯来源分布为：开采煤层瓦斯占 65% 左右，邻近层瓦斯占 25%左右，采空区瓦斯占 10% 左右。在瓦斯治理过程中，本煤层抽采钻孔的布置方法通过几年的摸索改进，效果显著，但 2# 煤层透气性系数较低，瓦斯呈吸附状附着于煤层中，在瓦斯治理过程中采用地面钻井压裂加井下顺层孔抽采方法，作用良好。

(1) 增透工艺影响因素分析

① 主裂隙方位：地面钻井技术通过在煤储层施工多个分支径向孔，人为地增加煤储层的裂隙通道，从而改善煤层的透气性。而煤层原始裂隙系统受地应力影响，在某一方位上较为发育，即主裂隙方位。而在其他方向上，发育一些较为短小的次生裂隙。为了最大限度地提高煤层透气性，在地面钻井施工过程中应尽可能多地沟通次生裂隙。但在钻井施工结束后进行水力压裂时，压裂裂缝延伸方向受地应力影响，最终与主裂隙方向趋于一致。

因此，在采用地面钻井水力压裂技术进行煤层增透时，需将井筒分支的施工方向尽可能地与该区域的主裂隙方位大角度相交。不仅可以在径向孔施工过程中有效沟通原始次生裂隙，在后续的水力压裂作业时还可以使压裂裂缝在近井端沿径向分支孔眼延伸，在远端受地应力影响裂缝又沿着主裂隙的方位扩展，从而大幅度增加裂缝的延伸面积，提高径向井水力压裂技术的增透效果。径向井水力压裂裂缝延伸示意图如图 4.53 所示。

② 煤储层矿物成分：在成煤作用过程中，黏土矿物随着沉积作用也充填于煤层中。所以，在煤层中黏土矿物较为常见。由于黏土矿物具有遇水膨胀的特性，在进行径向井喷射作业过程中黏土矿物遇水膨胀，堵塞煤层裂隙，导致煤层气不能正常流动，影响径向井的施工效果，裂隙堵塞示意图如图 4.54 所示。

因此，在径向井施工前，应对施工区域煤储层的矿物成分进行详尽的分析与研究，并在

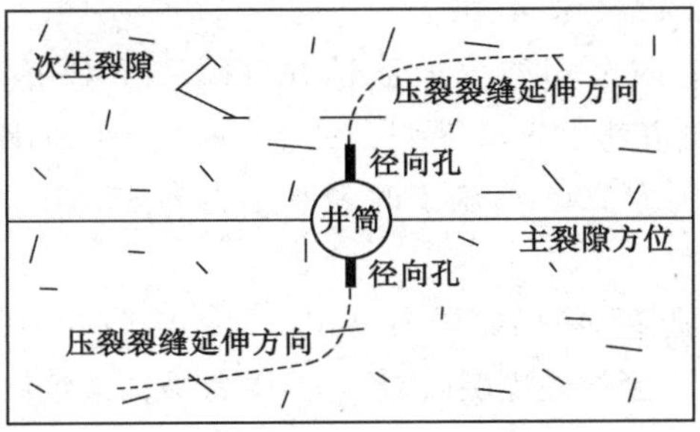

图 4.53 径向井水力压裂裂缝延伸示意图

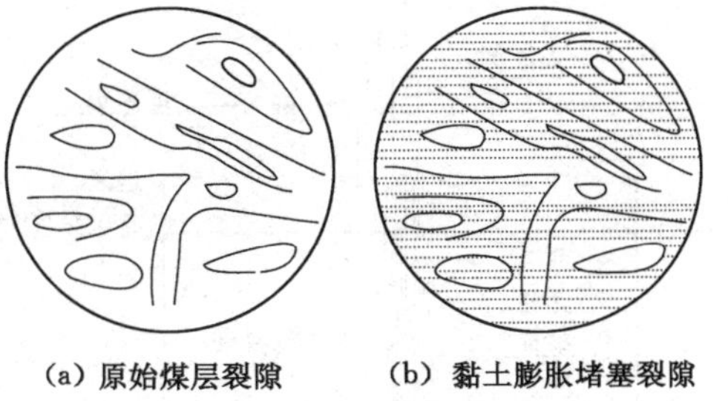

(a) 原始煤层裂隙　(b) 黏土膨胀堵塞裂隙

图 4.54 裂隙堵塞示意图

此基础上，有针对性地配制具有显著防止黏土膨胀的高效喷射液。最大限度地阻止黏土膨胀，有效地稳定黏土，从而保障径向孔的增透效果。

③ 煤粉返排效果。在径向井施工过程中，煤层在高压水射流的作用下破碎，产生煤粉或煤渣，随着喷射长度的不断增加，产生的煤粉也越来越多。产生的煤粉若不能有效排出，即会进入煤层原始裂隙中，堵塞煤层气的产出通道，降低径向井施工效果。同时，还会在后续的水力压裂中进入到裂隙系统，影响压裂增透效果。因此，在径向井施工时，应最大限度地提高煤粉的返排效果。

(2) 工作面概况

屯兰矿 12501 工作面位于屯兰矿南五盘区，工作面地表位于白草塔进风井以南，对坡村以东，高升村以北，原平河以西，与白草塔保护煤柱相接，盖山厚度约为 339～508 m。井下北西与南五回风巷相接，北与白草塔保护煤柱相邻，北东与南四盘区相邻，邻近 12403、12405 采空区，南东与土地沟断层保护煤柱相接，南西与 12503 采空区相邻。工作面采用倾斜长壁后退式一次采全高全部垮落综合机械化采煤方法。工作面走向长度为 1 751 m，倾斜长度为 199 m，煤层平均厚度为 3.69 m，煤层倾角为 1°～7°。煤层硬度低，稳定程度为较稳定。工作面平均采高4.25 m，跟 2# 层煤顶板和 3# 煤层底板向前推进，两端头与巷道平缓过渡。回采工序为双滚筒采煤机割煤→装煤→可弯曲刮板输送机运煤→移架→推移刮板输送机。工作面采用快速沿空留巷“Y”形通风方式，即：胶带巷、轨道巷进风，沿空留巷、南翼边界巷回风。工作面采用“风排和抽采”综合瓦斯治理措施，以及“四位一体”方法防治煤与瓦斯突出。

工作面煤层瓦斯压力为 2.14 MPa，瓦斯含量为 12.7 m^3/t，孔隙率为 9.31%，煤层透气性系数为 1.62 $m^2/(MPa^2 \cdot d)$，百米钻孔瓦斯衰减系数为 0.003 1 d^{-1}，煤层自燃发火类型为Ⅱ类，属自燃煤层，煤尘具有爆炸性。

(3) 地面钻井及压裂关键技术

由晋城蓝焰煤业股份有限公司施工地面钻井 TLK-T1 对工作面煤层进行压裂，井深为 480 m，地面钻井距 12501 轨道巷 115 m，距 12503 采空区 100 m，距 12501 设计开切眼位置以里 260 m，压裂钻孔影响范围为 200 m，施工时限制压力为 35 MPa，压入水量为 458.2 m^3。

① 压裂工艺

压裂是指利用液体传压原理，向煤储层中以大于煤层吸收能力的速度注入具有一定黏度的液体，使井筒周边压力升高，直至达到煤层破裂压力，随着液体继续注入，裂缝不断延伸和扩展。

② 钻井施工

钻井施工示意图见图 4.55。

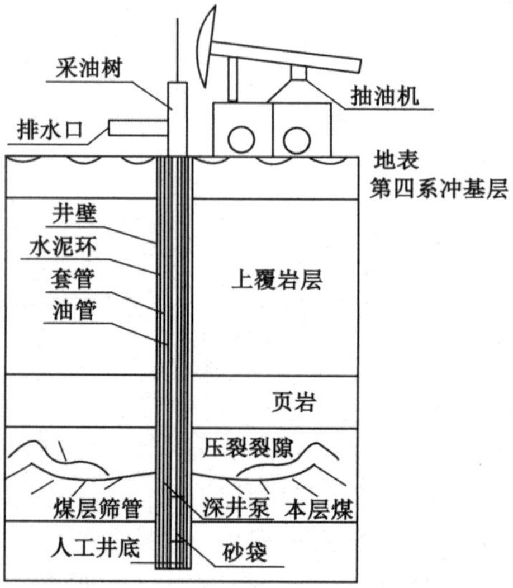

图 4.55 钻井施工示意图

③ 钻井分支及压裂

钻井施工目的层位为 2# 煤层，共 6 支径向孔分支，各分支长度为 100 m，在径向井施工完成后进行水力压裂，共注入液量 550 m^3，加入石英砂 26 m^3。

(4) 井下本煤层瓦斯抽采钻孔布置情况

① 12501 轨道巷压裂区本煤层钻孔设计

按照《煤矿瓦斯抽采基本指标》(GB 41022—2021)的要求，工作面回采前煤层瓦斯含量必须降至 8 m^3/t 以下，因此 12501 工作面回采前必须实施本煤层预抽瓦斯。其设计抽采参数为：孔深 210 m，间距为 3 m，方位角为 90°，倾角为 0°～1°，孔径为 113 m，共 217 个，合计进尺 45 570 m。

② 12501 轨道巷压裂区本煤层实际施工

根据现场实际施工，孔深 210 m，间距为 3 m，方位角为 90°，倾角为 0°～2°，孔径 113 mm，因采掘衔接计划调整实际施工 205 个，形成的抽采空白带利用 180 m 或 210 m 孔及胶带巷钻孔消灭，合计进尺 40 332 m。

③ 12501 轨道巷压裂区本煤层抽采钻孔布置

12501 轨道巷压裂区本煤层抽采钻孔布置示意图见图 4.56。

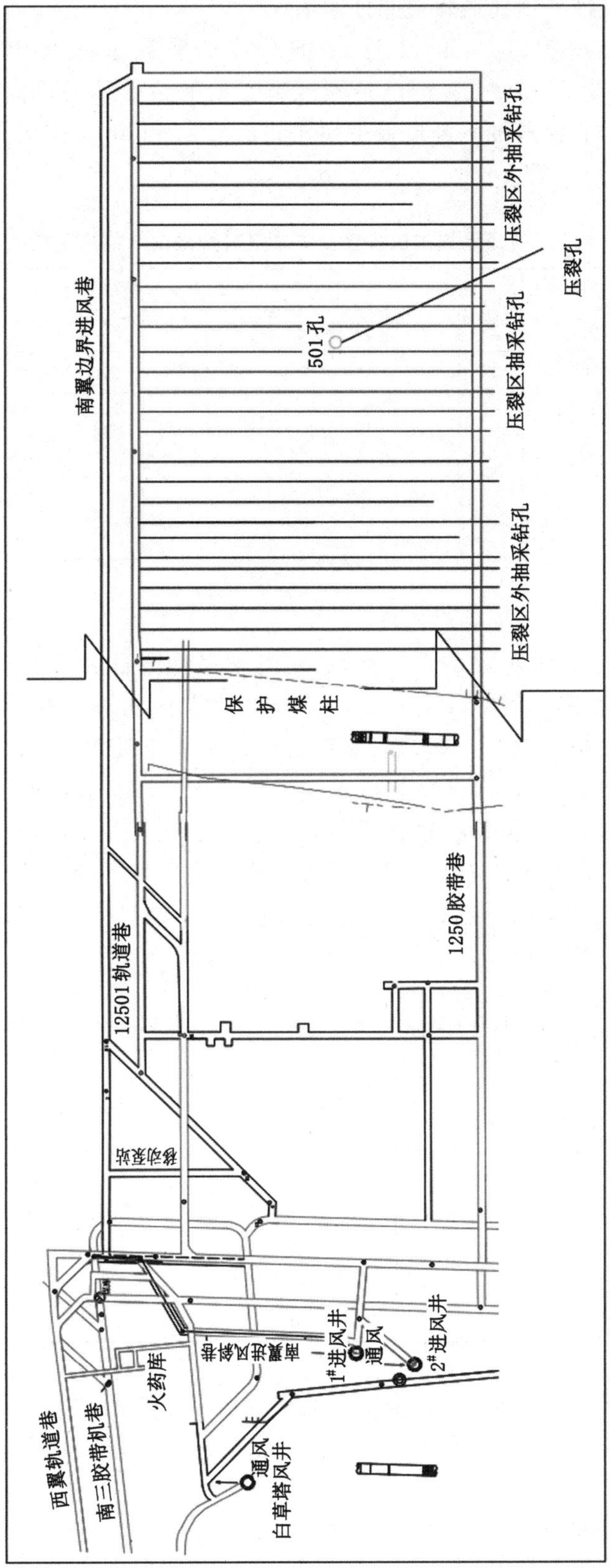

图 4.56 12501轨道巷压裂区本煤层抽采钻孔布置示意图

(5) 压裂区施工抽采钻孔后轨道巷抽采情况

12501 轨道巷分别于 2010 年 11 月 10 日形成抽采系统，打钻初期瓦斯抽采浓度为 25%、瓦斯抽采纯流量为 3.02 m^3/min；压裂区施工抽采钻孔后，轨道巷瓦斯抽采浓度由初期的 25%提高到 55%、瓦斯抽采纯流量由初期的 3.02 m^3/min 提高到 5.11 m^3/min，具体抽采参数见表 4.16。

表 4.16　12501 轨道巷施工压裂区施工本煤层抽采钻孔前后瓦斯抽采情况表

项目	抽采参数	逐天抽采参数对比											
未施工钻孔	抽采浓度/%	25	28	33	36	35	33	31	30	30	27	29	27
施工钻孔后	抽采浓度/%	55	54	50	48	48	55	51	51	55	53	48	50
未施工钻孔	抽采纯流量 /(m^3 · min^{-1})	3.02	2.81	3.33	3.13	3.31	3.04	3.38	3.08	2.98	3.17	3.28	2.98
施工钻孔后	抽采纯流量 /(m^3/min^{-1})	4.68	4.87	5.00	4.27	5.00	4.89	5.16	4.79	5.13	5.10	5.10	5.11

(6) 与未压裂区域钻孔抽采对比分析

压裂区外钻孔瓦斯浓度为 30%～45%，瓦斯抽采纯流量为 0.02～0.05 m^3/min，预抽钻孔百米瓦斯抽采量为 0.023 m^3/(min · hm)；在压裂区内施工孔深为 200 m 的预抽钻孔，钻孔瓦斯抽采浓度为 65% ～80%、单孔瓦斯抽采纯流量为 0.3～ 0.5 m^3/min，钻孔百米瓦斯抽采量为 0.24 m^3/(min · hm)。通过对压裂区 120 m 范围内及 120 m 范围外的抽采钻孔进行观测，218# 本煤层钻孔尤为明显，其单孔瓦斯抽采纯流量最大能够达到 0.5 m^3/min、瓦斯抽采浓度为 75%，但抽采过程中煤渣积水较多，堵孔现象比较严重。其余压裂区瓦斯浓度均在 60%～75%，但是流量较小，压裂区本煤层钻孔瓦斯抽采效果明显，具体抽采参数见表 4.17 。

表 4.17　12501 轨道巷施工压裂区抽采钻孔抽采参数情况表

类别	钻孔设计参数				抽采参数(平均)			钻孔百米瓦斯抽采量 /(m^3 · min^{-1} · hm)
	倾角 /(°)	方位角 /(°)	孔深 /m	孔径 /mm	负压 /(mmHg)	抽采浓度 /%	抽采纯流量 /(m^3 · min^{-1})	
压裂区钻孔参数	2	90	210	113	110	65～80	0.3～0.5	0.24
压裂区外钻孔参数	1～3	90	210	113	150	30～45	0.02～0.05	0.023

通过表 4.16、表 4.17 可以看出，未受压裂影响区域本煤层抽采钻孔瓦斯抽采浓度及瓦斯抽采纯流量较低，而受到压裂影响区域的抽采钻孔瓦斯抽采浓度及瓦斯抽采纯流量提升了近 10 倍。

(7) 有效压裂范围研究

地面抽采范围是考察压裂范围的关键技术，抽采范围的确定对钻井布置参数和考察区域性预抽措施的效果等都具有十分重要的意义。地面井抽采半径主要从两个方面确定：一是沿煤层倾向方向；二是沿煤层的走向方向。钻井抽采瓦斯范围由于人员无法直接到达，测定现场的一些相关参数十分困难。示踪技术就是突破这一难点，应用示踪剂来标示流体（气体或液体）流动踪迹及其规律的一项专门技术。示踪技术分为脉冲释放和连续稳定定量释放两种方法。脉冲释放是示踪气体在漏风源处一次瞬时释放，同时在漏风汇处间隔定时取样；根据气样分析结果中有无示踪气体存在以及到接收点所需的时间，来推判两地之间有无贯通和风流的大小及方向。连续稳定定量释放是示踪气体在需要考察的空间风流中连续定量地释放，同时在预定的采样点采集气样，分析沿程风流中示踪气体的浓度变化，然后可以求出漏风量，从而找出漏风规律。

利用示踪技术检测地面钻井抽采煤层瓦斯沿煤层倾向和走向方向的抽采半径。本次试验现场所采用的示踪气体 SF_6 气体具有热物理化学性质稳定，无色无味无毒且煤矿井下空气中没有的特性，属电负性物质。由于煤层倾角较小，设定地面钻井抽采煤层瓦斯沿煤层倾向和走向方向的抽采半径大小相等，共释放 5 次示踪气体。气体分析采用 SP-3420 气相色谱仪进行检测。采得的气样经过分析处理，能够自动生成相应的图形，展现有无示踪气体、何时接收到的示踪气体和接收到气体浓度峰值等方面的信息。采样要求：用鉴定器抽取气样；取样人员提前一小时到达取样地点，共采样 5 d，前两天，每 10 分钟采集一个气样，后三天每 20 分钟一个气样。示踪气体释放点和取样点布置如图 4.57 所示。释放 SF_6 气体记录如表 4.18 所示。

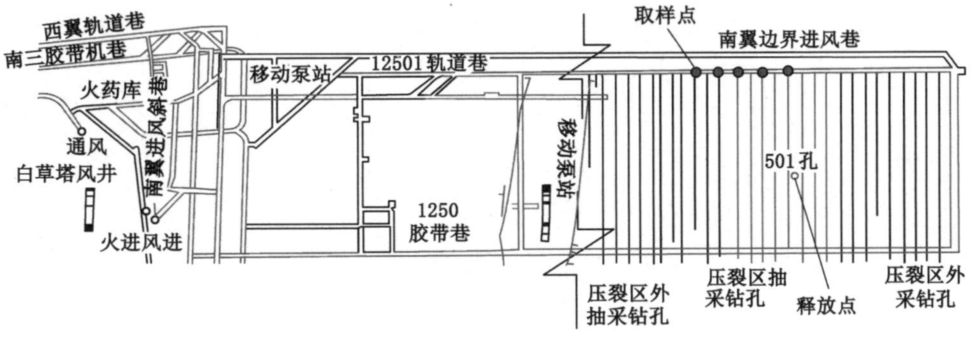

图 4.57　示踪气体释放点和取样点布置示意图

表 4.18　释放 SF_6 气体记录表

释放顺次	日期	时间		释放点	释放量/kg	气瓶压力/MPa		采样点
		开始	结束			高压	低压	
第 1 次	2012-1-10	09:00	09:20	TLK-T1	10	2	0.2	1# 取样点
第 2 次	2012-2-10	09:00	09:20	TLK-T1	10	2	0.2	2# 取样点
第 3 次	2012-3-10	09:00	09:20	TLK-T1	10	2	0.2	3# 取样点
第 4 次	2012-4-10	09:00	09:20	TLK-T1	10	2	0.2	4# 取样点
第 5 次	2012-5-10	09:00	09:20	TLK-T1	10	2	0.2	5# 取样点

根据取样测试结果，地面井水力压裂煤层增透半径为 103 m。在 12501 工作面实施压裂钻孔以后，压裂钻孔附近 200 m 范围内煤层透气性大幅提高，瓦斯得到释放，通过负压抽采，瓦斯浓度及瓦斯抽采量有了明显的提高，其单孔瓦斯抽采纯量提高了近 10 倍，大大增加了瓦斯抽采效果、降低了瓦斯压力，煤层突出危险性系数明显下降，同时也缩短煤层瓦斯抽采时间，解决了工作面衔接紧张的难题，为工作面回采期间通风瓦斯管理提供了保障，从根本上减少了通风瓦斯事故的发生。地面压裂钻孔施工不仅使煤层瓦斯由以往单一抽采转化为立体抽采，而且增加了煤层透气性，提高了瓦斯抽采效果，保证了矿井的安全生产。

5 近距离煤层群开采瓦斯富集与运移规律

近距离煤层群开采的卸压瓦斯运移规律极其复杂，其运移规律与煤层的开采模式直接相关。近距离煤层群在开采时，其邻近层与开采层距离较近，受开采层卸压影响，邻近层瓦斯会从开采层顶底板涌出开采层，造成开采层的瓦斯涌出过大[104-106]。因此在瓦斯治理过程中分析近距离煤层的瓦斯富集及运移规律，是瓦斯灾害防治的重要基础。

西山矿区煤层赋存具有典型的煤层群特征，其开采时瓦斯运移复杂，因此在进行瓦斯抽采和治理时应充分研究顶板、底板岩层的卸压瓦斯富集及运移规律，在掌握规律的基础上进行邻近层及采空区瓦斯抽采，以解决开采层开采时瓦斯涌出过大的问题。

5.1 卸压瓦斯富集理论

煤与瓦斯有着共生、共储的特点，即：煤层是一种典型的多孔介质，天然的煤层中储藏着大量的瓦斯；瓦斯是在煤化过程中产生并残留在煤层中自生自储的非常规天然气。工作面瓦斯主要来源于本煤层、采空区及邻近煤层，由于瓦斯赋存的特殊性(低透气性、松软及高吸附性)，因此，在卸压开采煤层群条件下，从顶板岩层的破断导致上覆岩与下伏岩移动及裂隙演化规律中，寻找卸压瓦斯运移的裂隙通道及瓦斯富集区域是实现瓦斯抽采技术的关键所在，抽采这一高渗瓦斯富集区，可以长期有效地实现煤矿瓦斯治理，降低瓦斯排放量。

5.1.1 采动覆岩卸压圈的形成

(1) 采动覆岩顶板破断特征

当煤层开采直接顶的悬露面积达到极限跨距后，开始第一次大面积的垮落，称作直接顶初次垮落，一般直接顶初次垮落前的变形量比基本顶的变形量要大，因而在直接顶与基本顶之间容易出现离层[107]。直接顶初次垮落后，由于岩石破碎后体积产生膨胀，堆积的高度必然大于直接顶岩层原来的高度，而在自身重力或外在载荷加载后渐渐趋于压实的状态，那么直接顶与基本顶岩层间可能留下空隙。

直接顶发生初次垮落后，随着工作面不断推进，基本顶的悬露面积继续增加，由于强度和硬度很大，当基本顶悬露达到极限跨距时，基本顶断裂形成三铰拱式的平衡，同时破断的岩块发生变形失稳，有可能伴随滑落失稳，导致工作面顶板急剧下沉，支架受力增大，这时称为基本顶的初次来压[108-112]。根据薄板理论分析基本顶从断裂到垮落的过程，按照薄板的假设，基本顶的厚度与宽度的比值较小，将基本顶看作薄板，当基本顶和上方岩层形成离层后更符合假设的条件，根据开采条件及采场边界煤柱的大小，将基本顶岩层假设成如图 5.1 所示结构。

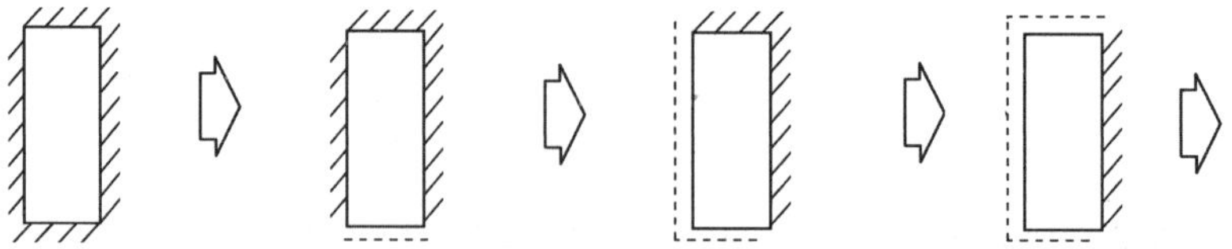

图 5.1　基本顶支撑条件的简化

采用板的 Marcus 简算法，将“板”视为分条的梁，中部视为交叉的条梁，按挠度相等原则可求板中部及边界上的弯矩，随着弯矩的增长，由于岩层的抗拉强度较小，当基本顶岩层达到一定的强度极限时，将形成断裂。以四边固支的板为例子(图 5.2)，最大的弯矩是发生在长边的中心部位，就形成断裂[图 5.2(a)]，后来在短边的中央形成裂隙[图 5.2(b)]，随着演化不断加剧，四周裂隙贯通后形成“O”形破断，而板中央的弯矩达到最大值，基本顶岩梁超过强度极限先在两侧支座的上端裂开，随后在梁的中间底部裂开，最后形成“X”形破断[图 5.2(c)]。

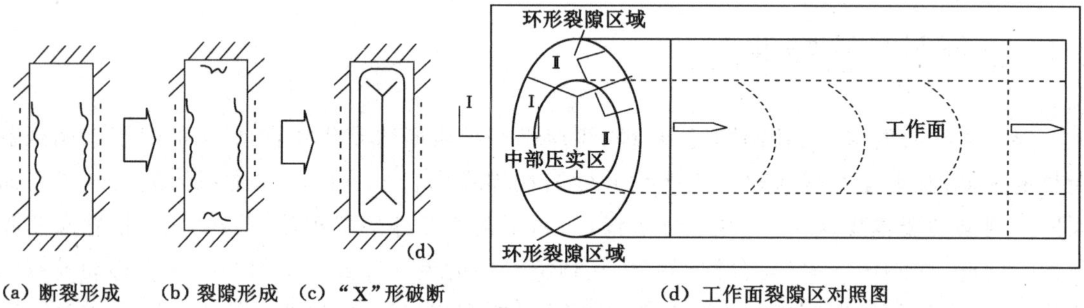

图 5.2　基本顶板竖“O-X”形破断形式

基本顶的“O-X”形破断的特点，如图 5.3 所示：“O”形的破断上部张下部合，“X”形的破断上部合下部张。依据基本顶的“X”形的破坏特点，可将工作面分为上、中、下三个区。上下两个区域为裂隙区域，中间为压实区域，随着工作面推进，环形裂隙区域也动态向前推进。

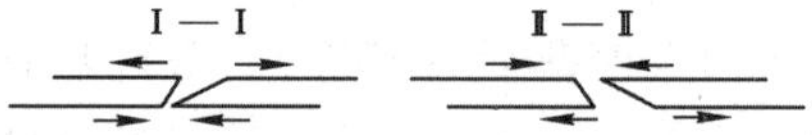

图 5.3　工作面“O-X”形破断动态演化

(2) 采动岩层裂隙带分布

煤层开采以后，上覆岩层受到采动的影响出现移动破断，裂隙演变显现出一定的规律[113-115]。采场煤岩体在垂直方向上可分为垮落带、断裂带、弯曲下沉带和底板影响带。沿走向可分为原始应力区 A、煤壁支撑区 B、离层区 C、重新压实区 D 及稳定区 E，见图 5.4。

图 5.4 中弧线表示应力变化范围，随工作面推进，沿工作面推进方向上的横“五区”时

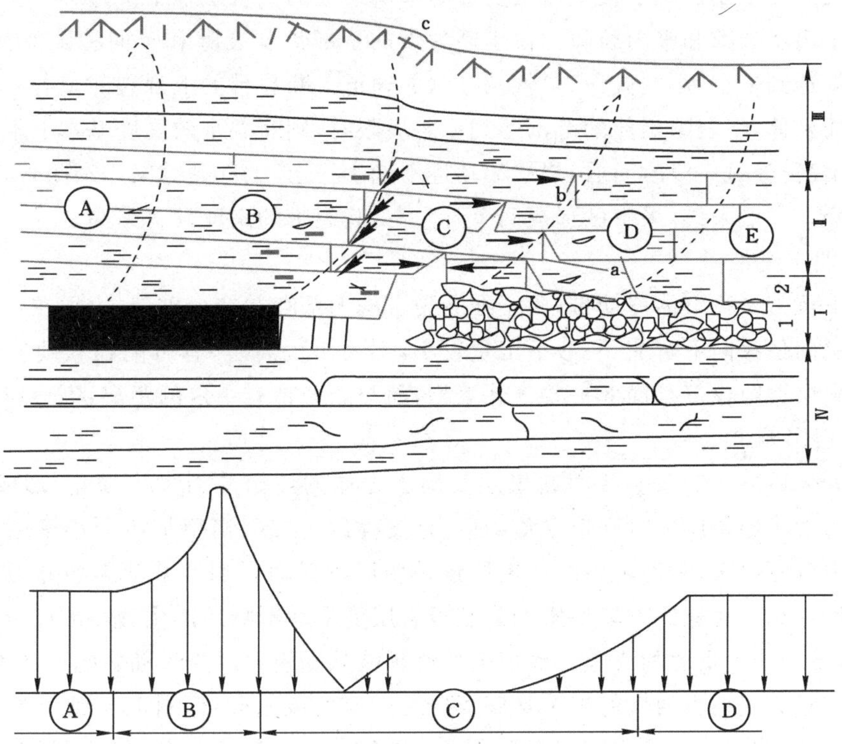

A—原始应力区；B—煤壁支撑区；C—离层区；D—重新压实区；E—稳定区；
Ⅰ—垮落带；Ⅱ—断裂带；Ⅲ—弯曲下沉带；Ⅳ—底板影响带；
a—离层裂隙；b—竖向裂隙；c—地表裂隙；1—不规则垮落带；2—规则垮落带。

图 5.4　采场上覆岩层破断移动分布示意图

间和空间的变化也不断往前移动，原来的“原始应力区”受回采的影响变成“煤壁支撑区”，“煤壁支撑区”逐渐被悬露垮落形成“离层区”，而原来的“离层区”被逐步压实成为“重新压实区”。

① 垮落带

垮落带也称冒落带，煤层开采以后，上覆岩层的平衡被破坏，位于直接顶的岩层开始垮落，逐渐向上部岩层发展，垮落的空间不断变大，直到垮落的碎岩石堆积充满开采空间为止。垮落带下部岩层破坏较大，碎岩块杂乱无章地堆积在采空区内，该区间称为不规则垮落带，如图 5.4 中的“1”；垮落带上部的碎岩块较大，呈现类似层状的断块，有规则地排列于不规则垮落带的上部，称为规则垮落带，如图 5.4 中的“2”。

垮落带的碎岩石随着工作面的推进，受上覆岩层的压力逐渐被压实，受到多次破坏，因而岩块的碎胀度较大，裂隙、空隙较多，贯通性较好，是邻近煤层瓦斯、周围岩体内瓦斯运移及地下水聚积的良好通道。

② 断裂带

断裂带也称裂隙带或导水、导气裂隙带，位于垮落带之上，主要是由于主关键层或亚关键层两层之间在采动影响下发生岩层变形与移动形成的。岩层在下沉过程中受到拉压应力的作用产生离层裂隙和竖向裂隙。位于断裂带的下部离层裂隙和竖向裂隙发育逐渐增强，向下能够渗透到采空区，是储气、导气及导水的通道。断裂带的上部裂隙随着采空区垮落面积的扩大而延伸，当裂隙延伸的范围达到一定极限时，则断裂带的高度基本上不再随采空区的扩大而增高，经过一段时间后，岩层移动逐渐趋于稳定，上部裂隙又逐渐闭合，断裂带的高度有所下降。一般来说，采空区形成两个月左右，断裂带的高度发育最高。

③ 弯曲下沉带

弯曲下沉带又称整体移动带，由于在断裂带的上部存在较少破裂，岩层在自身重力的作用下产生法向位移向下弯曲，一般下沉量较小，不会出现离层，有可能在软硬岩层间产生离层裂隙。离层裂隙仅仅是局部一些气体聚积，而与断裂带有一定的距离，不会与其连通。

④ 底板影响带

煤层开采后形成的采空区引起煤层及周围岩体的原始应力发生变化，形成附加应力。当附加应力大于原始应力时则形成集中应力（支撑压力）区，当附加应力小于原始应力时则形成低应力（卸压）区，附加应力的作用导致采场形成采动影响。采动影响分为非破坏性影响和破坏性影响。底板非破坏性影响是底板岩层受采动影响后产生微小的应力变化或整体移动，一般不会产生贯通的裂隙。底板破坏性影响是底板岩层受采动影响后产生移动，变形及贯通的裂隙。底板贯通性的裂隙是底板岩层的厚度或软硬度不同，导致上下层间的挠度不同，在采动影响下从而形成离层裂隙和竖向裂隙。底板影响带包括底板裂隙带和底板变形带，研究底板岩体的破断变形及应力重新分布特征，对防止底板突水、近距离下保护层开采的卸压范围及卸压瓦斯的运移具有十分重要的意义。

随着工作面的回采，底板也受采动破坏，假设在底板中没有断层构造条件，可将岩层简化为均匀载荷下四周固支的矩形薄板。只要工作面基本顶的极限破断步距大于底板岩层的破断跨距，底板岩层就产生“O-X”形破断，如图 5.5 所示。

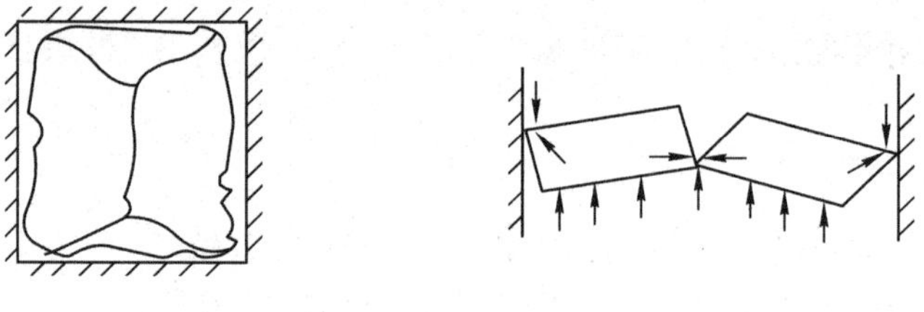

图 5.5　底板岩层破断状态

煤层底板在煤柱区应力一直处于增压状态，底板岩层处于压缩状态；而在开切眼附近底板应力总是处于卸压状态，底板岩层处于膨胀状态；在正常的回采阶段底板岩层处于采前增压-卸压-恢复阶段，并且随着工作面的推进循环重复出现，如图 5.6 所示。

采场在采动影响下煤层顶底板的应力重新分布，顶底板岩层产生位移移动，在受拉压应力作用下发生变形并产生裂隙，煤层顶底板在煤柱区应力区一直处于增压状态，顶底板岩层处于压缩状态；而在终采线或开切眼附近的离层区由于煤柱的支撑长时间存在，由于顶底板岩层的膨胀，所以应力一直处于卸压状态，而正常的回采煤层顶底板都经

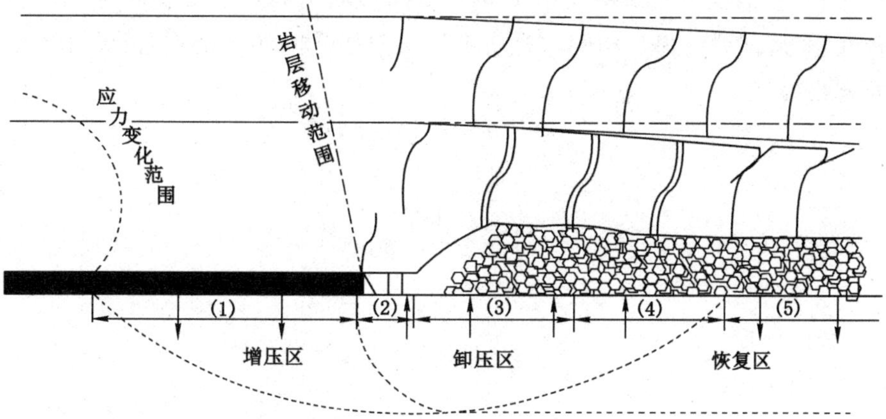

(1)—超前应力区;(2)—控顶区;(3)—垮落发展区;(4)—垮落压实区;(5)—垮落稳定区。

图 5.6　正常回采阶段采动影响的空间和时间关系

历采前增压(压缩)-膨胀(卸压)-膨胀变形变大-膨胀变形变小-恢复(稳定)阶段,随着工作面的推进不断地重复出现,如图 5.7 所示,在压缩区与膨胀区的交界处,顶底板岩体极容易产生剪切变形而发生剪切破断;卸压的顶底板岩体容易产生离层裂隙及竖向裂隙,所以,处在煤柱边的岩体最容易产生裂隙并发生破断。

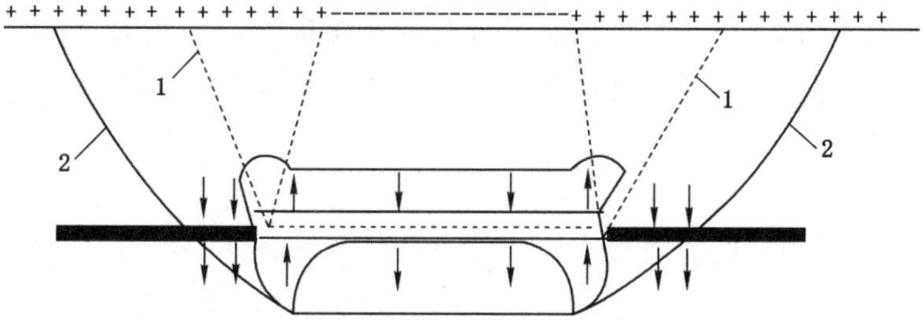

+ —拉伸应力或变形;－ —压缩应力或变形;

↓—垂直方向压缩应力区;↑—垂直方向拉伸应力区;

1—地层移动范围;2—应力变化范围。

图 5.7　采场采动影响破断移动分布示意图

(3) 覆岩裂隙分布及卸压圈的理论

地层是由一层或多层的复杂层构成的,在采场覆岩移动活动中起主要控制作用的岩层称为关键层[116]。关键层是主要的承载层,对上覆全部岩层活动起控制作用的岩层称为主关键层,主关键层破断会引起上覆煤层至地表的同步破断下沉,导致采场出现强烈的来压显现;相应地对上覆岩层局部起控制作用的岩层称为亚关键层[117-118]。岩层断裂前是以“板”的结构形式支撑着上部岩层的部分载荷,断裂后就形成“砌体梁”的结构形式。在岩层移动与破断过程中,上覆岩层形成采动裂隙,按照出现的位置可分为地表采动裂隙、顶板岩层采动裂隙、煤层采动裂隙和底板岩层采动裂隙;按照性质可分为离层裂隙、竖向破断裂隙和断层面的活化[119-120]。离层裂隙是覆岩中不同岩层间移动不同步下沉引起的，假设煤层顶板上各层的岩性相等（即弹性模量相同），忽略不计层与层之间的黏结力，由弹性理论可知，板的弹性曲面方程为[121]：

$$\nabla^4\omega + \frac{R}{D}\omega = \frac{q(x,y)}{D}$$

$$D = \frac{Et^3}{12(1-\mu)^2} \tag{5.1}$$

式中 ∇^4——重调和算子；

ω——板的挠度，m；

k——基床系数；

D——板的弯曲刚度，kN · m²；

E——弹性模量，kg/m²；

$q(x,y)$——板上的模向荷载係度函数；

t——板的厚度，m；

μ——泊松比。

即板的弯曲度挠度与其厚度的立方成反比。由于上下岩层之间强度和厚度不同，其下沉的挠度值也就不等，当上层岩层的挠度小于下层岩层的挠度时，此时在上下岩层之间形成了离层裂隙，迫使煤岩层产生膨胀变形，煤层卸压，同时也可沿离层裂隙流动；竖向裂隙是伴随岩层下沉破断形成的穿层裂隙，也是地下水与瓦斯穿层流动的通道，故而也称为导水、导气裂隙；采动断层活化形成的裂隙会加剧采场的破坏和地表沉陷，也是地下水与瓦斯流动的通道。

① 离层裂隙发展特征

随工作面推进，覆岩离层裂隙分布呈现两个阶段发展规律。

a. 阶段Ⅰ：从开切眼开始到关键层初次垮落，离层裂隙不断地发育，离层量沿工作面走向分布曲线呈高帽状，采空区中部的裂隙最发育、离层量最大，并不随着推进速度不同而改变，此阶段内裂隙发展可分离层始动区、离层扩展区和离层闭合区 3 个区。

(a) 离层始动区：随着工作面的推进，关键层下部的岩层裂隙不断地发育，开始出现离层量很小的离层，推进的这段距离称作离层始动距离（d_s），从开切眼到离层始动距离的这段区间称作离层始动区。

(b) 离层扩展区：工作面不断地推进，直到关键层下部出现的离层量达最大值为止，从开切眼到此时工作面的距离称作最大离层距离（d_m），从离层开始出现到离层量达到最大值的这段区间称作离层扩展区，即（$d_m - d_s$）。

(c) 离层闭合区：当关键层下部的离层量达到最大值时，工作面不断推进，关键层下部的软岩下沉的速度要小于上覆关键层下沉速度，从而使关键层下部的离层不断地减少，并且也开始逐渐地闭合，最终导致关键层发生了初次垮落，从开切眼到这时工作面的距离称作离层闭合距离（d_c），从出现最大离层的位置开始至关键层初次垮落的这段区间称作离层闭合区，即（$d_c - d_m$）。

b. 阶段Ⅱ：当关键层初次垮落后，位于采空区中部的离层逐渐趋于压实状态，而在采空区两侧（即开切眼一侧与工作面一侧）仍各自保持一个离层区，离层量沿工作面走向分布曲线呈驼峰状。开切眼一侧的离层区在开采一段时间后基本保持稳定，而工作面一侧的离层区则不同，随着工作面不断推进动态地向前移动；不过离层区的最大离层量、长度，以及工作面一侧到出现最大离层量的距离，并不会随着工作面推进而有很大的变化。

沿着煤层顶板垂直方向，离层随工作面推进自下而上出现跳跃式发展。开始第Ⅰ亚关键层下部出现离层，破断后下离层呈现“O”形圈分布；此时，上部的第Ⅱ亚关键层下部出现离层，破断后离层也呈“O”形圈分布；如此循环往复直至主关键层。

② 竖向裂隙发展特征

竖向裂隙在采动覆岩一定的高度范围内发育，最大发育高度与岩性和采高有关。在煤层开采开始阶段，下部关键层的破断对穿层裂隙自下而上非匀速的动态发展过程起控制作用，随着关键层的破断而发生突变。当采空区的面积达到一定值后，竖向裂隙的分布呈现“O”形圈特征。这种分布特征类似以开切眼的煤体和开采前方煤体为支撑点的“拱”形结构（即“O”形、环形或椭抛圆形），并随着工作面的推进距离不断增加，这种“拱”形结构也不断扩大。对于缓倾斜煤层，采动上覆煤岩裂隙在空间的任意水平面内的演变，沿着采空区走向和倾向中心线基本呈现对称分布，如图 5.8 所示。

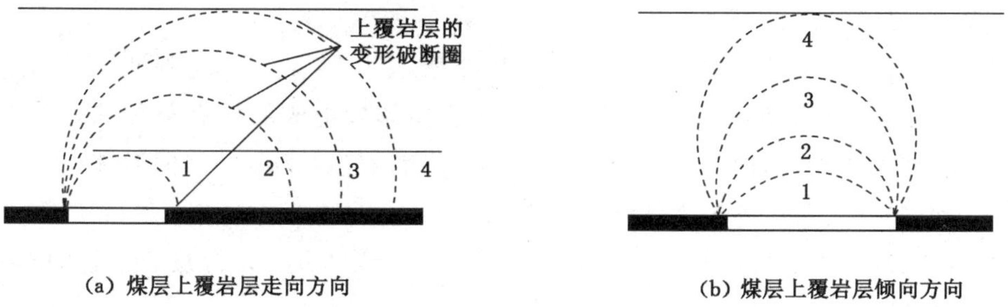

图 5.8　上覆岩层破断圈的演化

上下岩层间的岩性不同，使得抗弯挠度也不同，致使相邻两岩层之间必然会产生位移形变。当上部岩层的抗弯挠度大于下部岩层时，就会产生离层运动；反之，则会产生组合运动。当相邻岩层抗弯挠度接近时，自下而上逐层发展的覆岩变形，则会产生离层发育区。在覆岩运动的动态演化过程中，在采空区上部的覆岩中存在大量的离层裂隙及竖向裂隙，覆岩中的横向离层面和纵向断裂面存在张开和闭合，从产生、发育直至最终闭合是一个动态不断变化的过程[122-123]。

当关键层破断后，采空区中部离层由于自身重力逐渐趋于闭合，同时在采空区的两侧一直存在离层发育区域。在采空区四周存在沿卸压煤岩层面贯通的离层发育区，其形状与基本顶破断的“O-X”形圈形成的结构相似，如图 5.9 所示。

“O”形圈是采空区四周裂隙发育区域的形状描述，它四周的裂隙区域是瓦斯运移的通道[124]。“O”形圈为采空区以及上覆岩层裂隙区域的瓦斯储存与流动提供了通道和空间。

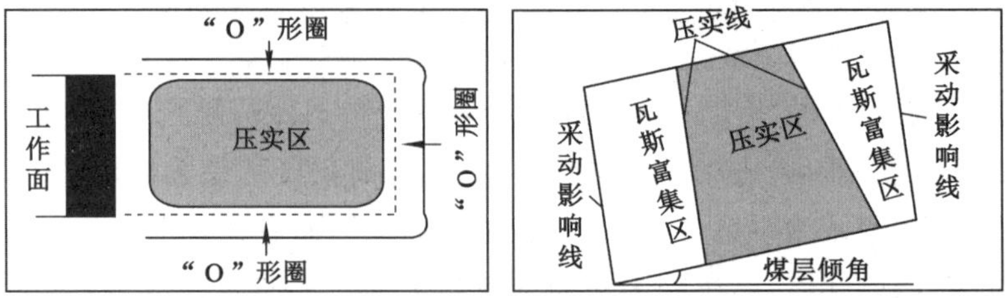

(a)"O"形圈平面图　　(b)"O"形圈倾向剖面图

图 5.9　上覆岩层"O"形圈分布形式

因此确定采动裂隙"O"形圈的存在和位置，有利于确定瓦斯抽采钻井(孔)的位置，并有助于提高对瓦斯运移机理和流动规律的研究。

5.1.2　卸压瓦斯的运移与积聚

原始煤岩始终承受着垂直地应力、水平地应力、构造应力及孔隙压力，并处于相对平衡的状态。当煤层开采后将破坏平衡状态引起上覆岩层的松动、破断、垮落及移动，在纵向上形成垮落带、断裂带和弯曲下沉带，采场岩体的断裂带和垮落带内产生大量的采动裂隙，透气性得到大大提高，有的能达到数百倍，瓦斯运移的通道也相应地扩大。

(1) 瓦斯的储存特征

煤层是由气、水、煤基质(固体骨架)和宏观裂隙、显微裂隙、孔隙组成的三相介质与三元结构系统，是相互作用、相互关联和相互制约的一些部分组成的具有某种功能的组合。其中，气组分具有三种相态，即游离气(气态)、吸附气(准液态)、吸收气(固溶体)；水组分也有三种形态，即裂隙、显微裂隙及大孔隙中的自由水，微孔隙和芳香层缺陷内的束缚水，与煤中结合的化合水；煤基质是由煤岩和矿物质组成的。在一定的压力、温度、电磁场中各相组分处于动态平衡状态。

(2) 瓦斯的运移机理

① 瓦斯的吸附、解吸、扩散与渗流

吸附状态存在于煤的内表面上时，吸附态的分子的吸引力一部分指向煤的内部，已达到饱和；而另一部分指向空间或空隙，没有饱和，在煤的孔隙壁表面产生吸附场，吸附周围的气体分子。这种吸附称为物理吸附[125]，煤作为吸附剂，瓦斯作为吸附质。在吸附剂煤的表面上，由于分子力的不对称作用而存在着一种过剩的自由能，而物质总是不断地力图缩小表面的自由能，即表面张力。这种缩小的趋势可以通过吸附与它相邻的吸附质分子，减少表面积，减少自身的表面自由能，这就是吸附。当吸附现象发生于两相界面时，随着界面面积的增加，吸附作用力也随之增加。煤的内表面积相当大，可高达 100～240 m^2/g。位于孔隙壁上瓦斯的吸附以多层吸附为主，吸附厚度可达 0.2 μm 以上。吸附前，瓦斯的分子具有三个自由度，即可在空间三维上向任何方向移动。吸附后，瓦斯的分子只有二个自由度，即瓦斯的分子只沿煤的表面移动[126]。

物理吸附具有 100%的还原性，这个过程称为解吸，即在一定条件下，瓦斯的分子脱离煤的表面，成为自由状态[127]。物理吸附的特点是瓦斯的分子保持其个性，并吸附在煤的表面保持范德华力。瓦斯分子落到煤的表面上，并在其上保持一定的时间力场，然后解吸。当吸附速度大于解吸速度时，继续吸附，直到吸附速度等于解吸速度时达到吸附平衡，瓦斯分子在煤表面形成吸附层。

当吸附质是任何气体时，在相当低的条件下都能在任何吸附剂表面上吸附。因此，瓦斯在煤的孔隙壁面上吸附条件很低、吸附速度也很快，几乎是瞬间发生的。吸附和解吸发生在固气界面上，并在孔隙裂隙之间动态流动变化，煤中孔隙大小分布的控制因素是压力、温度和水分，因此瓦斯吸附速度、解吸速度的控制因素也是压力、温度和水分。一般来说，压力越大，瓦斯吸附量越多，压力上升快，瓦斯吸附速度快；反之压力下降快，瓦斯解吸速度也快。埋深造成的地层高压使煤的吸附作用达到最大。温度越低，瓦斯吸附量越大；温度下降越快，瓦斯吸附速度也越快。煤层含水越多，瓦斯被吸附的量就越少。

② 瓦斯的升浮与聚集

煤层是由固体骨架及孔隙裂隙构成的多孔介质，采动卸压过程中形成的孔隙裂隙是瓦斯储存之处与运移的通道[128-129]。流体在浓度差(密度差)的作用下产生扩散运动。根据分子运动论的观点，气体扩散的实质就是气体分子无时无刻不在做无规则的运动。瓦斯产生浓度差的条件主要原因有二：一是瓦斯受热体积膨胀，吸附态的瓦斯分子与其他气体分子(或孔隙壁)的碰撞机会增多，获得足够多的自由能量，从吸附态溢出进入游离自由的状态，即从高浓度流向低浓度；二是瓦斯受采动(或风流)影响在裂隙场中局部地方存在分布不均匀，与周围气体存在浓度差。又由于瓦斯的密度比空气轻，约为空气密度的 0.544 倍，因而，瓦斯会沿着离层裂隙与竖向裂隙不断向上升浮与扩散，瓦斯在升浮与扩散过程中不断卷积着周围气体使得浓度差逐渐减小，直至达到一个动态平衡，混合气体聚积到断裂带的下部和垮落带的上部裂隙发育较好的区域，即瓦斯富集区域。

流向采空区的瓦斯按其来源可分为本煤层的瓦斯、上邻近层的瓦斯及下邻近层的瓦斯。一般情况下，瓦斯由于其密度小或风流的原因会升浮在空间的上部区域漂移，本煤层开采面暴露的煤、煤壁、周围煤岩和采空区遗煤析出的瓦斯涌向采场，聚积在工作面的上部区域，因上、下邻近层煤层中 80%以上吸附态的瓦斯变为游离态的瓦斯，通过升浮或风流聚积在工作面的上部区域，如图 5.10 所示。

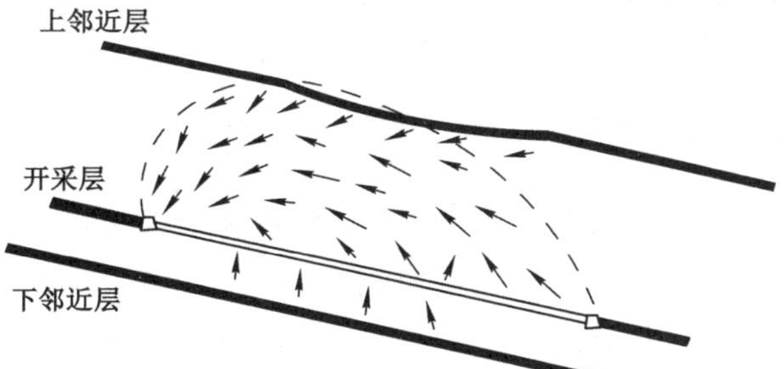

图 5.10 卸压层开采瓦斯升浮与聚积示意图

瓦斯运移的规律：

(a) 由图 5.10 分析可知，下邻近的煤层受采动影响产生卸压瓦斯，通过升浮扩散及渗流的作用，从下邻近层通过底板影响带的裂隙向上部开采层扩散，再通过开采煤层的裂隙进入采空区；上邻近的煤层受采动影响亦产生卸压瓦斯，因采空区拥有较大卸压空间与上邻近的卸压瓦斯造成浓度差，在浓度梯度的作用下，上邻近层的卸压瓦斯也涌向采空区。

(b) 位于本煤层的瓦斯和采空区的瓦斯因密度比空气轻，致使在竖直方向上瓦斯浓度分布不均，沿着裂隙升浮到"O"形或环形的卸压圈内，采场裂隙内的瓦斯垂直方向上呈现下部的低浓度区流向上部高浓度区，上部的瓦斯浓度大于下部的瓦斯浓度。

采空区的瓦斯在进风巷、回风巷压差的作用下向回风侧运移，工作面瓦斯浓度由进风侧沿倾斜方向向上逐渐增大，而离工作面较远的压实区，风流量较小，孔隙率也小，因而压实区的瓦斯浓度低于进风巷、回风巷附近瓦斯的浓度，从而形成了两端的瓦斯浓度高凸、中间瓦斯浓度低凹，形如马鞍状的分布。

③ 开采层上覆岩层的瓦斯分布

煤层开采以后，上覆岩层开始移动破断在煤层竖直方向上划分"三带"，即垮落带、断裂带和弯曲下沉带[130-131]。根据煤岩层破断移动裂隙演化的规律和瓦斯升浮与聚积的特征，距开采层越近，卸压越充分，解吸出的瓦斯聚积浓度越高，又由于断裂带同时具有离层裂隙和竖向裂隙相互贯通，为瓦斯运移和聚积创造良好的通道和空间，图 5.11 为沿开采煤层垂直方向上瓦斯浓度分布情况示意图。

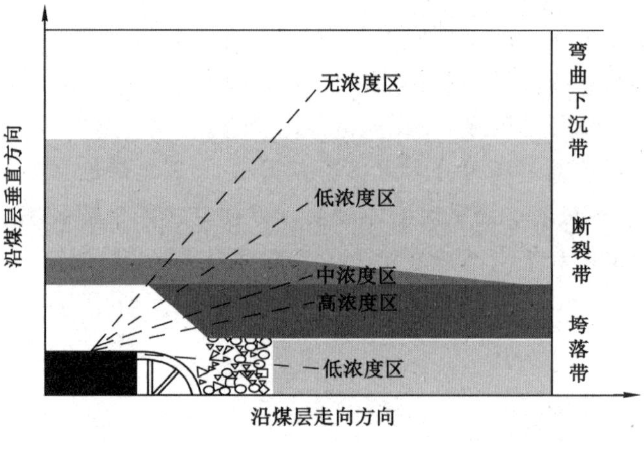

图 5.11 沿煤层垂直方向上上覆岩层分带与瓦斯分区示意图

由图 5.11 可知，垮落带上方、断裂带中下部是卸压瓦斯高浓度聚积的区域，在高渗区域布置地面钻井等卸压瓦斯抽采措施是比较理想的地带[132]。随着开采不断地推进，采动裂隙演化分布逐渐形成"O"形圈、环形圈或椭抛带的卸压圈，采空区、邻近层围岩的部分瓦斯通过裂隙升浮到卸压圈内，汇成一条"瓦斯河"或"瓦斯库"[133-134]；通过钻孔打到这一高渗瓦斯富集区域，一般位于断裂带中下方，垮落带的上方，从而可以将本煤层的采空区瓦斯、邻近层及围岩的部分瓦斯抽采至地面；由开采层和邻近层的卸压瓦斯作为补给源，从而保证钻孔有较长的抽采时间、较大的抽采范围及较高的抽采率，避免大量的采空区瓦斯涌向回采空间，有效地降低瓦斯排放(图 5.12)。

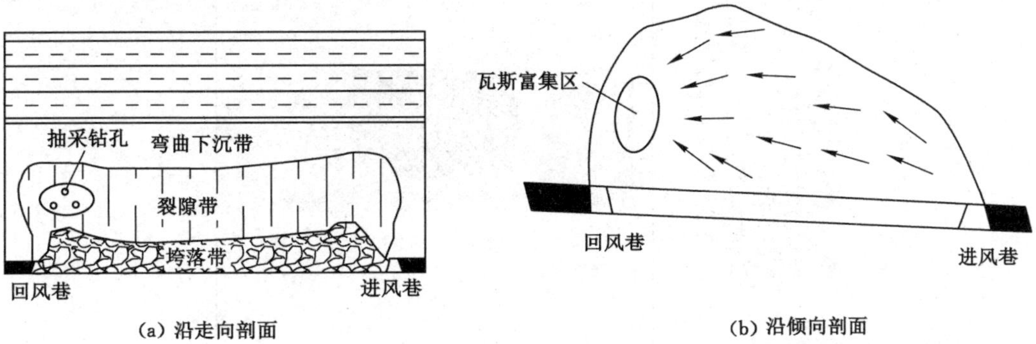

图 5.12　采空区竖向“三带”模型及瓦斯流动规律和钻孔抽采最佳布孔位置

5.2　顶板岩层卸压瓦斯运移富集规律

进行顶板岩层卸压瓦斯运移富集规律研究时，以屯兰矿 18401 工作面为原型，假设地表水平，岩层水平赋存，且只受覆盖岩层重力作用即只在单一重力场作用下，建立三维空间力学模型。为了便于建模和剖分，同时充分体现各岩层组合特征，将研究区内力学性质相近的岩层归并为一组，进行数值模拟计算。

在数值模拟过程中，为了使计算结果更接近实际情况，对岩体介质性质、计算模型、矿山地质条件、受力条件、采煤工艺等都做了必要的设定。假定煤岩层为各向同性均质且符合摩尔-库仑弹塑性模型的介质。对采煤工作面的开挖步数等不予考虑，模拟时简化为实体。同时不考虑与时间有关的物理量。

5.2.1　顶板横向离层裂隙发育区

当工作面向前推进时，采空区上方上覆岩层将产生离层裂隙，纵向位移可真实地反映岩层沉降而产生离层裂隙发育状况。图 5.13 为数值模拟不同累计进尺下 $x=100$ 切面上的竖向位移云图。

由图 5.13 可看出，在距离开切眼 50 m($x=100$)的切面上，纵向位移场均呈不均匀沉降状态分布；每个阶段的开采过程中，该面上的竖向位移最大值分别为 3.52 mm、27.47 mm 和 147.48 mm。随着工作面的推进和采动持续影响，在竖直方向上出现不均匀下沉，沉降量不同的岩层将伴随着横向裂隙发育。位移变化趋势与回采推进距离直接相关，而位移变化的大小与距开采煤层顶板的高度有关。工作面顶板裂隙的发育可以通过工作面顶板以上不同倍采高的纵向位移随工作面推进的变化进行考察。

图 5.14 为工作面顶板以上不同倍采高竖向位移随工作面推进的变化曲线。由图 5.14 可以看出，在距离开切眼 10 m($x=60$)的切面上，当工作面累计推进 10 m 时，5～15 倍采高处沉降量比较均匀，几乎重合为一条曲线，也相对较小，沉降不明显，离层裂隙发育也不明

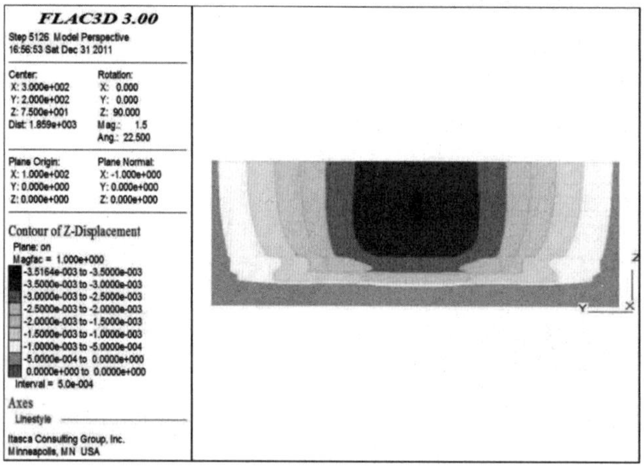

(a) 累计进尺 10 m，x =100切面竖向位移云图

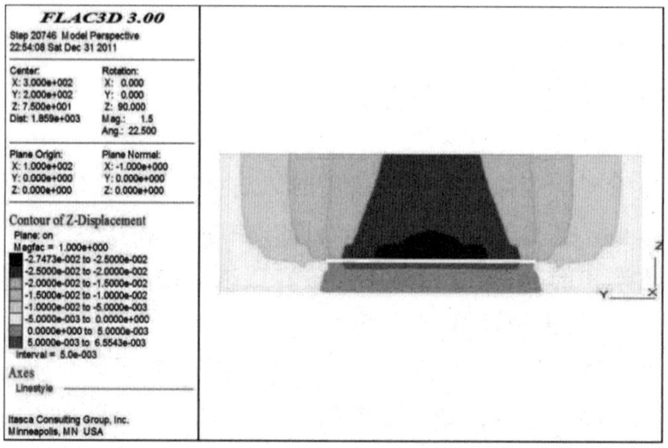

(b) 累计进尺 50 m，x =100切面竖向位移云图

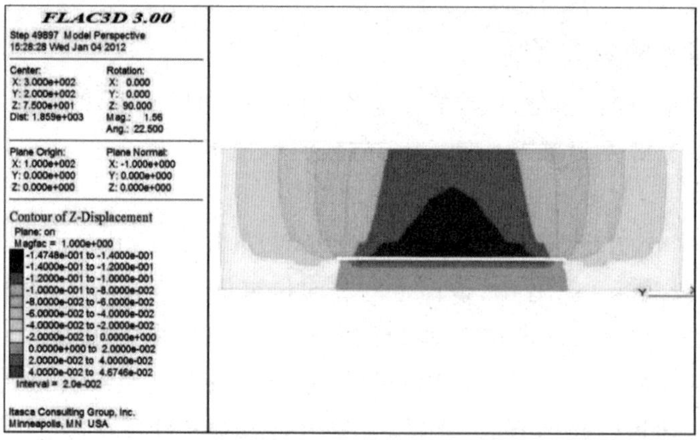

(c) 累计进尺 200 m，x =100切面竖向位移云图

图 5.13　不同累计进尺下 $x=100$ 切面上的竖向位移云图

显;当工作面累计推进 30 m 时,不同采高处开始呈不均匀沉降,随着工作面的推进,13 倍、15 倍采高沉降曲线趋于重合,位于所有曲线上面,而 5 倍、7 倍采高的下沉曲线趋于重合且位于所有曲线的下方,10 倍采高处纵向位移曲线位于所有曲线中间。由此可以判断在工作面顶板以上 10 倍采高处覆岩离层最明显,横向裂隙发育最剧烈;当工作面采过切面后,不同倍采高处下沉的不均匀性才开始加剧。

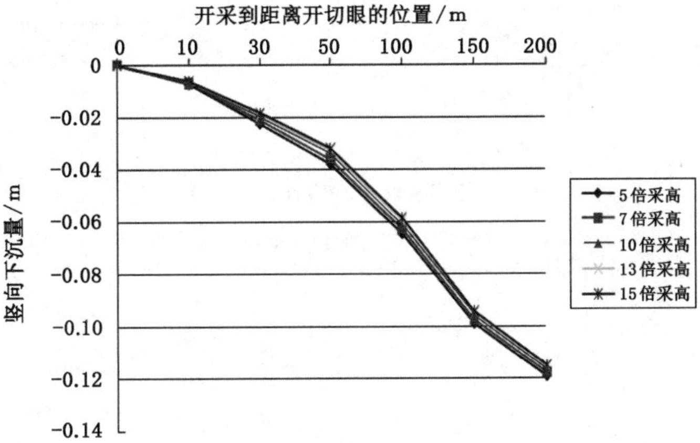

图 5.14 $x=60$ 的切面上不同倍采高竖向位移随工作面推进的变化曲线

5.2.2 顶板纵向裂隙发育区

煤层开采后,卸压区内岩层以拉应力为主,当其超过岩体的极限抗拉强度时,便出现纵向裂隙,因此在顶板覆岩周期断裂时,煤壁前方顶板岩层内产生开口向上的纵向裂隙,在煤壁后方顶板岩层内产生开口向下的纵向裂隙[135]。图 5.15 为数值模拟的顶板以上不同倍采高处水平应力(倾向)随工作面推进的变化曲线。

由图 5.15 可以看出,13 倍和 15 倍采高处,采前和采后水平应力(y 方向)始终保持受压状态,不会出现纵向裂隙;7 倍和 10 倍采高区域,随着工作面的推进,水平应力值(倾向)均由负变为正,说明应力从原始的受压变状态成采动后的受拉状态,且最大为 3.80×10^6 Pa。模拟分为 16 层,顶板 7~10 倍各层抗拉强度极限最大为 1.8×10^6 Pa,故会产生纵向裂隙,考虑重力场重新分配,7 倍采高以下将随着工作面的推进而逐渐被压实,判定顶板以上 7 倍到 10 倍采高处于纵向裂隙最发育区。

综上所述,工作面顶板以上 10 倍采高处纵横向裂隙发育剧烈且相互导通,成为良好的瓦斯运移通道,属于高瓦斯富集区域。抽采裂隙带卸压瓦斯的高(低)位裂隙带钻孔布置在此区域附近,可以达到较好的开采层采煤工作面采动卸压瓦斯的抽采效果。

由于采场上覆岩层在采空区中部逐步压实及采空区四周边界条件的不同,采空区顶板高瓦斯富集区在水平面上分布是不均匀的。不仅要确定顶板高瓦斯富集区高度,还需开展采空区顶板水平面上高瓦斯富集规律研究。

5.2.3 高(低)位裂隙带环形裂隙体

(1) 采动应力动态变化

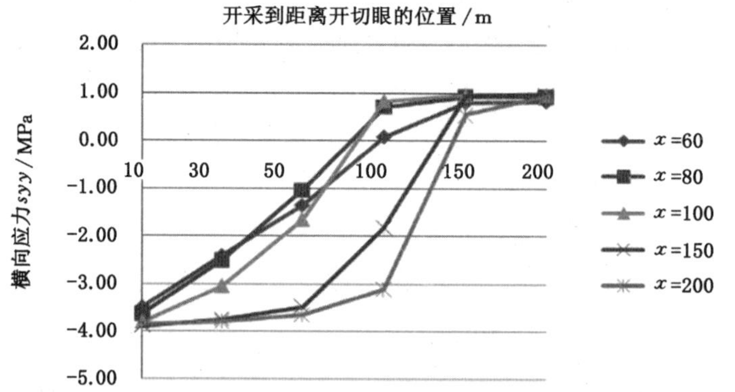

(a) 顶板以上7倍采高

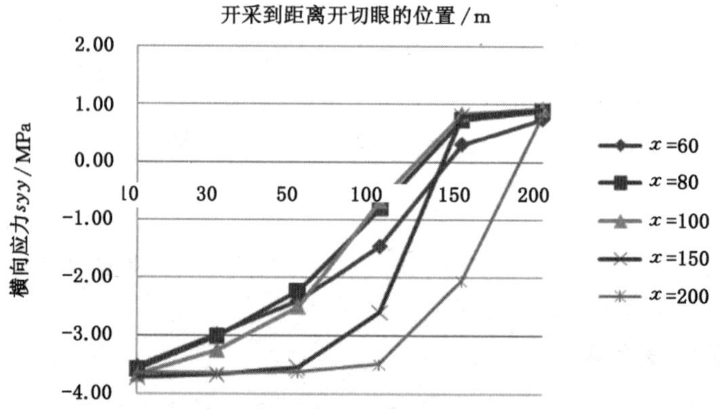

(b) 顶板以上10倍采高

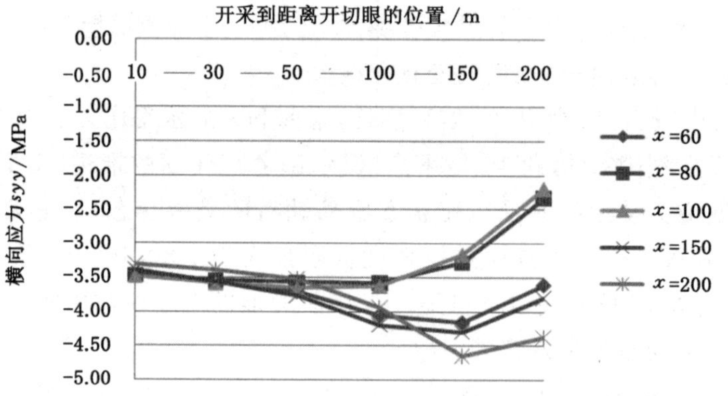

(c) 顶板以上15倍采高

图5.15 顶板以上不同倍采高处水平应力(倾向)随工作面推进的变化曲线

图5.16为数值模拟的18401工作面推进过程中顶板竖向应力在走向和倾向上的变化规律。

从图5.16可知:

① 在工作面推进方向上,竖向应力呈现增加、降低、恢复和稳定四个变化过程。其中超前支承压力的影响范围达300 m;卸压范围在工作面后方150～200 m,之后应力恢复稳定。

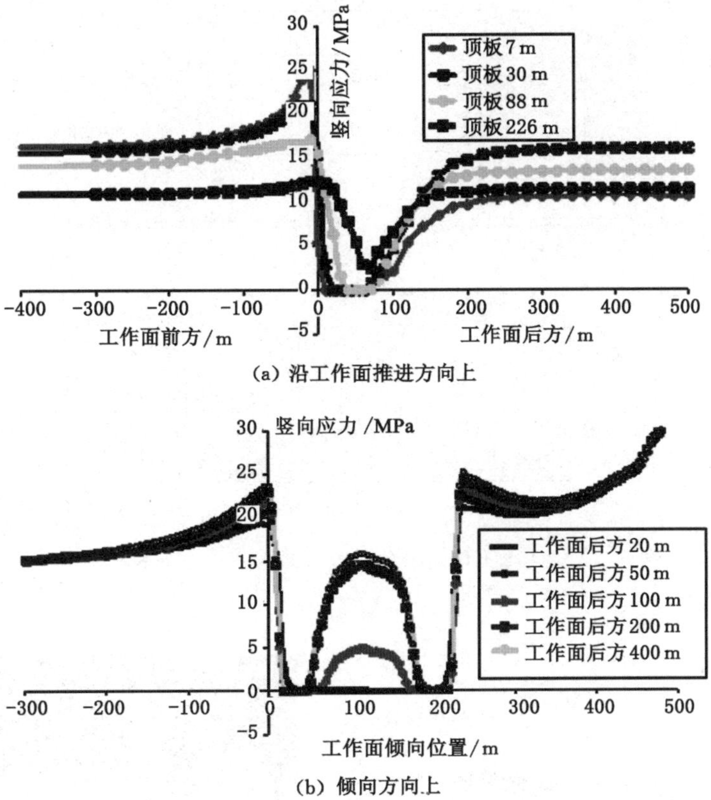

图 5.16　覆岩竖向应力变化的模拟结果

② 在工作面倾向上，工作面外侧支承压力影响范围同样可达 300 m。采动区中部应力随工作面推过距离的增加而逐渐恢复，但两侧保持一定宽度的卸压区域。

在瓦斯吸附-解吸动态平衡过程中，如瓦斯处于饱和吸附状态，吸附瓦斯将随着煤体卸压而解吸；如瓦斯处于非饱和吸附状态，则需要煤体达到一定的卸压程度使得孔隙气体压力降低至瓦斯临界解吸压力时方能使瓦斯解吸，这个卸压程度针对瓦斯解吸和抽采来讲可称为有效卸压。瓦斯吸附饱和度越低，瓦斯大量解吸需要的卸压程度越高。为便于分析煤体卸压程度的变化规律，定义卸压系数 r 来反映，即：

$$r = 1 - \frac{\sigma_z}{\sigma_{z0}} \tag{5.2}$$

式中　σ_z——煤岩某点采动后的竖向应力，MPa；

σ_{z0}——该点的原始竖向应力，MPa。

根据三维数值模拟结果，图 5.17 表示的是 18401 工作面采动区覆岩卸压系数分布基本模型。

(2) 围岩渗透率动态变化

实现瓦斯的高效抽采，除具有较高的瓦斯解吸程度外，还需要大范围内较高且连续的煤岩渗透率。图 5.18 显示了 18401 工作面覆岩水平渗透率变化特征。

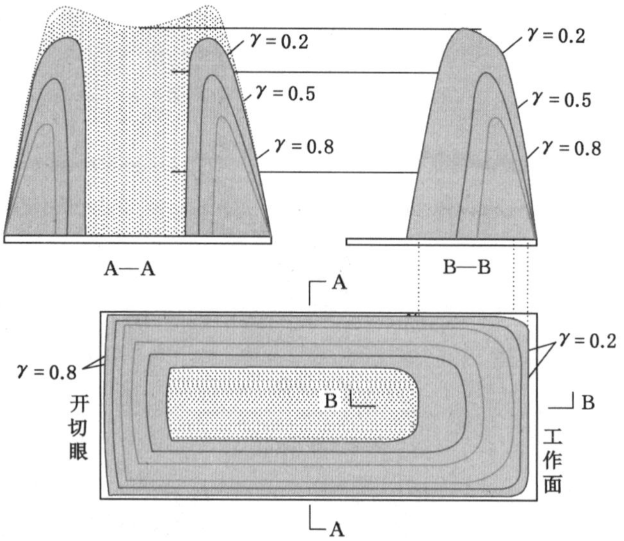

图 5.17　18401 工作面采动区覆岩卸压系数分布基本模型

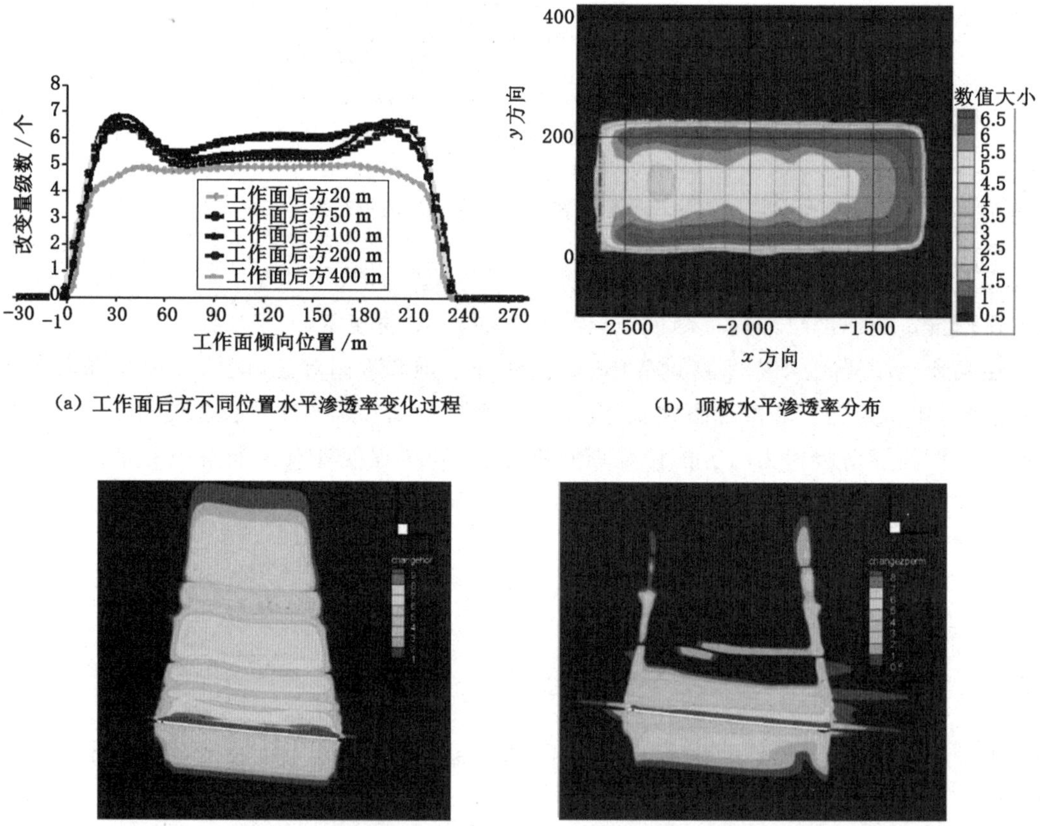

(a) 工作面后方不同位置水平渗透率变化过程

(b) 顶板水平渗透率分布

(c) 倾向剖面上水平渗透率分布

(d) 倾向剖面上竖向渗透率分布

图 5.18　18401 工作面覆岩渗透率分布的模拟结果

从图 5.18 可知渗透率的明显增加主要发生在工作面卸压区域内；倾向方向上的渗透率分布具有明显的马鞍形特征：中部覆岩渗透率随着工作面的推进出现增加、降低和稳定的变化过程，但侧部一定范围内保持较高的渗透率；从平面上看，采动区周边渗透率高于采动区中部，高渗透率的分布呈现环形分布特征。

渗透率的变化与采动应力、裂隙存在着相互对应的关系。随着覆岩压力的降低和稳定，采动裂隙相应地张开和闭合，渗透率也即相应地出现增加和减弱的变化趋势；覆岩渗透率增加区域的边界角与采动卸压角也是一致的。

煤岩渗透率存在着大小和方向之分，它们对瓦斯流动和瓦斯抽采十分重要。从渗透率的变化特征可见，覆岩裂隙发育范围内具有贯通渗透和水平渗透两个区域特征。其中贯通渗透区内穿层裂隙与离层裂隙并存，水平渗透率和竖向渗透率均较高，表明气体在水平和竖向上可贯通流动；水平渗透区主要发育离层裂隙，穿层裂隙较弱，水平渗透率远远高于竖向渗透率率，表明气体主要在水平方向上流动。

根据覆岩渗透率的分布规律及其与覆岩卸压、采动裂隙之间的关联关系，可建立图 5.19 所示的 18401 工作面覆岩渗透率分布基本模型。

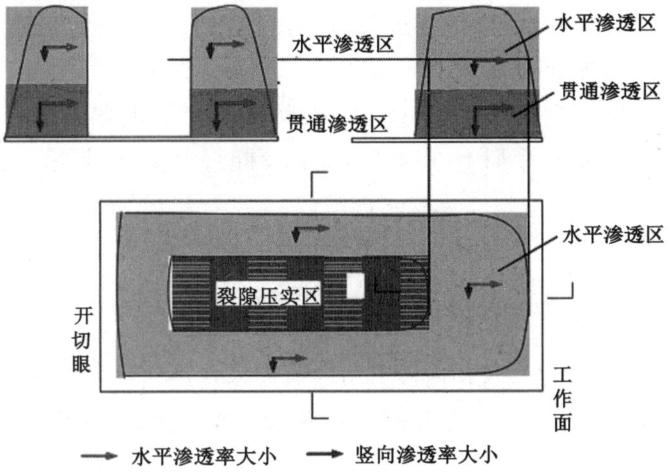

图 5.19　18401 工作面覆岩渗透率分布基本模型

利用上述模型，模拟得到煤层群瓦斯高效抽采的高(低)位裂隙带环形裂隙体地应力、渗透率结果，建立图 5.20 所示的 18401 工作面上覆煤层群瓦斯高效抽采范围。从其结构特征上看，它在形状上表现为采空区一定高度之上、具有一定宽度、按一定角度往上延展的一个环形裂隙体结构，因而可称之为瓦斯高效抽采的高(低)位裂隙带环形裂隙体。

① 走向上可分为前、中、后三个部分。前部紧邻工作面，贯穿采动区倾向宽度，为煤层瓦斯解吸涌出的主要区域；中部沿采动区两侧与前部、后部连通，形成可以使瓦斯大范围内流动的前后通道；后部位于开切眼附近，范围小于前部，结构特点更加趋近于中部倾向结构。

② 倾向剖面上，高(低)位裂隙带环形裂隙体沿一定角度往上延展，外边界延展角与内

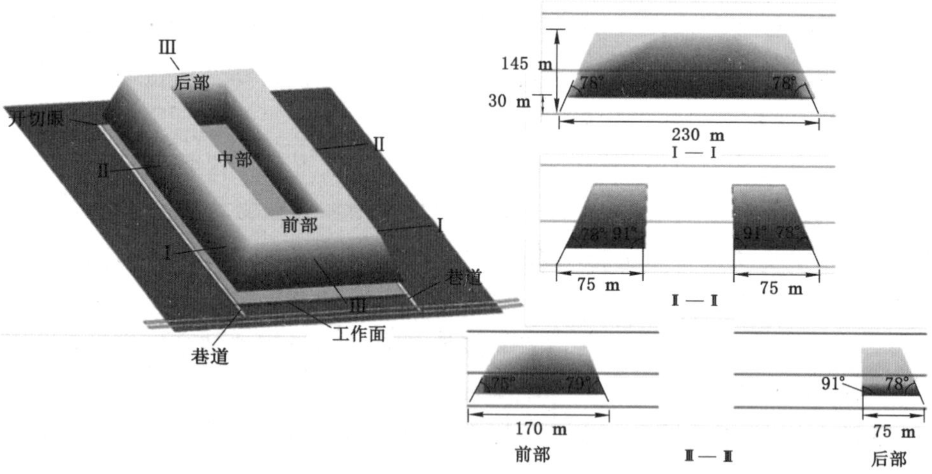

图 5.20　18401 工作面上覆煤层群瓦斯高效抽采的高(低)位裂隙带环形裂隙体

边界延展角不同。

③ 走向剖面上,高(低)位裂隙带环形裂隙体保持在采空区一定高度之上,沿一定角度往上延展,前部范围大于后部范围。

高(低)位裂隙带环形裂隙体全面、形象、明确地界定了上覆煤层群瓦斯高效抽采的范围,对于 18401 工作面及类似开采条件下煤层群煤与瓦斯共采工程设计具有指导意义。

5.3 底板岩层卸压瓦斯运移富集规律

底板岩层卸压瓦斯运移富集规律同样采用数值模拟计算获得,模拟过程中按照工作面回采分步开采,每步回采 20 m,回采宽度为 270 m,累计开挖 6 步,完成开挖 120 m;底板监测模型中部底板深度分别为 1 m、3 m、5 m、10 m、20 m、30 m、40 m;沿工作面倾向每隔 10 m 监测底板应力、变形等情况。通过对煤层开采的过程模拟,监测回采过程中底板应力分布、底板位移变化及破坏区的变化情况。开采过程中的底板应力变化云图如图 5.21 所示。

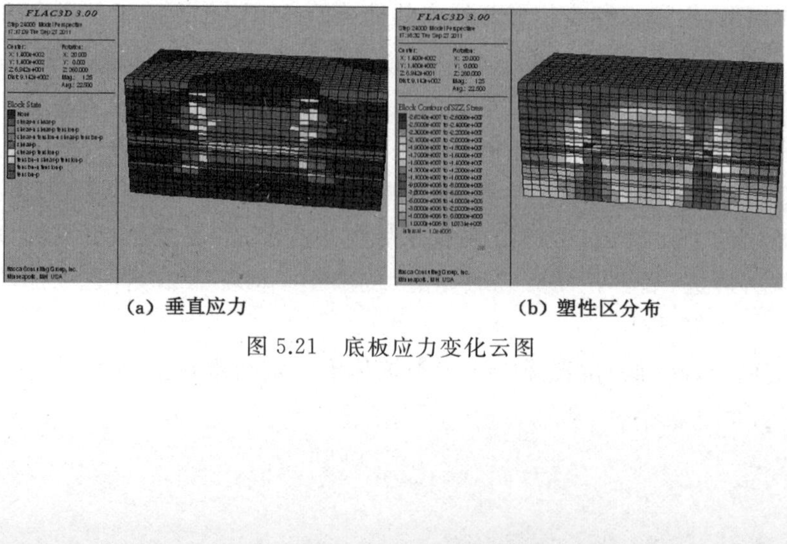

(a) 垂直应力　　(b) 塑性区分布

图 5.21　底板应力变化云图

5.3.1 工作面不同推进距离时底板垂直应力分布

利用图 5.21 应力变化云图，可得 8# 煤层开采不同推进距离不同深度底板岩体垂直应力变化曲线，如图 5.22 所示。

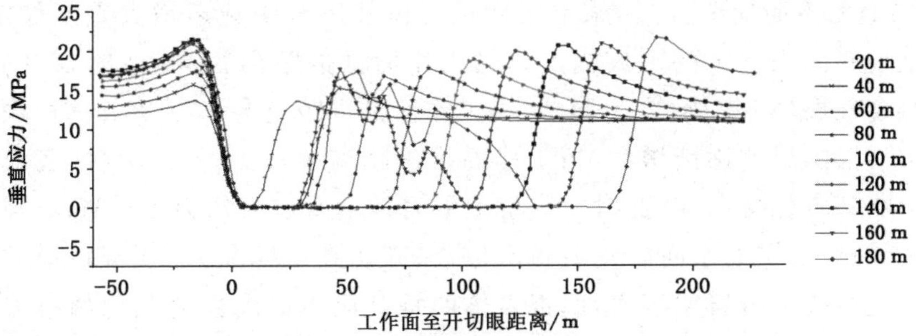

(a) 底板5 m深处

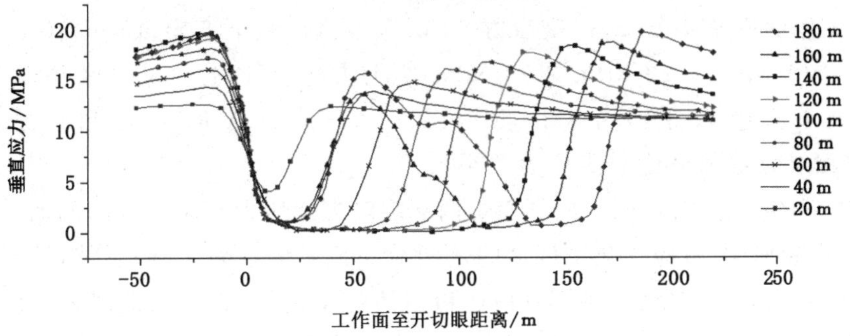

(b) 底板15 m深处

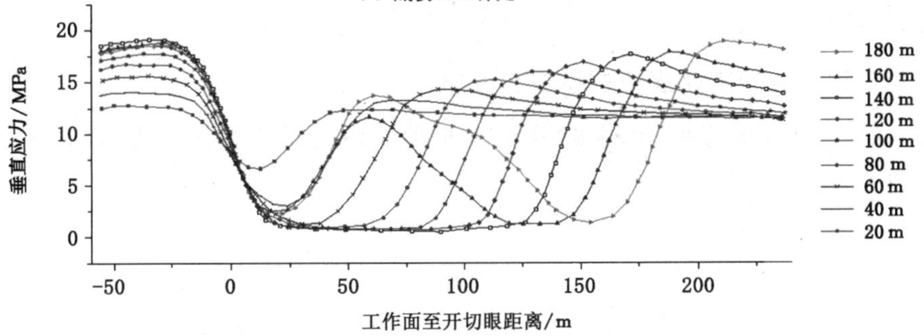

(c) 底板30 m深处

图 5.22 8# 煤层底板垂直应力随采动和深度变化曲线

工作面开始回采后，周围岩体内应力的原始平衡被打破，若要达到新的平衡，围岩应力将重新分布。从图 5.22 一次采全高不同推进距离底板岩体垂直应力变化曲线图可以得出：

① 工作面自开切眼开始回采至 180 m 时煤壁前方超前垂直应力峰值在 15.099～24.182 MPa，应力增高系数在 1.398～2.239，峰值距煤壁 10～15 m，集中垂直应力影响范围在煤壁前方 60～70 m。工作面推进 100 m，煤壁前方 10 m 底板下 5 m、15 m、30 m 深处的

垂直应力分别为19.1 MPa、18.4 MPa、16.2 MPa，应力增高系数依次为1.769、1.704、1.5，峰值距煤壁水平距离依次为15 m、20 m、35 m。从以上分析可以看出随着距煤层底板法向深度的增加，垂直应力集中程度逐渐减小，且峰值远离采煤工作面煤壁，应力等值线呈现出斜向煤体的泡形分布特征。

② 随着工作面的不断向前推进，采空区底板岩体卸压范围逐渐增大直至稳定，卸压区应力等值线呈现斜向采空区的平底锅形。当工作面推进距离为20 m时，采空区底板卸压范围开始对含气层(3[#]煤层)产生影响；当工作面推进距离为40～80 m时，采空区底板卸压范围对含气层的影响逐渐增大；当工作面推进距离超过80 m，采空区底板卸压范围对含气层的影响基本保持不变，此时含气层上部岩体垂直应力约为1.3 MPa；当工作面推进距离超过160 m，采煤工作面后方100 m以后、开切眼煤壁前方40 m以前的范围采空区垮落的矸石逐渐被上覆岩层压实，底板岩体的垂直应力逐渐恢复到原始应力的水平且部分区域稍大一点，此时底板卸压区域仅存在于工作面后方100 m及开切眼煤壁前方40 m范围内。工作面推至160 m，煤壁后方20 m采空区底板下5 m、15 m、30 m深处垂直应力分别为0.111 MPa、1.28 MPa、2.33 MPa，距前方煤壁120 m采空区底板下5 m、15 m、30 m深处垂直应力分别为15.5 MPa、13.7 MPa、11.7 MPa，已超过原岩应力(10.8 MPa)，但相对煤壁前方的垂直应力要小。

③ 随着工作面的推进，沿走向方向剖面上两端超前支承压力和倾向方向剖面上侧向支承压力集中程度不断加剧，且应力集中区域的范围沿底板岩体逐渐扩展、延伸，呈八字形分布；而采空区底板的悬露面积增大，中间部位底板岩体处于卸压状态，故此时采空区底板岩体存在一定深度的拉应力区，而一般情况下岩体的抗拉强度很低，故会造成底板一定深度的岩体形成竖向裂隙。

5.3.2 工作面不同推进距离时底板剪切应力分布

利用图5.21应力分布云图，可得8[#]煤层底板剪切应力随推进距离及深度增加的变化曲线，如图5.23所示。

由图5.23可知：

(1) 在工作面未回采时底板各岩层无剪切应力。随着工作面的推进，在支承压力作用下形成的应力增高区与采煤工作面后方卸压区交界处即工作面煤壁附近产生剪切应力，两端剪切应力基本对称且呈斜向采空区气泡状分布。

(2) 从剪切应力随采动变化曲线可以看出，随着工作面的推进，剪切应力峰值不断向前移动，推至140 m前峰值越来越大，140 m后峰值逐渐减小直至稳定。推至180 m时煤壁前方底板下3 m、16.2 m、25.2 m深处剪切应力峰值分别为2.86 MPa、3.64 MPa、3.49 MPa，与垂直应力相比变化幅度较小。随着底板深度增加剪切应力分布范围逐渐增大，呈上小下大的八字形分布。

(3) 当采煤工作面后方采空区被基本压实出现原岩应力区时，在压实和未压实的临界区域产生剪切应力，在开切眼煤壁前方33～52 m范围内出现剪切应力。

表5.1为工作面倾斜方向中部不同推进距离，煤层底板下5 m、15 m、30 m深处应力峰值。

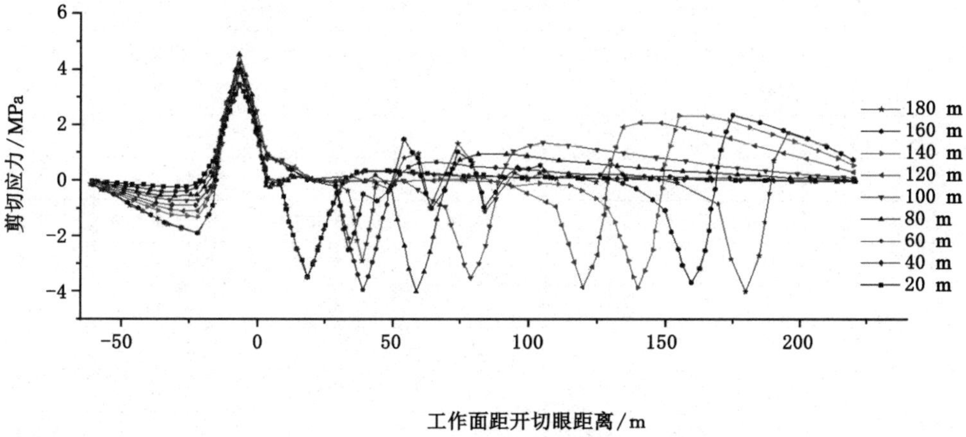

(a) 底板5 m 深处剪切应力随采动变化曲线

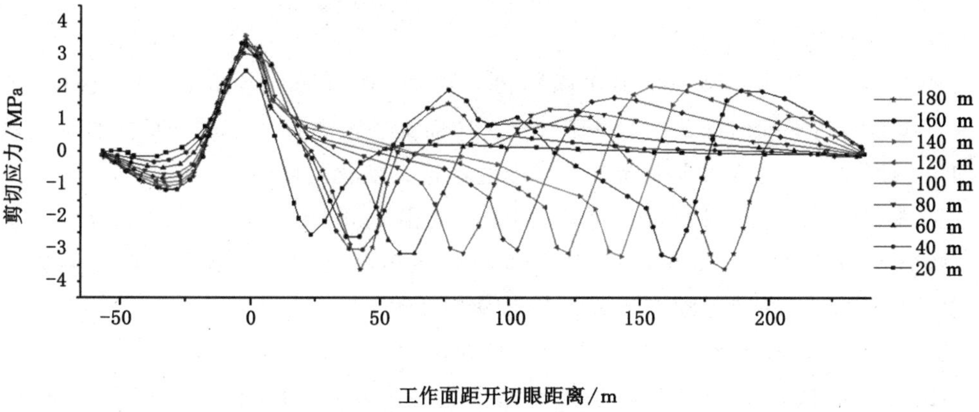

(b) 底板15 m 深处剪切应力随采动变化曲线

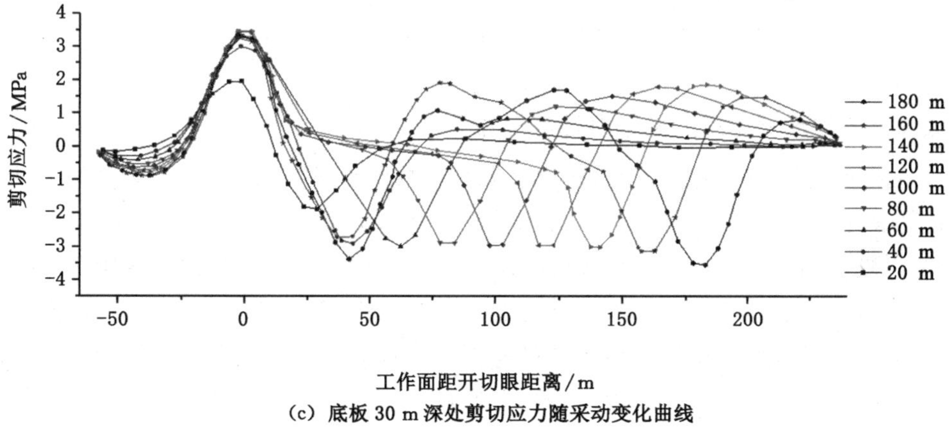

(c) 底板 30 m 深处剪切应力随采动变化曲线

图 5.23　8# 煤层底板剪切应力随推进距离和深度变化曲线

表 5.1 不同推进距离不同深度的底板应力峰值

距离/m	5 m		15 m		30 m	
	垂直应力/MPa	剪切应力/MPa	垂直应力/MPa	剪切应力/MPa	垂直应力/MPa	剪切应力/MPa
20	13.99	3.570	12.95	2.553	12.94	1.784
40	16.10	4.270	14.53	3.099	14.23	2.887
60	17.80	4.703	16.10	3.306	15.66	3.229
80	19.00	3.852	17.51	3.442	16.90	3.390
100	20.18	4.007	18.49	3.556	17.86	3.518
120	21.17	4.150	19.23	3.611	18.58	3.631
140	21.94	4.206	19.87	3.638	19.18	3.696
160	21.93	4.034	19.80	3.407	18.88	3.410
180	21.83	4.158	19.88	3.642	18.90	3.540

从表 5.1 中数据可以看出：

① 距煤层底板 5 m 深处：在工作面推进距离由 20 m 增至 120 m 的过程中，每推进 20 m垂直应力峰值平均增加约 1.31 MPa；当工作面推进距离超过 120 m 后垂直应力峰值稳定在 21.9 MPa 左右，而剪切应力随着工作面的推进其变化幅度较小。

② 距煤层底板 15 m 深处：在工作面推进距离由 20 m 增至 120 m 时，每推进 20 m 垂直应力峰值平均增加约 1.16 MPa；当工作面推进距离超过 120 m 后垂直应力峰值稳定在 19.8 MPa 左右，而剪切应力随着工作面的推进其变化幅度较小。

③ 距煤层底板 30 m 深处：在工作面推进距离由 20 m 增至 140 m 时，每推进 20 m 垂直应力峰值平均增加约 0.99 MPa；当工作面推进距离超过 140 m 时，垂直应力峰值稳定在 18.9 MPa 左右，而剪切应力随着工作面的推进其变化幅度较小。

④ 在走向方向同一位置的煤层底板，随着底板埋深的增大，应力呈现逐渐减弱的趋势，所受采动影响程度逐渐减小；同时随着底板埋深的增大，峰值逐渐远离工作面煤壁，应力增加到峰值有“滞后效应”。

5.3.3 工作面不同推进距离时底板塑性区分布

井下采掘活动造成采场上覆煤岩层移动和原始应力的重新分布，产生大量的采动裂隙，引起煤储层中气体的流动、运移和汇集。随着工作面的不断推进，上覆及下伏煤岩层发生移动变形，使得煤、岩层的应力场-裂隙场始终处于动态变化状态。在应力场-裂隙场的演化过程中，卸压瓦斯在浓度差、压力差、密度差的驱动下，沿着裂隙运移，经历了聚集、饱和、溢出等过程，工作面顶板以上 10 倍采高处，纵横向裂隙发育剧烈且相互导通，成为良好的瓦斯运移通道，属于高瓦斯富集区域。同时，如图 5.24～图 5.27 所示，煤层开采后在底板形成两极化的裂隙区，底板裂隙沿倾向发育不均匀，呈现哑铃形，工作面两端裂隙发育深度大于工作面中部，为瓦斯的运移和储存提供了通道和空间，易成为瓦斯聚集区。

图 5.24　煤层开采 20 m 后底板破坏深度分布图

图 5.25　煤层开采 40 m 后底板破坏深度分布图

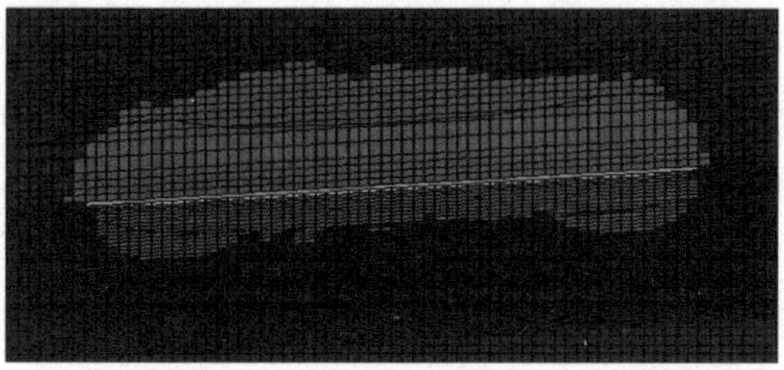

图 5.26　煤层开采 60 m 后底板破坏深度分布图

图 5.27　煤层开采 80 m 后底板破坏深度分布图

5.4　瓦斯富集规律的试验验证

5.4.1　现场考察方法与工作面概况

利用上述数值模拟结果，可以得到顶板裂隙区及底板变形区的基本情况，但具体位置应通过现场考察确定获得，工作面垮落带高度的现场考察可用体积分数法进行，其基本原理为：高(低)位裂隙带钻孔抽采瓦斯体积分数曲线基本形态为抛物线型，即开始抽采时瓦斯体积分数和流量小，这是因为高(低)位裂隙带钻孔周围煤(岩)层还没有卸压，邻近层瓦斯还没有解吸；随着工作面的逐步推进，高(低)位裂隙带钻孔周围煤(岩)层充分卸压，抽采瓦斯体积分数逐步增大到最高体积分数；而后经过一段稳定抽采后开始下降，这是由高(低)位裂隙带钻孔逐渐进入到垮落带而抽入空气及邻近层卸压瓦斯源减少所致。因此根据抽采过程中的始抽段、高体积分数段和衰减段，来分析确定垮落带及裂隙带高度，从而为钻孔参数优化提供依据。

试验地点为屯兰矿 18401 工作面，平均走向 1 000 m，倾向 200 m，煤厚 3.58 m，平均倾角为 5°。2# 煤层与 4# 煤层间距 9 m，4# 煤层与 8# 煤层间距 68 m，8# 煤层与 9# 煤层间距 9 m。2# 煤层平均厚度为 2.86 m，瓦斯含量为 5.66 m^3/t，4# 煤层平均厚度为 2.61 m，瓦斯含量为 7.1 m^3/t，8# 煤层平均厚度为 3.58 m，瓦斯含量为 9.77 m^3/t，9# 煤层平均厚度为 3.51 m，瓦斯含量为 9.30 m^3/t。

屯兰矿回采 18401 工作面时，开采的 8# 煤层原始瓦斯含量达到 13.41 m^3/t，邻近下伏 9# 煤层在采前预抽阶段抽采纯流量超过 20 m^3/min、上覆 6# 煤层与 7# 煤层采前抽采纯流量(提前施工的顶板孔)超过 5 m^3/min。屯兰矿以该治理模式为基础，并对部分措施进行了优化。

通过实施沿空留巷"Y"形通风，采空区高低位裂隙孔与充填墙埋管抽采、顺层孔抽采等方式，有效控制住了工作面瓦斯浓度。回采期间，工作面绝对瓦斯涌出量为 69.5 m^3/min，配风量约为 1 900 m^3/min，回风瓦斯浓度稳定在 0.65%左右。

工作面整体呈单斜构造，向南西倾斜。该区地质构造较为简单，陷落柱不发育，回采过程中揭露下推 F_1～F_4 正断层。局部受古交断层影响存在顶板破碎、煤质松软、裂隙发育等。下邻近层 9# 煤厚度为 1.6～1.8 m，平均为 1.69 m。原始瓦斯含量为 13.41 m^3/t，最小软分层煤的坚固性系数 f 值为 0.4，瓦斯放散初速度 Δp 为 10 mmHg，属突出危险区。工作面回采期间绝对瓦斯涌出量为 60～70 m^3/min。

5.4.2 试验钻孔布置方式

以间距 10 m 向开切眼方向施工低位裂隙带钻孔，孔深 100 m，仰角为 16°，垂高 28 m，伸入工作面 55 m，孔径为 113 mm；以间距 10 m 向开切眼方向施工高(低)位裂隙带钻孔，孔深100 m，仰角为 24°，钻孔垂高 40 m，伸入工作面 70 m，孔径为 113 mm。高低位孔共布置 320 个。轨道巷开切眼往里 15 m 施工 10 个初采初放钻孔，如图 5.28 所示。

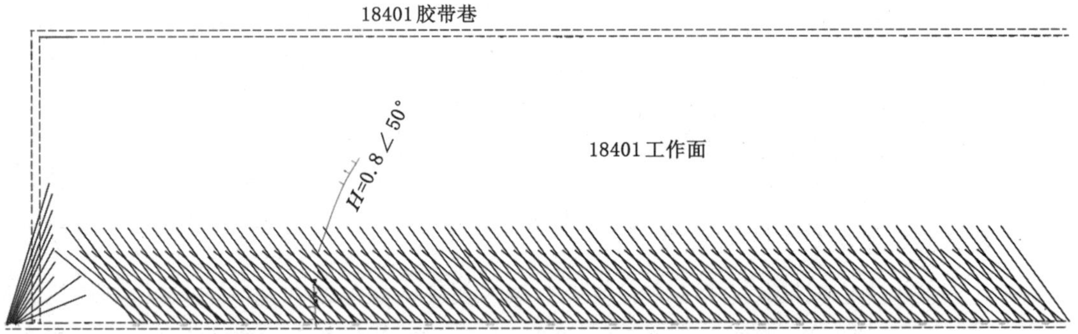

图 5.28　18401 工作面裂隙带钻孔布置图

5.4.3 抽采瓦斯效果与裂隙带考察

利用上述布置工作面回风流瓦斯浓度控制在 0.65%左右，杜绝了瓦斯超限现象。工作面风排瓦斯量为 12.7 m^3/min，瓦斯抽采纯流量为 56.8 m^3/min，抽采率达 81.72%。顶板高低位裂隙孔瓦斯抽采纯流量为 28.5 m^3/min；两巷顺层孔瓦斯抽采纯流量约为 10.5 m^3/min；底抽巷顺层孔瓦斯抽采纯流量为17.2 m^3/min。在轨道巷设施工 3 个考察孔，同时兼作抽采孔，具体参数见表 5.2。

表 5.2　裂隙带考察孔钻孔参数

孔号	与巷夹角/(°)	倾角/(°)	孔深/m	平距 X/m	平距 Y/m	法距 H/m	钻孔间距/m
1#	45	8	115	81	81	16	80
2#	15	15	115	107	29	30	
3#	15	20	115	104	28	49	

3个试验钻孔内抽采瓦斯体积分数随工作面推进距离变化曲线见图5.29，其钻孔距煤层顶板法距与推进距离关系曲线也列入其中。从图中可以看出体积分数升高段（瓦斯体积分数：9%～30%，工作面推进距离 L：207～217 m）、稳定抽采段（L：217～247 m）和体积分数降低段（瓦斯体积分数：47%～3%，L：247～285 m）。可以把体积分数低于5%的钻孔段所处高度认为是垮落带高度，而把稳定抽采区域的钻孔段所处位置作为裂隙带高度。

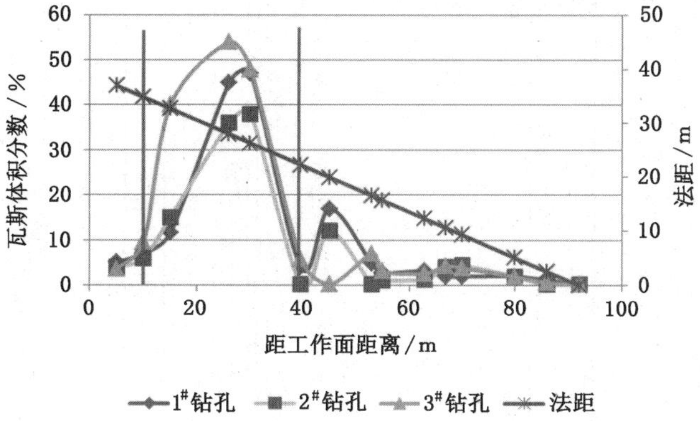

图5.29　1#、2#、3#钻孔法距、抽采瓦斯体积分数随工作面推进距离变化曲线

从图5.29中可以看出，瓦斯抽采浓度发生变化区段的钻孔距煤层顶板法距为23.1～37.4 m，因而，通过对抽采瓦斯体积分数变化考察，得出顶板裂隙带高度为23.1～37.4 m（即采高的6.5～10.4倍），垮落带高度为23.1 m（采高的6.5倍）。

根据实际考察结果，在进行裂隙带钻孔设计时，只要能使裂隙带抽采钻孔高度小于裂隙带高度且大于垮落带高度，计算结果即可行，在此范围内进行高（低）位裂隙带钻孔参数优化设计，从而可大大提高高（低）位裂隙带钻孔瓦斯抽采的效果和有效利用率。

利用上述研究结果，采用澳大利亚VLD-1000型定向钻机钻孔导向弯曲的特性，将钻孔布置在裂隙带内，保证既有较高瓦斯抽采量，又有较高的瓦斯抽采浓度。定向可弯曲钻孔可以在一个钻场钻进几个钻孔，具有施工时间短、施工容易、费用低、抽采范围大、抽采瓦斯容易管理等特点，既节约了成本，又取得了良好的经济效益和安全效益。

以28110工作面为例，在28110轨道巷施工2个抽采钻场，在每个钻场内布置10个顶板走向长钻孔，孔深500 m，钻孔垂高12～25 m，钻孔布置示意图见图5.30。当工作面从开切眼推进20 m时，顶板定向钻孔开始动压抽采，瓦斯浓度由30%提高到60%，瓦斯抽采纯流量由0.5 m^3/min提高到3 m^3/min，当工作面推进至200 m时，达到最高抽采效果，瓦斯抽采浓度达70%，瓦斯抽采纯流量达到6 m^3/min，经28110、12302工作面实施后，考察出不同煤层采煤工作面上覆岩层“O”形裂隙圈的具体层位，并在12501、12505等工作面推广使用高抽巷抽采裂隙带瓦斯。

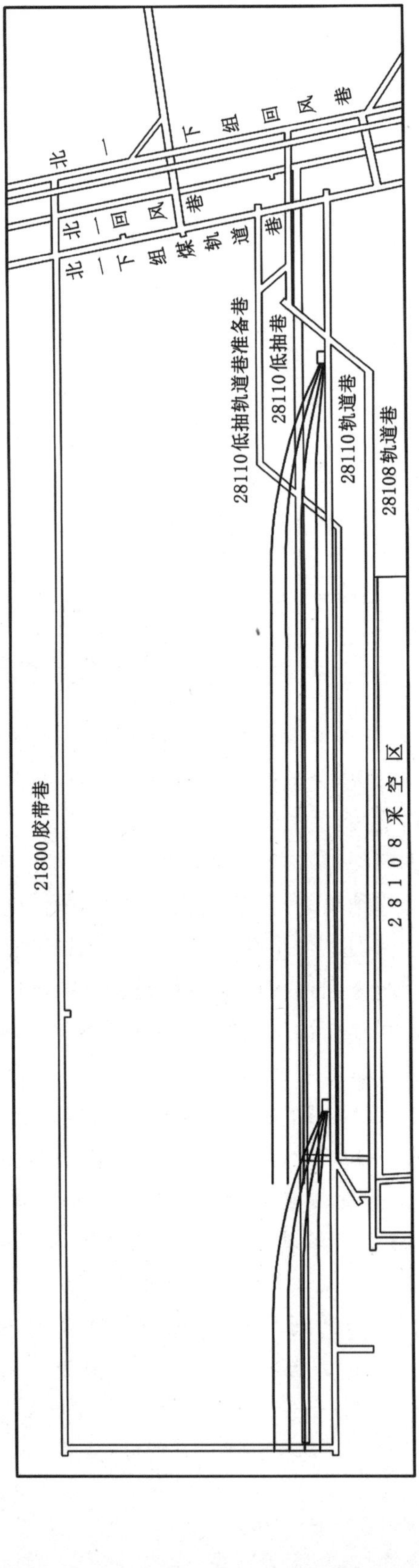

图5.30　以孔带巷顶板走向长钻孔布置示意图

6 近距离突出煤层群瓦斯高效抽采技术

西山矿区主采煤层为典型的近距离非稳定高突煤层群，煤层松软、渗透率低，瓦斯灾害治理难度大。经过多年的探索与研究，形成了定向长钻孔煤层区域瓦斯抽采、高抽巷瓦斯抽采、顶板走向长钻孔抽采和地面钻井瓦斯抽采等一系列适用于近距离突出煤层群的瓦斯高效抽采技术，大幅度提高了瓦斯抽采效果和抽采效率。

6.1 定向长钻孔煤层区域瓦斯抽采

为了保证巷道的安全掘进，结合定向钻进技术，西山矿区提出了定向长钻孔煤层区域瓦斯抽采掩护巷道掘进技术，即通过向煤层中施工的定向长钻孔对待掘区域实施瓦斯预抽，降低工作面掘进过程中的突出危险性。

定向长钻孔煤层区域瓦斯抽采技术中钻孔呈条带式布置，如图 6-1 所示，每个掘进工作面布置 5～6 个定向长钻孔，覆盖巷道长度一般不小于 600 m，覆盖到巷道及两侧轮廓线外至少 15 m 范围。按照钻孔布孔位置，钻孔主要分为定向顺层长钻孔和底抽巷定向长钻孔。本节以屯兰矿 18403 轨道巷掘进工作面和东曲矿 28810 底抽巷掘进工作面为例，介绍定向长钻孔煤层区域瓦斯抽采技术在西山矿区的应用。

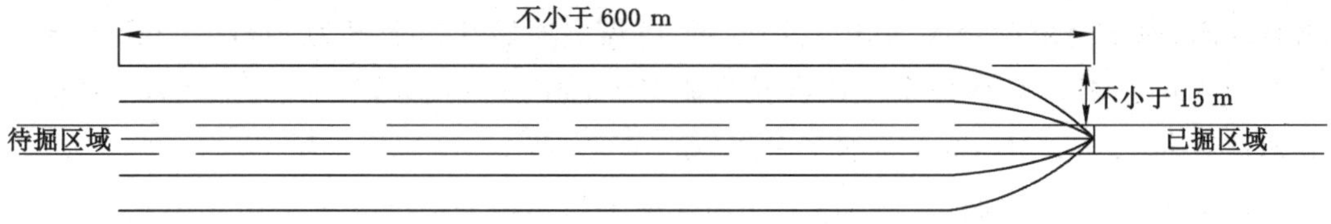

图 6.1 条带式预抽掩护煤巷掘进示意图

6.1.1 屯兰矿定向顺层长钻孔瓦斯预抽

(1) 屯兰矿应用情况

屯兰矿 18403 轨道巷所在区域煤体原始瓦斯含量为 13.4 m^3/t，原始瓦斯压力约为 1.74～2.34 MPa。18403 轨道巷在掘进至 507 m 左右时，工作面回风平均瓦斯浓度峰值超过 0.45%。为了降低工作面瓦斯涌出量，在 18403 轨道巷开口段($1^\#$ 钻场)共施工 5 个钻孔。如图 6.2 所示，钻孔实际控制条带长度在 600 m 左右，钻孔布置比较均匀，最大孔间距接近10 m，钻孔具体参数如表 6.1 所示。

图 6.2 18403 轨道巷道 1# 钻场钻孔成孔轨迹图

表 6.1 18403 轨道巷 1# 钻场成孔参数列表

钻孔编号	见煤米数 /m	钻孔总长度 /m	开孔倾角 /(°)	开孔方位角 /(°)	瓦斯浓度 /%	接抽纯流量/ ($m^3 \cdot min^{-1}$)
1#	753	966	−1.2	198.0	82	0.22
2#	459	471	−1.4	207.0	84	0.20
3#	1 100	1 155	0.3	209.1	91	0.28
4#	903	966	−3.0	219.8	85	0.25
5#	804	858	4.1	236.4	90	0.22

对于定向顺层长钻孔区域预抽，选用高负压抽采系统，地面泵站抽采负压在 45～50 kPa。系统主干管选用直径不小于 610 mm 的管路，从采区干管延伸而出的支管一般选用 ϕ325 mm 钢管，支管源头(与采区干管接口处)保持负压不低于 30 kPa。

(2) 区域预抽效果分析

18403 轨道巷定向顺层长钻孔累计抽采 359 d，累计抽采瓦斯 68.08 万 m^3。抽采后，对应区域残余瓦斯含量由 13.4 m^3/t 降至 5.4 m^3/t，保障了巷道的正常掘进。

6.1.2 东曲矿穿层定向长钻孔瓦斯预抽

东曲矿 28810 底抽巷是从 8# 煤层向 9# 煤层施工，巷道待掘区域煤层埋深较大、瓦斯含量相对较高，属于突出危险区，其中巷道附近 9# 煤层原始瓦斯含量为 5.442 7 m^3/t、原始瓦斯压力为 0.157 MPa，煤体残余瓦斯含量为 4.010 6 m^3/t、残余瓦斯压力为 0.078 MPa，瓦斯放散初速度为 12 mmHg，煤的坚固性系数为 0.43。

巷道掘至进入 9# 煤层 43 m 后，工作面瓦斯涌出量增大。为了降低工作面瓦斯涌出量，在＋860 m 水平八采边界回风巷 8# 煤层内开孔，穿过 8# 煤层底板往 9# 煤层施工掩护巷道掘进消突钻孔，钻孔轨迹呈上行趋势属上行孔，共计施工钻孔 5 个，单孔深 600 m。28810 底抽巷定向钻孔实际成孔如图 6.3 所示，沿巷道走向控制长度 580 m 左右，钻孔间距 10 m 左右。各钻孔实际参数见表 6.2。应用定向长钻孔技术后，28810 底抽巷定向长钻孔抽采的瓦斯混合抽采浓度为67.8%，瓦斯抽采纯流量为 2.44 m^3/min，效果显著。

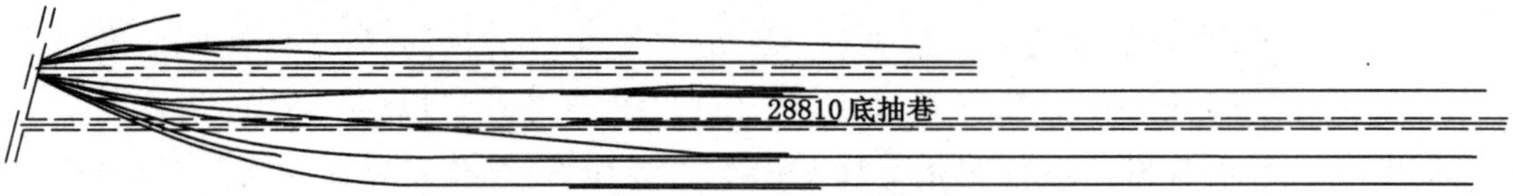

图 6.3 28810 底抽巷定向钻孔实际成孔图

表 6.2 28810 底抽巷定向钻孔实际参数情况表

孔号	开孔标高/m	终孔标高/m	落差/m	主孔长度/m	倾角范围/(°)	左/右偏移/m
1#	818.00	852.33	34.33	360	−2～10	8.12
1#-补打	818.00	852.49	34.49	294	−2～10	3.71
1#-补打 2	818.00	859.24	41.24	582	−2～10	3.71
2#、3#	818.00	858.46	40.46	585	−2～10	6.04
4#	818.00	859.11	41.11	540	−3～12	29.72
5#	818.00	859.05	41.05	363	−3～12	39.67

6.2 高抽巷瓦斯抽采

在近距离煤层群赋存条件下，上邻近煤层的存在，导致采空区及其涌出的瓦斯中有将近40%来自上邻近煤层。因此，在已有的采空区低位空间抽采的基础上，必须要增加采空区高位空间的卸压瓦斯抽采措施。采空区高位空间抽采措施不仅增大了采空区瓦斯抽采量，更能截流向采空区流动的上邻近煤层卸压瓦斯，因此能有效减少采空区瓦斯涌出量。

高抽巷是布置在采场上覆裂隙带“O”形圈范围内的高位巷道。在采动卸压作用下，邻近煤层瓦斯解吸并经采动裂隙向采空区流动；此时，布置在裂隙带的高抽巷可抽采高浓度的卸压瓦斯，并对采空区瓦斯起到拉动作用，从而减少工作面瓦斯涌出，控制上隅角瓦斯聚积。因此，高抽巷抽采具有瓦斯抽采流量大、抽采效率高、持续处于瓦斯富集区和抽采影响范围广等优点，特别适应推进速度快、开采强度大的高产高效综采面瓦斯治理的需要。本节以马兰矿 18509 工作面和东曲矿 28202 工作面为例，介绍高抽巷抽采技术在西山矿区的应用。

6.2.1 马兰矿高抽巷抽采

(1) 18509 工作面概况

18509 工作面位于马兰矿南五下组煤采区右翼，开采 8# 煤层，煤种为焦煤。18509 工作面走向、倾向长度分别为 1 367 m 和 250 m，煤层平均厚度为 4.45 m，平均倾角为 4°。工作面采用“U”形通风系统，配风量为 2 340 m^3/min。

工作面回采过程中，绝对瓦斯涌出量约为 38 m^3/min，其中，上隅角涌出的瓦斯中有9.6%来自上邻近层，回风流涌出的瓦斯中有 11.8%来自上邻近层(6# 煤层和 7# 煤层)。为提高瓦斯治理水平，该工作面以高抽巷为主要抽采方法抽采采空区瓦斯和上邻近层卸压瓦斯。

(2) 高抽巷布设位置

掌握采煤工作面采动裂隙场分布特性是确定高抽巷布设位置的基础，高抽巷只有位于裂隙发育区，才能实现大流量抽采卸压瓦斯。因此，开展了 18509 工作面开采的相似材料模拟实验，工作面回采后采动边界裂隙发育情况见图 6.4。图 6.4 中右侧边界是临时边界，而左侧边界为永久边界，与回风巷侧采动裂隙发育情况一致；因此以左侧边界为依据，分析高抽巷内错开采边界的水平距离。由图 6.4 可知，永久边界侧的主裂隙沿 60°角发育，因此，

18509 工作面高抽巷的位置设定为:距 8# 煤层顶板垂高为 48 m,且内错回风巷约 30 m。

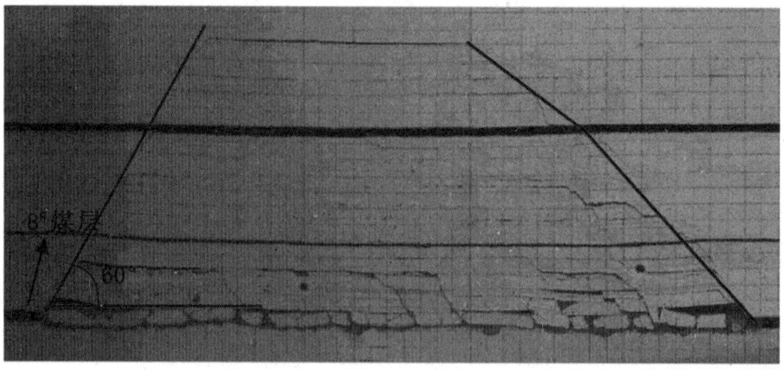

图 6.4　8# 煤层开采的采动裂隙场分布特性

(3) 高抽巷瓦斯抽采增产措施

18509 工作面高抽巷全长 1 371 m,断面为 12.6 m^2。为确保工作面初采期间高抽巷及时发挥抽采作用,在 18509 工作面开切眼增加了导通钻孔。具体实施方案为:在开切眼里程 27.5～31.5 m 的区域每隔 0.5 m 向高抽巷位置施工穿层钻孔,钻孔开孔于巷道顶板,终孔落于高抽巷顶板位置,孔径 113 mm,共施工钻孔 9 个,导通钻孔布置示意图见图 6.5。

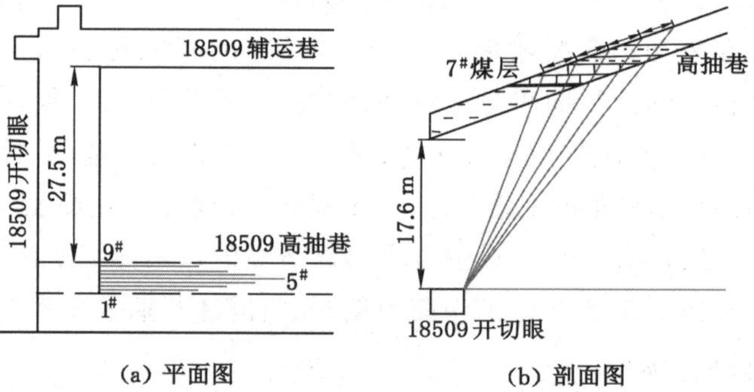

图 6.5　高抽巷导通钻孔布置示意图

此外,为保障工作面回采初期上隅角瓦斯治理效果,在辅运巷、胶带巷还增加了低位裂隙带钻孔,钻孔布置示意图见图 6.6。辅运巷施工低位裂隙带钻孔的方案为:从 18509 工作面辅运巷里程1 317 m位置(距开切眼回采帮 40 m)开始,每隔 20 m 施工一组低位裂隙带钻孔,共布置 4 组,每组布置 6 个钻孔;钻孔开孔于辅运巷顶板,1#、2# 钻孔沿巷道方向布置;3#、4#、5#、6# 孔终孔深入工作面,距巷帮分别为 5 m、10 m、15 m、20 m,钻孔终孔垂高控制在 10 m 至 28 m 之间,孔深 51～71 m,孔径为 113 mm。胶带巷施工低位裂隙带钻孔的方案为:巷道里程 1 220 m 至里程 1 315 m 区域每 10 m 布置一组钻孔,共计 10 组;每组施工钻孔 2 个,组内孔间距 5 m,钻孔终孔垂高分别为 36 m 和 27 m,孔深 80 m,孔径为 113 mm。

(4) 采空区瓦斯抽采效果分析

18509 工作面推进 622 m 期间高抽巷的瓦斯抽采纯流量和瓦斯抽采浓度变化情况见图 6.7。高抽巷从工作面推进至 24 m 时开始抽采采空区瓦斯,随着工作面推进,瓦斯抽采

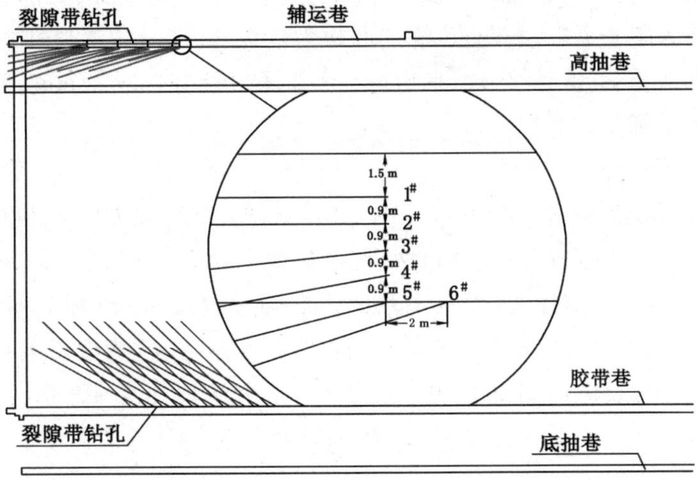

图 6.6 低位裂隙带钻孔布置示意图

流量持续上升；在工作面推进至 80 m，高抽巷瓦斯抽采纯流量超过 10 m^3/min，此后基本在 7～15 m^3/min波动；当工作面推进至 400 m 之后，随着顶板走向长钻孔的瓦斯抽采流量下降并停止抽采，高抽巷的瓦斯抽采纯流量上升至 16 m^3/min 左右。由图 6.7 可看出，高抽巷抽采效果显著，平均瓦斯抽采纯流量为 10.8 m^3/min，瓦斯流量峰值为 18.86 m^3/min，平均瓦斯抽采浓度为 15.3％，浓度峰值为 35％。

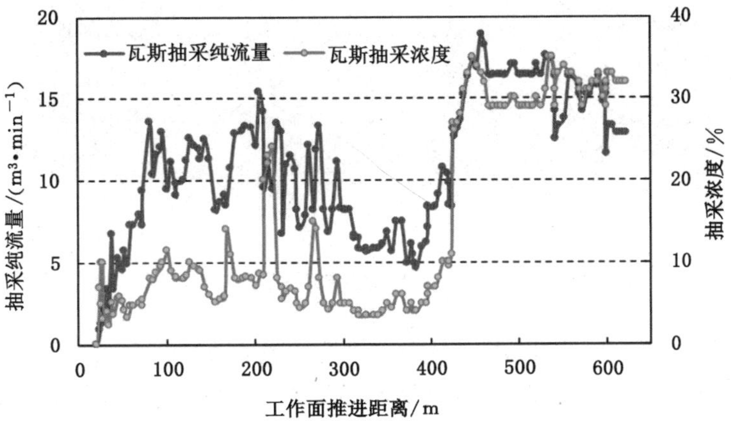

图 6.7 高抽巷瓦斯抽采纯流量与瓦斯抽采浓度

6.2.2 东曲矿高抽巷抽采

(1) 28202 工作面概况

28202 工作面为＋860 m 水平 8# 煤层的首采工作面，工作面走向长 978 m，倾斜长 206 m，煤层平均厚度为 3.3 m，平均倾角为 5°，盖山厚度为 148～293 m。工作面煤层的原始瓦斯含量和瓦斯压力分别为 7.1 m^3/t 和 0.58 MPa。该工作面采用走向长壁综采法采煤，采用全部垮落法管理顶板，通风方式为“U”形通风。该工作面与 7# 煤层和 9# 煤层的间距分别为 29 m 和 8.9 m；工作面顶板为碳质页岩、石灰岩，煤层底板为砂页岩，围岩的渗透性比较差。工作面绝对瓦斯涌出量的最大值为 45 m^3/min，平均绝对瓦斯涌出量为 39 m^3/min，瓦斯来源为本煤层及上部邻近层及围岩涌出的瓦斯。

（2）高抽巷布设位置

28202 工作面开挖后裂隙导通情况见图 6.8。从图 6.8 可以看出，裂隙带及其以下的岩层在垂直方向可按主裂隙发育情况分为两个区域，即 0～15 m 和 15～40 m。在 0～15 m 垮落带中，裂隙充分发育，完全导通，而且多数的主裂隙发育到 15 m 时，即不再向上发育，转而横向贯通。而在 15～40 m 裂隙带范围内，除开采边界外，虽然也有裂隙发育和导通，但是竖向裂隙数量较少，裂隙的贯通性差。经统计，整个模型开挖 400 m 范围内，上邻近层 0～15 m 垮落带中共有 23 条主裂隙发育和导通，而在 15～40 m 裂隙带范围内，则只有 6 条主裂隙发育和导通。

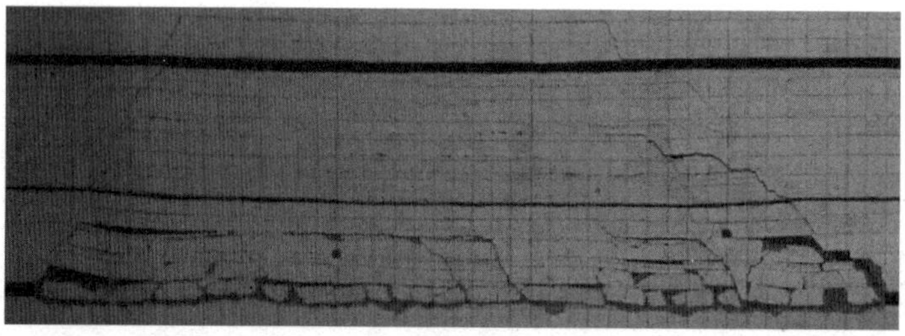

(a) 开挖 200 m

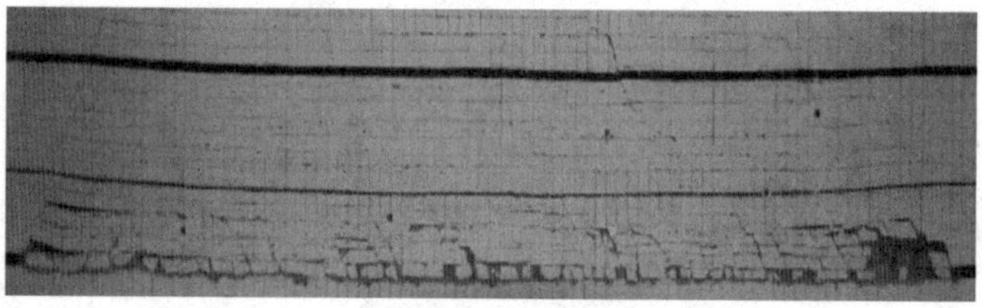

(b) 开挖 400 m

图 6.8　28202 工作面开挖后裂隙导通情况

综合以上分析，28202 工作面高抽巷的合理高度应根据抽采瓦斯的目的进行确定。如果要解决上隅角瓦斯超限问题，则应将高抽巷布置在裂隙带的下部。如果想抽采影响范围大，有效截断采空区及周围煤岩体瓦斯涌入回采空间，则应将高抽巷布置在裂隙带的中上部。此外，将高抽巷置于裂隙带的中上部，此时高抽巷不会随着裂隙带岩层的破坏而失稳，巷道维护相对简单。

图 6.9 为 28202 工作面采动边界的裂隙发育情况，永久边界侧的主裂隙沿 60°角发育。因此，在垂距 40 m 处，当高抽巷内错回风巷约 23 m 时，离层量达到最大，对竖向主裂隙的导通最充分。将高抽巷布置在该区域，瓦斯抽采量较大，能够有效控制上隅角瓦斯涌出。

28202 工作面高抽巷内错回风巷 25～30 m。此外，高抽巷沿 7# 煤层顶板施工，贯穿工作面走向长度，其与 8# 煤层的垂直距离在 24～45 m 左右，其中从 28202 工作面中开切眼向

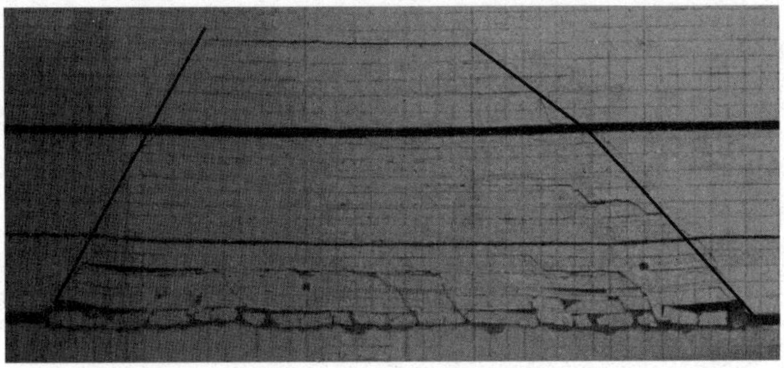

图 6.9　28202 工作面采动边界的裂隙发育情况

外 210 m 时，高抽巷与 8# 煤层的垂直距离为 24～40 m，由此再向外 520 m 后，高抽巷与 8# 煤层的垂直距离在 40～45 m 范围内变化；此后高抽巷与 8# 煤层的垂直距离为 40～24 m，高抽巷与工作面具体位置如图 6.10 所示。

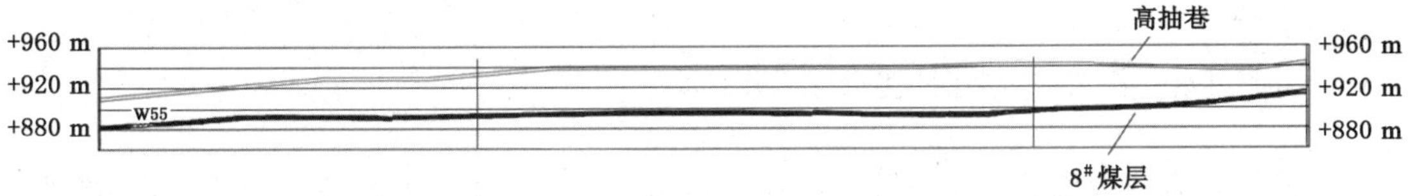

图 6.10　28202 高抽巷与煤层的剖面图

(3) 采空区瓦斯抽采效果分析

图 6.11 和图 6.12 为 28202 工作面推进 776 m 期间高抽巷的瓦斯抽采浓度与瓦斯抽采纯流量的变化情况。由图 6.11 可看出，高抽巷的瓦斯抽采浓度在抽采初期达到 21.3% 并迅速降低至3.1%，之后逐渐增加至 10% 左右，瓦斯浓度峰值达到 12.7%。由图 6.12 可看出，随着瓦斯抽采浓度的增高，高抽巷的瓦斯抽采纯流量也由初期的 8.43 m^3/min 增加至 20 m^3/min 左右，峰值为 25.91 m^3/min。在该期间，28202 工作面的绝对瓦斯涌出量平均为 39.32 m^3/min，其中风排瓦斯量平均为 11.46 m^3/min，瓦斯抽采总流量平均为 27.86 m^3/min，而高抽巷瓦斯抽采纯流量平均为 15.62 m^3/min，占抽采总流量的 56.1%，表明高抽巷抽采效果显著。

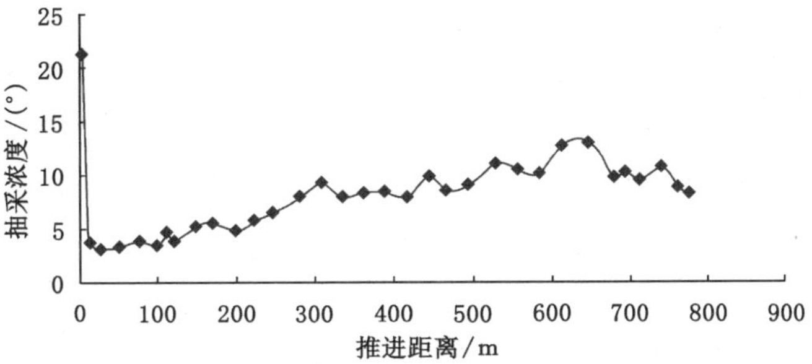

图 6.11　28202 工作面高抽巷瓦斯抽采浓度变化曲线

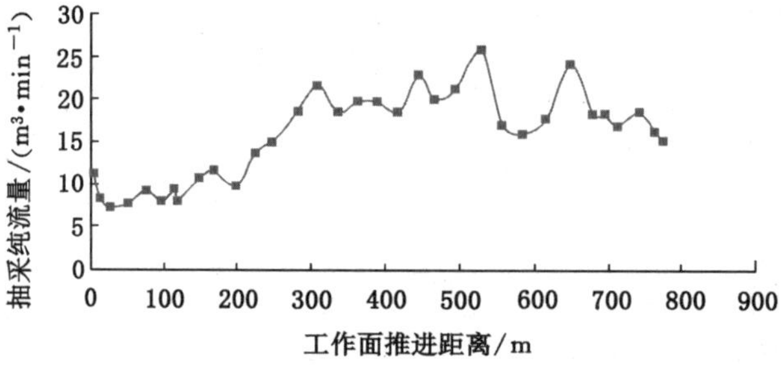

图 6.12　28202 工作面高抽巷瓦斯抽采纯流量变化曲线

高抽巷作为一种重要的瓦斯治理方法，由于抽采瓦斯浓度大、效率高和服务时间长等特点，在高瓦斯矿井得到了广泛应用。对高瓦斯工作面，高抽巷抽采方法有效解决了采动区邻近层瓦斯涌出的问题，尤其是治理综采工作面瓦斯超限的可行措施，初步实现了瓦斯“治得住”的目标。

6.3　顶板走向长钻孔卸压瓦斯抽采

高抽巷具有抽采流量大和抽采影响范围大、抽采率高、抽采连续持久等优点，但高抽巷岩土工程量较大，掘进周期长[136-137]。为了降低近距离煤层群瓦斯治理成本，结合定向长钻孔施工技术，西山矿区将顶板走向长钻孔运用于采空区垮落带及裂隙带的卸压瓦斯抽采实践中。顶板走向长钻孔抽采技术是向煤层顶板裂隙带施工大直径定向长钻孔(孔径高达 203 mm)抽采上邻近层卸压瓦斯，以提高采空区瓦斯抽采效果、减少采煤工作面瓦斯涌出量。与高抽巷相比，顶板走向长钻孔的施工量小、成本低，且钻孔布置更灵活。在实际应用中，仅用一个顶板走向长钻孔并不能完全替代高抽巷达到瓦斯抽采效果，因此，需布置若干个顶板走向长钻孔同时抽采，以达到与高抽巷基本相同的抽采效果。本节以屯兰矿 12407 工作面和杜儿坪矿 68310 工作面为例，介绍顶板走向长钻孔抽采技术在西山矿区的应用。

6.3.1　屯兰矿顶板走向长钻孔抽采

(1) 12407 工作面概况

12407 工作面位于南四盘区，回采 2# 煤层，平均厚度为 2.35 m，工作面走向长 1 800 m，倾向长 190 m，可采储量为 130.5 万 t。2# 煤层原始瓦斯含量最大为 13.47 m^3/t，经过本煤层预抽后，残余瓦斯含量降低至 4.0～5.7 m^3/t，其上邻近层为 02# 煤层，层间距为 9～10 m，下邻近煤层为 4# 煤层，层间距为 9～14 m。02# 煤层和 4# 煤层的瓦斯含量分别为 9.88 m^3/t 和 8.97 m^3/t。12407 工作面采用胶带巷进风，轨道巷回风，配风量为 1 600 m^3/min。在该工作面回采期间，绝对瓦斯涌出量为 26.34 m^3/min，其中最大风排瓦斯量为 6.4 m^3/min，回风流最大瓦斯浓度为 0.4%。

(2) 顶板走向长钻孔布置

在 12407 轨道巷(回风巷)共布置 3 个钻场，每个钻场布置 7 个顶板走向长钻孔，沿轨道巷走向钻进。钻孔设计长度 450 m，终孔水平间距 5 m，钻孔距工作面垂高控制在工作面采高的 10～12 倍，在 20～27 m 的位置最外缘钻孔内错轨道巷 10 m，通过 3 个钻场接替压茬，保证工作面连续抽采。钻场从工作面开切眼往外依次编号为 1#、2#、3#，每个钻场钻孔由里往外依次编号为 1#～7#。顶板走向长钻孔布置见图 6.13。

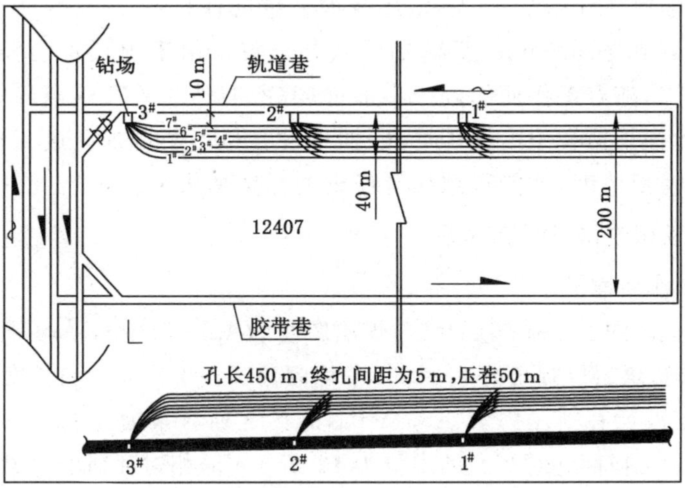

图 6.13 顶板走向长钻孔布置示意图

(3) 施工装备

顶板走向长钻孔由 VLD-1000 型钻机施工，钻具主要包括 DGS 孔底测量仪、孔内马达、定向钻头和 CHD70 重型 MECCA 钻杆等，其中孔内马达的装配情况如图 6.14 所示。VLD-1000 型钻机(千米定向钻机)的工作原理：利用机载高压水泵将水泵入孔内马达，驱动孔内马达转子高速旋转，从而带动驱动总成上的钻头旋转切割煤岩体实现钻进，同时利用导向系统使近水平钻孔轨迹按设计要求钻进至预定目标，即有目的地将钻孔轴线由弯变直或由直变弯。与此同时，孔底导向装置实时监测钻孔参数，进而确定孔内马达的造斜方向。

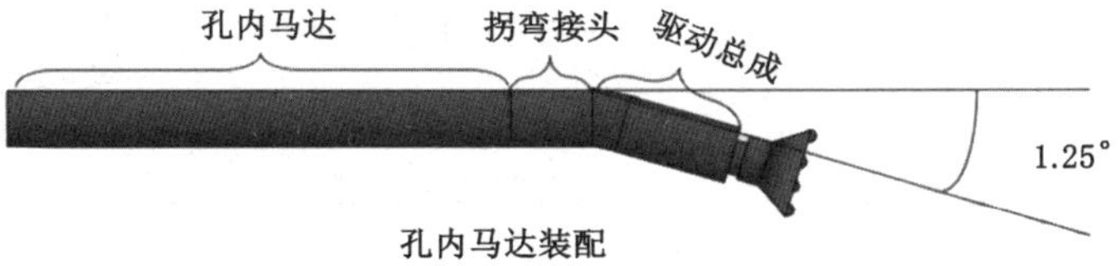

图 6.14 孔内马达装配示意图

(4) 抽采效果

以 1# 钻场的顶板走向长钻孔为例说明瓦斯抽采效果。在正常回采期间，顶板走向长钻孔瓦斯整体浓度维持在 30%左右，瓦斯抽采纯流量整体稳定在 3～4 m^3/min。对顶板走向长钻孔进行持续观测，结果表明：在工作面回采前，钻孔瓦斯浓度和抽采混合流量分别保持在 50%～90%、0.09～0.16 m^3/min，在此期间仅有少量瓦斯通过煤层顶板原生裂隙和孔口段进入钻孔，且漏入空气较少，因此瓦斯抽采浓度高、流量小；当工作面推过10～20 m时，钻场瓦斯浓度开始下降，抽采混合量开始大幅上升，尤其是3#～6#钻孔（垂高均在20 m），瓦斯浓度及瓦斯抽采量变化明显，钻孔瓦斯浓度均下降到20%～30%，钻孔混合流量上升到1.0～1.5 m^3/min；随工作面继续推进，1#、2#、7#钻孔（垂高在25～27 m）抽采效果开始显现，钻孔瓦斯抽采浓度保持在40%～50%，钻孔瓦斯抽采纯流量最大提高到0.76 m^3/min，瓦斯抽采效果最好。由于顶板走向长钻孔是在轨道巷开口往上爬升施工，随着工作面的进一步推进，其所有钻孔垂高逐渐降低，与采空区垮落带逐步接近，因此抽采钻孔浓度逐步下降，抽采混合量不断增加。进入这个阶段后，只有合理调控负压和瓦斯浓度，才能得到相对稳定的瓦斯抽采量。

6.3.2 杜儿坪矿顶板走向长钻孔抽采

（1）68310工作面概况

68310工作面位于北三8#煤层盘区，煤层厚度为4.2～5.3 m，平均厚度为4.5 m。煤层倾向大致为南西向，煤岩层倾角为1°～15°，平均倾角3°。工作面走向长度为881 m，倾向长度为240 m。煤层原始瓦斯压力为0.55 MPa，原始瓦斯含量为6.94～10.98 m^3/t，平均为9.71 m^3/t。68310工作面绝对瓦斯涌出量为42 m^3/min，相对瓦斯涌出量为10.24 m^3/t，工作面采用“U”形通风系统，配风量达到2 850 m^3/min。

（2）顶板走向长钻孔布置

在68310工作面回风巷内距开切眼600 m和1 060 m处分别施工1个钻场，每个钻场共施工5个顶板走向长钻孔，钻孔开孔间距为0.5 m，分别内错回风巷35 m、45 m、55 m、65 m和75 m，终孔垂高为50 m、50 m、55 m、55 m和60 m，钻孔深度为480～600 m。68310工作面顶板走向长钻孔具体布置见图6.15。

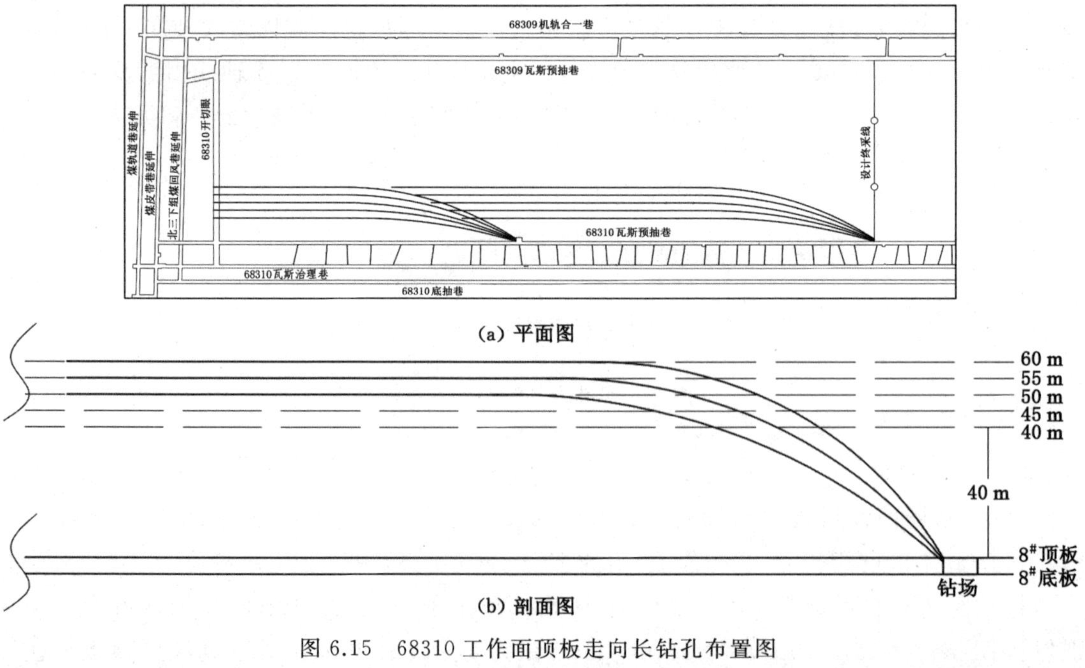

(b) 剖面图

图6.15　68310工作面顶板走向长钻孔布置图

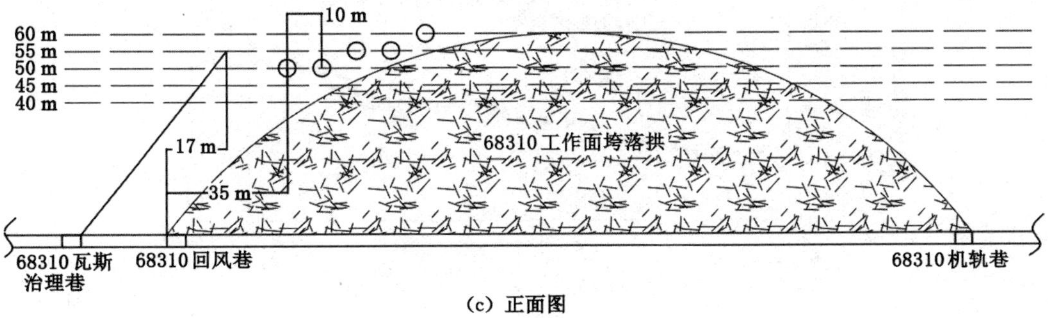

(c) 正面图

图 6.15（续）

(3) 抽采效果

68310 工作面回采初期，平均单孔瓦斯抽采浓度在 40%左右，支系统抽采纯流量为 2.1 m^3/min 左右。随着工作面不断向前推进，受工作面采动影响，平均瓦斯抽采浓度提高到 52%左右，支系统抽采纯流量最大提升至 34.5 m^3/min。68310 工作面顶板走向长钻孔不同抽采区域抽采参数见表 6.3。

表 6.3　68310 工作面顶板走向长钻孔不同抽采区域抽采参数统计表

回采区域	回采区域（0～50 m）		回采区域（50～100 m）		回采区域（100～150 m）		回采区域（150～200 m）		回采区域（200～250 m）		回采区域（250～300 m）	
	平均浓度/%	平均抽采纯流量/(cm^3/min^{-1})	平均浓度/%	平均抽采纯流量/(cm^3·min^{-1})	平均浓度/%	平均抽采纯流量/(cm^3·min^{-1})	平均浓度/%	平均抽采纯流量/(cm^3·min^{-1})	平均浓度/%	平均抽采纯流量/(cm^3·min^{-1})	平均浓度/%	平均抽采纯流量/(cm^3·min^{-1})
1#	5.2	0.011	11.8	0.126	30.6	3.380	32.3	4.949	41.1	6.852	30.9	5.442
2#	46.2	0.525	87.5	1.426	45.8	4.092	29.2	2.943	35.6	4.012	39.0	5.442
3#	65.3	0.415	71.6	1.189	60.0	4.548	50.6	4.051	45.7	5.935	40.7	6.783
4#	35.4	0.022	36.7	0.680	63.4	2.844	58.2	4.164	75.3	4.079	75.7	5.242
5#	52.4	0.560	85.8	1.788	65.0	3.111	57.1	3.161	65.1	4.822	71.6	5.787
平均值	40.9	0.31	59.68	1.04	52.96	3.60	45.48	3.85	52.56	5.14	51.58	5.74

68310 工作面顶板走向长钻孔纯瓦斯抽采总流量、各钻孔瓦斯抽采流量随工作面推进变化曲线分别见图 6.16 和图 6.17。由图 6.16、图 6.17 可知，随着工作面不断向前推进，顶板走向长钻孔的纯瓦斯抽采总流量不断升高，各钻孔的抽采流量也整体呈现上升趋势。当工作面推进至 245 m 左右(钻孔深入采空区 245 m 左右)时，各钻孔瓦斯抽采浓度及瓦斯抽采纯流量达到稳定峰值，采空区裂隙带发育趋于稳定，抽采效果达到最佳。此外，随着钻孔内错回风巷的距离增大，钻孔瓦斯抽采浓度不断升高，瓦斯抽采纯流量不断降低，符合工作面垮落拱发育趋势。

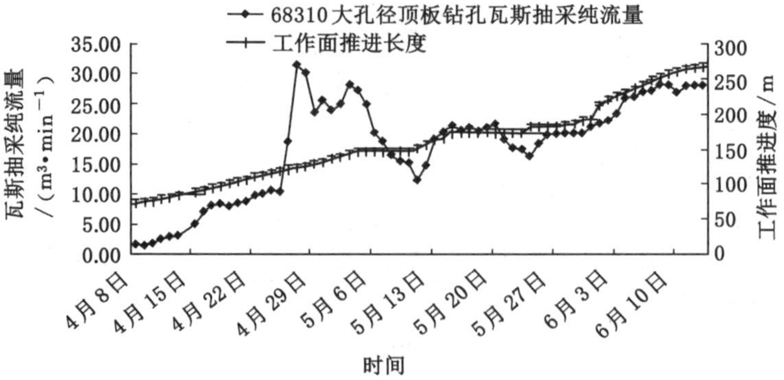

图 6.16　68310 工作面顶板走向长钻孔纯瓦斯抽采总流量变化曲线图

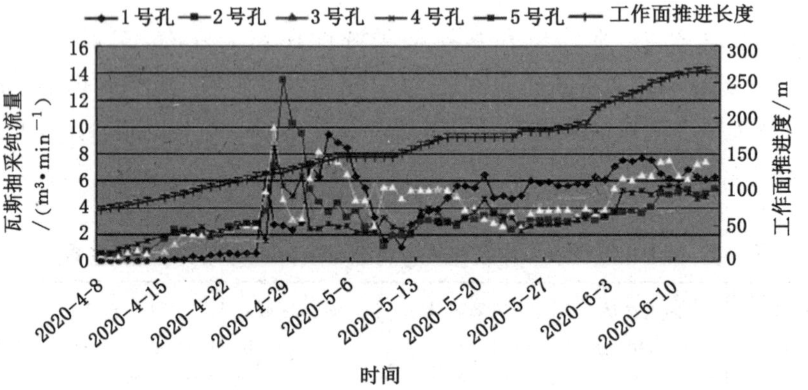

图 6.17　68310 工作面顶板走向长钻孔各钻孔瓦斯抽采纯流量变化曲线图

在 68310 工作面回采前 300 m 期间，由于顶板走向长钻孔抽采效果显著，大幅度降低了采煤工作面的瓦斯涌出量：上隅角瓦斯浓度最大为 0.42%，回风瓦斯浓度最大为 0.56%，保障了工作面的安全生产。

68310 工作面回风巷高位走向顶板钻孔共计施工 5 193 m，施工周期 6 个月；相邻工作面施工高抽巷(高抽巷长度以 1 400 m 计算）治理工作面上邻近层裂隙带内积聚瓦斯，需投入资金 1 490×10^7 元(含高位顺层钻孔施工费用)，施工周期为 5.5 个月。由此可知，在基本相同的施工周期内，高位走向顶板钻孔工艺治理工作面裂隙带内积聚瓦斯可以节省一半的资金费用，并且在工作面回采期间，可以根据回采进度及时调整钻孔抽采参数，在保证抽采效果的同时确保工作面安全稳定生产。

6.3.3　顶板走向长钻孔与高抽巷经济对比

(1) 经济成本

顶板走向长钻孔的施工平均成本为 820 元/ m，高抽岩巷(规格 3 m×3 m)施工平均成本为 8 100 元/ m。为直观对比两种方法的经济成本，现统一以走向长度为 1 000 m 的工作面为例进行成本计算说明。施工顶板走向长钻孔，一般 1 个钻场设计 3～7 个钻孔，本次以

7 个钻孔为例，需要施工 2 组钻场，每个钻孔长度为 500 m，总施工进尺为 7 000 m，总费用为 574 万元；高抽巷一般设计长度比工作面走向长度略短（工作面初采初放期间基本顶垮落一般在回采 20～30 m 之后），本次施工一条完整的高抽巷按 980 m 计算，总费用为 793.8 万元，两者相差 219.8 万元。考虑不同地域、不同地质条件、不同劳动组织方式等因素，1 个工作面高抽巷的成本费用大约是顶板走向长钻孔的 1.5～3 倍。

（2）施工工期

顶板走向长钻孔正常施工速度为 70～80 m/d，按 75 m 计算，同样以 1 000 m 工作面为例，施工完 2 个钻场 14 个钻孔共 7 000 m 进尺，理论上约需要 93.3 d，再考虑钻机搬家等情况，大约需要 100 d；高抽岩巷小断面（规格 3 m×3 m）一般采用炮掘方式，正常掘进速度为 3～4 m/d，取 3.5 m 计算，施工一条 980 m 长的巷道大约需要 280 d，两者相比工期上相差接近 2 倍。由此可见，顶板走向长钻孔具有施工周期短的特点，可以在一定程度上缓解矿井瓦斯治理与生产衔接紧张的局面。

6.4 超大直径钻孔采空区瓦斯抽采

回风隅角埋管抽采是西山矿区常用的一种抽采技术，可以大流量地抽采采空区瓦斯。然而，随着工作面推进，抽采管口位置会偏离原有位置，降采流量。此外，埋管抽采的管路加工、运输和连接等都将消耗大量的人力和物力。为了提高采空区抽采效果，西山矿区还发展了联络巷埋管抽采采空区瓦斯技术，但该技术不仅需要投入大量的财力和人力，同时大量的联络巷和密闭施工周期长，贯通过程中需要反复调风，对采掘衔接不利，且由于联络巷处于应力集中区的煤柱中，联络巷和密闭管理维护困难。

为解决上隅角和采空区瓦斯治理难题，提高抽采效果并节约成本，西山矿区提出了超大直径钻孔采空区瓦斯抽采技术，即用超大直径钻孔替代联络巷埋管抽采，不仅可大大降低采空区瓦斯抽采成本，也可实现低负压、大流量稳定抽采采空区瓦斯，大幅度降低采煤工作面的瓦斯涌出量，彻底解决采煤工作面采区瓦斯涌出量大和上隅角超限问题，为矿井的安全生产提供有力的保障。本节以马兰矿 10610 工作面和屯兰矿 22301 工作面为例，介绍超大直径钻孔抽采采空区瓦斯技术在西山矿区的应用。

6.4.1 马兰矿超大直径钻孔抽采

（1）10610 工作面概况

马兰矿的 02# 煤层为突出煤层，其原始瓦斯压力和瓦斯含量分别为 1.7 MPa 和 8.26 m^3/t。10610 工作面为南六采区 02# 煤层首采工作面，工作面走向长度为 975 m，倾斜长 185 m，平均采高为2.0 m，采用走向长壁式一次采全高的综合机械化采煤方法。轨道巷采用矩形断面，净宽 4.2 m，净高2.6 m；胶带巷采用矩形断面，净宽 4.5 m，净高 2.6 m。该工作面下方 20 m 范围内，赋存有 03#、2#、3# 和 4# 等煤层，各下邻近层的瓦斯含量均较大。

10610 工作面采用“U”形通风方式，工作面配风量为 1 354 m^3/min。根据分源预测法对瓦斯涌出量进行预测，10610 工作面回采期间绝对瓦斯涌出量为 34.54 m^3/min，其中本煤层瓦斯涌出量为 10.02 m^3/min，占瓦斯涌出总量的 29%，上邻近层瓦斯涌出量为 0.93 m^3/min，下邻近层瓦斯涌出量为 23.59 m^3/min，下邻近层瓦斯涌出量占瓦斯涌出总量的 68%。因此，10610 采煤工作面的瓦斯大部分来自下邻近层，其次来自本煤层，极少部分来自上邻近层。一方面，本煤层瓦斯是采煤机割煤落煤期间，由于煤炭的状态发生改变，造成大量的瓦斯涌出。另一方面，02#煤层下邻近层较多，且瓦斯含量较大，随着工作面煤层开采，煤层顶、底板原始地应力释放，下邻近层会有不同程度的膨胀变形，裂隙增多，孔隙率增大，因此下邻近层瓦斯大量释放，通过孔隙裂隙涌入采空区。在工作面回采过程中，采空区大量瓦斯涌出，上隅角瓦斯易超限，将严重威胁工作面的生产安全，并造成上隅角瓦斯管理非常困难。

(2) 超大直径钻孔布置参数

在超大直径钻孔不同布置方案条件下，采空区瓦斯浓度场见图 6.18。

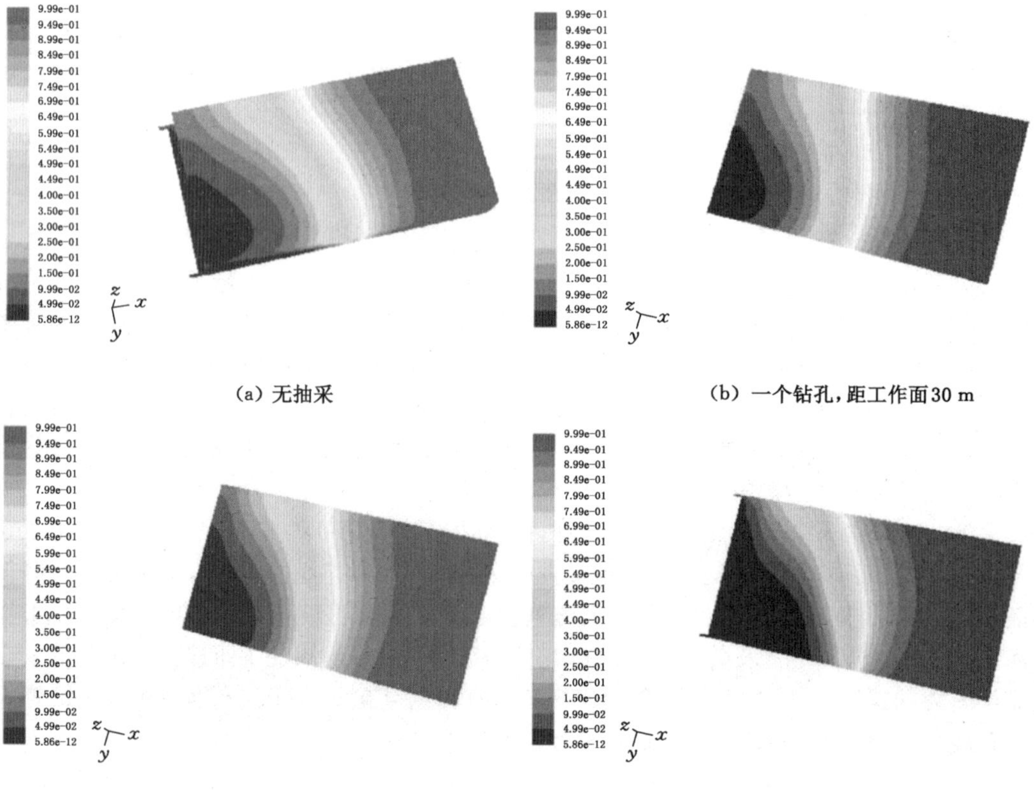

(a) 无抽采　　(b) 一个钻孔，距工作面 30 m

(c) 两个钻孔，分别距工作面 30 m、60 m　　(d) 三个钻孔，分别距工作面 30 m、60 m、90 m

图 6.18　采空区超大直径钻孔抽采条件下采空区瓦斯浓度场

由上述数值计算结果可看出，在距工作面 30 m 处布置一个超大直径钻孔抽采时，上隅角瓦斯有明显降低，在距工作面 30 m、60 m 处分别布置两个超大直径钻孔抽采时，距工作面 30～50 m 瓦斯浓度有大幅下降，特别是 30～60 m 区域的瓦斯浓度从 20%～50%降到了 10%～15%水平。通过数值模拟结果，可以得到抽采后上隅角瓦斯浓度降到了 0.8%以下。在距工作面 30 m、60 m、90 m 处分别布置三个超大直径钻孔抽采时，采空区瓦斯浓度场重新分布，主要是超大直径钻孔抽采口附近由于受到抽采负压影响，瓦斯浓度有大幅下降。根据数值模拟结果可知，每隔 30 m 布置一个超大直径钻孔抽采时，上隅角瓦斯浓度下降到了 0.7%以下，抽采效果良好。

在 10610 工作面的邻近巷道(10610 措施巷)向 10610 工作面轨道巷施工超大直径钻孔,沿工作面走向每 30 m 左右施工一个钻孔,共施工 6 个钻孔,1# ～6# 钻孔分别位于 10610 措施巷的 110 m、140 m、170 m、200 m、230 m 和 260 m 处,见图 6.19。

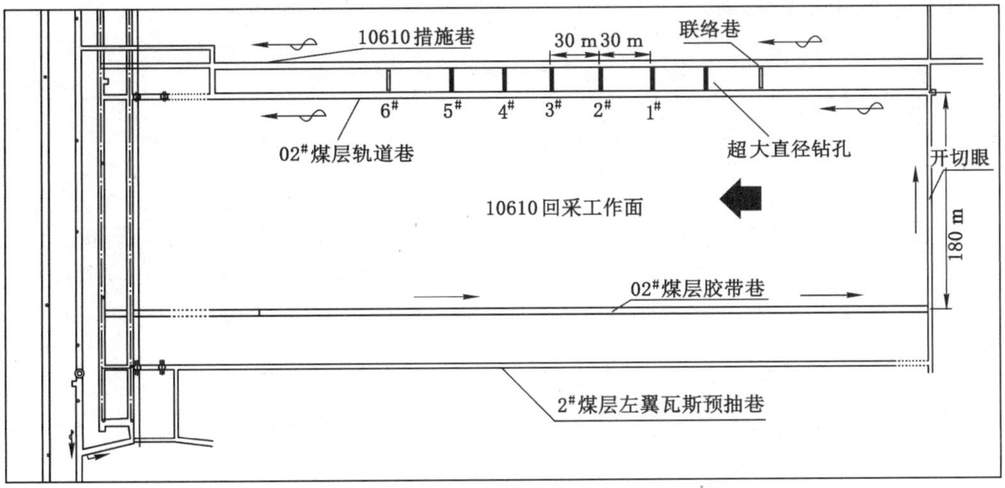

图 6.19　超大直径钻孔施工位置

(3) 超大直径钻孔施工与接抽

利用超大直径钻机[图 6.20(a)],在 10610 措施巷内垂直于保护煤柱向 10610 工作面施工采空区超大直径钻孔(孔径为 550 mm),钻孔深度为 20 m,开孔高度为 1.1 m,现场施工如图 6.20(b)所示,钻孔剖面见图 6.20(c)。超大直径钻机组成及相关参数见表 6.4。钻孔施

(a) 钻机外观

(b) 大直径钻机井下施工

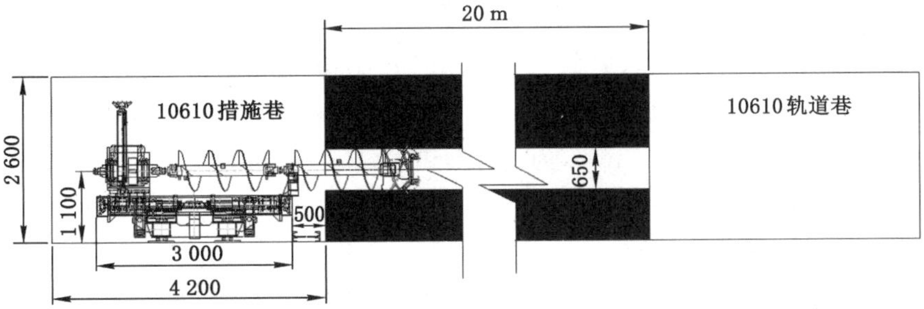

(c) 采空区超大直径钻孔剖面图

图 6.20　超大直径钻机外观及施工图、钻孔剖面图

工结束后，下入直径为 426 mm 的抽采管（具体参数见表 6.5），并采用聚氨酯进行封孔，封孔长度为 6 m（钻孔两端分别封 3 m）。抽采管同时起到护孔的作用，可保障抽采瓦斯流动通道的畅通。为了避免护管内因碰撞晃动而影响封孔质量，降采效果，孔口尚需用水泥砂浆将护管固定牢固或用木楔塞紧。

表 6.4　超大直径钻机组成及参数表

	名称	型号	数量	备注
1	主机/套	Z90/120	1	1 套主机包括 1 件动力部，1 件中间架，2 件侧架，2 件延伸架，1 件行走部，1 件对接架
2	钻具/m		30	30 m 钻具包括 18 节中间钻杆，1 节首节钻杆，1 个钻头
3	起吊装置/套		1	
4	喷雾设施/套		1	
5	液压系统/套		1	
6	电控系统/套		1	
7	刮板运输机/套	17B	1	

表 6.5　抽采参数表（螺旋焊缝钢管）

管径/mm	单管长度/m	壁厚/mm	连接方式	材质
426	1.6	6	内插式螺母连接	螺旋焊缝钢管

10610 工作面的措施巷内部设置有两趟抽采管路及抽采阀门，管路的直径为 ϕ325 mm。封孔之后，将超大直径钻孔中的抽采管利用变径通过软管与 10610 工作面措施巷内的 ϕ325 mm 抽采管路相连，并入抽采系统。工作面瓦斯抽采系统的附属装置主要包括计量装置、放水器、排渣器等；其中计量装置用于对抽采钻孔及管路瓦斯抽采压力、浓度及流量等参数的观测，抽采系统中原有管路的孔板流量计可作为计量装置；可以采用人工放水器或者自动放水器，在必要时可在放水器上设置阀门对放水时间及放水量进行控制。

此外，马兰矿低负压抽采系统工况状态下泵流量为 832 m^3/min，10610 工作面低负压抽采系统管路流量约为 100 m^3/min，为了保证超大直径钻孔有足够的流量，开启大直径钻孔抽采时关闭上隅角插管抽采[138]。因此，抽采管路的流量为 100～120 m^3/min。

（4）超大直径钻孔抽采运行

当超大直径钻孔开始抽采时，为了保证采空区瓦斯抽采效果，保持滞后切顶线 1～2 个超大直径钻孔完全打开抽采，而其他钻孔为控制抽采或停抽。超大直径钻孔抽采的接续方式为：当工作面推过 $i^{\#}$ 钻孔 5 m 后，打开阀门使该钻孔开始抽采采空区瓦斯；此时为抽采接续时期，共有 2 个钻孔共同抽采瓦斯，即 $i^{\#}$ 钻孔与 i-$1^{\#}$ 钻孔共同抽采瓦斯；工作面继续向前推进 5 m 后，开始进入正常抽采时期，此时关闭 i-$1^{\#}$ 钻孔的阀门，仅有 $i^{\#}$ 钻孔抽采采空区瓦斯。这种接续方案实现了工作面上隅角区域附近和采空区内同时连续抽采，既加强了对采空区内瓦斯控制，又有利于工作面上隅角瓦斯浓度的控制。

(5) 超大直径钻孔瓦斯抽采效果分析

采空区超大直径钻孔进行抽采后，工作面每推进 5 m 测量一次钻孔的抽采浓度，超大直径钻孔的抽采浓度的变化见图 6.21。由图 6.21 可知，随着工作面向前推进，钻孔瓦斯抽采浓度呈逐渐增高趋势，在工作面推过钻孔 25 m 左右时抽采浓度达到最高，此后逐渐降低[139]。采空区超大直径钻孔抽采过程中，上隅角瓦斯浓度变化见图 6.22。由图 6.22 分析可知，超大直径钻孔开始抽采后，随着抽采负压向采空区内转移，钻孔抽采对上隅角的控制作用逐渐减弱，导致上隅角瓦斯浓度逐渐增大。当工作面推过钻孔 20 m 至 30 m 的区域时，上隅角瓦斯浓度上升幅度显著增加；当新钻孔开始抽采后，上隅角瓦斯浓度迅速下降，随后又逐渐升高。在采空区超大直径钻孔抽采期间，上隅角瓦斯浓度在 0.3%～0.8%波动，处于可控范围之内。

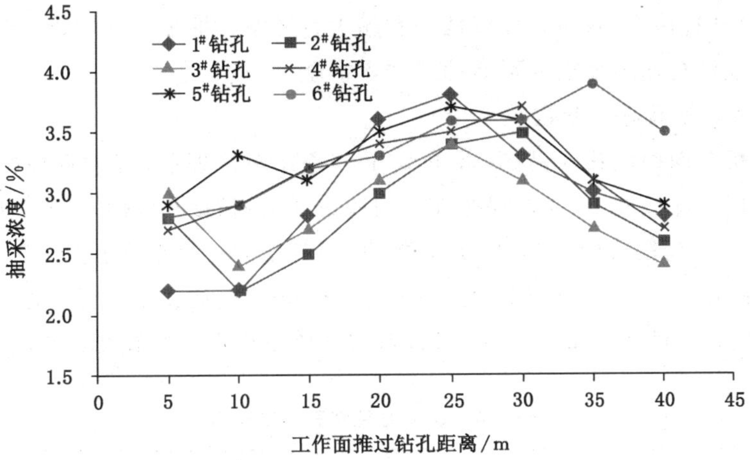

图 6.21 超大直径钻孔瓦斯抽采浓度变化曲线

6.4.2 屯兰矿超大直径钻孔抽采

(1) 22301 工作面概况

22301 工作面位于北三盘区右翼，西接北三回风巷，东至北一盘区边界煤柱，与 22118 采空区最短间距为 36 m，南邻 22303 工作面(未布置)，北邻风坪岭断层保护煤柱。该工作面所采煤层为 $2^{\#}$ 煤层，煤层厚度为 4.16～5.14 m，均厚 4.65 m，平均倾角为 4°，煤层瓦斯原始含量为 6.48 m^3/t。22301 工作面走向长 2 444 m，倾斜长 205 m，采用走向长壁后退式一次采全高全部垮落法的综合机械化采煤方法。$2^{\#}$ 煤层的上下邻近层分别为 $02^{\#}$ 煤层和 $4^{\#}$ 煤层，本煤层与上下邻近层间的平均间距分别为 14.54 m 和 8.6 m。

22301 工作面采用“U”形通风系统，工作面正常回采期间的绝对瓦斯涌出量为 12.07～

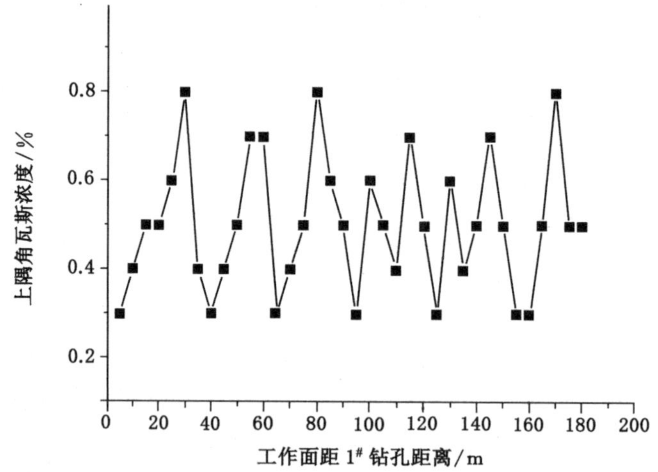

图 6.22　上隅角瓦斯浓度变化曲线

15.83 m^3/min。为了治理瓦斯灾害，该工作面采用的抽采方法主要有本煤层抽采、裂隙带钻孔抽采、上隅角悬管抽采、联络巷埋管抽采和超大直径钻孔抽采。其中，上隅角悬管、联络巷埋管和超大直径钻孔均为采空区瓦斯抽采技术措施。

(2) 超大直径钻孔施工参数

在 22301 工作面回风巷外错 25 m 布置了一条瓦斯治理巷，超大直径钻孔从瓦斯治理巷开口垂直于保护煤柱施工，穿过保护煤柱与胶带巷贯通；钻孔间距 40 m，从巷道口到工作面里程 2 000 m(开切眼方向)共计施工钻孔 50 个。超大直径钻孔孔径 550 mm，开孔高度为1 100 mm，钻孔施工完后，使用钻机埋入 ϕ426 mm 钢制护管短节，作为瓦斯抽采管。22301 工作面超大直径钻孔布置见图 6.23，超大直径钻孔施工参数见表 6.6。

表 6.6　超大直径钻孔施工参数

钻孔孔径/mm	开孔高度/mm	仰角/(°)	与巷道夹角/(°)	护孔管径/mm	钻孔总长度/m	钻孔间距/m
550	1 100	1～3	90	426	20	40

(3) 超大直径钻孔替代联络巷埋管抽采效果分析

在 22301 工作面回采初期，主要利用上隅角悬管抽采采空区瓦斯，即在胶带巷敷设一趟 ϕ426 mm 抽采管路，尾部接伸缩风筒埋入上隅角，利用负压抽采上隅角瓦斯。但是，上隅角悬管抽采能力有限，不能有效地解决上隅角瓦斯浓度高的问题，常常造成瓦斯浓度预警。

为解决上隅角瓦斯控制难题，22301 工作面回采过联络巷后，立即使用联络巷埋管抽采采空区瓦斯，如图 6.24 所示。利用联络巷埋管抽采后，抽采系统混合流量由原来的 100 m^3/min 增加至 156 m^3/min，上隅角瓦斯浓度控制在 0.46%～0.58%，各点瓦斯浓度较为稳定，回采工作稳步推进。但是，工作面的联络巷间距一般为 130 m，随着工作面回采推进，隔离墙抽采瓦

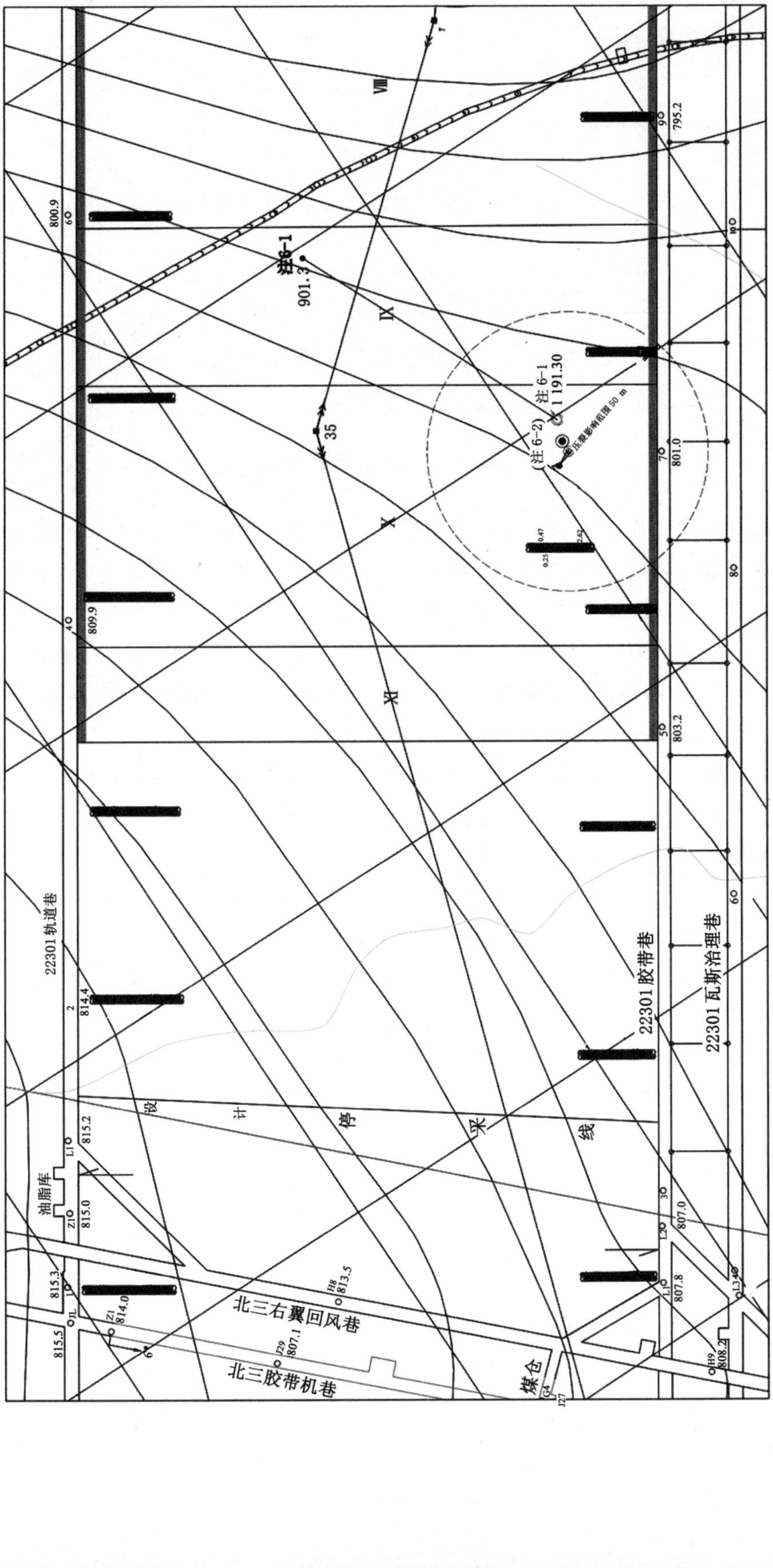

图 6.23 22301工作面超大直径钻孔布置示意图

斯通道在地应力作用下会发生一定程度的挤压变形，甚至倒塌，影响采空区瓦斯抽采效果，难以保障工作面正常推进。

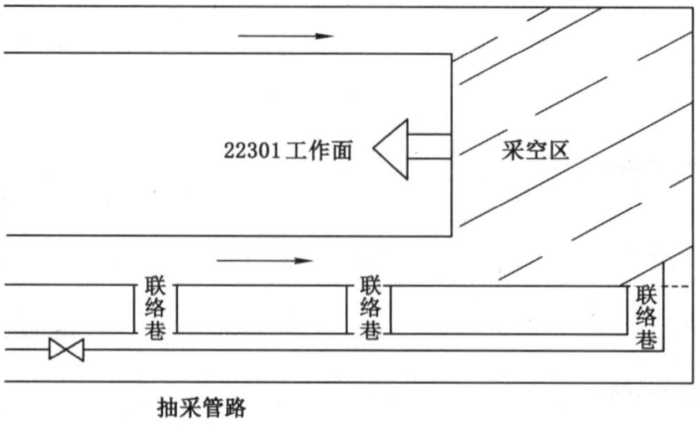

图 6.24　联络巷埋管抽采

为更好地解决工作面上隅角瓦斯控制难题，在工作面回采至 2 000 m 区域时，开始利用超大直径钻孔抽采采空区，混合流量可达 152 m^3/min，上隅角瓦斯浓度在 0.4%～0.53%，大幅度降低了采空区瓦斯涌出，为工作面的安全回采奠定了坚实的基础。

22301 工作面上隅角悬管抽采时，瓦斯抽采纯流量为 2.9～3.2 m^3/min，抽采混合流量为 85～100 m^3/min，上隅角瓦斯浓度为 0.76%～0.86%，抽采基本能满足工作面生产要求；联络巷埋管抽采时，瓦斯抽采纯流量为 3.9～4.1 m^3/min，抽采混合流量为 136～156 m^3/min，上隅角瓦斯浓度为 0.46%～0.58%；超大直径钻孔抽采时，瓦斯抽采纯流量为 4.15～4.8 m^3/min，抽采混合流量为 133～152 m^3/min，上隅角瓦斯浓度为 0.40%～0.53%，抽采效果明显高于上隅角悬管抽采和联络巷埋管抽采。

(4) 超大直径钻孔与联络巷埋管经济对比

超大直径钻孔：从工作面巷道口至 2 000 m，每 40 m 施工一个直径为 550 mm 的钻孔，共施工 50 个，单孔长度为 20 m，共计工程量为 1 000 m；钻孔施工费用按每综合米 1 500 元计算，总价为 150 万。

联络巷埋管：瓦斯治理巷与胶带巷之间平均距离为 20 m(即联络巷长度为 20 m)，联络巷间距约为 130 m，则 2 000 m 巷道共施工 15 个联络巷；联络巷施工费用平均为 6 100 元/m，因此，施工联络巷需总费用 183 万元。永久密闭综合材料费用按 45 000 元/个计算，施工 15 个永久密闭需 67.5 万元。从工作面巷道口至 2 000 m 处施工联络巷和密闭共需费用 250.5 万元。

综上所述，与联络巷埋管抽采相比，施工超大直径钻孔治理瓦斯可节省费用 100.5 万元，同时节省了劳动力，确保了安全生产。

6.5　地面“L”形采动钻井瓦斯抽采

在实施井下顶板走向长钻孔代替高抽巷抽采的同时，为进一步破解治理工程受井下巷道空间限制的难题，西山矿区开始实施地面“L”形采动钻采动钻井代替高抽巷抽采。与传统的地面垂直采动钻井相比，地面“L”形井在垂直钻井井身的基础上另加一段水平井段，既能有效替代高抽巷抽采工作面上覆裂隙带内的卸压瓦斯，又增加了钻井与抽采区域的接触面积，使抽采效果最大化、最优化。地面“L”形采动钻井可实现单井采动抽采、采后抽采的“一井多用”功能，从根本上解决上邻近层瓦斯治理成本高、周期长等问题，显著提高了西山矿区近距离突出煤层的瓦斯抽采效果。本节以屯兰矿 12408 工作面为例介绍地面“L”形采动钻井抽采技术。

6.5.1 屯兰矿 12408 工作面概况

12408 工作面位于南四盘区，南接 12412 工作面，西北为 12406、12402 采空区，东北为大川河煤矿，盖山厚度约为 185～361 m。该工作面为 2# 煤层、3# 煤层合并开采，2# 煤层厚度约为 3.01 m，3# 煤层厚度约为 0.91 m，煤层之间有 0.73 m 的碳质泥岩，煤岩总厚度为 4.65 m，含矸率为 0.15%。工作面整体为单斜构造，向南西倾斜，煤层倾角为 3°～5°，平均为 3.5°。2# 煤层原始瓦斯含量为 10.02 m^3/t，原始瓦斯压力约为 1.04～1.24 MPa。12408 工作面斜长 235 m，可采走向长 670 m，采用“U”形通风方式，正常生产期间进风量为 1 485 m^3/min、回风量为 1 500 m^3/min，绝对瓦斯涌出量为 25 m^3/min。

12408 工作面采用了顺层钻孔抽采、风排、联络巷埋管抽采等措施；为了保障瓦斯抽采效果，采用地面“L”形采动钻井代替高抽巷，既能超前抽采本煤层工作面前方受开采影响的卸压瓦斯和采空区的高浓度瓦斯，又能抽采受采动影响的邻近层卸压瓦斯，并且由于其抽采的瓦斯浓度高、流量大而可以得到充分利用。

6.5.2 地面“L”形采动钻井位置与井身结构

地面“L”形采动钻井井身包括竖直段、弯曲段和水平段，其中水平段是抽采卸压瓦斯的主要井段，因此水平段的位置是卸压瓦斯抽采效果的重要影响因素。一方面，水平段应布置在瓦斯富集区，因此其位置须同时满足纵向处于裂隙带、横向处于“O”形圈回风侧的条件；另一方面，水平段应垂直于主裂隙方向，或者同主裂隙大角度斜交方向，使水平井的生产影响范围最大。此外，对于地质构造复杂、断层及陷落柱发育的地区，水平段布置时应尽量避免或减少构造对其影响。

按照《煤层气钻井作业规范》(DZ/T 0250—2010)的相关要求，在选择实验井位时，主要考虑如下内容：① 井位选择。应选择地形缓且交通便利的位置，便于施工、投运及利用。② 煤炭采掘衔接的问题。根据采掘接续计划和对 12408 工作面裂隙带分布规律的研究，将水平段水平位置设计在靠近回风巷一侧裂隙带 33.2 m 处，纵向位置设计在导气裂隙带 15～54 m 内。

地面“L”形采动钻井在 12408 工作面的布置见图 6.25，沿采煤工作面方向延伸，投影长度约 776 m。地面“L”形采动钻井采用“单弧剖面”(直-增-水平)三段制剖面形式，如图 6.26 所示。该剖面相对简单，工具选择方便，施工易于控制；三段制剖面弯曲(高造斜率段)井段相对较短，利于降低钻柱下入阻力，确保钻具能够安全顺利通过弯曲段，利于钻井成本控制，确定造斜率为7°/(30 m)～9 °/(30 m)。目的层水平段采用裸眼完井的方式。水平段距煤层垂直距离为 15～54 m。

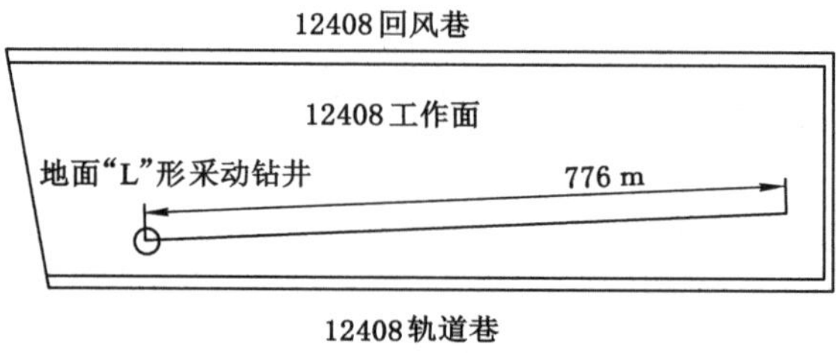

图 6.25　12408 工作面地面“L”形采动钻井平面布置图

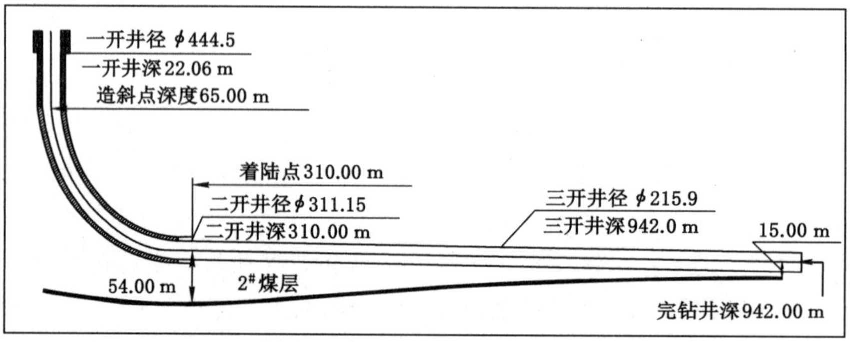

图 6.26　地面“L”形采动钻孔轨迹示意图

具体井身结构如下：① 一开采用准 ϕ444.5 mm 牙轮钻头，钻穿基岩风化带 20 m 后，预计井深 20.00 m(以实钻地层为准)，下准 ϕ377.7 mm 钢级 J55 表层套管，封固地表疏松层。下入深度约 20 m，注水泥全封固。② 二开采用 ϕ311.1 mm 钻头钻进至煤层顶板 54 m，下入准 ϕ244.5 mm 钢级 J55 技术套管，固井注水泥返至地面。③ 三开采用准 ϕ215.9 mm 的钻头进行钻进，先钻竖直穿煤段探明煤厚及埋深等以便更好地钻水平段，然后从造斜点到穿煤段充填好后，再从增斜段到水平段钻至靶点并延伸，完钻。

6.5.3　应用效果与技术优势分析

地面“L”形采动钻井于 2015 年 05 月 23 日开始施工，2015 年 07 月 10 日施工完毕。该钻井稳定运行了 150 d，抽采负压为 18～20 kPa，瓦斯抽采浓度最高可达 96%，最高日产气量达 3.3×10^4 m^3，平均每天抽出瓦斯约 1.8×10^4 m^3。地面“L”形采动钻井未投运前，12408 工作面日均出煤 15 525 t；“L”形井投运后工作面日均出煤 18 261 t，且工作面回风瓦斯浓度从 0.98%左右逐渐降低，最终稳定在 0.75%左右，保障了工作面的安全生产。地面“L”形采动钻井不仅覆盖范围广，而且取得了比竖直钻井更好的抽采效果。

地面“L”形采动钻井与普遍采用的高抽巷瓦斯抽采技术相比，所表现的优势如表 6.7 所示。

表 6.7 技术优势对比

对比项目	地面“L”形采动钻井	高抽巷
成本/(万元・m^{-1})	1.0	1.5
单进/(m・月$^{-1}$)	400	80
工程价值	一井多用	工作面回采后封闭报废
采掘平衡	与井下生产活动在不同空间和不同时间实施,大大缓解生产衔接紧张的被动局面	采掘接续紧张

6.6 瓦斯抽采钻孔高效密封

钻孔的封孔质量和封孔深度是影响钻孔瓦斯抽采效果的重要因素之一。西山矿区钻孔封孔工艺主要有“两堵一注”封孔、囊袋式注浆封孔、双囊袋封孔器和无机封孔材料联合封孔,其中“两堵一注”是最常用的封孔工艺。

“两堵一注”封孔工艺主要利用聚氨酯或其他膨胀封孔剂的膨胀性和早强性,在钻孔两端形成一个相对闭合的注浆空间,随后向注浆空间注入封孔材料(图 6.27),注入的封孔材料一方面能够填充抽采后期裂隙通道,另一方面封孔材料凝固后,对钻孔产生支撑作用,使钻孔得到可靠支护,增加钻孔稳定性,消除新生漏气通道,有效提高瓦斯抽采浓度和瓦斯纯流量[140-145]。因此,“两堵一注”封孔工艺中膨胀剂和封孔材料的选用对封孔效果至关重要,为此西山矿区主要从优化封孔材料配比和改进注浆工艺两个方面,提出了改进型“两堵一注”封孔工艺,能够最大限制地使浆液能够封堵钻孔周围裂隙通道,进一步提高钻孔瓦斯抽采效果。

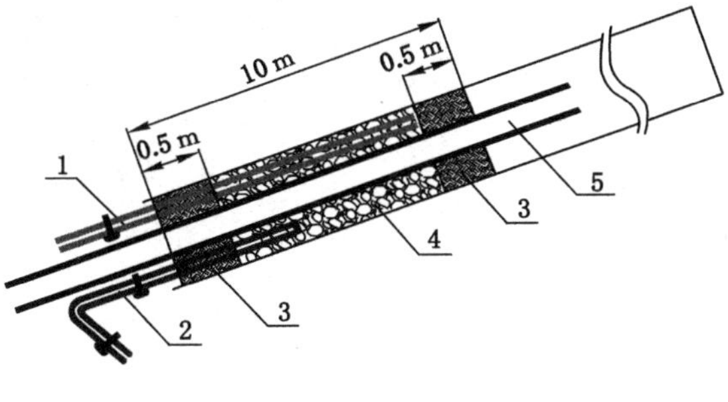

1—回浆管;2—注浆管;3—树脂膨胀材料;4—注浆充填材料;5—瓦斯抽采管。

图 6.27 “两堵一注”带压封孔示意图

6.6.1 封孔材料配比优选

目前,常用的封孔材料水泥浆液,其配比是影响封孔材料性能的关系因素。为选定合适的水泥浆配比,西山矿区测定了不同水泥浆液配比条件下浆液经 12 h 凝固后的收缩率以及

7 d 力学强度。测试样品共分为两组，第一组样品配制材料仅为425号水泥和水，依次编号＃1～＃4，第二组样品配制材料添加了U型混凝土膨胀剂(UEA-Ⅱ)，依次编号＃5～＃8。测试样品的质量配比见表6.8。

表6.8 测试样品的质量配比表

组号	编号	水泥与水配比
第一组	＃1	1∶0.7
	＃2	1∶1.0
	＃3	1∶1.2
	＃4	1∶1.5
组号	编号	水泥、膨胀剂和水的配比
第二组	＃5	1∶0.1∶0.8
	＃6	1∶0.1∶1.0
	＃7	1∶0.1∶1.2
	＃8	1∶0.1∶1.5

不同配比的样品12 h凝固后的收缩率见图6.28，由图6.28可以看出，样品收缩率随水泥浆浓度的减小而增大，当水泥与水配比由1∶0.7增大至1∶1.5时，样品收缩率由17.1%提高至41.4%。水泥浆收缩率越大，浆液凝固后易在注浆空间内产生收缩缝，严重影响封孔效果。此外，在水泥浆中加入膨胀剂后，样品的收缩率显著降低，以水泥与水配比为1∶0.7样品为例，添加膨胀剂后，样品的收缩率降低了48.54%，表明浆液中添加质量配比为0.1的膨胀剂，能够显著提升"两堵一注"工艺封孔效果。

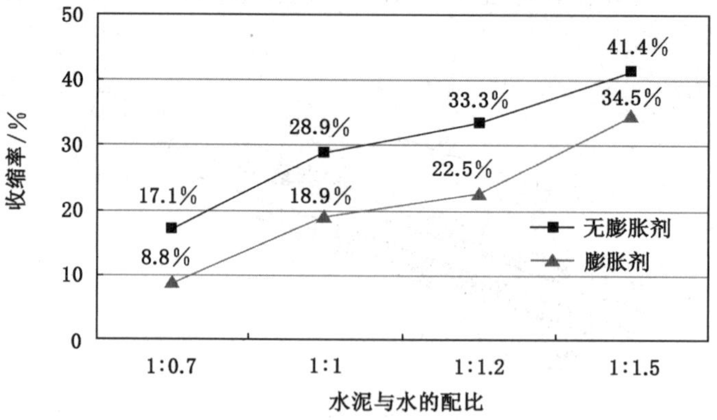

图6.28 不同配比的样品12 h凝固后的收缩率

不同配比的样品7 d抗压强度见图6.29，由图6.29可以看出，样品的抗压强度随水泥浆浓度的减小而减小，表明在实践应用中浆体浓度越小，浆液凝固后对钻孔的支撑性能越差，容易造成塌孔，严重影响封孔效果。此外，当水泥与水配比分别为1∶0.7、1∶1、1∶1.2和1∶1.5时，加入质量配比为0.1的膨胀剂后，样品的抗压强度分别减小了6.45%、33.33%、

40.74%和14.71%，表面浆体中加入膨胀剂同样会减小样品的抗压强度，影响钻孔的封孔效果。

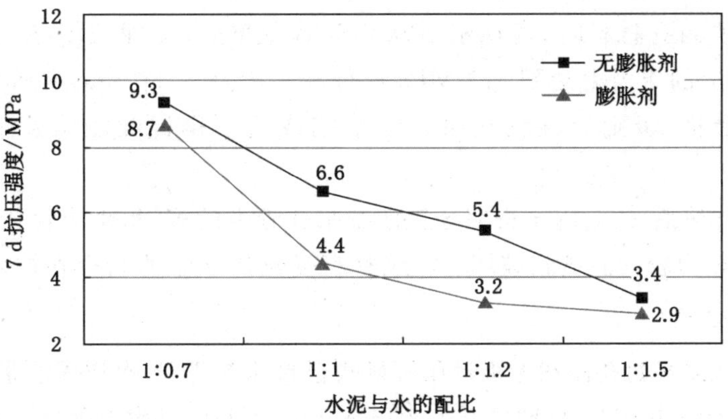

图 6.29　不同配比的样品的抗压强度

综上所述，为了使得封孔材料凝固后对钻孔具有良好的支撑性，封孔材料中水泥质量和膨胀剂质量并保持在合理范围内，因此西山矿区将封孔材料的最佳配比确定为水泥、水和膨胀剂重量比为1∶0.7∶0.1。

6.6.2　多次加压注浆封孔新工艺

为了最大限度地使水泥浆液进入钻孔周围裂隙通道，提高“两堵一注”封孔工艺封孔效果，西山矿区提出多次加压注浆封孔新工艺。第一次注浆，利用水泥浆自重承压，孔口回浆管返浆后及时关闭注浆管闸阀，间隔1～2 h后（水泥与水搅拌后2 h内），水泥浆沉淀收缩，加注第二次，泵压稳定在3 MPa以上注浆结束。第一次注浆主要堵注封孔管与钻孔壁间隙，以及钻孔壁发育的裂隙；第二次注浆主要堵注第一次水泥浆收缩缝及钻孔周边围岩裂隙。若第二次注浆时注浆量较大或泵压未达到3 MPa时即返浆，在间隔1～2 h后，加注第三次，直至符合要求。

多次加压注浆封孔新工艺主要技术特点：

（1）树脂包的封堵可以承受一定的水泥压力，钻孔周围的裂隙得到充填，消除漏气通道（裂隙），增加钻孔的封孔气密性。

（2）水泥凝固后，钻孔与围岩形成一体，钻孔抗变形能力得到提高，巷道围岩得到加固，变形量减小，从而保证钻孔的稳定，使钻孔周围不再产生新的漏气通道（裂隙）。

（3）可根据围岩裂隙发育情况，合理确定注浆段长度，提高工作效率，节约封孔材料。

实施多次加压注浆封孔新工艺，需要注意的事项主要有：

（1）严格按照措施要求的工序、工艺和时间进行封孔，防止因封孔不及时或质量不合格造成的延迟喷孔伤人及瓦斯超限事故发生。

（2）明确封孔标准并实行挂牌管理。施工措施必须明确钻孔的封孔参数及封孔工艺，即封孔长度、封孔管径、充填材料、封孔时间及封孔的严密度指标。封孔牌板上必须填写封孔长度、封孔时间及责任人。

(3) 导气管应采用内径为 12.7 mm(4 分管)的高压软管、钢管或其他抗高压管,抗压强度不低于 1 MPa。导气管应露出孔口 0.3 m 以上,并安装阀门。

(4) 注微膨胀封孔材料时,发现浆液从导气管流出后,立即关闭导气管上的阀门,继续注浆至注浆管上的压力表达到 1.5 MPa 后停注。停注后 30 min 内压力表变化量不大于0.5 MPa方为合格,否则应继续注浆。注浆完成后不得拆除注浆管上的单向阀和压力表。

(5) 注浆及注浆后 24 h 内不得完全关闭抽采孔管上的阀门,防止封孔材料在尚未凝固牢固时由于瓦斯压力较大而遭到破坏。注浆材料凝固 24 h 后方可合茬抽采。

6.6.3 瓦斯抽采效果

为对比钻孔双囊袋封孔器和无机封孔材料联合封孔工艺、多次加压注浆封孔工艺的封孔效果,在马兰矿 12408 轨道巷共选择 10 个顺层钻孔进行封孔,其中每种封孔工艺 5 个钻孔。

两种封孔工艺条件下钻孔瓦斯抽采浓度和瓦斯抽采纯流量见图 6.30,由图 6.30 可以看出,采用多次加压注浆工艺封孔的钻孔抽采浓度比采用双囊袋封孔器和无机封孔材料联合封孔的钻孔有明显的提升,瓦斯浓度在 66%~75%,平均瓦斯抽采浓度为 69.1%。此外,连续抽采一个月后,采用多次加压注浆封孔工艺的平均单孔瓦斯抽采纯量为 900 m^3,平均瓦斯抽采流量为0.018 9 m^3/min,而采用双囊袋封孔器和无机封孔材料联合封孔工艺的平均单孔瓦斯抽采纯量为 508 m^3,平均瓦斯抽采纯流量为 0.010 7 m^3/min。采用多次加压注浆封孔工艺钻孔的瓦斯抽采纯量比采用双囊袋封孔器和无机封孔材料联合封孔的钻孔提高了 77%。此外,考虑钻孔的不均衡性系数为 1.3,采用多次加压注浆封孔工艺下的瓦斯抽采达标时间将缩短 59%。

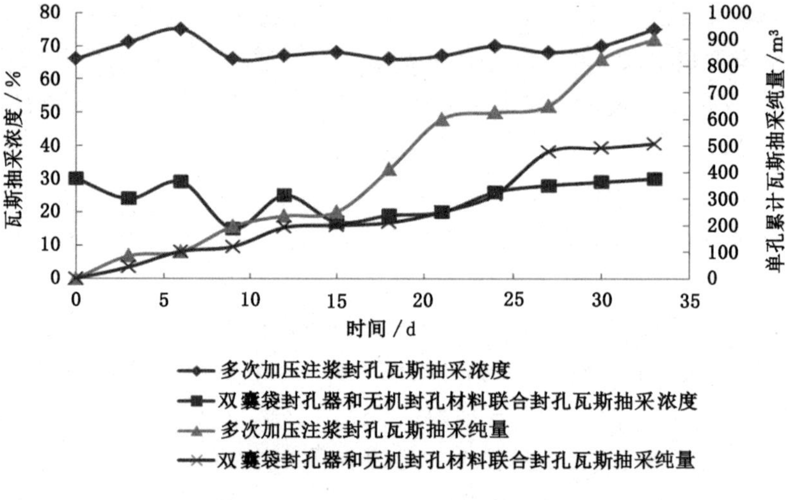

图 6.30 两种封孔工艺条件下钻孔瓦斯抽采浓度和抽采纯量对比

7　瓦斯综合治理精准优选模式

西山矿区煤矿瓦斯赋存条件差异较大，已积累了多种瓦斯抽采技术方法。但是在现场工程实践中，在不同的瓦斯赋存条件下选择合理的瓦斯治理技术是实现瓦斯精准治理的关键。本章针对不同瓦斯涌出量、瓦斯赋存和煤岩层间距等情况确定合理的瓦斯治理措施组合，形成典型的高瓦斯矿井和煤与瓦斯突出矿井采煤工作面、掘进工作面瓦斯精准治理技术优选模式。

7.1　高瓦斯矿井瓦斯综合治理技术精准优选

根据瓦斯灾害预测结果，结合各矿具体情况，制定“一矿一策”和“一面一策”，依据《煤矿安全规程》、《煤矿瓦斯抽采基本指标》(GB 41022—2021)、《煤矿瓦斯抽放规范》(AQ 1027—2006)、《煤矿井工开采通风技术条件》(AQ 1028—2006)、《煤矿安全监控系统通用技术要求》(AQ 6201—2019)、《煤矿安全监控系统及检测仪器使用管理规范》(AQ 1029—2019)等国家法规、行业标准，结合山西焦煤西山煤电(集团)有限责任公司下发的《瓦斯综合治理攻坚年工作安排》以及《矿井整体衔接规划》，确定具体技术原则如下：

(1) 工作面绝对涌出量≥40 m^3/min：采取本煤层钻孔预抽＋高(低)位巷道抽采＋上隅角埋管抽采措施。

(2) 40 m^3/min＞绝对涌出量≥10 m^3/min：采取本煤层钻孔预抽＋高位钻场钻孔＋上隅角埋管抽采措施。

(3) 绝对涌出量 5～10 m^3/min：采取本煤层钻孔预抽＋上隅角埋管抽采措施。若本煤层透气性好，可选择上述方法，若透气性不好，可不进行本煤层瓦斯抽采，采用在回风巷向开切眼方向施工低位裂隙带钻孔＋上隅角埋管抽采的措施。

(4) 绝对涌出量＜5 m^3/min：采取风排瓦斯＋上隅角埋管抽采措施。

(5) 根据矿井煤层情况进行卸压煤层瓦斯抽采。杜儿坪矿已开始在 8# 煤层中使用定向钻机向 9# 卸压煤层施工瓦斯抽采钻孔，降低 8# 煤层回采期间底板瓦斯涌出量。适合此方法的有西铭矿、官地矿、屯兰矿开采 2# 煤层抽采 3# 卸压煤层瓦斯，东曲矿、马兰矿、屯兰矿开采 8# 煤层抽采 9# 卸压煤层瓦斯，东曲矿开采 4# 煤层抽采 6#、7# 卸压煤层瓦斯，马兰矿开采 02# 煤层抽采 2# 卸压煤层瓦斯。

(6) 根据矿井瓦斯赋存和煤岩层间距情况进行保护层开采。适合此方法的有西铭矿可开采 7# 煤层作为保护层，上抽采煤层 2#、3# 煤层，下抽采 8#、9# 煤层瓦斯，杜儿坪矿、屯兰矿开采 6# 煤层作为保护层，上抽采 2#、3# 煤层，下抽采 8#、9# 煤层瓦斯。

7.1.1 采煤工作面瓦斯精准综合治理

7.1.1.1 采煤工作面瓦斯精准综合治理方法

采煤工作面瓦斯精准治理包括以下措施。

(1) 本煤层钻孔

杜儿坪矿 68304 工作面瓦斯治理示意图见图 7.1,在工作面机轨合一巷、回风巷布置本煤层钻孔,钻孔采用平行于工作面开切眼布置,钻孔间距为 3 m,孔径为 113 mm,钻孔压茬距不小于 10 m。

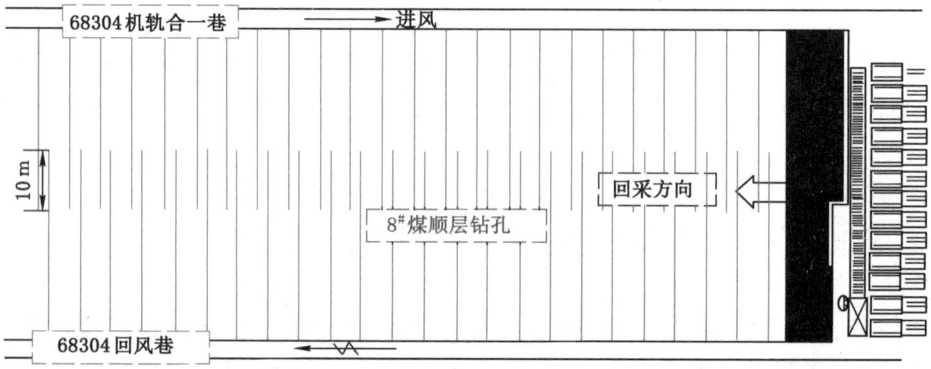

图 7.1 杜儿坪矿 68304 工作面瓦斯治理示意图

(2) 底抽钻场顺层钻孔

西铭矿 48404 底抽钻场钻孔布置示意图见图 7.2,在 48404 胶带巷向 48402 轨道巷方向进入 9# 煤层,施工 3 个底抽钻场,在钻场内施工 9# 煤层顺层钻孔。钻孔孔径为 113 mm,孔深覆盖对应的 48404 工作面回采区域,终孔间距为 10 m。

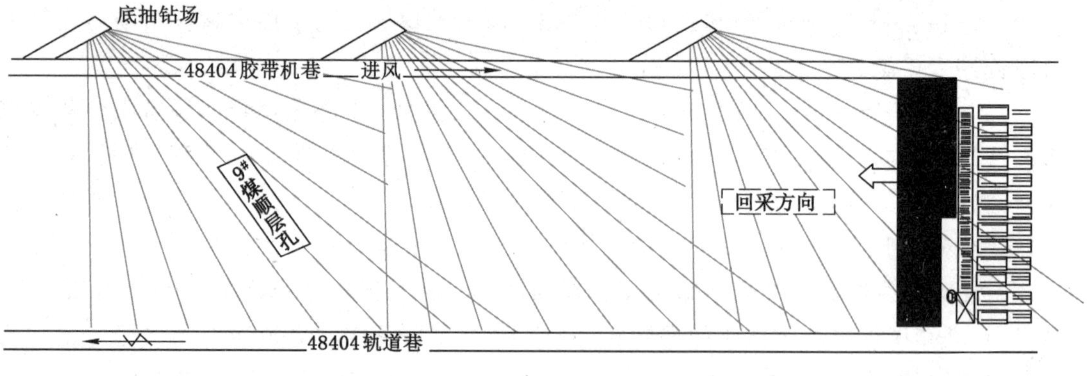

图 7.2 西铭矿 48404 底抽钻场钻孔布置示意图

(3) 下邻近层本煤层钻孔

在 62512 工作面下邻近层的 63316 正(副)巷及在 62512 专回施工的底抽钻场(图 7.3),向 62512 工作面范围内的下邻近 3# 煤层施工本煤层钻孔,对 62512 工作面下邻近 3# 煤层进行采前预抽和回采时卸压抽采。钻孔间距为 3 m,钻孔孔径为 113 mm,钻孔覆盖对应的 62512 工作面回采区域。

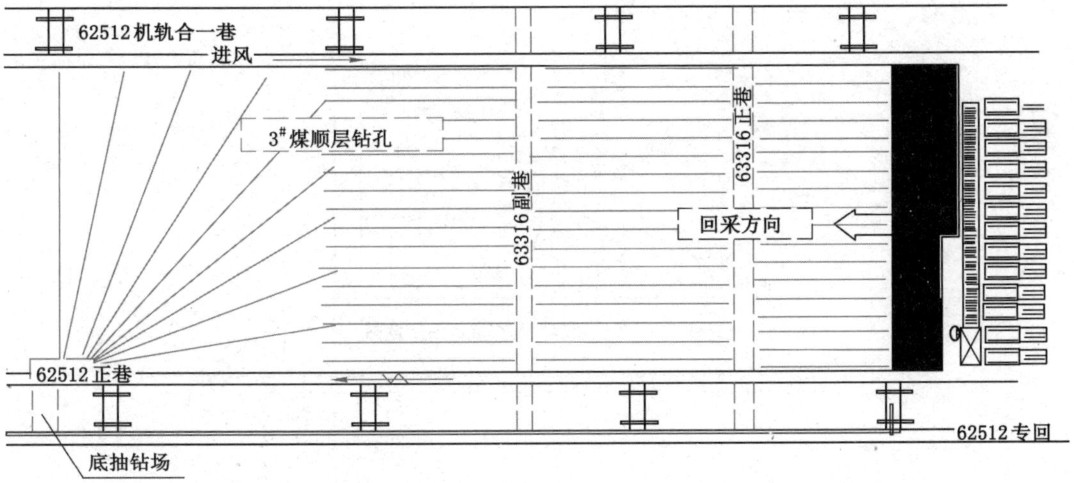

图 7.3　杜儿坪矿 62512 工作面下邻近层钻孔布置示意图

(4) 高位倾向裂隙带顶板钻孔

在工作面专用回风巷每 5 m 施工一组高位倾向裂隙带顶板钻孔(图 7.4)，每组 2 个孔，钻孔深度为 70 m，钻孔倾角为 41°和 45°，终孔垂高为 46 m 和 49.5 m，钻孔孔径为 113 mm。

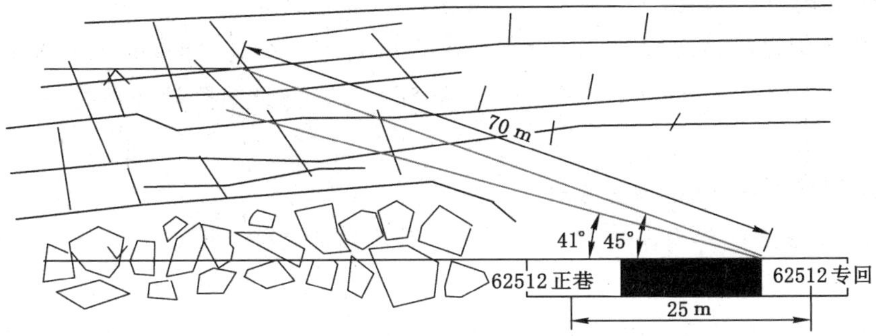

图 7.4　杜儿坪矿 62512 工作面专用回风巷顶板裂隙带钻孔剖面示意图

(5) 顶板高、低位裂隙钻孔

在官地矿 16502 工作面正巷内布置钻孔(图 7.5)，顶板钻孔采用钻场方法布置，钻孔在正巷向工作面开切眼倾斜布置；开孔位置在巷道顶、帮交界处的岩层中，开切眼往外 30 m 处布置第一个钻场，依次往外布置，钻场间距 30 m，每个钻场施工 5 个孔，钻孔开孔间距 0.3 m。根据岩层情况结合邻近 16505 工作面裂隙孔角度参数和抽采情况，每个钻场的第一个钻孔终孔垂高取煤层厚度的 8 倍，即 20.32 m；第二个和第三个钻孔终孔垂高取煤层厚度的 6 倍，即 15.24 m；第四个和第五个钻孔终孔垂高取煤层厚度的 4 倍，即 10.16 m；每个钻场内第一个孔终孔水平投影距离距正巷 50 m，第二个孔终孔水平投影距离距正巷 40 m，第三个孔终孔水平投影距离距正巷 30 m,第四个孔终孔水平投影距离距正巷 20 m,第五个孔终孔水平投影距离距正巷 10 m。孔深 62～80 m,孔径为 113 mm。

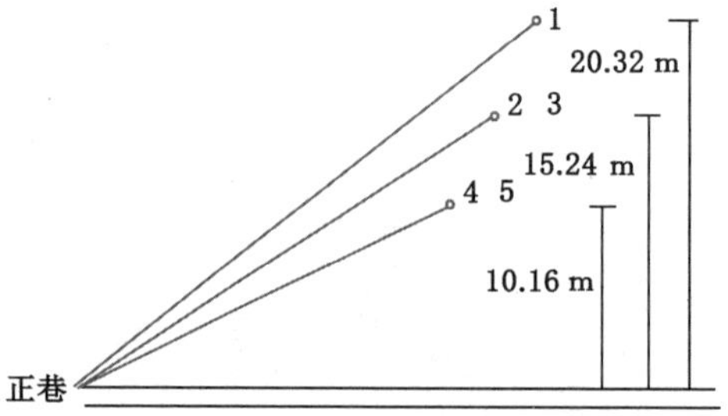

(a) 高、低位裂隙钻孔布置剖面示意图

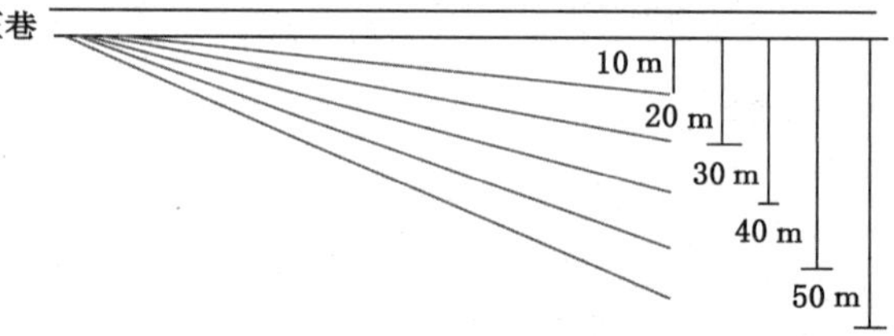

(b) 高、低位裂隙钻孔布置平面示意图

图 7.5 高、低位裂隙钻孔布置示意图

(6) 胶带巷高、低位顶板钻孔

高位钻孔布置在胶带巷如图 7.6 所示。每 5 m 施工一组高、低位 2 个抽采钻孔,钻孔孔径为 113 mm。其中,高位钻孔的倾角为 45°,孔深 80 m;低位钻孔的倾角为 35°,孔深 70 m。钻孔均与巷道夹角 80°。

(7) 区域预抽巷高、低位裂隙钻孔

在相邻的区域预抽巷内向工作面施工高、低位裂隙钻孔,如图 7.7 所示;开切眼往外 10 m 处布置第一组钻孔,依次往外每 5 m 布置一组钻孔,每组 2 个孔,组内钻孔间距为 0.5 m,沿顶板开孔,孔径为 113 mm。高位钻孔倾角为 24°,低位钻孔倾角为 19°;高位钻孔方位与巷道夹角为 80°,低位钻孔与巷道夹角为 70°,孔深均为 85 m。

(8) 高抽巷

对应工作面上方 6# 煤层未采部分,采用高抽巷抽采。与正巷内错 30～40 m,在 6# 煤层中布置一条高抽巷,进行封闭抽采。

(9) 顶板走向钻孔

在工作面正巷内施工顶板钻场(图 7.8),钻场底板距煤层顶板 5 m,钻场间距 100 m,第一个钻场距开切眼 100 m,每个钻场内施工 12 个顶板走向钻孔,分上下两排布置:上排钻孔终孔垂高取煤层厚度的 12 倍,第一个钻孔控制到距正巷平距 40 m,终孔间距 5 m;最下排钻孔终孔取煤层厚度的 9 倍,第一个钻孔控制到距正巷平距 30 m,终孔间距 5 m;钻孔压茬距离不小于20 m,孔径为 113 mm。

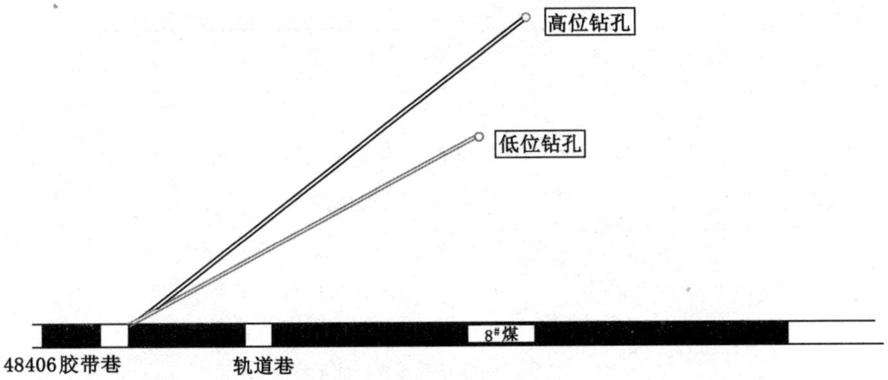

(a) 48406胶带巷高、低位钻孔剖面布置图

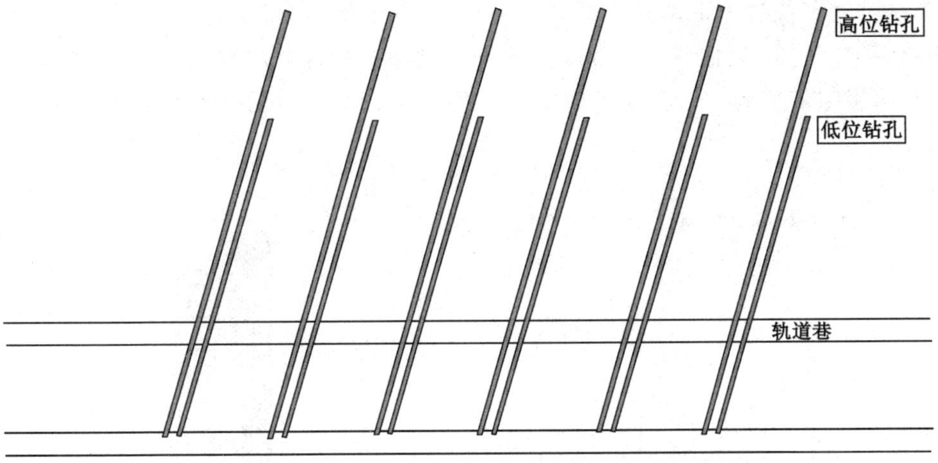

(b) 48406胶带巷高、低位钻孔平面布置图

图 7.6 西铭矿 48406 胶带巷高、低位钻孔布置示意图

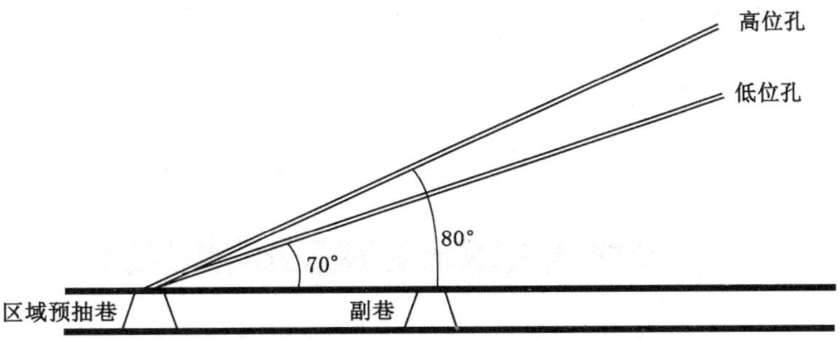

图 7.7 区域预抽巷工作面高、低位裂隙钻孔示意图

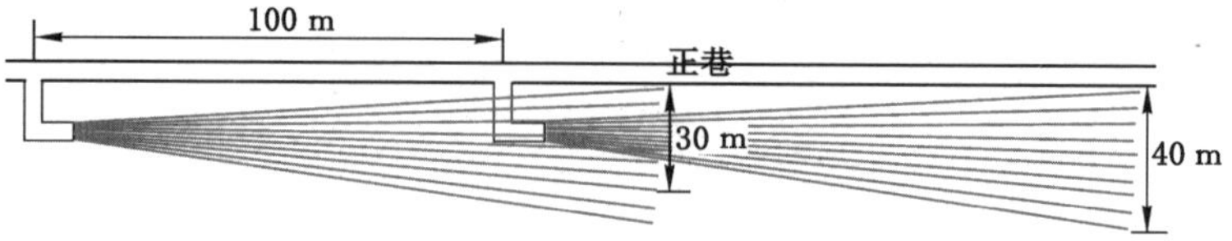

(a) 钻场钻孔布置平面示意图

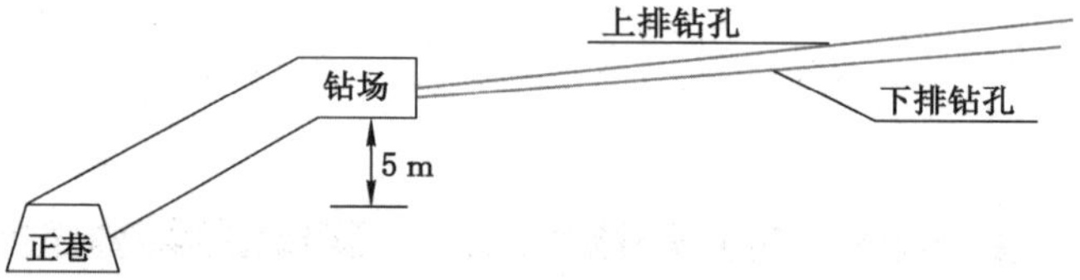

(b) 钻场钻孔布置剖面示意图

图 7.8　钻场钻孔示意图

（10）高抽巷高位裂隙带钻孔

在杜儿坪矿 68305 高抽巷向 68304 工作面方向施工高位顺层裂隙带钻孔(图 7.9)，抽采 68304 工作面裂隙带瓦斯。钻孔间距为 10 m，孔径为 133 mm，钻孔深度伸入工作面距回风巷平距 50 m。

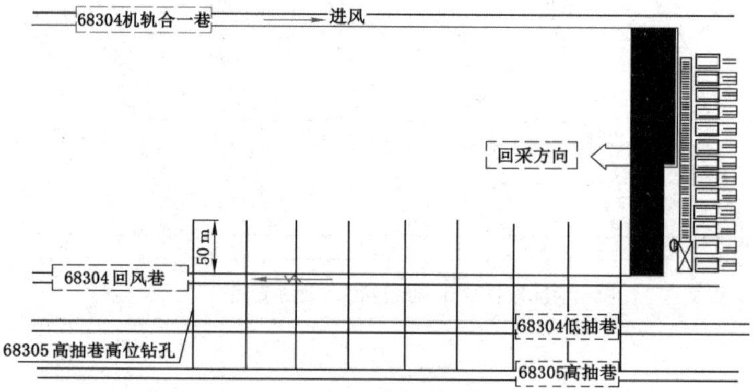

(a) 68305高抽巷高位钻孔平面示意图

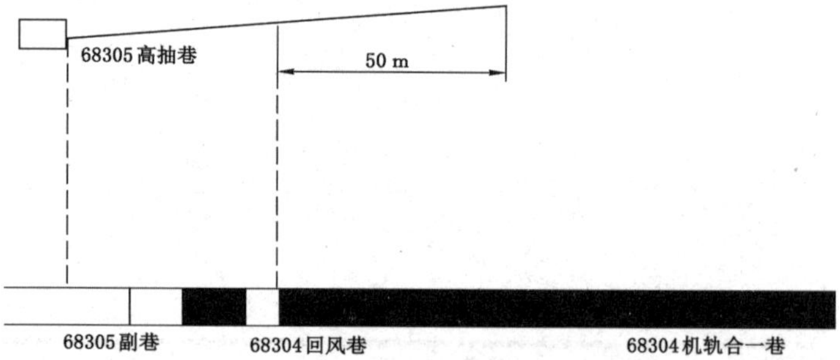

(b) 68305高抽巷高位钻孔剖面示意图

图 7.9　68305 高抽巷高位钻孔示意图

(11) 底抽巷本煤层钻孔及高低位钻孔抽采

在杜儿坪矿 68304 巷内向 68304 工作面回采范围施工 9# 煤层顺层钻孔(图 7.10),抽采 68304 工作面下邻近层回采期间的卸压瓦斯。钻孔间距为 3 m,钻孔覆盖对应的 68304 工作面,孔径为 113 mm。

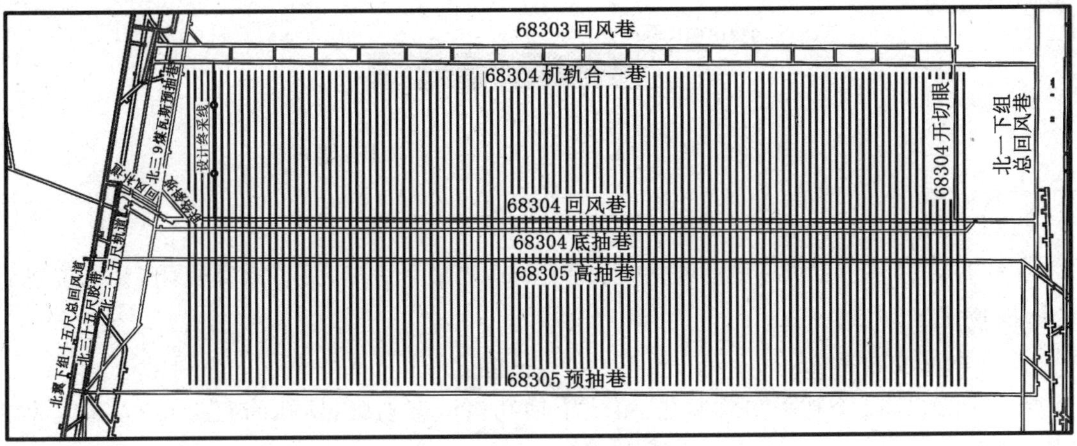

(a) 工程平面图

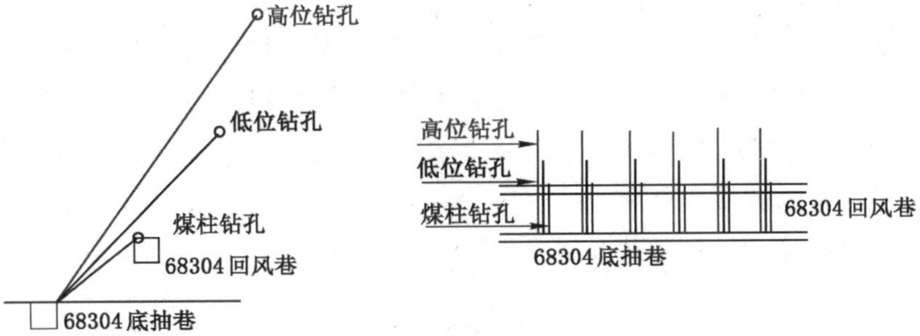

(b) 钻孔剖面图

图 7.10 68304 工作面高、低位钻孔布置示意图

在 68304 巷布置高、低位钻孔,每组布置钻孔 2 个,每组间距 5 m,孔径为 113 mm,距 8# 煤层顶板分别为 40 m 和 30 m。钻孔深度伸入工作面 20～30 m,封孔深度至距 8# 煤层顶板 1 m,封孔管径不小于 75 mm,瓦斯抽采流量为 4.0 m^3/min。

在 68304 巷,每隔 5 m 施工一个煤柱钻孔,钻孔终孔打至 68304 回风巷与采空区顶板交界处,钻孔孔径为 133 mm。

(12) 煤柱钻孔

在杜儿坪矿 68310 瓦斯治理巷和回风巷之间的保护煤柱布置煤柱钻孔(图 7.11),钻孔间距30 m,孔径为 550 mm,钻孔终孔打至回风巷与采空区顶板交界处,钻孔施工完毕后下 ϕ426 mm 护管,确保钻孔成孔。利用矿井低负压抽采系统带抽,瓦斯抽采纯流量保持在 3.5～4.3 m^3/min。工作面回采期间,上隅角瓦斯浓度控制在 0.5%以下。

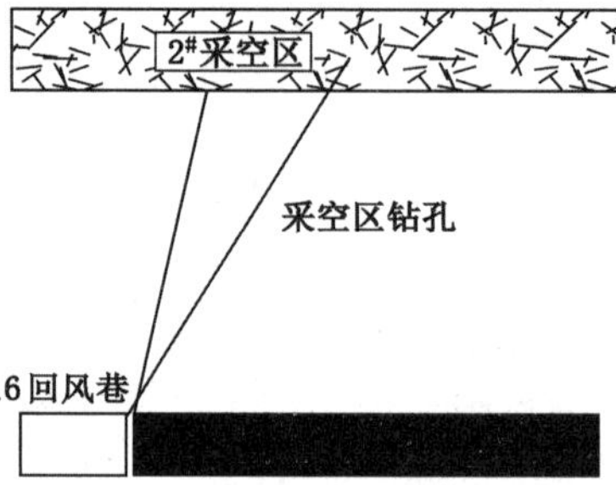

图 7.11　杜儿坪矿 63316 回风巷钻孔布置示意图

(13) 联络巷密闭埋管

在杜儿坪矿 62512 专回与正巷之间的联络巷，回采过之后，进行永久封闭，并插管进行抽采，插管管径为 315 mm。

(14) 初采初放钻孔

在专回施工 12 个初采初放钻孔，第一个钻孔对应开切眼，钻孔间距 1 m，方位垂直巷壁，孔径为 113 mm，终孔控制到距煤层顶板 10～15 m，伸入工作面 40 m。

(15) 采空区钻孔

在杜儿坪矿 63316 工作面回风巷布置采空区钻孔，对工作面回风巷向下 15～30 m 范围上部采空区(2# 煤层)进行抽采，每 5 m 布置 2 个钻孔，钻孔朝开切眼方向，与巷道夹角分别为 50°和 60°。钻孔孔径为 113 mm。

7.1.1.2　典型工作面瓦斯治理效果

西山矿区典型工作面治理效果见表 7.1、表 7.2 和表 7.3。

表 7.1　杜儿坪矿瓦斯治理方法及效果

工作面名称	通风方式	配风量/($m^3 \cdot min^{-1}$)	瓦斯涌出量/($m^3 \cdot min^{-1}$)	瓦斯抽采纯流量/($m^3 \cdot min^{-1}$)	抽采方法
62512	“U”形	1 875	22	16.5	本煤层钻孔＋专回高位钻孔＋专回煤柱钻孔＋下邻近层顺层钻孔＋联络巷埋管
68304	“U”形	2 700	28	20	本煤层钻孔＋高抽巷钻孔＋上隅角埋管＋下邻近层顺层钻孔＋专回高位钻孔＋专回煤柱钻孔
73902	“U”形	1 500	6	3	上隅角埋管＋上覆采空区钻孔＋煤柱钻孔
63316	“U”形	1 032	10.5	6.9	上隅角埋管＋上覆采空区钻孔抽采

表 7.2 官地矿瓦斯治理方法及效果

工作面名称	通风方式	配风量/($m^3 \cdot min^{-1}$)	瓦斯涌出量/($m^3 \cdot min^{-1}$)	瓦斯抽采纯流量/($m^3 \cdot min^{-1}$)	抽采方法
22609	"U"形	1 400	19.0	14.0	本煤层＋预抽巷高低位顶板裂隙孔＋预抽巷煤柱钻孔＋底抽巷顺层钻孔
22608	"U"形	1 400	20.0	15.0	本煤层＋顶板钻场走向长钻孔＋底抽巷顺层钻孔＋上隅角埋管
28416	"U"形	1 300	16.20	12.16	9# 煤顺层孔＋8# 顺层钻孔＋顶板钻场走向长钻孔＋高抽巷＋上隅角埋管
16411	"U"形	1 100	10.0	7.0	本煤层＋顶板裂隙孔＋上隅角埋管
16502	"U"形	1 100	10.0	7.0	本煤层＋顶板高中低位裂隙钻孔＋上隅角埋管

表 7.3 西铭矿瓦斯治理方法及效果

工作面名称	通风方式	配风量/($m^3 \cdot min^{-1}$)	瓦斯涌出量/($m^3 \cdot min^{-1}$)	瓦斯抽采纯流量/($m^3 \cdot min^{-1}$)	瓦斯治理方法
48404	"U"形	2 500	30	22.5	本煤层钻孔＋高低位钻孔＋底抽钻场＋上隅角埋管＋高抽巷

7.1.2 掘进工作面瓦斯精准综合治理

7.1.2.1 掘进面瓦斯精准综合治理方法

(1) 风排瓦斯

使用两台 2×55 kW 对旋局部通风机（一用一备），风筒管径为 1 000 mm，迎头风量为 500～800 m^3/min。

(2) 巷帮钻场顺层钻孔条带预抽

当用一台风机输送的风量不能满足排放瓦斯要求时，瓦斯频繁超限，造成工作面经常因瓦斯断电停止生产，严重制约掘进进尺，影响了矿井衔接，采取工作面前进方向巷道两帮施工钻场，钻场内施工钻孔预抽煤层瓦斯。

顺层钻孔条带预抽措施采用在掘进巷道两帮施工钻场（图 7.12），在钻场内施工条带预抽钻孔，抽采钻场规格为：长 5 m×宽 3 m×高 3.4 m。每个钻场施工 5 个钻孔，钻孔呈小扇形布置，第一个钻孔平行于巷道且距巷帮 3 m。钻孔终孔间距为 5 m，钻孔孔径为 113 mm。钻孔控制巷道两帮不小于 15 m，沿巷道中心线水平投影长度不小于 60 m，且水平投影距超前于掘进迎头不小于 20 m。前后钻孔压茬距 20 m。

(3) 定向长钻孔条带式预抽

充分发挥定向钻机优势，设计钻孔孔深 500～700 m，控制巷道轮廓两侧外各 15 m 范

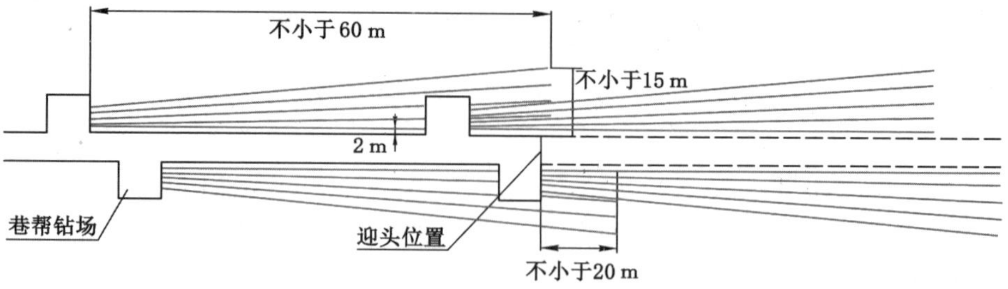

图 7.12　掘进工作面“边抽边掘”巷帮钻场钻孔布置示意图

围，预抽时间为 6 个月。具体布置见图 7.13。

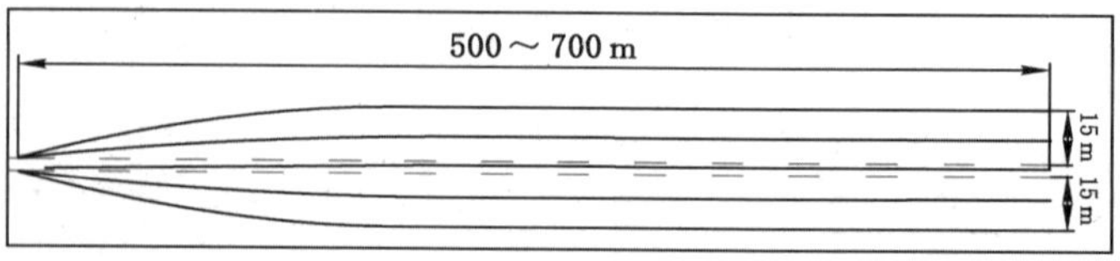

图 7.13　定向顺层长钻孔预抽煤巷条带瓦斯布置示意图

(4) 短孔条带式预抽

利用现有巷道空间，向邻近工作面巷道施工顺层钻孔。设计孔深 45 m，即超前下一工作面需掩护巷道轮廓线外至少 15 m，见图 7.14。

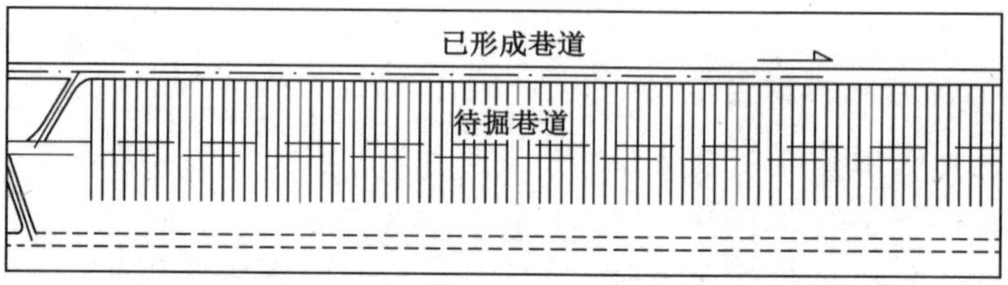

图 7.14　掘进煤巷短孔条带式预抽布置示意图

7.1.2.2　典型掘进面瓦斯治理效果

杜儿坪矿 8# 煤层为重点开采煤层，同时又是高瓦斯煤层。根据该矿瓦斯抽采衔接部署，需要快速形成瓦斯预抽区域，以达到提高矿井瓦斯抽采率的目的，保证矿井瓦斯发电站的气源充足。68309 工作面位于北三十五尺盘区，北邻北三 8# 煤层胶带巷和北三 8# 煤层轨道巷，南邻北一下组总回风巷延伸（未掘），东邻 68308 工作面（未掘），西邻 68310 工作面（未掘）。68309 工作面走向长 1 450 m，倾斜长 240 m，工作面煤层总厚度为 3.98～5.30 m，平均为 4.80 m；工作面煤层厚度稳定，结构复杂。煤层中有 1～2 层夹石，其中上部夹石较稳定，下部夹石不稳定，夹石总厚度变化大，最厚达 1.6 m，平均厚度为 0.8 m；煤岩层倾角为 1°～4°，平均倾角为 3°，煤层节理发育，易片帮。掘进期间绝对瓦斯涌出量为 7.5 m^3/min。基本顶为石灰岩 K_3，平均厚 8.60 m，直接顶为石灰岩 K_1，平均厚 1.90 m；直接底为粉砂岩，平均厚 1.60 m，老底为泥岩，平均厚3.20 m。该矿8[#]煤层瓦斯基本赋存参数为：煤层原始瓦斯压力为0.64 MPa，煤层原始瓦斯含量为9.32～10.21 m^3/t，平均瓦斯含量为9.77 m^3/t。百米钻孔瓦斯流量为0.010 476～0.097 779 m^3/(min·hm)，百米钻孔瓦斯衰减系数为0.091 5～0.164 36 d^{-1}，透气性系数为0.051 972～0.929 846 m^2/(MPa^2·d)。煤层自燃倾向等级为Ⅲ级，自燃倾向性为不易自燃。

2011年1月到3月在未实施边掘边抽技术时共发生瓦斯超限10次，瓦斯浓度高达2.5%，不开机掘进的情况下瓦斯浓度也能达到0.3%～0.4%。采用巷帮钻场预抽煤层瓦斯后，降低了风流中瓦斯浓度，杜绝了瓦斯超限现象，瓦斯浓度一般不超过0.3%，没有发生瓦斯超限事故，保证了安全生产。巷道掘进进尺由140～180 m/月提高到260～280 m/月，最高达300 m/月，是采取措施前的2倍，瓦斯抽采量满足了该矿瓦斯发电厂的气源需要，瓦斯治理效果极其显著，掘进巷道回风流瓦斯涌出量和回风流瓦斯浓度见图7.15。

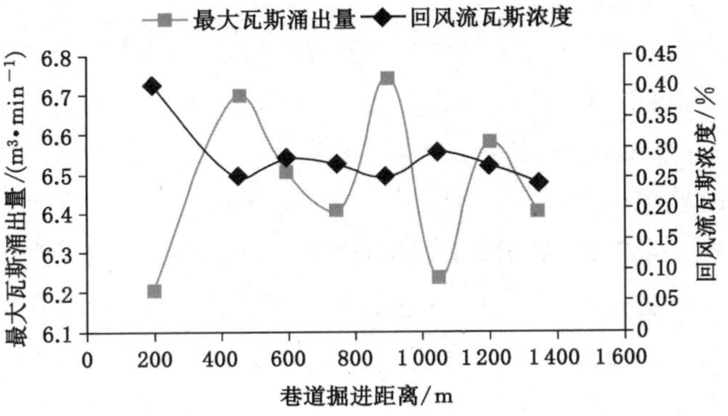

图7.15　掘进巷道回风流瓦斯数据变化曲线

7.2　煤与瓦斯突出矿井瓦斯综合治理技术精准优选研究

据煤炭开发时空接替规律，将煤矿区划分为规划区、准备区、生产区三个区间。分区采用地面钻井排采、地面与井下联合抽采以及本煤层钻孔抽采等不同的技术措施以保证煤炭安全高效生产，实现煤炭与煤层气两种资源安全高效协调开发，解决煤层气开发与煤炭开采的时空矛盾，提高煤炭资源回收率，实现了煤矿瓦斯井下抽采和地面原位抽采两个独立产业模式的有效衔接。

三区划分依据是采(盘)区划分现状、采(盘)区内开拓采准现状和采(盘)区内安全煤量。划入生产区的采(盘)区是指已开拓采准，形成通风系统，且具备一定安全煤量(至少一个准备工作面已经消突且安全煤量回采时间能保证消突接替)的采(盘)区；划入准备区的采(盘)区是指已开拓或者近期完成开拓，安全煤量较少(安全煤量回采时间暂时无法保证消突接替)的采(盘)区；划入规划区的采(盘)区是指近期不开拓，且预测瓦斯含量较大的采(盘)区或区域。

7.2.1 采煤工作面瓦斯精准综合治理

7.2.1.1 采煤工作面瓦斯治理措施

(1) 地面钻井抽采

地面瓦斯抽采钻井由山西西山蓝焰煤层气工程研究有限责任公司负责施工，分别对准备区和规划区进行预抽，准备区施工地面钻井 23 个，规划区施工地面钻井 150 个，钻井密度井间距 300～400 m 布置，呈菱形分布；施钻方式为直井、金属套管固井；均打至 9# 煤层下方 10 m 处覆盖七、九、十、十一、十二、十三、十四采区内未开采的煤层，对煤层进行压裂抽采，瓦斯抽采纯流量为 21.07～72.6 m^3/min。

(2) 本煤层钻孔抽采

在胶带巷口往里 92 m 处以间距 8 m 向开切眼施工顺层钻孔，前 5 个孔深 170 m、其余孔深 190 m，孔径为 113 mm，共设计钻孔 41 个，开孔高度为底板以上 1.5 m 处。

(3) 底抽巷顺层孔抽采

在 18408 底抽巷巷口 90 m 处开始施工，至 18408 底抽巷末尾 50 m 处结束，共设计施工 324 个钻孔。其中左帮 162 个，右帮 162 个，合计进尺 68 400 m。左帮钻孔倾角取 2°～4°，右帮钻孔倾角取 4°～6°。钻孔长度为 200 m，直径为 113 mm，间距为 5 m。18408 工作面底抽巷钻孔布置示意图见图 7.16。

在 12512 底抽巷千米钻机钻场施工顺层走向长钻孔抽采下邻近层瓦斯，每放置一根封孔管施工一个主孔。在主孔 150～200 m 左右两边开主孔分支，距主孔水平间距 10 m，沿工作面倾向布置的 6 个孔，终孔水平间距约为 20 m。总工程量约为 6 546 m。12512 工作面底抽巷钻孔布置示意图见图 7.17。

(4) 下邻近层本煤层钻孔抽采

在 62512 工作面下邻近层的 63316 正(副)巷及在 62512 专回施工的钻场，向 62512 工作面范围内的下邻近 3# 煤层施工本煤层钻孔，对 62512 工作面下邻近 3# 煤层进行采前预抽和回采时卸压抽采。钻孔间距为 3 m，钻孔孔径为 113 mm，钻孔覆盖对应的 62512 工作面回采区域。62512 工作面下邻近钻孔布置示意图见图 7.18。

(5) 瓦斯抽采巷高位裂隙带钻孔。

外错工作面轨道巷 25 m 位置施工一条瓦斯抽采巷，在巷道内垂直于 10610 工作面施工裂隙带钻孔。钻孔从抽采巷里程 956 m(距开切眼联络巷 15 m)开始每 6 m 施工一个，至预抽巷里程 110 m 结束，共施工 142 个。钻孔开孔于巷道顶板与巷帮交界处，终孔深入工作面 45 m，终孔垂高以 12 倍、13 倍采高交错布置，孔径为 113 mm。10610 瓦斯抽采巷高位裂隙带钻孔布置示意图见图 7.19。

(6) 轨道巷高位裂隙带钻孔

在 12418 轨道巷每隔 8 m 施工一个钻孔进入 12418 工作面顶板高位裂隙带内进行瓦斯抽采，钻孔的开孔位置在煤壁与顶板交接处，第一个钻孔距工作面开切眼 75 m 处，至 12418 轨道巷口结束，共设计施工 104 个钻孔，合计进尺 9 776 m。钻孔方位角为 28°，钻孔倾角为 25°，钻孔深度为 94 m，钻孔直径为 113 mm。每个钻孔间距为 8 m(沿工作面走向)。12418

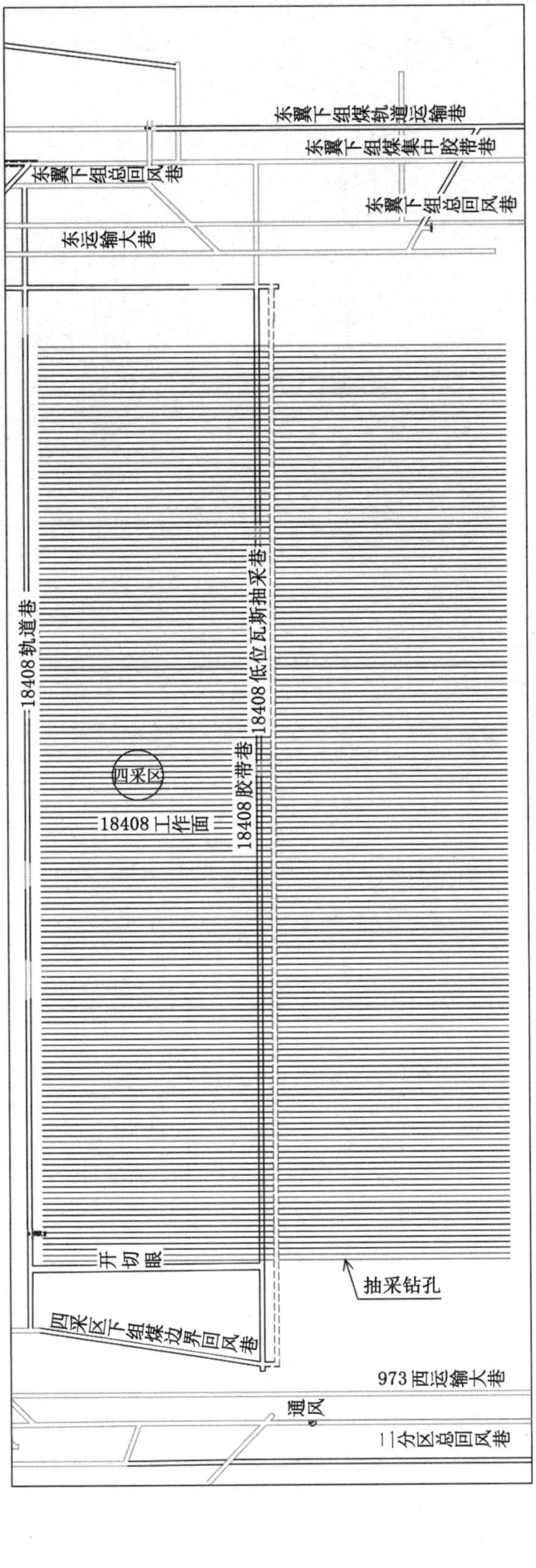

图 7.16 18408工作面底抽巷钻孔布置示意图

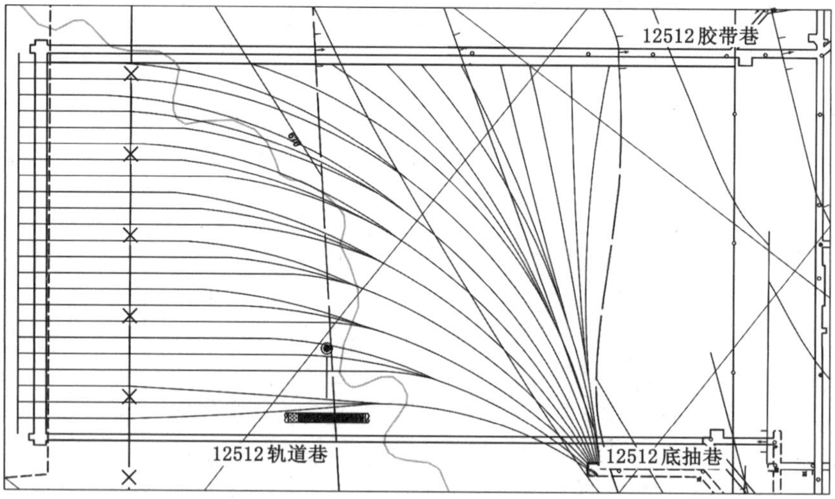

图 7.17　12512 工作面底抽巷钻孔布置示意图

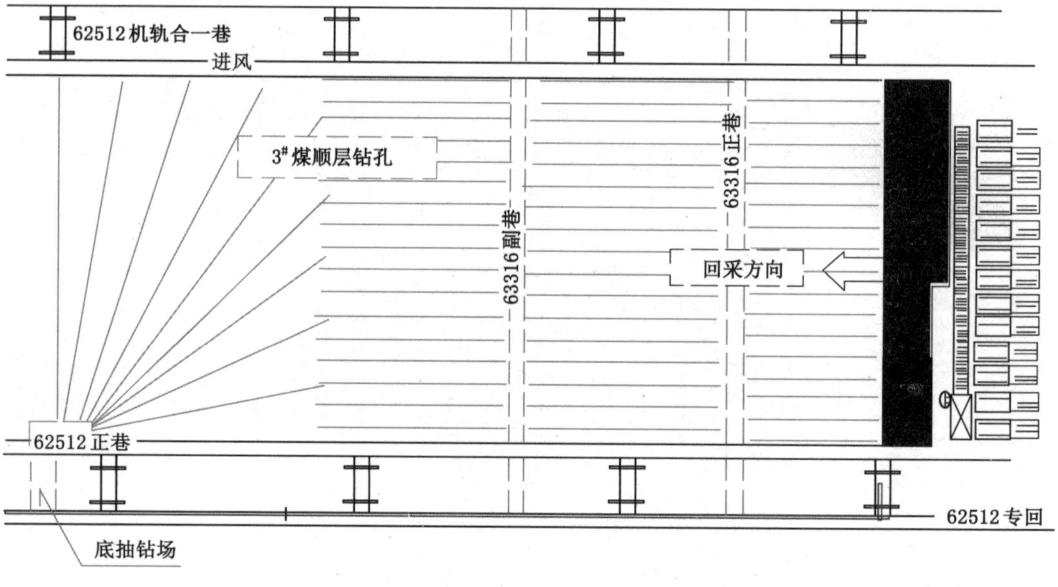

图 7.18　62512 工作面下邻近层钻孔布置示意图

工作面高位裂隙带钻孔布置见图 7.20、图 7.21。

(7) 低位裂隙带钻孔

在 12418 轨道巷每隔 50 m 施工一组钻孔进入 12418 工作面顶板低位裂隙带内进行瓦斯抽采，钻孔的开孔位置在煤壁与顶板交接处，第一组钻孔距工作面开切眼 80 m 处，至 12418 轨道巷口结束，每组施工 4 个钻孔。钻孔直径为 113 mm。

每组钻孔间距为 50 m，每个钻孔间距确定为 1 m(沿工作面走向)。钻孔方位按照钻孔终孔位置内错工作面煤壁 5 m、10 m、15 m、20 m，每个钻孔的方位角分别为 4°、7°、10°、14°。

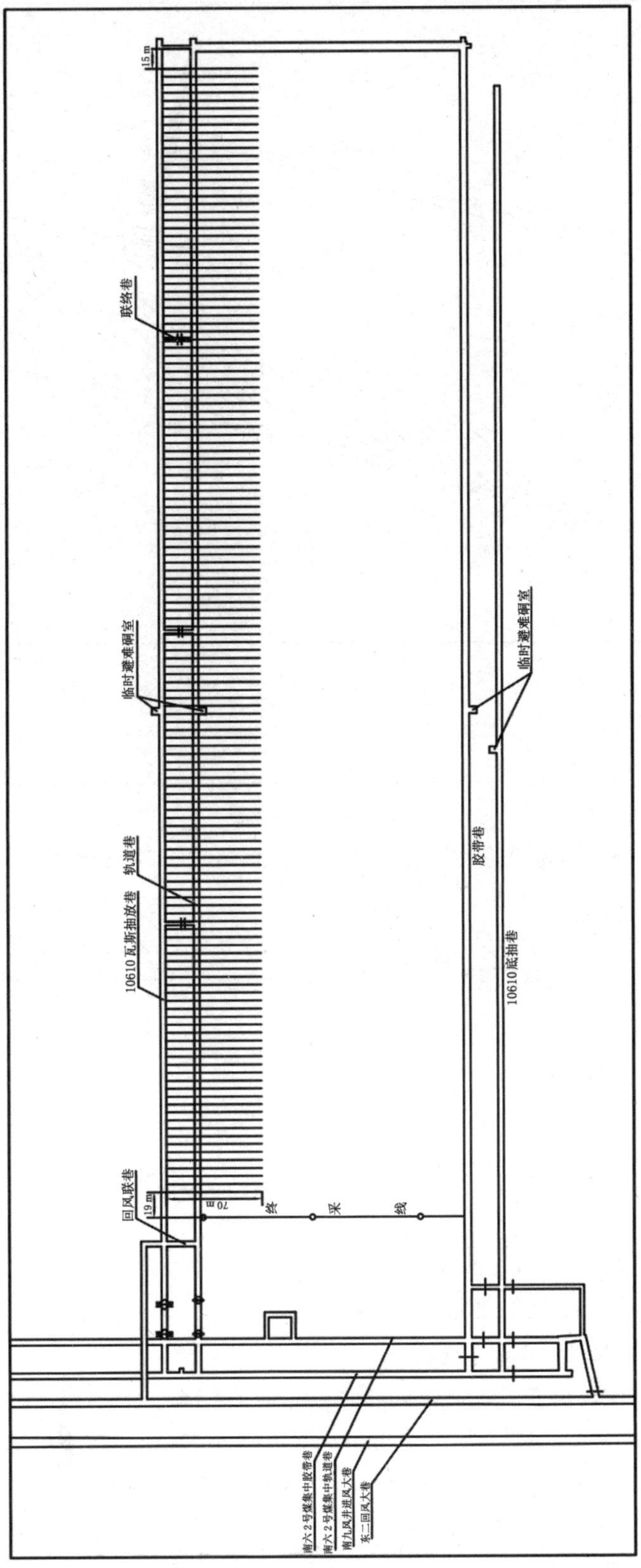

图 7.19 10610 瓦斯抽采巷高位裂隙带钻孔布置示意图

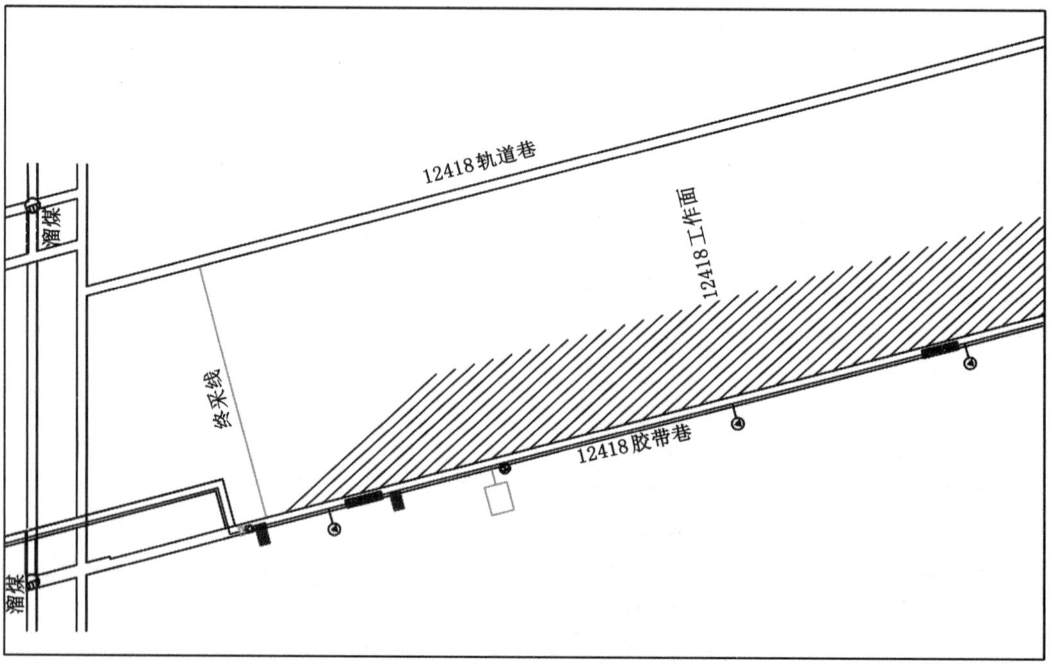

图 7.20　12418 工作面高位裂隙带钻孔布置示意图

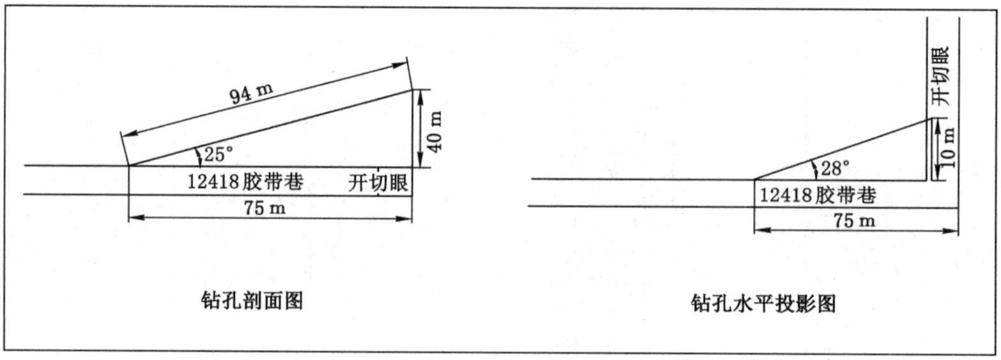

图 7.21　12418 工作面高位裂隙带钻孔剖面图

钻孔倾角为 10°,深度为 85 m。共设计施工 16 组 64 个钻孔,合计进尺 5 440 m。12418 工作面低位裂隙带钻孔布置示意图见图 7.22 和图 7.23。

(8) 高低位裂隙及初采初放钻孔抽采

在轨道巷 K6# 点以里 81 m 处以间距 10 m 向开切眼方向施工低位裂隙带钻孔,孔径 113 mm,孔深 100 m,仰角 16°,垂高 28 m,伸入工作面 55 m。在 K6# 点以里 76 m 处以间距 10 m 向开切眼方向施工高位裂隙带钻孔,孔径为 113 mm,孔深 100 m,仰角为 24°,垂高 40 m,伸入工作面 70 m,共布置钻孔 320 个。同时在轨道巷开切眼往里 15 m 施工 10 个初采初放钻孔。18401 工作面高、低位裂隙及初采初放钻孔布置示意图见图 7.24。

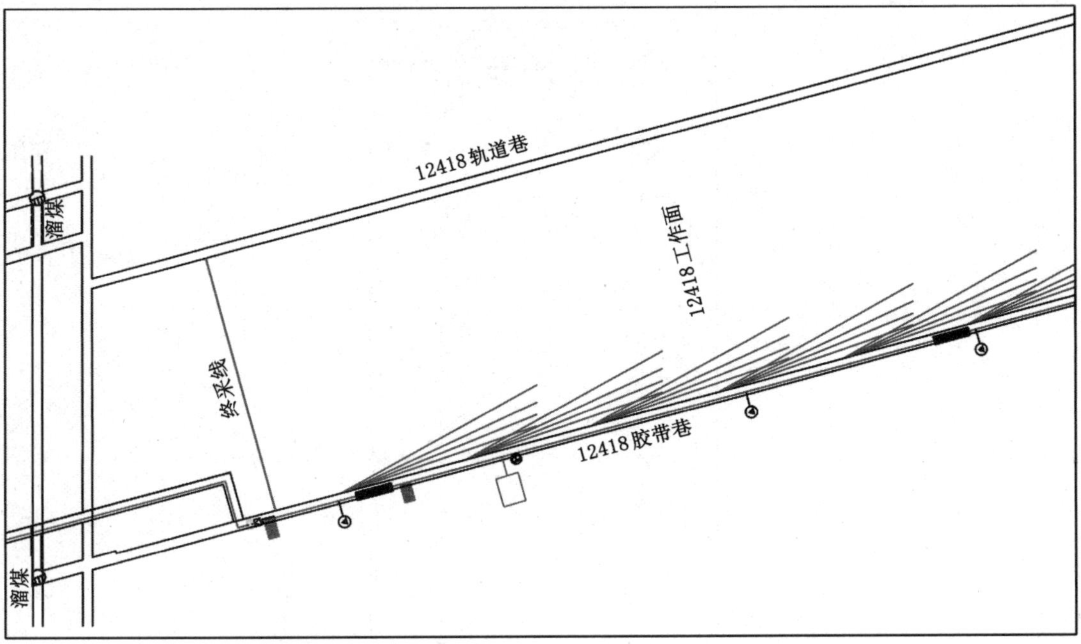

图 7.22　12418 工作面低位裂隙带钻孔布置示意图

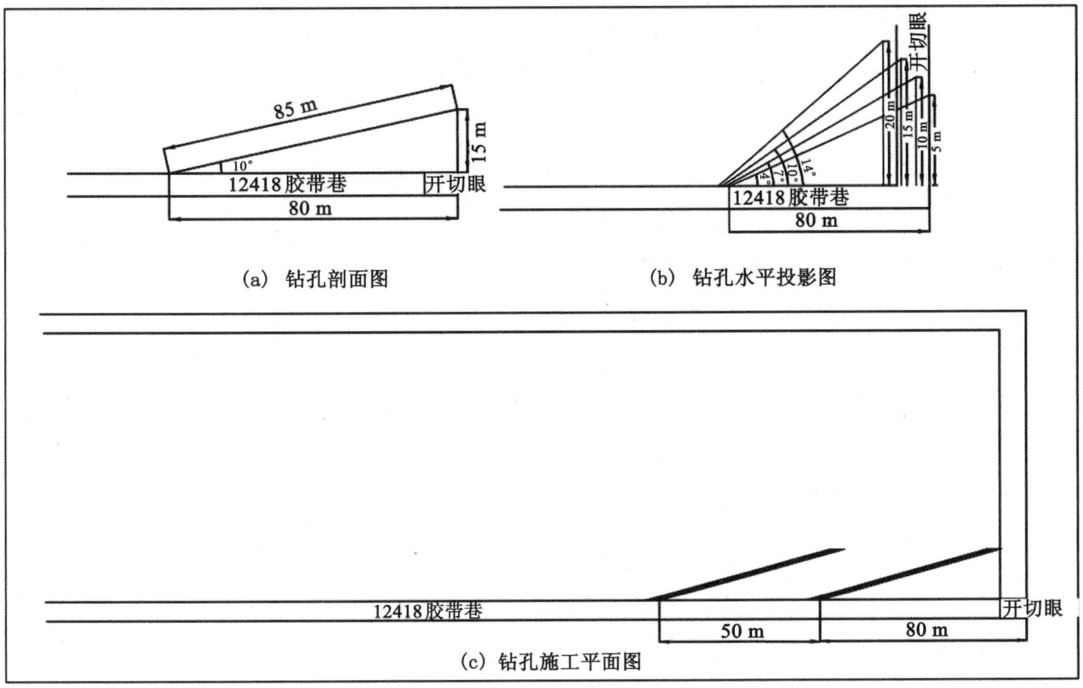

图 7.23　12418 工作面低位裂隙带钻孔布置示意图

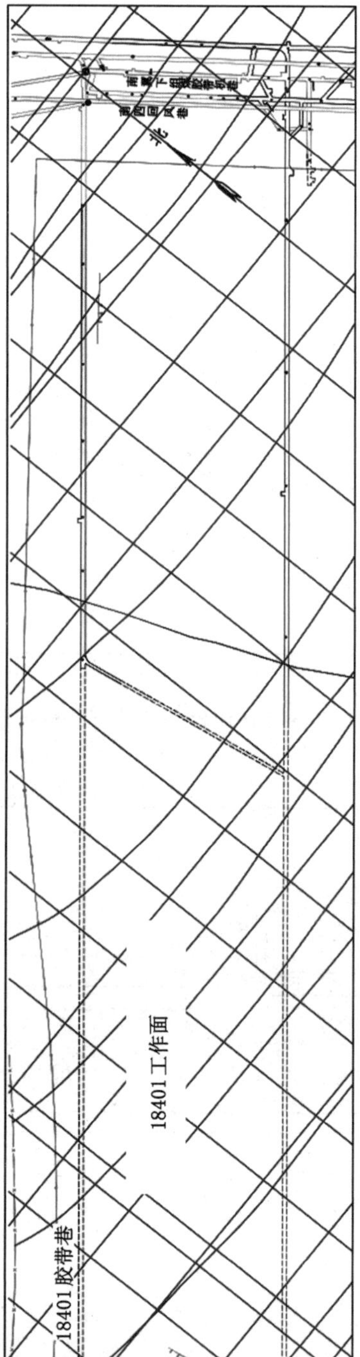

图7.24　低位裂隙及初采初放钻孔布置示意图

(9) 低位高抽巷抽采

内错 12513(Ⅱ)工作面轨道巷 16 m 上部间隔约 8.5 m 为 10513 轨道巷,利用 10513 轨道巷作为工作面低位高抽巷,回采期间将巷道进行密闭。采用地面低浓抽采系统抽采。

内错 12505 工作面轨道巷 40 m 上部间隔约 8.5 m 为 10505 轨道巷,利用 10505 轨道巷作为工作面低位高抽巷,回采期间将巷道进行密闭。采用地面低浓抽采系统抽采,上邻近层采空区抽采示意图见图 7.25。

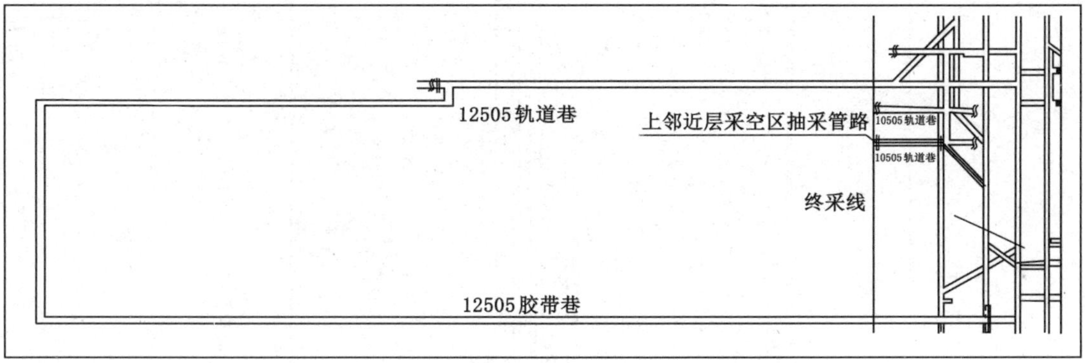

图 7.25 上邻近层采空区抽采示意图

(10) 高抽巷抽采

在距 18504 工作面顶板垂高 48 m 且内错辅运巷水平间距 30 m 处施工一条高抽巷,用于抽采工作面裂隙带瓦斯,巷道断面面积为 12 m^2,巷道全长 1 274 m。

(11) 顶板走向钻孔抽采

在 18408 胶带巷共施工 2 个钻场,分别为 1# 钻场、2# 钻场,内宽 6 m,外宽 8 m,深5 m,高度 3 m,第一钻场与第二钻场间距 450 m。1# 钻场布置 9 个钻孔,孔深 650 m;2# 钻场布置 9 个钻孔,孔深 550 m,合计施工 18 个钻孔,具体参数为:1# 钻孔垂高 55 m,内错工作面 25 m;2# 钻孔垂高 55 m,内错工作面 30 m;3# 钻孔垂高 55 m,内错工作面 35 m;4# 钻孔垂高 60 m,内错工作面 25 m;5# 钻孔垂高 60 m,内错工作面 30 m;6# 钻孔垂高 60 m,内错工作面 35 m;7# 钻孔垂高 15 m,内错工作面 5 m;8# 钻孔垂高 15 m,沿胶带巷煤柱施工;9# 钻孔垂高 15 m,沿胶带巷中心施工,施工钻孔总进尺 10 800 m。18408 工作面顶板走向钻孔布置示意图见图 7.26。

(12) 抽采巷采空区抽采

在瓦斯抽采巷内每隔 220 m 施工一条连通轨道巷的联络巷,在联络巷内埋设 ϕ325 mm 管路,对采空区瓦斯进行抽采。密闭采空区瓦斯抽采设计见图 7.27。

(13) 采空区埋管瓦斯抽采

采用密闭插管法对已采完的密闭采空区进行瓦斯抽采,在采空区砌筑永久性密闭墙,双层密闭墙间距不小于 0.5 m,双层密闭墙中间采用砂或黄土充填。注砂(泥浆)管和采气测温管等观测管设置在插管抽采的密闭上,抽采管口位置如图 7.27 所示,抽采管高度不小于巷道高度的 1/3。

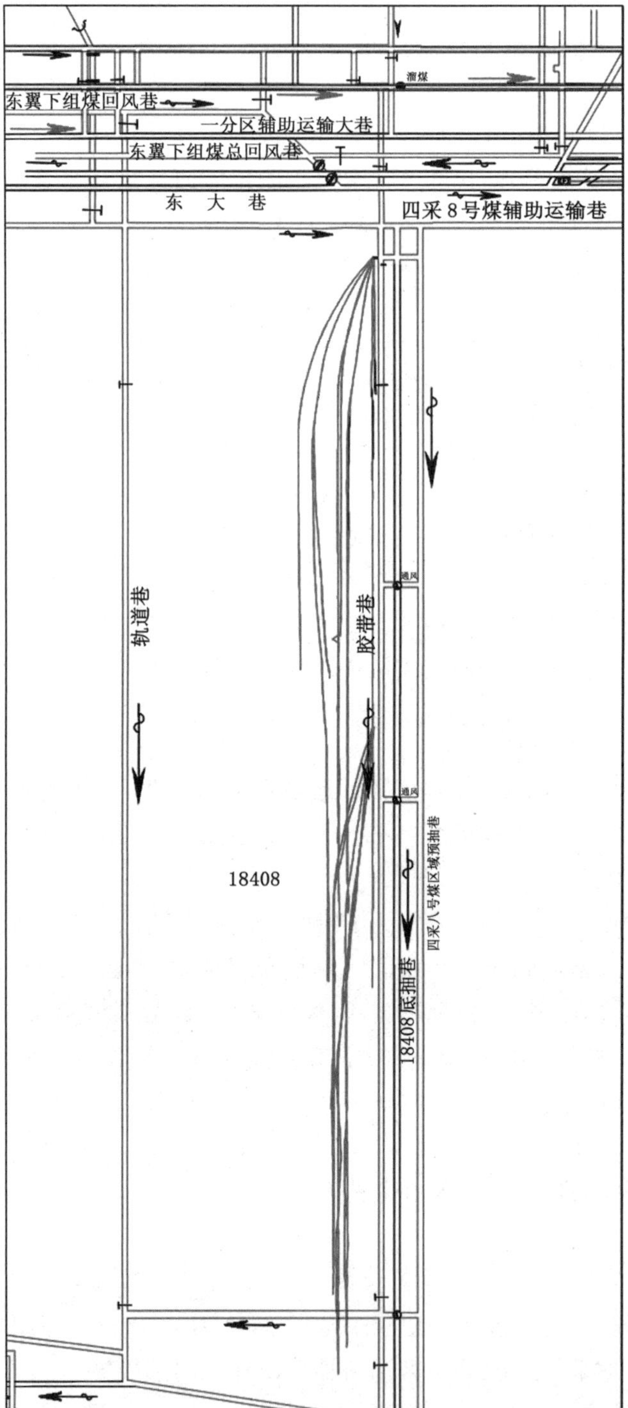

图 7.26 18408工作面顶板走向钻孔布置示意图

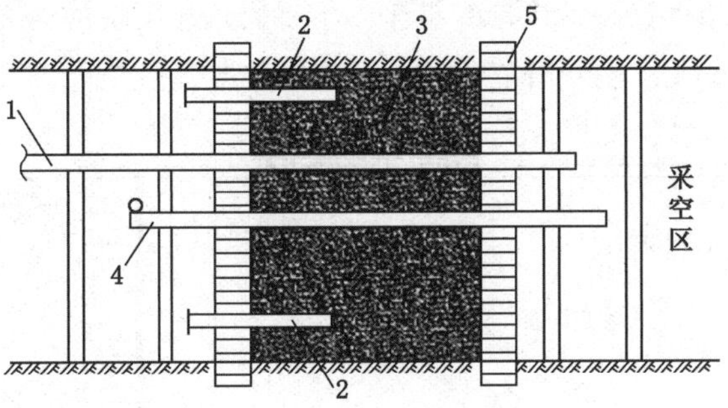

1—抽采瓦斯管;2—注浆管;3—砂(泥浆)充填物;4—观测管;5—密闭墙。

图 7.27 密闭采空区瓦斯抽采示意图

7.2.1.2 工作面局部防突措施

(1) 工作面突出危险性预测

尽管对采煤工作面采取了区域综合防突措施,当区域验证为无突出危险时,应当采取安全防护措施后进行采掘作业。但按《防止煤与瓦斯突出细则》的规定,工作面每推进 10～50 m(在地质构造复杂区域或采取了预抽煤层瓦斯区域防突措施以及其他必要情况时宜取小值)至少进行两次区域验证。区域验证就是对采煤工作面突出危险性进行预测,加之个别钻孔抽采效果欠佳或预抽钻孔未控制的局部地点以及地质构造带、煤厚变化带等都需要进行突出危险性预测。

① 预测方法、指标和临界值

根据矿区目前开采煤层测定的瓦斯基本参数和煤层赋存情况以及预测方法的熟练程度,采煤工作面的突出预测方法采用钻屑指标法。其突出预测指标为钻屑瓦斯解吸指标 K_1 和钻屑量 S。

② 预测钻孔布置

在采煤工作面,每隔 10～15 m 布置一个预测孔,钻孔应尽量布置在软分层之中。若工作面存在地质构造或地质异常变化带,应在地质构造和地质异常带附近适当增补预测孔,预测孔深 5～10 m,孔径为 42 mm。用煤电钻和配套螺旋钻杆施工,预测钻孔布置示意图见图 7.28。

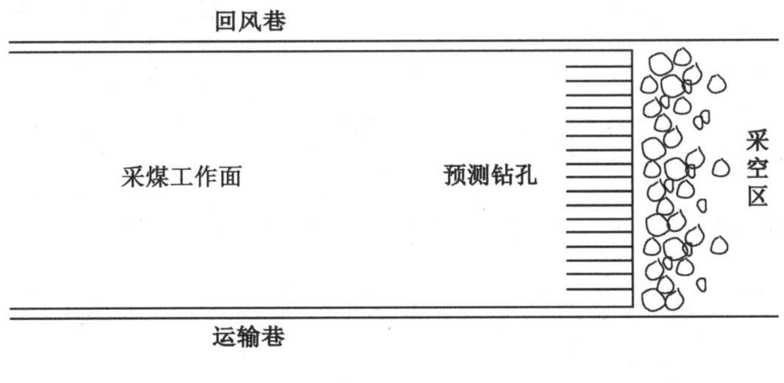

图 7.28 采煤工作面预测钻孔布置示意图

预测指标和指标临界值与煤巷掘进工作面基本相同。当采煤工作面预测结果为无突出危险时，在采取安全防护措施和留有不小于 2 m 的预测孔超前距的前提下，方可回采（见图 7.29）；当采煤工作面预测有突出危险时，必须采取防突措施。

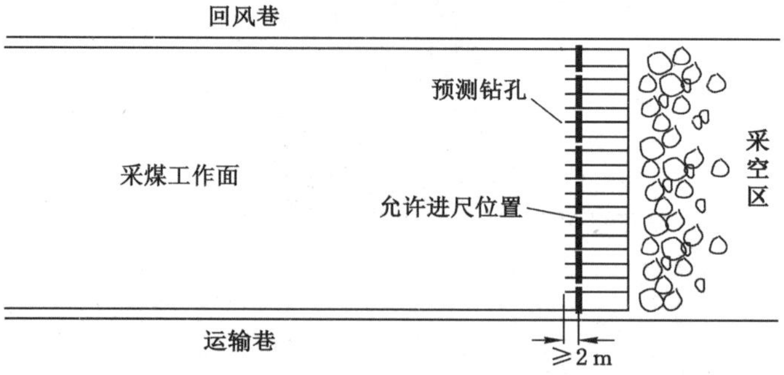

图 7.29　预测不超标时采煤工作面允许进尺平面示意图

（2）防突措施

虽然采煤工作面在回采前，已经采取了区域综合防突措施并经区域验证为无突出危险，但在回采过程中，如区域措施不佳、局部地点钻孔控制不到位或采煤时措施效果检验指标超标，应采取局部防突措施消突。此时，应采取局部防突措施进行防突。局部防突措施可选用超前排放钻孔、预抽瓦斯、松动爆破、煤层注水或其他经验证有效的方法。应优先采用超前排放钻孔或预抽瓦斯的局部防突措施。

采用超前排放钻孔时，需要布置 1～2 排钻孔（根据煤层厚度情况确定，煤层厚度在1.5 m以下布置 1 排，煤层厚度大于 1.5 m 布置 2 排），钻孔深 8～10 m，孔径 ϕ75～120 mm，钻孔排放半径应根据实际情况确定。在确定情况前，根据其他矿井经验，ϕ75 mm 的排放钻孔可暂定孔间距 1.0 m，ϕ90 mm 的排放钻孔暂定孔间距 1.2 m。地质条件变化剧烈地带也可以采用 ϕ42 mm的排放孔，孔间距暂定为 0.6 m。采煤工作面排放钻孔布置方式见图 7.30。

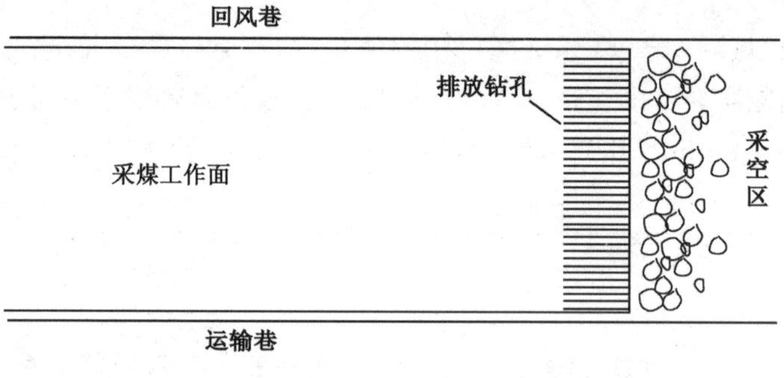

图 7.30　采煤工作面排放钻孔平面布置示意图

施工完所有排放钻孔后，应排放至少 4 h 后，再进行措施效果检验。

（3）措施效果检验

对采煤工作面防突措施效果的检验应当参照采煤工作面突出危险性预测的方法和指标实施。但应当沿采煤工作面每隔 10～15 m 布置一个检验钻孔，深度应当小于或等于防突措施钻孔。

当检验结果措施有效时，若检验孔与防突措施钻孔深度相等，则可在留足防突措施超前距（正常地带至少 3 m，地质构造带至少 5 m）并采取安全防护措施的条件下回采。当检验孔的深度小于防突措施钻孔时，则应当在留足所需的防突措施超前距（正常地带至少 3 m，地质构造带至少 5 m）并同时保留有 2 m 检验孔超前距的条件下，采取安全防护措施后实施回采作业。

当防突措施无效时，不论措施孔还留有多少超前距，都必须采取防治突出的补充措施。只有经措施效果检验有效后，方可在采取安全防护措施的前提下进行回采作业。

7.2.1.3 典型工作面瓦斯治理效果

典型工作面瓦斯治理情况见表 7.4、表 7.5 和表 7.6。

表 7.4 屯兰矿瓦斯治理方法及效果

工作面名称	起止时间	通风方式	日产量/t	配风量/($m^3 \cdot min^{-1}$)	瓦斯涌出量/($m^3 \cdot min^{-1}$)	瓦斯抽采纯流量/($m^3 \cdot min^{-1}$)	抽采率/%	瓦斯治理方法
12505	2016-06-11—2016-12-10	“U”形	5 400	2 580	43	33	76.7	“U”形风排瓦斯＋本煤层顺层钻孔＋底抽巷顺层钻孔＋低位裂隙带钻孔＋采空区＋高抽巷抽采
18401	2016-07-21—2016-12-31	“Y”形	4 700	2 700	45	27	60	“Y”形风排瓦斯＋本煤层顺层钻孔＋底抽巷顺层钻孔＋高、低位裂隙孔＋采空区抽采
24111	2016-09-16—2016-12-31	“U”形	3 000	1 200	9	4	44.5	“U”形风排瓦斯＋本煤层顺层钻孔＋采空区抽采
12512	2016-12-11—2016-12-31	“U”形	4 200	1 500	25	17	68	“U”形风排瓦斯＋本煤层顺层钻孔＋高低位裂隙孔＋底抽巷顺层钻孔＋采空区抽采
10502	2016-01-01—2016-09-15	“U”形	800	1 500	25	17	68	“U”形风排瓦斯＋本煤层顺层抽采＋高、低位顶板裂隙孔＋底抽巷顺层钻孔＋上隅角悬管抽采

表 7.5　马兰矿工作面参数及瓦斯治理情况表

工作面名称	起止时间	通风方式	日产量/t	配风量/($m^3 \cdot min^{-1}$)	瓦斯涌出量/($m^3 \cdot min^{-1}$)	瓦斯抽采纯流量/($m^3 \cdot min^{-1}$)	抽采率/%	瓦斯治理方法
18504	2016-11-06—2016-12-31	"U"形	5 694	2 336	30.05	23.05	77	"U"形风排瓦斯＋本煤层顺层钻孔＋底抽巷顺层钻孔＋高抽巷抽采＋上隅角悬管抽采
10610	2016-06-01—2016-12-14	"U"形	3 250	1 354	18.03	11.66	64.8	"U"形风排瓦斯＋本煤层顺层钻孔＋瓦斯抽采巷高位裂隙带钻孔＋底抽巷顺层钻孔＋抽采巷采空区抽采＋上隅角悬管抽采
10706	2016-08-29—2016-12-31	"U"形	2 500	1 354	10.60	6.80	64.15	"U"形风排瓦斯＋本煤层顺层钻孔＋钻场裂隙带钻孔＋上隅角悬管抽采
12513（Ⅱ）	2016-03-03—2016-04-09	"U"形	2 091	606	6.40	3.55	55.4	"U"形风排瓦斯＋本煤层顺层钻孔＋低位高抽巷抽采＋上隅角悬管抽采＋初采初放钻孔
12505	2016-12-15—2016-12-31	"U"形	1 845	1 224	8.59	5.00	58.14	"U"形风排瓦斯＋低位高抽巷抽采＋上隅角悬管抽采

表 7.6　东曲矿工作面参数及瓦斯治理情况表

工作面名称	通风方式	日产量/t	配风量/($m^3 \cdot min^{-1}$)	瓦斯涌出量/($m^3 \cdot min^{-1}$)	瓦斯抽采纯流量/($m^3 \cdot min^{-1}$)	抽采率/%	瓦斯治理方法
12418	"U"形	1 500	16	6.4	9.6	60	本煤层＋高、低位裂隙带＋顶板长钻孔＋邻近层
18408	"U"形	2 500	17.8	7.5	10.3	57.87	本煤层＋顶板长钻孔＋底抽巷＋采空区
29202	"U"形	2 600	8	4.5	3.5	43.75	上隅角＋采空区
28206	"U"形	3 500	41	13	28	68.29	本煤层＋高、底抽巷＋采空区

表 7.6(续)

工作面名称	通风方式	日产量/t	配风量/($m^3\cdot min^{-1}$)	瓦斯涌出量/($m^3\cdot min^{-1}$)	瓦斯抽采纯流量/($m^3\cdot min^{-1}$)	抽采率/%	瓦斯治理方法
12509	"U"形	2 500	18	7	11	61.11	本煤层+高、低位裂隙带+采空区+底抽巷
14218	"U"形	1800	3.8	3.8	—	—	—
28806	"U"形	3 500	19.15	5.71	13.44	70.18	本煤层+高、底抽巷+采空区
18307	"U"形	1 300	1.78	1.78	—	—	—
14313	"U"形	800	2.93	2.93	—	—	—

7.2.2 煤巷掘进工作面瓦斯治理

7.2.2.1 煤巷掘进工作面瓦斯治理措施

(1) 通风管理措施

工作面必须建立独立可靠的通风系统,进回风系统隔断处必须安设不少于 2 道牢固可靠的正反向风门或挡风墙;迎头风量不低于 600 m^3/min;各工作面均按标准安装安全监测监控系统和面域化综合防御系统,对工作面风量、风机开停、瓦斯浓度、CO 等进行实时监测。

(2) 区域防突措施

① 在胶带巷和轨道巷采取顺层走向长钻孔预抽条带煤层瓦斯,钻孔孔径为 96 mm,钻孔孔深 500～700 m,并控制巷道轮廓两侧外各 15 m 范围,预抽时间为 6 个月。顺层走向长钻孔预抽煤巷条带瓦斯钻孔布置示意图见图 7.31。

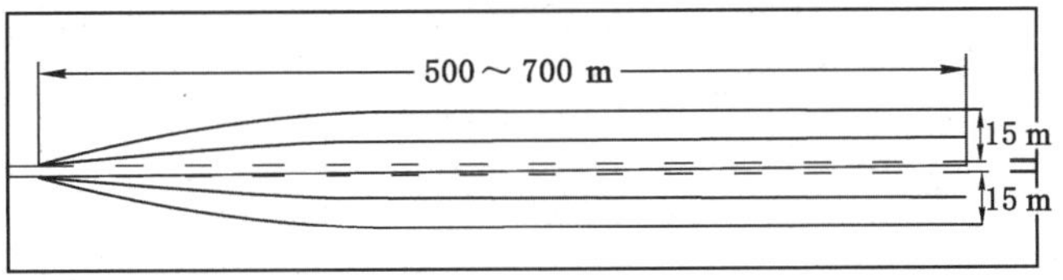

图 7.31 顺层走向长钻孔预抽煤巷条带瓦斯钻孔布置示意图

② 在瓦斯治理巷、胶带巷、工作面开切眼等地点采用递进式预抽方法进行消突,钻孔孔径 113 mm,钻孔孔深 45 m,并控制巷道轮廓线外各 15 m 范围。递进式钻孔预抽煤巷条带瓦斯钻孔布置示意图见图 7.32。

③ 顺层钻孔区段预抽:在东曲矿 28810 轨道巷采用顺层钻孔区段预抽煤层瓦斯方法进行消突,钻孔孔径为 113 mm,钻孔孔深 245 m,钻孔控制 28810 工作面回采区域及 28810 轨

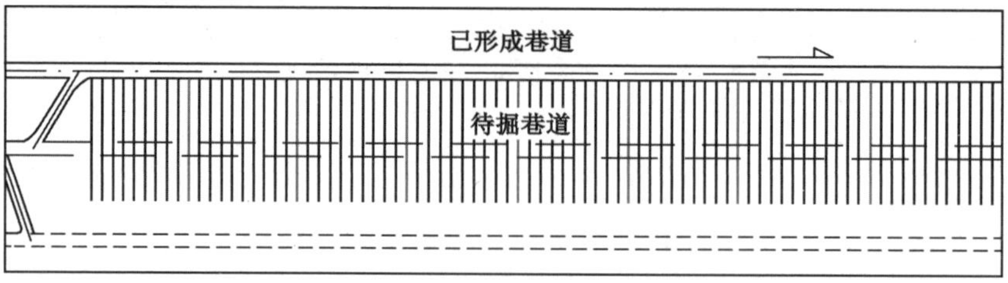

图 7.32　递进式钻孔预抽煤巷条带瓦斯钻孔布置示意图

道巷巷道轮廓线外 15 m 范围。顺层钻孔区段预抽煤层瓦斯钻孔布置示意图见图 7.33。

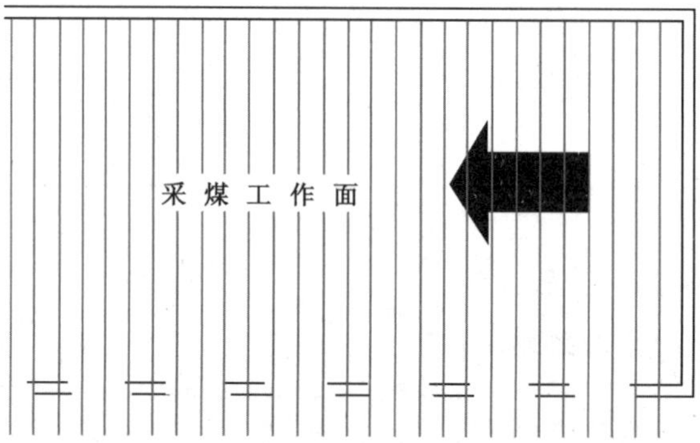

图 7.33　顺层钻孔区段预抽煤层瓦斯钻孔布置示意图

④ 胶带巷工作面采用穿层钻孔预抽煤巷条带瓦斯的方法进行消突，钻孔孔径为 113 mm，钻孔孔深 30～50 m，并控制巷道轮廓两侧外各 15 m 范围。穿层钻孔预抽煤巷条带瓦斯钻孔布置示意图见图 7.34。

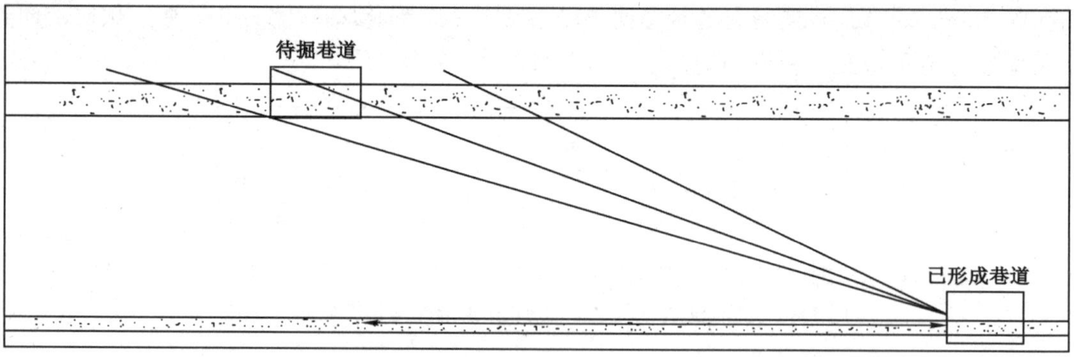

图 7.34　穿层钻孔预抽煤巷条带瓦斯钻孔布置示意图

7.2.2.2　煤巷掘进工作面瓦斯治理案例

屯兰矿 12503 工作面是南五盘区的首个工作面。该工作面地表位于白草塔进风井以南，对坡村以东，土地沟断层以北，盖山厚度为 396～510 m。工作面位于南五盘区，北西与南五轨道巷和南五胶带巷相接，北与白草塔保护煤柱相邻，南东与土地沟断层保护煤柱相接，南西尚未采掘。工作面掘进巷道主要沿 2# 煤层跟顶掘进，煤层结构复杂。2# 煤层厚度平均为 3.16 m。12503 轨道巷与 12503 回风巷掘进期间通风系统如图 7.35 所示。

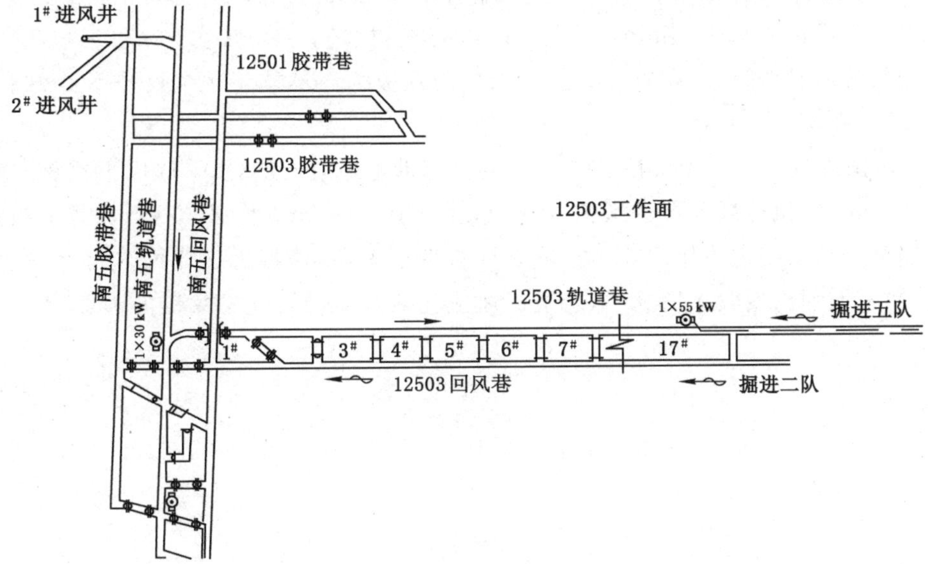

图 7.35　12503 轨道巷与 12503 回风巷掘进期间通风系统图

12503 工作面回风巷及 12503 轨道巷掘进工作面共出现了 3 次瓦斯异常涌出，且都发生在断层的断层面附近。2008 年 2 月 4 日掘进二队施工 12503 回风巷至 840 m 处时，工作面遇地质构造，煤质疏软，顶板破碎。掘进机在扫底煤时，工作面瓦斯浓度瞬间达 4%，回风流瓦斯浓度最高达 3.64%。最大绝对瓦斯涌出量为 39.53 m^3/min。2008 年 2 月 8 日掘进二队施工 12503 回风巷，在掘进机施工过程中突然从工作面发生瓦斯瞬间涌出，瓦斯浓度瞬间最高达 7.9%，回风流瓦斯浓度最高达 3.3%。工作面最大绝对瓦斯常涌出量为 35.64 m^3/min。2008 年 2 月 21 日掘进五队施工 12503 轨道巷期间，工作面瓦斯浓度瞬间达 3.49%，回风流瓦斯浓度最高达到 4%，最大绝对瓦斯涌出量为 29.6 m^3/min。

针对以上几次瓦斯异常涌出现象，制定了以下南五盘区煤巷掘进工作面瓦斯异常涌出防治技术。

(1) 对石门揭穿接近煤层 50 m 时，地测科必须下发警报，掘到距煤层 20～25 m 时，由抽采科至少施工两个穿透煤层全厚的超前探孔，以便掌握煤层赋存条件、地质构造、瓦斯情况等；生产队组必须每班施工至少 4 个超前探孔，工作面与探孔终孔不得小于 5 m。

(2) 对半煤岩巷掘进时，由地质科提前下发煤层走向预想图，生产队组根据地质科煤层预想图每班对煤层施工 3～4 个超前探孔，探孔孔深不得小于 10 m，工作面与探孔终孔不得小于 5 m。由通风科测定钻孔内的瓦斯浓度。

(3) 煤巷掘进工作面每班必须施工超前探孔，探孔必须布置在软分层中，探孔施工完毕后实施邻孔注水，达到防止瓦斯异常涌出的效果。

若软分层厚度大于 500 mm 时，在软分层中布置 8 个两排直径不小于 46 mm 的探孔，孔深 8～10 m，探孔施工完毕后对下排孔实施注水。

若软分层厚度小于 500 mm 时，在软分层中布置 4 个直径不小于 46 mm 的探孔，孔深 8～10 m，探孔施工完毕后对 1#、3# 孔实施注水。对邻孔进行注水时，待上排孔或 2#、4# 孔或煤帮返出水后再注 5～10 min，方可停止注水进行掘进。

若无软分层时，探孔可布置在工作面上部距顶板≤1 m，施工 4 个直径不得小于 46 mm 的超前探孔，孔深 8～10 m。

(4) 在掘进过程中遇无炭柱、断层、煤层变薄带等地质构造时，采取以下措施：煤层厚度大于 500 mm 时，执行煤巷掘进措施；煤层厚度小于 500 mm 时，必须执行先探后掘措施，探孔终孔端至少超前掘进工作面 5 m。采取针对性措施后，该掘进工作面未再次发生瓦斯异常涌出，在瓦斯涌出量较大情况下，巷道回风流瓦斯浓度仍然持续控制在 0.3%以下。

8　通风系统安全保障技术

通风系统对于矿井瓦斯控制极为重要，稳定且可靠的通风系统能够将瓦斯及时地、快速地排出，避免井下瓦斯浓度超标。否则就可能直接导致风流短路，瓦斯积聚。特别是瓦斯灾变期间，灾变后的巷道风流气体、温度、冲击波等因素会对通风系统造成损害。因此，构建可靠、稳定的通风系统是防治瓦斯的基础。本章从通风系统三维可视化与风网结算、瓦斯灾变推演与防爆风门响应介绍西山矿区通风系统安全保障技术与装备。

8.1　矿山三维一体可视化通风系统

以往的通风系统管理都是通过查阅二维矿井通风路线图及通风网络图来完成的，基本都是人为工作[146-147]。上述方式不仅工作量大、环节多，而且管理不方便。特别像屯兰矿这种多年的老矿井，井下巷道错综复杂，通风线路图更新多次，工作人员难以快速有效查阅所需信息，给通风管理工作及通风设计规划带来了困难。通风仿真系统应用矿井真实巷道模型生成技术与通风系统展示效果，实现了矿井通风系统的三维一体可视化管理。

8.1.1　矿山井下三维场景构建

矿井通风系统是由纵横交错的井巷构成的复杂系统，要在三维可视化场景中准确模拟通风网络系统以及在此场景中实现三维通风解算算法，首先需要将井下场景进行准确真实的还原。该系统基于空间 GIS 技术和 VR 技术，通过对采集的现场资料进行处理来构建真实矿山场景模型，将矿山地形地貌、地质构造以及井上下设备设施进行一体化真实再现，包括矿井风机、风门、局扇、风桥等设施设备，从而为通风系统仿真模拟的建设提供了真实的场景。

风机、风门等三维实体模型的构建，系统通过以下三个层面来描述：空间物体三维数据的表示、三维目标模型的结构表示、建筑物纹理数据建模。

(1) 空间物体三维数据的表示

目标三维模型模拟了客观世界中对象的重要的物理性质及几何性质，由于在三维情形下，物体的位置、朝向等的变化均会影响到三维模型的表示，因此物体模型表示是十分复杂的。在设计物体模型时，必须考虑的几个因素包括坐标系、基元、组织结构和模型关系等。

(2) 三维目标模型的结构表示

三维目标模型有代表性的三维空间数据模型主要有两种表示法：表面或边界法、结构实体几何表示法。对模型部件的表示法兼顾两种表示方法的优点，采用 CSG 方法表示城区建筑物模型，拓扑关系查询分析时转化为 B-rep 表示，形成特有的三维目标模型结构表示法。

(3) 建筑物纹理数据建模

几何模型建立以后，下一步工作就是将纹理数据映射在几何模型上，真实地模拟矿山构筑物设施三维景观，如图 8.1 所示。矿山构筑物设施景观中三维对象各种纹理信息最可靠和最主要的来源是近景摄影影像。

除了能够对矿山三维实体模型进行构建，系统还建立了模型部件库，当井下通风设施设备发生变化时，系统可以快速准确地在三维场景中进行相应修改，省去了大量的重复性工作，节省了企业的人力、物力。

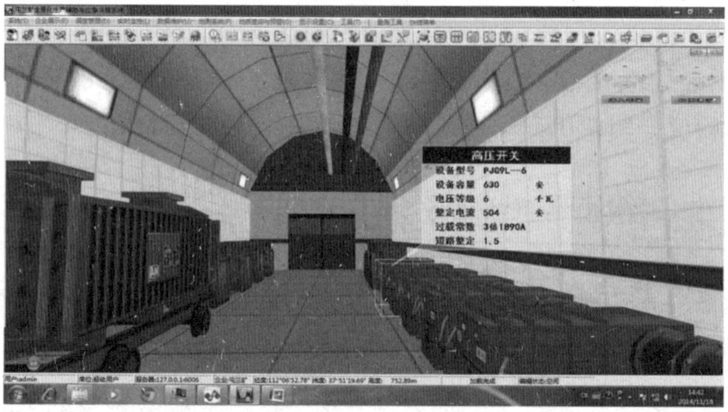

图 8.1　屯兰矿井下三维场景展示

8.1.2　真实巷道模型的构建

井下通风风量分配除与风机、自然风压等因素有关，还与井下巷道布置有着密切关系。煤矿井下巷道纵横交错，数据量较大，不仅如此，在现实生产过程中，井下巷道每天都在变化，需要不断更新和维护巷道走向、位置、长度、联通关系等信息，从该实际情况出发，如果采用以往建模的方法将井下巷道全部生成三维模型，就无法实现灵活的巷道空间关系维护或编辑，更无法实现真实巷道联通关系的植入，导致井巷工程三维场景变成“死场景”与“空架子”。

针对以上问题，首次采用数据分拣获取有效特征点并生成巷道空间关系，并加入了巷道真实空间交叉位置关系直接生成交叉口的智能化技术，将井下巷道空间位置关系快速准确地在三维场景进行真实还原，解决了巷道快速生成与更新维护繁杂的问题。

(1) 井下巷道自动构型技术

在软件系统中，巷道的初始化构建和日常更新维护涉及两类使用模式：一种是根据已有图纸资料进行初始化巷道搭建；另一种则是随着巷道掘进更新测点数据来保证系统中显示的巷道位置长度等与实际相符。本系统采用测点巷道测点数据生成巷道的思路，依据输入或导入的测点序列和巷道截面生成真实巷道模型，并且在生成巷道后可以通过调整特征点或者增加测点来改变巷道的走向、水平角、俯仰角以及长度等，实现了巷道自动构型。

(2) 巷道交叉口生成技术

系统在三维场景中构建的巷道，不仅要能够表现真实的巷道空间位置关系和形貌，还需要能够建立巷道之间的连通关系，才真正达到将井下巷道真实还原的目的。所以，生成巷道的同时必须解决巷道连通关系问题，在平台系统中，研发了巷道交叉口自动添加和构型机制，可依据生成的巷道之间的交叉关系直接生成交叉口，在形貌和尺寸及位置关系上变现真实的场景，真正做到在三维场景中对井下巷道空间位置关系进行快速准确地真实还原。

8.1.3　三维一体可视化通风系统展示

传统的矿井通风网络图所反映的矿井风流的流动线路，虽然具有一定的直观性，但无法从图上反映风流的性质，更不能显示风流流动的速度和巷道内风量的大小等。随着可视化技术在矿山应用的不断深入，人们希望能够实现矿井巷道风流的直观动态显示和实时交互查询，以便为矿井通风管理和防灾救灾等工作提供可靠的依据。基于此，西山煤电开发了具有独创性的三维通风系统可视化技术。该技术设计了风流模拟的粒子系统数据结构，结合风流路径的空间拓扑关系，实现各巷道风流的三维模拟与显示。系统根据风网属性及解算结果模拟并三维展示不同条件下、不同通风模式（“U＋L”形、“Y”形等）的通风状况；结合真实准确的巷道信息，三维展现具有流动感的井下通风、用风、配风过程；通过颜色、流速以及流向生动、直观地显现风路拓扑关系。

(1) 巷道风流可视化模拟技术

根据井下风流的特点，系统对巷道数据进行处理，并利用不同成分风流的颜色、光照和材质对三维对象进行渲染，并与通风网络进行了集成设计。对于气体如何在巷道内流动，研发了通风网络解算和巷道风流模拟模块的关键技术。通过对矿井巷道几何形态与巷道数据模型的分析，设计了适用于风流模拟的巷道数据结构；研发了基于粒子系统的巷道风流的三维建模算法，设计了风流模拟的粒子系统数据结构，通过颜色、透明度、粒子生命周期等因素调节并展现新风、用风、乏风。

(2) 巷道风流流向显示技术

为了体现风流具体流向，系统建立巷道风流模拟路径拓扑关系以及依据这些关系自动搜索进风巷道和出风巷道之间所有风流路径的算法。将巷道中心线抽象为风流粒子的运动路线，通过通风网络解算成果确定风流方向后，以粒子系统方式近距离、生动、真实地表现风力、风向，从而一举解决了可视化风流的去向问题。

综上所述，三维通风系统可视化技术即在真实巷道模型基础上，整合矿井风井、通风设备设施和矿井阻力测定数据等通风系统信息，以粒子风模拟巷道内风流的流动，以粒子风的速度表现风流速度的快慢，以粒子风的颜色表示风流的性质，清晰地反映了巷道风流的速度、性质、流向等要素，实现了矿井巷道通风系统三维可视化展示，解决二维通风系统不能满足直观、准确查看的问题（图 8.2）。当前，该系统已在屯兰矿得到成功应用，为现场矿井通风管理起到了指导作用。

图 8.2　井下通风系统三维可视化图

8.2　基于可视化场景的三维通风网络解算

8.2.1　矿山通风网络图自动生成系统

对矿井通风系统进行网络解算、系统优化设计和改造，以及矿井火灾时期决策支持都需要提供矿井通风系统的拓扑关系。传统的做法是工作人员先根据矿山实际通风状况绘制通风系统图，然后再根据通风系统图绘制通风网络图，而且当矿井通风系统发生变化时，首先需要在通风系统图做出相应改变，然后再手工修改网络图，修改起来非常不便。通过上述方式建立的矿井通风网络图，不仅速度慢、工作量大、易于出错，而且浪费了大量的人力，效率十分低下。

针对以上情况，本系统开发了由通风系统图自动生成通风网络图的功能，从而使网络图绘制和修改困难的状况得到根本改变。本系统直接利用三维通风系统中已有的巷道数据（节点坐标、风量大小、风流方向、巷道空间位置关系）建立通风网络图。系统在绘制网络图时首先为每条巷道分配始末节点号，并记录网络图所显示的属性数据。同时，系统根据每个节点的空间坐标位置及节点风量大小来判断是否有重合节点，若存在，则认为所有重合节点是一个节点，自动标记出所有巷道分支间的重合节点，重新建立节点与巷道间的关联关系，从而自动建立整个系统的网络拓扑关系，并形成通风网络图。

当井下通风系统发生变化时，只需工作人员进入通风网络编辑界面进行相应风支改变，系统将会对巷道通风信息及通风网络图自动进行修改，如图 8.3 所示。

8.2.2　通风网络解算技术及其应用

8.2.2.1　通风网络解算 COM 组件封装技术

通风网络解算是进行通风系统设计、优化和改造的基础性工作，为通风系统管理提供参考。迄今为止，较完善的通风网络解算软件已分别实现了阻力测算、网络解算、网络优化、风机选型、通风系统网络图和立体图的自动生成等诸多功能，并由单纯的网络解算向矿井三维

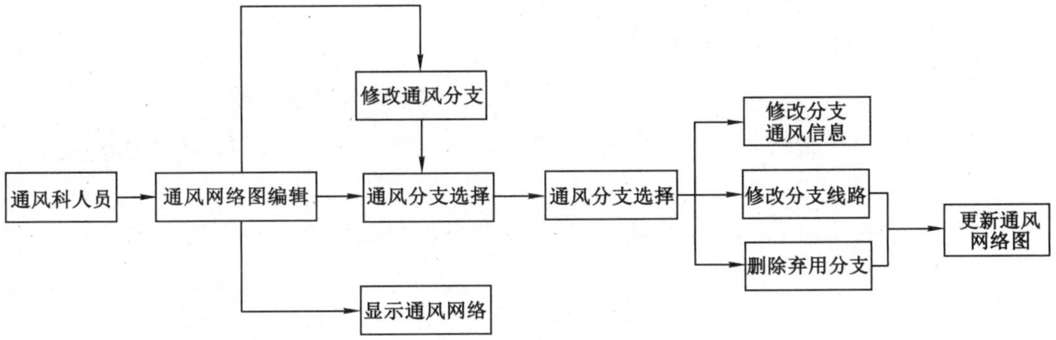

图 8.3 通风网络维护

立体仿真转变。三维立体仿真平台在实现通风系统网络解算功能时需要调用通风网络解算程序及通风解算算法，但现有的通风网络解算程序多由软件公司各自自行开发，客户也仅限于与其有项目合作的工矿企业，造成了仿真平台无法直接调用网络解算程序的问题，给整个平台的管理带来了不便。

基于以上问题，结合屯兰矿实际情况进行了技术研究，开发了通风网络解算 COM 组件封装技术，该技术按照定义的接口标准封装了斯考德-恒斯雷算法，并将通风网络解算软件的各个功能模块封装到同一个 COM 组件中，作为独立的整体组件供其他软件平台调用。通过组件封装使用者不必熟悉实现某项测试功能的代码，只需知道其接口标准，就可对其直接进行调用。该技术不仅保证了软件的专业性和规范化，提高了软件运行效率，同时极大地提升了系统开发的效率和质量，也为系统在未来发展中的升级提供了基础。

本系统中通风网络解算 COM 组件是基于 VB.NET 平台封装的，主要实现了以下功能：① 通风网络解算；② 巷道贯通模拟；③ 风机选型与仿真（包括风机反风及风机曲线绘制）；④ 矿井需风量计算；⑤ 矿井阻力测算（测定及解算）；⑥ 通路法按需分风（风量调节）。基于此，系统利用三维巷道的真实性便能够自动计算巷道的长度、截面积，并根据巷道百米摩擦风阻计算出巷道风阻，快速自动初始化输入数据，并且能够将通风拓扑图精细到巷道级别，解算结果也能直接附加到真实巷道模型上，可在真实场景中进行解算结果的快速对比，很大程度上提高了通风解算算法的精确性。此外，我们也可以对其他算法进行封装，增加了系统的实用性和适用性。

8.2.2.2 三维可视化风网解算

开发了三维通风解算算法的标准化接口，接口包含三维通风解算算法的输入参数定义、输出参数定义和解算基本功能。同时系统按照定义的接口标准封装了斯考德-恒斯雷算法，系统基于已有测风网络数据，进行自然分风解算，算法以图论为基础，首先需要构造最小树，然后确定余树弦，选定回路，最后进行风量迭代计算，直至满足一定精度。当然，系统还可集成的国内外其他通用或用户指定的通风网络解算模型算法。

斯考德-恒斯雷算法[148-150]基本思路：利用拟定的各分支初始风量，将方程组按泰勒级数展开，舍去二阶以上的高阶量，简化后得出回路风量修正值的一般数学表达式为：

$$\Delta Q=\frac{-\sum R_iQ_i^2\mp H_{通}\mp H_{自}}{2\sum\mid R_iQ_i\mid} \tag{8.1}$$

式中 $\sum R_i Q_i^2$——独立回路中各分支风压(或阻力)的代数和。分支风向与余树枝同向时其风压取正值,反之为负值。

$\sum |R_i Q_i|$——独立回路中各分支风量与风阻乘积的绝对值之和。

$H_{通}$——独立回路中的通风机风压,其作用的风流方向与余树枝同向时取负值,反之为正值。

$H_{自}$——独立回路中的自然风压,其作用的风流方向与余树枝同向时取负值,反之为正值。

按公式(8.1)分别求出各回路的风量修正值,由此对各回路中的分支风量进行修正,求得风量的近似真实值,即:

$$Q'_{ij} = Q_{ij} \pm \Delta Q_i \tag{8.2}$$

式中 Q_{ij},Q'_{ij}——修正前后分支风量,m^3/min。

ΔQ_i 的正负按所修正分支的风向与余树枝同向时取正值,反之取负值。

如此经过多次反复修正,各分支风量接近真值。当达到预定的精度时计算结束。此时所得到的近似风量,即可认为是要求的自然分配的风量。上述公式(8.1)和公式(8.2)即斯考德-恒斯雷法的迭代计算公式,也称其为哈蒂·克劳斯法。

根据解算结果,在三维场景中清晰展现矿井风网系统的整体运行状态,对于风向反向的分支,在解算结果中会提示显示,三维可视化使计算结果一目了然,从而使技术人员摆脱了无休止的数据计算。

8.2.3 通风网络模拟分析

基于通风网络解算功能,平台系统不仅可以对某一固定情况下通风系统进行通风网络解算,而且在巷道、通风设施设备、风井等发生变化时,能够查询井下任意巷道内的风量、风速信息,并根据配风要求提出如何调整配风等信息。

(1) 基于巷道的可视化模拟分析

井下巷道截面及长度发生变化时,巷道的通风阻力将发生变化,同时,系统将根据百米风阻及标准阻力系数等参数对变化后的通风系统自动进行通风解算,重新对井下各巷道内风量、风速等信息进行设定显示。此外,系统还可以根据配风要求提出相应的配风建议。图 8.4展示了基于掘进巷道的通风系统模拟分析流程。

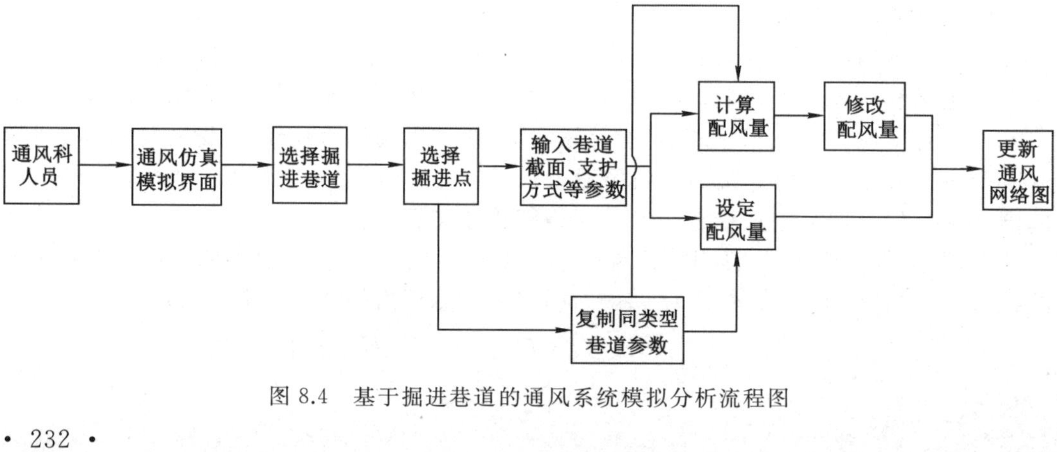

图 8.4 基于掘进巷道的通风系统模拟分析流程图

(2) 基于通风设备的可视化模拟分析

矿井风机因故停止供风等情况发生后，井下风量必然受到影响，此时可以通过改变系统中参数设置，对井下通风网络重新进行解算，及时了解通风状况变化后井下各巷道内的风量信息，为管理人员的相关决策提供参考依据。除此之外，系统还支持在巷道内任意点设置风门，模拟风门开/关后的井下巷道的风量变化。图 8.5 为基于风机的通风系统模拟分析流程图。

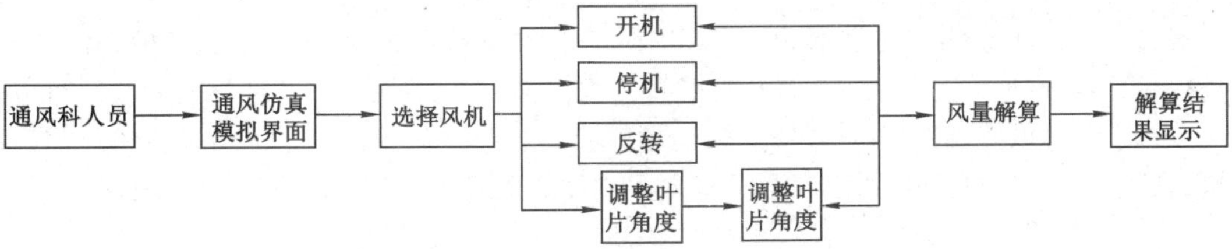

图 8.5　基于风机的通风系统模拟分析流程图

(3) 基于风井的可视化模拟分析

当地表存在多个进风井时，改变风井的进风量将会导致井下风量分配发生变化。以往只能根据积累的经验或者复杂计算才能了解井下分量分配情况，而本平台系统只需系统改变风机所对应参数，则可以快速计算出井下任意巷道风量分配信息，并且可以根据井下的配风要求，提供相适应的配风建议，实现快速准确地解决通风管理问题。

8.2.4　系统数据接口标准化应用

本系统具有较好的标准化外系统集成接口。在信息化技术不断发展的今天，煤矿井下越来越多地采用自动传感装置、自控装置、联锁报警装置等为各业务或主管部门对口建设了多种业务信息系统。企业所安装的各业务系统都有自己的数据存储库，而且这些系统的数据从整体上来说一般是不完整、不一致的。由于这些应用系统之间的数据结构、功能和应用环境的差异，难以进行信息交流，导致各类系统功效和企业资源使用效率降低，影响企业的信息化发展进程。

传统的解决方案要求直接从数据存储库中获取数据，并且只能从数据存储库中获取数据，但数据存储库往往不被答应直接访问，而且数据存储库中的数据经常是原生数据，需要经过业务逻辑的处理才能成为有价值的数据。立足于信息化建设的长远发展，做好已建系统和新建系统之间信息、数据的交互共享，实现各类信息化项目的规范化管理，开发了一套符合矿山各系统信息集成的标准化接口规范。本规范用于保证矿区建立的各类信息系统可以实现数据共享，为将来各类数据整合系统、应用整合系统等提供统一的信息集成调用接口，增加了各系统信息的数据共享程度。

在系统数据接口标准化过程中，系统采用中间层模式，通过统一的全局数据模型来访问异构的数据库、遗留系统等，中间层位于各种数据源和应用程序之间，向下对各数据源起协调作用，向上为访问集成数据的应用提供统一数据模式和数据访问的通用接口。在此过程中，各数据源的应用仍然完成他们的任务，中间层则主要集中为各种数据源提供一个高层次检索服务。中间层提供一个统一的数据逻辑视图来隐藏底层的数据细节，使得用户可以把集成数据源看成一个单一的整体。另外，在系统接口连接过程中，需要承建系统的各单位根据矿上和第三方系统的需求建立中间层数据库用户，其中的数据由源数据库系统提供，并且能够保证中间数据库的数据实效性。同时赋予矿上建设的其他信息系统读取该中间数据库中数据的权限。

目前，在屯兰矿可以参照和选择的软件系统标准化接口形式有控件集成接口方式、通信协议接口方式和数据库接口方式三种。

(1) 控件集成接口方式

通过动态链接库(DLL)、组件(ActiveX)等技术，将系统的数据采集、数据传输、数据处理等进行封装，给其他第三方系统提供标准控件。提供该标准的控件后，其他第三方系统可以通过此接口实时提取终端设备传回的信息，包括时间、空间位置、状态等。采用该方法提供标准接口的厂家，需提供控件和使用说明，并以电子文件的形式刻盘交付给信息部门备案。

(2) 通信协议接口方式

各厂家建立的系统，还可通过网络方式(如 TCPIP、UDP 等)将本系统各类关键信息或数据(如时间、空间位置、人员编号)及其他附加显示信息传送到其他第三方系统。采用通信协议提供标准接口的，必须明确协议内容、调用方法等，并提交通讯协议方式标准集成接口设计说明书。

(3) 数据库接口方式

采用数据库集成接口的方式，可以将本系统数据库框架、关键表接口编织成数据库说明，提交矿信息中心备案。在系统建设完成后，必须为其他第三方系统读取本系统的数据提供相应的用户权限(包含用户名和密码)，并允许屯兰矿建设的其他信息系统读取本系统的数据库。

通过信息集成后的系统数据接口标准化技术的开发，可对矿山各类不同信息类型的数据进行整合展示并协同工作，增加了矿山信息系统接口开放性的同时，提高了矿山信息系统的运作效率，对矿山信息管理工作具有重要意义。

8.3 井下瓦斯灾变推演分析

矿井发生重大灾变事故后，如火灾、爆炸等都会对井下人员的生命安全构成极大的威胁。在发现灾情后，如果不能迅速处理，则必须将在受灾区域及可能受火灾气体或爆炸影响区域工作的作业人员撤离到安全的地点。因此，灾害影响区域的确定显得尤为重要。而本系统所具有的灾变推演功能模块，只需要操作人员输入灾变前反馈的信息数据与灾变种类，计算机则可以自动计算出灾变蔓延趋势，确定灾变可能受影响区域的范围。

8.3.1 灾变推演设计思路

通过设定特定区域可能发生的瓦斯突出、火灾，根据解算模块得出的解算结果，模拟出瓦斯突出等灾变发生后产生的有害气体(瓦斯、CO、烟雾等)的扩散范围、需要疏散的工作区域及瓦斯突出、火灾的动态蔓延范围，可为灾后安全巷道的确定提供参考，为井下避灾路线的规划提供决策支持。依据屯兰矿实际地质状况，在平台系统所设计的基本架构的基础上，对井下灾变进行了推演仿真设计，主体设计思路如下。

(1) 提供真实计算模型接口

针对屯兰矿的通风专业领域应用，开发针对灾害模型的扩展接口应用，以适应灾害模型的三维可视化展现。在系统所提供的基本架构及三维空间数据管理和渲染引擎基础上，具有景观及可视化地质建模、数据建模，及可视化虚拟仿真驱动等具体领域的二次开发模块，具体提供瓦斯、烟雾等多种气体扩散模型以及爆炸冲击波等模型接口。

（2）实时灾害预警参数提取和植入计算

矿井重大灾害（如瓦斯突出、火灾、爆炸）后果严重，灾变信息的匮乏对救灾产生致命影响，系统能够提取灾变发生前后的实时监控瓦斯浓度、CO浓度、温度等传感器数值，同时也支持手动输入当前灾变的参数，并植入到三维灾变模型中，提供灾变模型的动态可视化表现的数据支持。

（3）计算结果生成与可视化展现

以地图、图表、文字等传统方式管理灾害信息已远不能满足人们的需求，灾害信息是一种复杂的、综合性强的信息。系统在建立灾害统一概念体系和成灾模式基础上，综合运用灾害科学和信息技术，将模型计算结果进行动态模拟，并将推演结果在三维真实还原的井巷工程中进行可视化展现。

8.3.2　系统灾变推演分析应用

结合屯兰矿井下实际情况开发了灾变推演功能。当井下发生瓦斯突出时，结合井下瓦斯传感器反馈的信息数据和井下风量分布等信息，通过在平台中设置瓦斯参数，可对灾变蔓延态势进行模拟推演。系统开发的灾变推演模块，主要有以下功能：①系统可以根据井下反馈情况，设置瓦斯突出点、瓦斯涌出速度等参数，保证了模拟的实时性和精确性；②系统可以拖动时间条，查询灾变发生一段时间后灾变气体的蔓延范围。当井下发生灾变后，可通过此功能模拟的结果，为井下人员避灾路线安排和救援工作提供辅助决策信息，瓦斯参数设置及灾变推演见图8.6～图8.8。

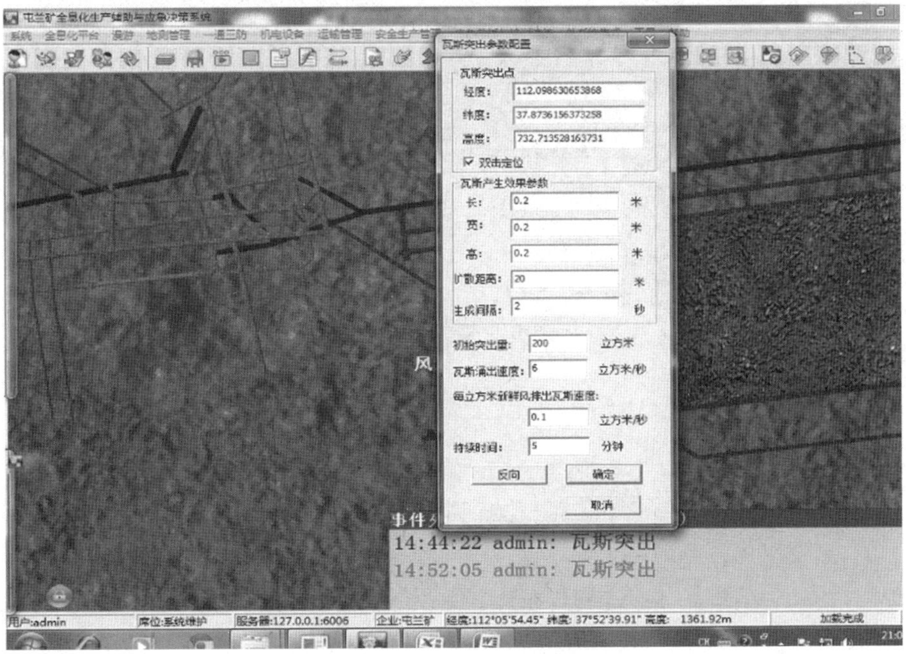

图8.6　瓦斯参数设置

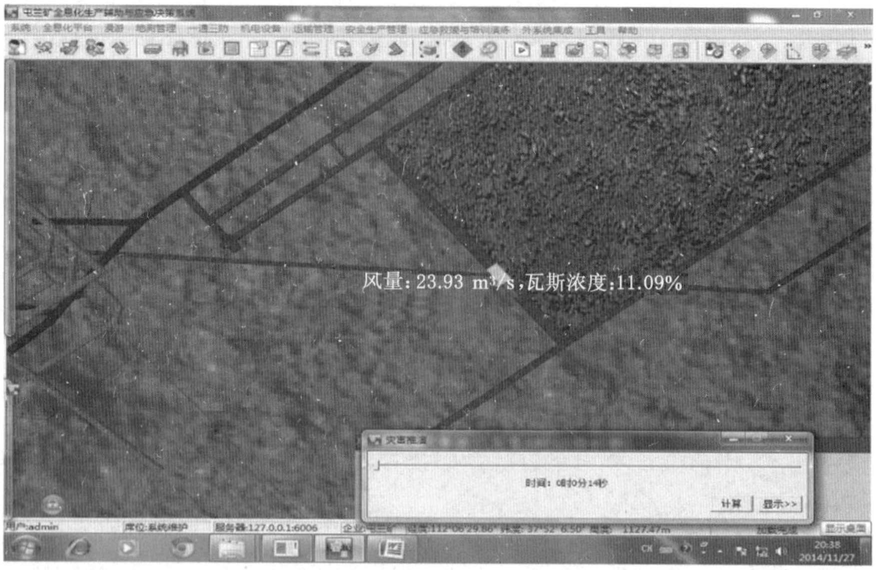

图 8.7　灾变推演图一

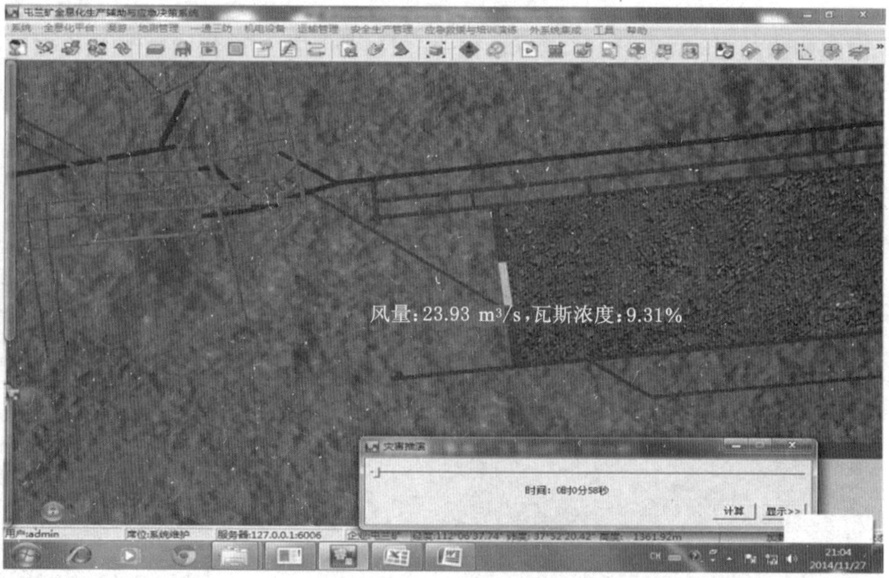

图 8.8　灾变推演图二

8.4　立风井备用防爆门快速复位技术

煤矿立风井备用防爆门快速复位技术及装备是解决矿井灾变时期立风井快速复位、密封的关键，使备用防爆门系统能够在煤矿井下发生瓦斯爆炸后，快速封盖风井井口，发挥与原防爆门相同的功能，既能正常通风又能反风[151]。同时能在井下发生二次甚至多次爆炸的情况下，自动打开、复位、锁扣风门，保证矿井灾变时期的正常通风，为保障煤矿安全生产提供有力的技术支持。综合考虑防爆门现场的使用情况和灾变时瓦斯爆炸的规律，通常情况下，当发生瓦斯爆炸或煤尘爆炸时，第一次爆炸的威力是最大的，原有防爆门可能受到致命的危害，当以后发生二次或多次爆炸时，气流对防爆门的冲击力会逐渐减小，因此，发生第一次爆炸时被摧毁的是原有矿井风井的防爆门，之后备用防爆门即可产生作用。因此，将备用防爆设计成对开的活动门，这样在矿井灾变时期原有矿井风井防爆门遭到破坏时，启动备用防爆门可以将风井盖严。一旦发生二次或多次爆炸时，备用防爆门上的活动门能实现自动打开与复位。

8.4.1 水平导轨牵引系统复位模式

根据防爆门系统整体设计方案要求，新型防爆门必须在原防爆门因瓦斯爆炸被冲击破坏后，以及矿井进行反风时，能迅速准确移动到位，并且能可靠地固定、锁紧。这就要求新型防爆门除具有原有风井盖的基本功能之外，还必须能满足快速复位的特别要求，同时防爆门的设计既要考虑对原风井盖的罩盖、密封、固定，还要考虑到移动、对接和锁紧。因此，对整体系统而言，必须设计可靠的备用防爆门快速复位系统。

通过对比分析，充分考虑矿井灾变时期的各个因素，以及如何快速、安全地将备用防爆门运送到指定位置并实现对原风井的罩盖，选择水平导轨牵引系统。该方案是考虑将备用防爆门置于原风井盖一旁的两根水平导轨上，并且可以在电机驱动下沿水平导轨移动，当原风井盖由于井下灾变被冲击破坏而需要启用备用防爆门系统时，复位系统的电控部分驱动横梁行走机构，将备用防爆门系统推至原风井盖上方，同时电推杆锁紧装置将其锁紧，在反风时确保井盖不被吹开。此方案中防爆门的移动是由电机驱动的，能使防爆门从备用状态快速移动到指定位置，实现对原风井盖的罩盖，据测算：从开始移动到移动到指定位置只需33.3 s，能够保证在规定时间内实现反风，同时，大大减少了人工操作，消除了安全隐患。同时根据快速复位要求，对系统中的运行机构(导轨支架部分、车轮等)进行了设计计算和刚强度校核。

8.4.2 备用防爆门关键结构

(1) 快速开启结构

为了保证备用防爆门在发生二次灾变时能顺利打开，特别设计了备用防爆门的快速开启结构，当其工作时，因为底盘上相应位置的门盖在受到瓦斯爆炸冲力作用时，为防止防爆门被破坏，防爆门快速开启机构须在0°～90°范围内快速打开并释放气体。

根据备用防爆门在发生瓦斯爆炸时能快速开启的设计要求，对快速开启结构中的配重进行了计算，对井盖的开启过程进行了运动学和动力学的分析，验证了井盖开启时间能满足规程要求，同时为了提高井盖的刚度，在备用防爆门井盖上设计了加强筋，并对加强筋、转轴的强度和刚度进行了校核计算。防爆门的快速开启结构主要由风井盖门扇、风井盖转轴装置和配重等组成，这种结构可在矿井发生二次灾变时快速地开启，从而保护主通风机。

(2) 备用防爆门移动的电控系统

为了保证当矿井发生瓦斯爆炸原有防爆门遭到破坏时能及时封闭立风井，需要将备用防爆门以最快的速度移动到原风井口的位置，使矿井灾变时期的风流不受影响。为此设计了备用防爆门移动的电控系统，由横梁行走电机和电动推杆电机组成，其工作原理如图8.9所示。

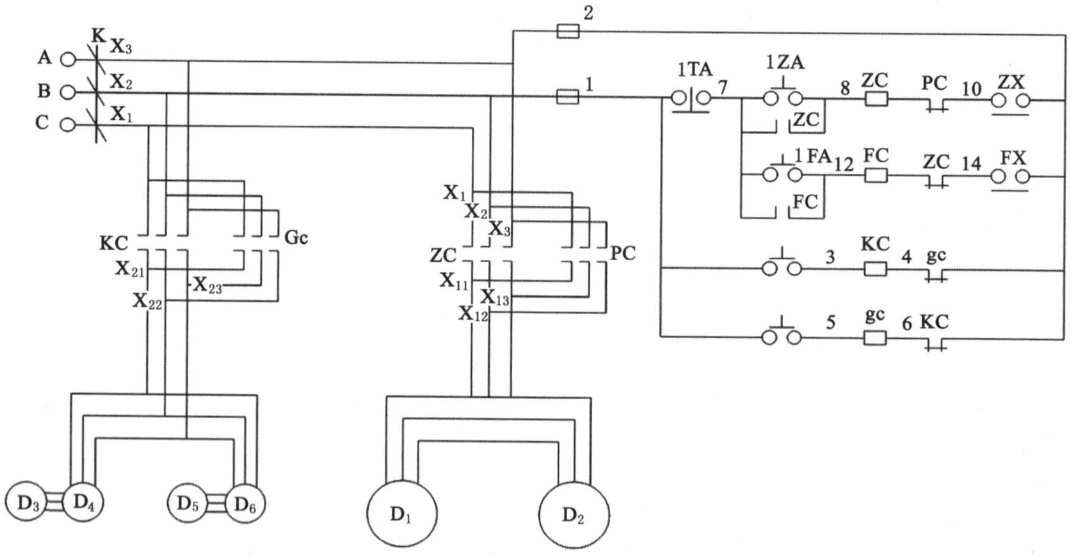

图 8.9　备用防爆门移动电控系统图

D_1、D_2 是横梁行走装置的电动机，在运转时做同步运动。平时，防爆门处于备用状态时，此电控系统不工作；当需要防爆门进入工作状态时，启动“前进”按钮 1ZA，电机正转，防爆门向前移动，到达终点位置时启动按钮 1TA，防爆门停止移动；当需要防爆门退出工作状态则启动“退回”按钮 1FA，电机反转，防爆门后退，退回终点位置时启动按钮 1TA。D_3、D_4、D_5、D_6 分别是锁紧装置中的电动推杆电动机，也是同时进入或退出工作状态。在需要反风工作时，通过正向按钮进入锁紧状态，不需要反风工作时，通过反向按钮退出锁紧状态。

(3) 备用防爆门与方形密封池之间的密封结构

① 备用防爆门与方形密封池之间的密封结构设计

根据密封圈截面的不同，目前的密封方式通常分为矩形、椭圆形、骨形、塔形、月形和“O”形橡胶密封圈，如图 8.10 所示。

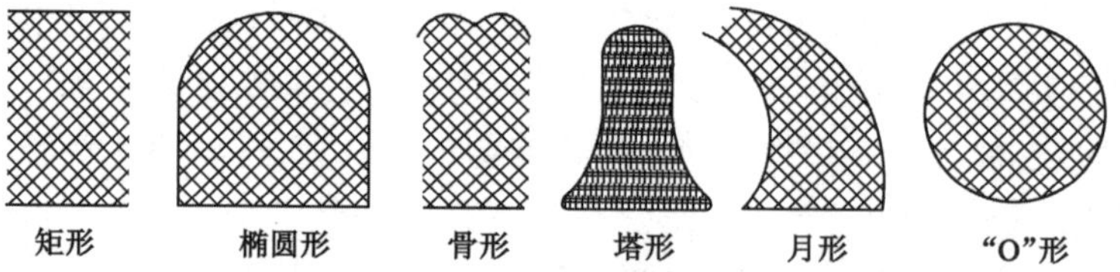

图 8.10　常用的密封方式

密封件的压缩过程和应力分布分析：与传统的“O”形密封圈不同，异型密封件的变形和应力分布都存在一定程度的不均匀性，而且随着压缩的进行，几种密封件会出现不同程度的失稳现象，并向内侧倾倒。这是因为，异型密封件的长宽比较大，有些结构自身还存在拐点，当承受一定的载荷作用时，结构会出现失稳。但由于结构的完全轴对称性，密封件受到轴向约束，只要装配均匀，密封件一般不会有变形不规整或是整体向某一方倾斜而影响密封效果的情况发生。另一方面，密封件的失稳会有利于降低密封件的装配力。在长期使用过程中，为避免底部直角造成的应力集中引起结构破坏，除在设计时使用圆角过渡外，装配时也应尽量不要使用较强的粘贴定位，可以使用辅助工装对其进行定位安装。另外，如塔形结构，利用较大的底部尺寸进行密封件的自身定位也是一种可行的设计方案。

密封件的压缩载荷位移特性分析：由于结构紧凑，密封尺寸较大，所以对密封结构的装配提出较高要求，要求装配力尽量减小。在理论计算中，通过对密封件压缩反力的计算，模拟了安装几种密封件所需装配力的大小，模拟结果表示密封件的压缩反力呈非线性增加，且压缩位移越大，压缩反力增加得越快。有些在压缩过程中出现跳跃拐点，这是由于密封件失稳，受力结构位置突然改变造成的。将几种密封件的装配压缩量和对应载荷进行对比分析可以看出，在几种密封件中，矩形密封件的压缩反力最大，而月形密封件的压缩反力最小。与传统的“O”形密封圈相比，当密封钢结构压紧时，尽管异型密封件的绝对压缩变形比“O”形密封圈大很多，但压缩反力却没有明显增加。例如，当压缩量为 3.7 mm 时，塔形密封件的压缩反力只有“O”形密封圈的 40%。这一特点既满足了密封结构大开缝的要求，又没有提高装配力，体现了异型密封件的优越性。

密封效果与压缩后弹性件的表面接触应力存在密切关系，一般认为密封面接触应力至少要大于密封介质的压强。当矩形开缝 5 mm 时，密封件与钢结构间的接触应力(“O”形密封圈开缝 3 mm)大，最大接触应力高达 7 MPa 左右。随后是塔形密封件，最大接触应力为 3.8 MPa。而当开缝 5 mm 时，几种密封件的接触应力基本沿接触带宽中心对称分布。此时，塔形密封件的最大接触应力接近 1 MPa；而矩形密封件接触应力却减至0.2 MPa左右；另外，骨形密封件在两个接触应力峰之间存在 2 mm 左右带宽并未接触，与“O”形密封圈相比，由于异型密封件的压缩率较大，其装配状态下的接触应力也大为提高。根据以上分析结果，几种异型密封件均可满足大开缝时一定的密封要求，同时装配力也不会过大。其中月形密封件的装配力最小。但月形密封件因其自身结构的特点，很容易在压缩过程中造成过大的变形而不能回弹。同时，这种结构与钢机构件之间的接触面随着压缩会产生较大的滑动，并不稳定，且接触带宽、接触应力都相对较小，尚有待进一步改进。

经过对几种密封结构形式密封件的有限元分析发现，矩形密封件的压缩反力最大，月形密封件的最小；异型密封件加大了绝对压缩量，但压缩反力没有成比例增加，更适用于较大口径的密封结构；当钢结构件紧闭时，矩形密封件的接触带宽、最大接触应力均最大，塔形密封件次之，月形密封件最小。总体来看，几种异型密封件无论在装配状态下还是大开缝时均可满足一定的密封要求。异型密封件可在较大开缝时(5 mm 以上)保证良好的气密性，弥补了传统“O”形密封圈的不足。经有限元分析和试验验证，本设计中密封结构确定采用椭圆形和月形相结合的密封方式。

② 备用防爆门底盘密封设计

底盘上平面密封：底盘的上平面与大气环境相通，为了减少漏风，当备用防爆门推至原风井盖上方时，要求与外界应有可靠的密封，底盘上端面的密封位置主要是指位于井盖门下方的底盘槽钢位置处，具体位置如图 8.11 所示。采用的密封办法是在底盘上平面槽钢位置处粘贴橡胶海绵密封条，当防爆门的门盖处于备用状态时，门盖由于自重而压紧橡胶海绵使其紧贴底盘上平面，当防爆门处于工作状态时，压在槽钢位置处的海绵条起到密封作用。

底盘下端面密封：底盘下端密封比较复杂，一方面是底盘在行走进入混凝土方箱位置时

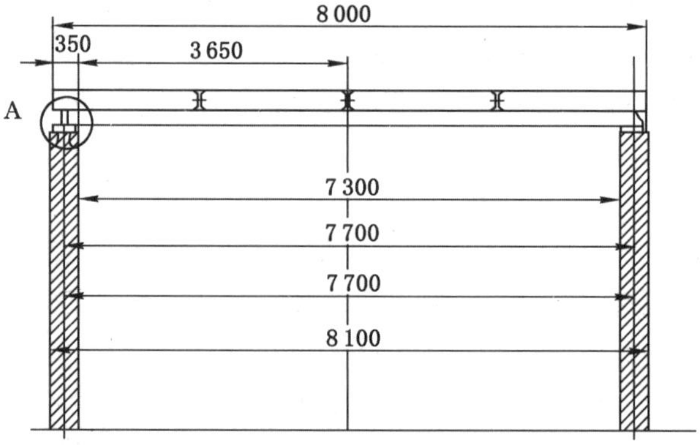

图 8.11　底盘上端面密封装置

侧边始终要处于密封状态。另一方面是底盘到位时其前后端面也要处于密封状态，这样才能满足防爆门的密封要求，可有效防止漏风。本设计中所谓底盘前端面、后端面的密封，主要是根据底盘的运动方向来说的，在运动前面的端面称为底盘前端面，在运动方向后面的端面称为后端面。采用的密封方案是在活动槽钢上粘贴 $\delta 6\times 60$ mm，$L=7\ 640$ mm 的密封条，当活动槽钢到达指定位置时紧贴密封条，保证活动槽钢和固定槽钢之间的可靠密封，以防气体从此位置泄露，达到密封效果。

8.4.3　备用防爆门系统集成制造及应用

按照试验矿井实际规模尺寸的 1/4 比例，设计了中试试验平台(图 8.12)。其中模拟井筒的直径为 1.2 m，深度为 10 m，在模拟井筒上方安装 1/4 实际尺寸的备用防爆门(图 8.13)，并按照爆炸当量由小到大的顺序开展中试试验。

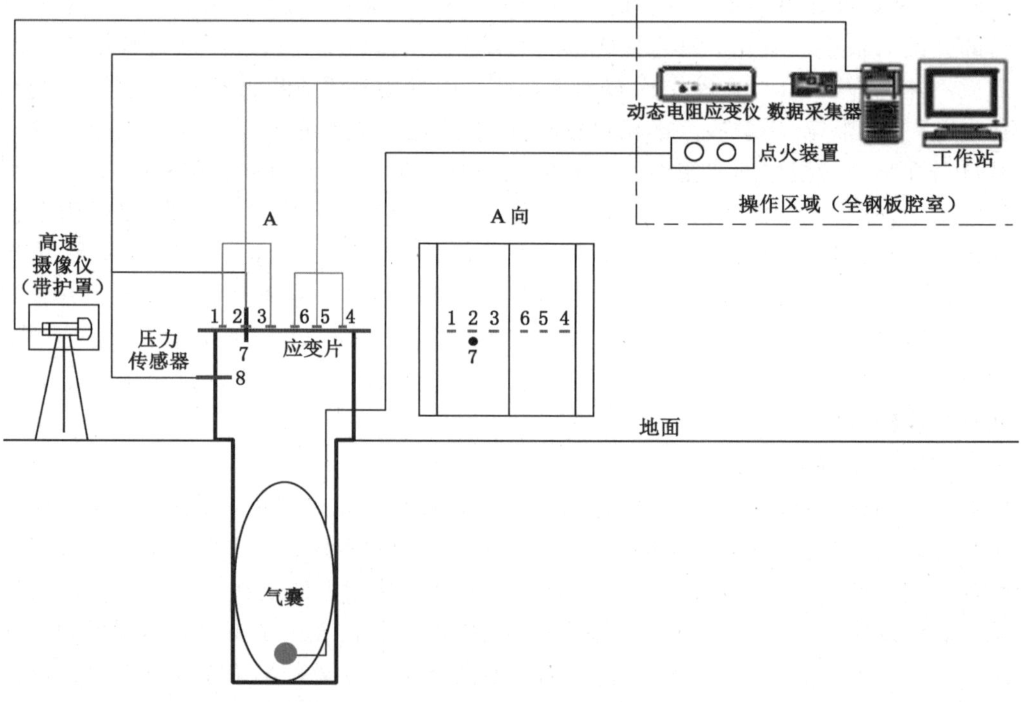

图 8.12　防爆门中试试验系统原理图

图 8.13 中试试验台照片

在此试验平台上共进行了 8 次备用防爆门中试试验。为提高有限体积爆炸气体的爆炸当量，爆炸气体采用化学当量浓度的乙炔与纯氧的混合气体，混合气体体积为 5～45 L，TNT 爆炸当量为 2.13～19.17 g，8 次试验过程中爆炸当量以逐渐加大为原则，考察备用防爆门应力、变形情况。中试试验结果表明：在所有爆炸试验过程中，活动门承受的主体部分应力水平小于材料许用应力，没有发生塑性变形，说明备用防爆门整体设计合理，安全防护性能可靠。

按试验矿井的实际尺寸，对备用防爆门整个系统进行了集成制造，包括电控部分、混凝土方箱部分、导轨及机架部分、滑车底盘部分、门盖部分、密封部分、横梁部分、锁紧部分和罩棚部分。对制造的备用防爆门系统（如图 8.14 所示）在屯兰矿的梁庄立风井进行现场安装、调试，表明防爆门整体结构、快速开启结构、密封结构设计合理，能按规定的时间实现复位；电控系统及执行机构运行可靠，整体性能达到了项目开发、项目研究的预期目标。

(a) 正常开启状态

(b) 移动状态

(c) 风井封闭状态

图 8.14 现场安装的备用防爆门系统照片

9 瓦斯高效利用

瓦斯高效利用是我国碳达峰、碳中和目标的重要组成部分。西山矿区煤层瓦斯(煤层气)资源丰富,主要通过地面抽采、井下抽采和矿井风井排放三种方式输运到地面。根据上述三种工况瓦斯浓度的高低,西山矿区形成了瓦斯锅炉燃用、瓦斯内燃机组发电、乏风瓦斯蓄热氧化和煤层气液化等利用模式,取得了显著的经济效益、社会效益和生态效益。

9.1 瓦斯锅炉燃用技术

西山煤电瓦斯锅炉项目仅在屯兰矿投入运行。屯兰矿瓦斯锅炉项目于 2005 年 2 月开工建设,安装一台由福州锅炉厂生产的 10 t 燃气锅炉(锅炉型号为 WNS10-1.25-Q,配备德国威索燃烧器)及配套输气管线,于 2005 年 4 月建成并投入使用。2008 年 11 月根据实际生产需要,相继又安装了由福州锅炉厂生产的 2[#]、3[#] 两台 6 t 锅炉(锅炉型号为 WNS6-1.25-Q,配备无锡赛威特燃烧器),并投入使用。项目建成后,向矿井食堂、浴室等热用户提供蒸汽。瓦斯利用工程流程见图 9.1,瓦斯锅炉管道工艺流程见图 9.2。屯兰矿瓦斯锅炉项目利用标况纯量瓦斯 437×10^4 m^3,年节约标煤 8 490 t,预计年减排二氧化碳 6.57 万 t,产值约 430 万元。瓦斯锅炉现场应用设备工艺见图 9.3 和图 9.4。

9.2 瓦斯发电技术

西山矿区煤层气地质储量为 34 973 Mm^3,可采储量为 14 106 Mm^3。为充分利用矿井瓦斯资源,西山煤电于 2007 年 2 月成立了山西焦煤西山煤电(集团)有限责任公司瓦斯发电项目领导组和筹备组,提出在杜儿坪矿、屯兰矿、马兰矿、东曲矿、西铭矿、官地矿 6 对高瓦斯矿井规划建设瓦斯发电项目,按照矿井瓦斯抽采规划,瓦斯发电总装机规模初步确定为 76.5 MW。对高浓度瓦斯矿井经公开招标选用国际先进的、集装箱式瓦斯发电机组(杜儿坪矿 12 MW、屯兰矿 33 MW、马兰矿 7.2 MW、西铭矿 18 MW、官地矿 3 MW);在低浓度瓦斯矿井(东曲矿 3.3 MW)选用国内技术成熟的瓦斯发电机组。同时,为了更好地利用《京都议定书》确定的清洁发展机制(简称 CDM),西山煤电积极引进国外资本,与英国辛迪克碳基金有限公司合作开发瓦斯发电项目和风排瓦斯 CDM 项目。西山煤电瓦斯发电项目全部用于本矿井生产供电、供热,在努力开发资源综合利用的同时,实现了高碳行业的低碳发展。

9.2.1 杜儿坪矿瓦斯发电工程

(1) 项目概况

杜儿坪矿瓦斯发电项目由山西省经委晋政发〔2007〕35 号及原山西省环保局晋环函

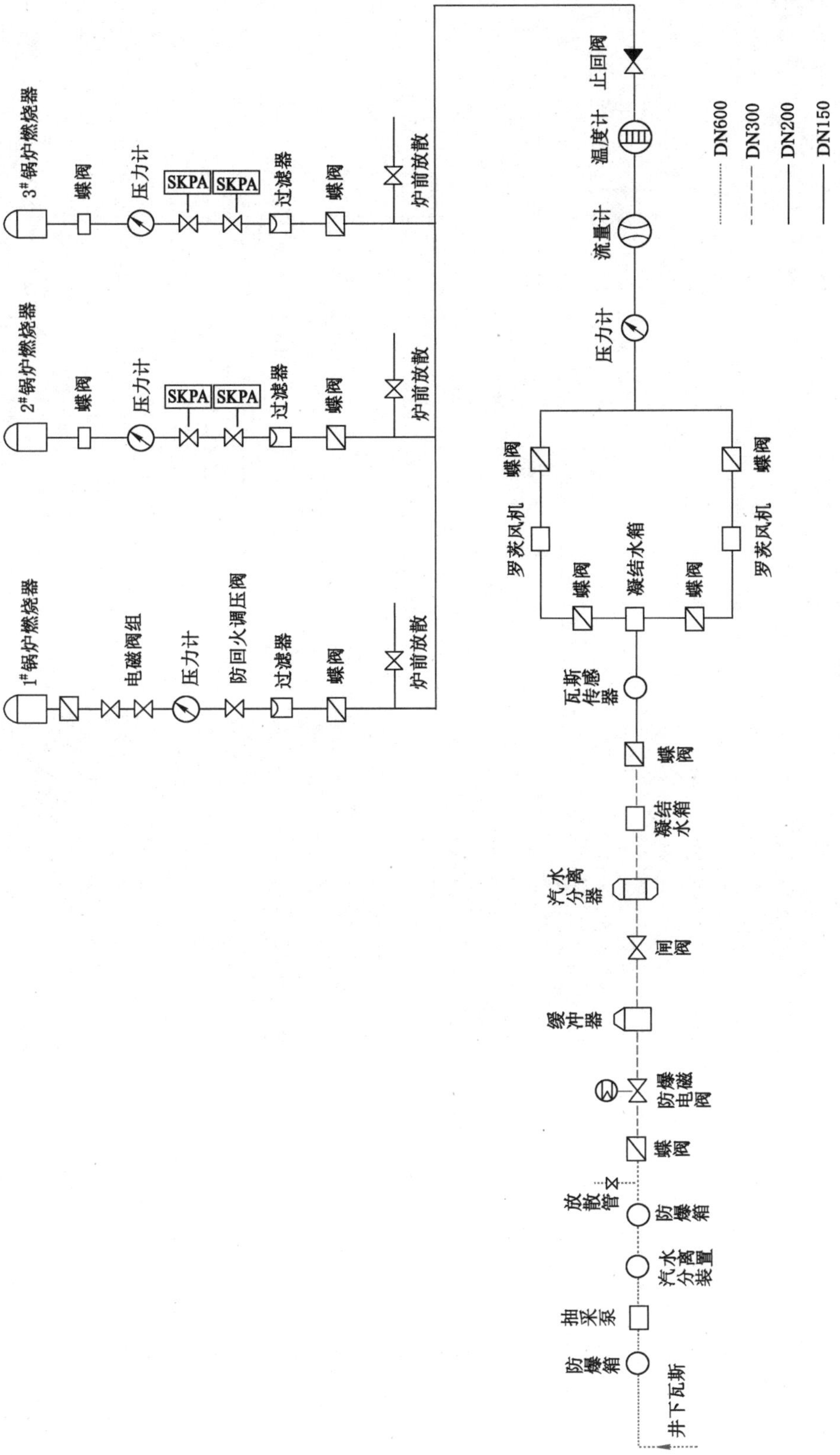

图9.1 瓦斯利用工程流程图

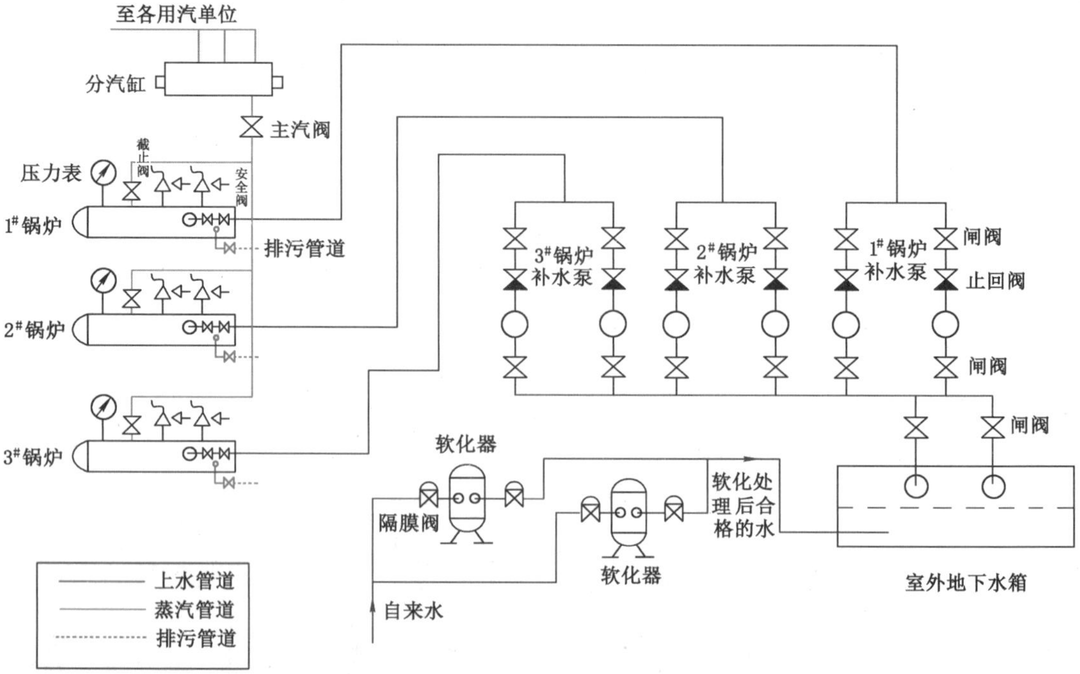

图 9.2 瓦斯锅炉管道工艺流程

图 9.3 瓦斯锅炉图

图 9.4 瓦斯锅炉自动监控室

〔2008〕569 号文予以批复，建设总规模为 7×1 703 kW。瓦斯发电站位于古交邢家社乡北石沟村正北，距抽采站 450 m，占地 16 亩(1 亩＝10 000/15 m^2)。项目总投资为 14 154 万元。该项目已于 2009 年 3 月在联合国注册为 CDM 项目。

项目分两期安装 7 台德国道依茨 TCGV2020 机组，单机功率为 1 703 kW。项目配套建设有瓦斯气预处理系统、高低压输配电系统等，35 kV 接入杜儿坪矿北石沟母线，为矿井生产供电。余热利用系统包括高温烟气余热锅炉及缸套水板式换热器，可为北石沟进风井提供 120 ℃热风及为当地生产生活提供采暖热水。项目建成后，已经替代原北石沟风井 2×3 t 热风炉及 1 t 常压锅炉。项目配套建设瓦斯处理量 5 000 m^3/h 的火炬系统，矿井抽出的瓦斯气除满足发电机组使用外，多余瓦斯气通过火炬系统燃烧，实现了矿井瓦斯的零排放。瓦斯发电站全景见图 9.5。

图 9.5 杜儿坪矿瓦斯发电站

(2) 经济效益分析

杜儿坪矿瓦斯发电站正式投产后，设计年发电量为 7 800×10^4 kW·h，用电率为 7%；年供热5.25×10^4 GJ，年消耗纯瓦斯为 2 079×10^4 m^3，折合减排二氧化碳 32×10^4 t。表 9.1 为杜儿坪矿 2016—2020 年瓦斯利用情况。

表 9.1 杜儿坪矿 2016—2020 年瓦斯利用情况

年份	本年累计抽采量 /(×10^4 m^3)	本年累计利用量 /(×10^4 m^3)	本年累计发电量 /(×10^4 kW·h)	瓦斯利用率
2016	5 426.000 00	1 663.153 800	6 715.166 1	0.306 515 63
2017	5 201.336 40	1 527.479 300	5 971.046 2	0.293 670 55
2018	4 816.710 60	1 107.417 228	4 143.923 8	0.229 911 51
2019	5 015.902 86	1 801.309 700	5 581.177 6	0.359 119 73
2020	4 880.801 05	1 709.193 100	5 594.035 9	0.350 187 00

图 9.6 和图 9.7 为杜儿坪矿 2016—2020 年瓦斯利用率和瓦斯年累计发电量。

从图 9.6 可看出 2016—2020 年用来进行发电的瓦斯利用率基本在 30%左右，特别是在 2019 年、2020 年瓦斯利用率达到 35%。抽采的瓦斯得到充分的利用，也满足了能源环保和开发利用的政策和要求。同时也为杜儿坪矿带来了较为可观的经济效益，从图 9.6 可知 2020 年瓦斯年累计发电量高达 5 594.035 9×10^4 kW·h。

9.2.2 马兰矿瓦斯发电工程

(1) 项目概况

马兰矿在南一回风井附近建有地面永久抽采站，安装 2 台 2BEC-62 泵、1 台 2BEC-72

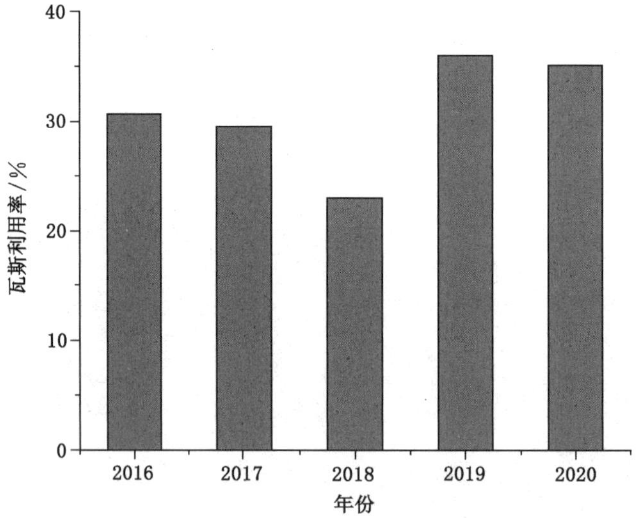

图 9.6 杜儿坪矿 2016—2020 年瓦斯利用率

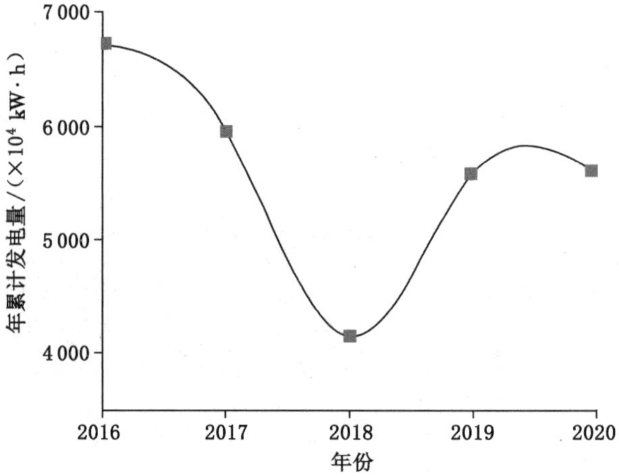

图 9.7 杜儿坪矿 2016—2020 年年累计发电量

泵，形成 2 用 1 备运行方式。马兰矿瓦斯发电站位于马兰矿抽采站附近，由山西省发改委晋发改备案〔2008〕234 号、山西省环保局晋环函〔2008〕570 号予以批复，规划建设规模为 4×1 800 kW，占地 13.2 亩。马兰矿瓦斯发电厂于 2008 年 11 月开工建设，2010 年 4 月开始试运行，同年 10 月正式发电。2010 年 12 月 3 日在联合国成功注册为 CDM 项目。

一期工程安装 2 台美国卡特彼勒 G3520C 发电机组，单机功率为 1 800 kW，配套建设预处理系统、6 kV 输配电系统等生产辅助设施。余热利用系统分为高温烟气余热和缸套水余热，从马兰矿来的 70 ℃采暖回水先经过瓦斯发电机组缸套水余热利用系统换热器后，热水系统温度由 70 ℃升到 80 ℃，然后进入烟气余热热水锅炉系统继续进行加热，温度由 80 ℃升到 90 ℃，再进入马兰矿锅炉房供暖系统，为工业广场和生活区提供热水。项目配套建设 2 台瓦斯处理量为 2 000 m^3/h 的火炬系统，矿井抽出的瓦斯除满足发电机组使用外，多余瓦斯通过火炬系统燃烧，实现了矿井瓦斯的零排放。马兰矿瓦斯发电厂利用井下抽出的瓦斯气体燃烧发电和瓦斯燃烧的余热加热矿区暖气水，不仅节约了能源的消耗，同时降低了瓦斯直排大气的污染。马兰矿瓦斯发电厂见图 9.8。

图 9.8　马兰矿瓦斯发电厂

(2) 经济效益分析

表 9.2 为马兰矿 2016—2020 年瓦斯利用情况。

表 9.2　马兰矿 2016—2020 年瓦斯利用情况

年份	本年累计抽采量 /(×10^4 m^3)	本年累计利用量 /(×10^4 m^3)	本年累计发电量 /(×10^4 kW·h)	瓦斯利用率
2016	2 914.00	1 162.807 7	4 509.556 0	0.399 041 76
2017	3 146.53	1 499.683 0	5 316.213 6	0.476 614 87
2018	3 250.47	1 342.639 5	5 740.927 7	0.413 060 11
2019	3 379.37	1 618.914 2	5 762.031 0	0.479 057 99
2020	3 382.90	1 600.231 9	5 656.864 8	0.473 035 53

图 9.9 和图 9.10 为马兰矿 2016—2020 年瓦斯利用率和瓦斯年累计发电量。

从图 9.9 可看出 2016—2020 年用来进行发电的瓦斯利用率在 40%左右，特别是 2017 年、2019 年、2020 年瓦斯利用率超过 45%。2016—2019 年瓦斯年累计发电量呈上升趋势，2020 年瓦斯年累计发电量高达 5 656.86×10^4 kW·h。

9.2.3　屯兰矿瓦斯发电工程

(1) 项目概况

屯兰矿地面抽采站目前已实现瓦斯高低负压分源抽采，低负压区安装 3 台 2BEC-62 型水环真空泵，高负压区安装 3 台 2BEC-80 型水环真空泵。屯兰矿瓦斯发电项目位于屯兰矿抽采站附近，由山西省发改委晋发改城环发〔2008〕1558 号、山西省环保局晋环函〔2008〕569

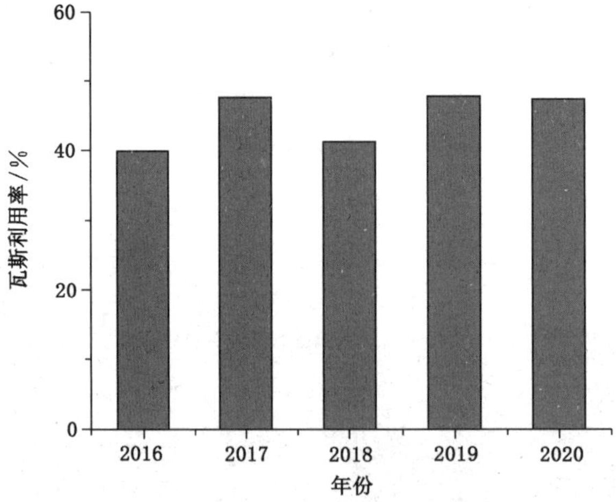

图 9.9 马兰矿 2016—2020 年瓦斯利用率

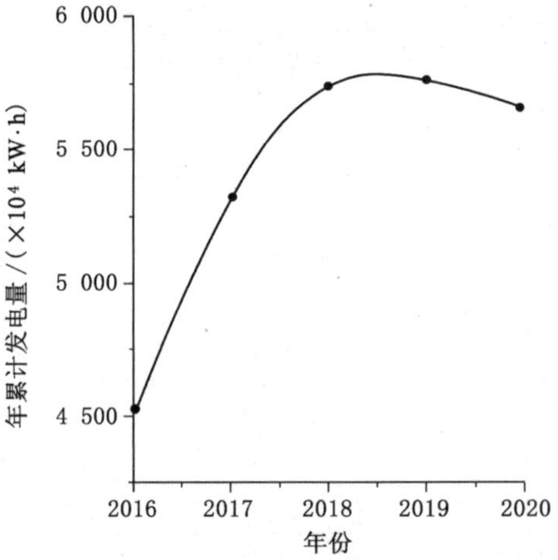

图 9.10 马兰矿 2016—2020 年年累计发电量

号批复，规划建设规模 11×3 000 kW，占地 26.3 亩。2010 年 12 月 3 日在联合国成功注册为 CDM 项目。

一期工程安装 4 台奥地利颜巴赫 JGS620GS-S.L 机组，单机功率为 3 000 kW，配套建设预处理系统、35 kV 输配电系统等生产辅助设施。余热利用系统分为烟气余热和缸套水余热系统，其中，烟气余热系统每台发电机组配套 1 台烟气余热蒸汽锅炉，接入屯兰矿 35 t 锅炉房，为工业广场供暖；缸套水余热系统屯兰矿锅炉房软化水经发电机组缸套水换热器后，由 10 ℃升到 80 ℃，返还锅炉房作为锅炉补水。项目配套建设 4 台瓦斯处理量为 2 000 m^3/h 的火炬系统，矿井抽出的瓦斯气除满足发电机组使用外，多余的瓦斯气通过火炬系统燃烧，实现了矿井瓦斯的零排放。

(2) 经济效益分析

屯兰矿瓦斯发电一期项目正式投产后，年发电量为 7 800×10^4 kW·h，外供电 7 332×10^4 kW·h，厂用电率为 6%；年供热 5.81×10^4 GJ，年消耗纯瓦斯 2 092×10^4 m^3，折合减排二氧化碳 328 276 t，折合节约标准煤 3.23 万 t。表 9.3 为屯兰矿 2016—2020 年瓦斯利用情况。

表 9.3 屯兰矿 2016—2020 年瓦斯利用情况

年份	本年累计抽采量/($\times 10^4$ m^3)	本年累计利用量/($\times 10^4$ m^3)	本年累计发电量/($\times 10^4$ kW·h)	瓦斯利用率
2016	9 281.000 0	3 282.396 6	9 683.504 9	0.353 668 42
2017	9 623.878 4	3 334.162 6	12 163.817 1	0.346 446 88
2018	10 020.752 6	3 867.108 2	14 356.805 6	0.385 909 96
2019	9 369.955 0	4 839.104 0	17 429.479 30	0.516 449 01
2020	9 308.334 4	4 816.320 0	16 849.731 98	0.517 420 17

图 9.11 和图 9.12 为屯兰矿 2016—2020 年瓦斯利用率和瓦斯年累计发电量。

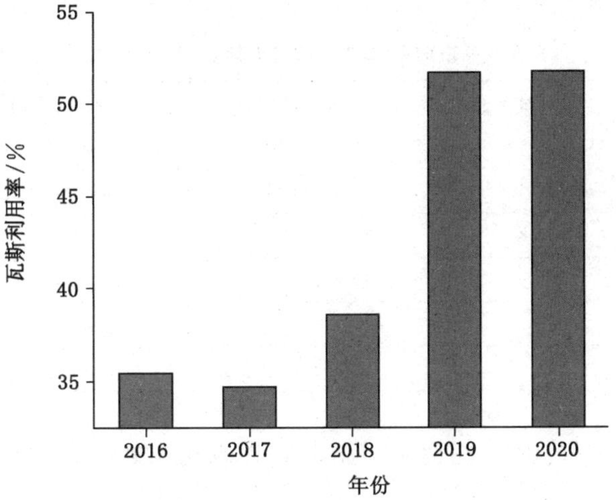

图 9.11 屯兰矿 2016—2020 年瓦斯利用率

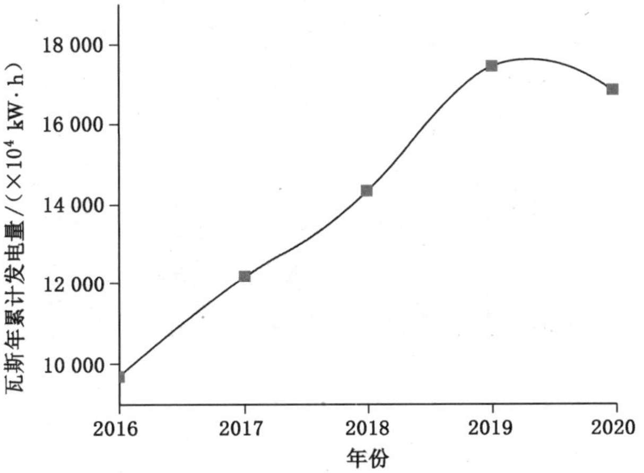

图 9.12 屯兰矿 2016—2020 年瓦斯年累计发电量

从图 9.11 可看出，2016—2020 年用来进行发电的瓦斯利用率基本呈上升趋势，特别是 2019 年、2020 年瓦斯利用率超 50%，实现了瓦斯抽采高效利用。由图 9.12 可知，2017—2019 年瓦斯年累计发电量基本呈上升趋势，2020 年瓦斯年累计发电量高达 16 849.73×10^4 kW·h，这在西山矿区所有的矿中也是非常突出的。

9.2.4 东曲矿瓦斯发电工程

(1) 项目概况

东曲矿建有小沙岩抽采泵站，安装 3 台 2BEC-72 型水环真空泵，目前 1 用 2 备。东曲矿瓦斯发电项目位于古交市东南 5 km 处小沙岩风机房院内，山西省发改委晋发改备案〔2007〕403 号备案，山西省环保局晋环函〔2008〕571 号批准，总建设规模为 6×500 kW，占地约 3 亩。一期项目选用 3 台国产胜利油田胜利动力机械集团有限公司生产的瓦斯发动机组，单机功率为 500 kW。一期工程于 2007 年 6 月开工，2008 年 8 月底投产发电。

(2) 经济效益分析

表 9.4 为东曲矿 2016—2020 年瓦斯利用情况。

表 9.4　东曲矿 2016—2020 年瓦斯利用情况

年份	本年累计抽采量 /(×10^4 m^3)	本年累计利用量 /(×10^4 m^3)	本年累计发电量 /(×10^4 kW·h)	瓦斯利用率
2016	3 390.00	935.721 60	1 849.952 40	0.276 024 07
2017	2 921.80	1 119.781 60	1 765.772 70	0.383 250 60
2018	2 846.06	1 097.044 00	1 937.080 00	0.385 460 60
2019	2 826.79	1 011.623 78	2 011.750 00	0.357 870 16
2020	2 830.94	1 057.599 00	2 158.830 00	0.373 585 81

图 9.13 和图 9.14 为东曲矿 2016—2020 年瓦斯利用率和瓦斯年累计发电量。

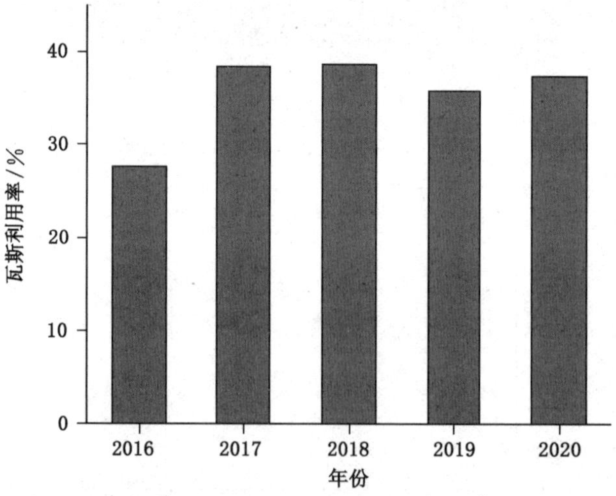

图 9.13　东曲矿 2016—2020 年瓦斯利用率

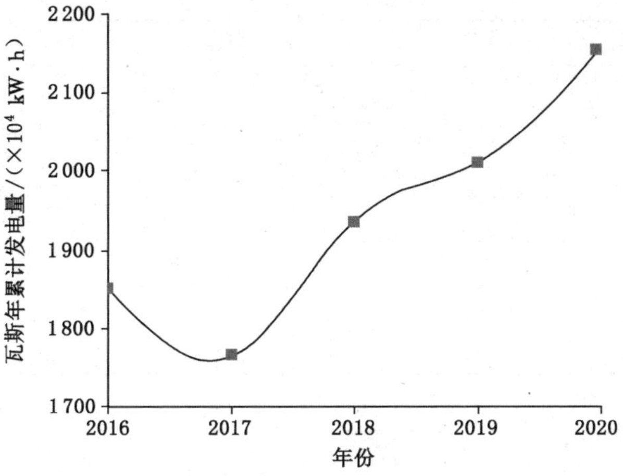

图 9.14 东曲矿 2016—2020 年瓦斯年累计发电量

从图 9.13 和图 9.14 可看出，2017—2020 年用来进行发电的瓦斯利用率在 38%左右，2016—2017 年瓦斯发电量略微下降，2017—2019 年瓦斯年累计发电量呈上升趋势，2020 年瓦斯年累计发电量高达 2 158.83×10^4 kW·h。

9.3 矿井乏风瓦斯氧化利用

风排瓦斯是指“煤矿采取通风方式排出的，浓度在 0.75%以下的瓦斯”(《煤矿安全规程》规定，矿井总回风巷中的瓦斯浓度不得高于 0.75%)。长期以来，由于风排瓦斯的浓度较低，直接利用的技术难度较大。因此，矿井的绝大多数风排瓦斯都被直接排放到大气中，这不仅严重地污染了大气环境，也白白浪费了清洁能源。近年来，山西省煤炭产量逐年增加，风排瓦斯量占山西省煤矿瓦斯排放总量的 60%以上，数量巨大。因此，尽快将煤矿风排瓦斯合理充分利用起来，对保障煤矿安全、减少温室气体排放、降低环境污染、利用清洁能源有着重要的意义。

9.3.1 屯兰矿风排低浓度瓦斯氧化利用工程

(1) 矿井风排瓦斯现状

屯兰矿采用“六进四回”分区抽出式通风系统，矿井共有 10 个井口进行矿井通风，其中主斜井、副斜井、副立井和后风坪岭进风立井、白草塔 1#、2# 6 个进风立井进风，梁庄、白草塔、石家河、后风坪岭 4 个回风井回风。其中石家河主要通风机型号为 BDK54-8-No27，电机功率为 2×450 kW，担负南二左翼下组煤盘区通风。石家河回风井风排瓦斯抽排情况见表 9.5。

表 9.5 屯兰矿石家河回风井风排瓦斯抽排情况表

时间	负压/Pa	总回风量/(m^3·min^{-1})	回风流瓦斯浓度/%
2010 年 08 月	3 510	8 141	0.44
2010 年 09 月	3 590	8 154	0.37

表 9.5(续)

时间	负压/Pa	总回风量/($m^3 \cdot min^{-1}$)	回风流瓦斯浓度/%
2010 年 10 月	3 250	7 514	0.40
2010 年 11 月	3 200	7 527	0.39
2010 年 12 月	3 130	7 540	0.40
2011 年 01 月	3 250	7 723	0.30
2011 年 02 月	3 450	7 514	0.34
2011 年 03 月	3 000	7 880	0.21
2011 年 04 月	2 850	7 932	0.21

(2) 风排低浓度瓦斯氧化利用装备研发

建设开发处理能力为 10×10^4 Nm^3/h 的通风瓦斯氧化装置、高品位蒸汽发生装置和相应的安全输送及余热利用设备。

① 理论基础

借鉴蓄热式高温空气燃烧技术(HTAC 技术),让燃料在高温低氧环境下燃烧。蓄热式高温空气燃烧技术工作原理如图 9.15 所示:当常温空气由换向阀切换进入蓄热室 1 后,在经过蜂窝陶瓷蓄热室时被加热,在极短的时间内常温空气被加热到接近炉膛温度(一般比炉膛温度低 50～100 ℃),高温热空气进入炉膛后,抽引周围炉内的气体形成一股含氧量大大低于 21%的稀薄贫氧高温气流,同时往稀薄高温空气附近注入燃料,这样燃料在贫氧(2%～20%)状态下实现燃烧;与此同时炉膛内燃烧后的烟气经过另一个蓄热室 2 排入大气,炉膛内高温热烟气通过蓄热体时将显热储存在蓄热体内,然后以 150～200 ℃的低温烟气经过换向阀排出。工作温度不高的换向阀以一定的频率进行切换,使两个蓄热室与放热交替工作,常用的切换时间周期为 30～200 s。

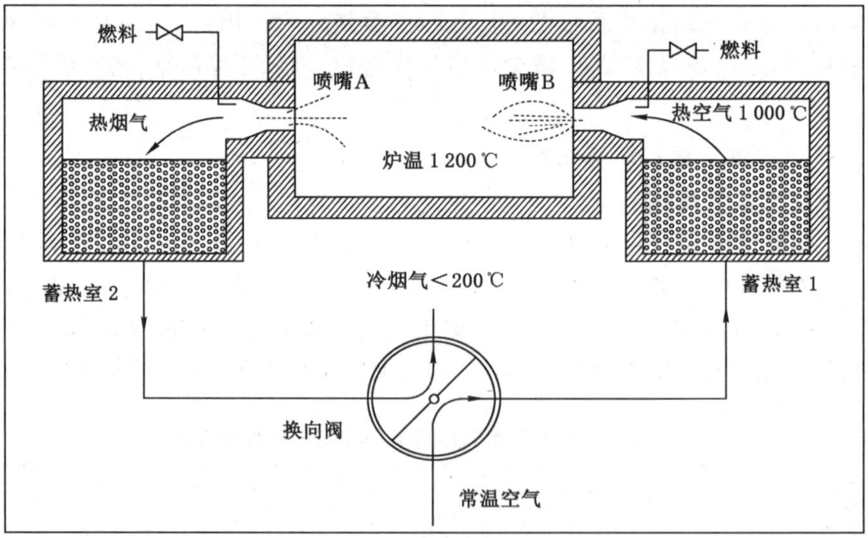

图 9.15 蓄热式高温空气燃烧技术工作原理

② 基本工作原理

蓄热陶瓷预热的是空气，但对煤矿乏风来说，其内部含有甲烷，是一种燃料，图 9.15 中喷出燃料与热空气混合后相当于乏风中的甲烷与空气的混合物。为此，煤矿乏风氧化也采用这种逆流换热、预热技术，使乏风中的甲烷与其中的氧进行氧化反应。氧化装置由氧化床和控制系统两部分构成，氧化床先用外部能源（如电能）加热启动。通电加热的热量被氧化床中的蓄热陶瓷吸收，陶瓷温度逐渐升温，并形成一个抛物线形的温度梯度场。当达到 CH_4 与氧发生化学反应温度后停止电源加热。乏风进入氧化床后蓄热陶瓷放热逐步预热乏风，当达到其一定温度后 CH_4 与氧发生氧化反应释放热量，一部分热量被蓄热陶瓷吸收，维持氧化床内部温度，使下一循环进入的 CH_4 继续发生氧化反应，氧化装置即可自动稳定运行。多余的热量由内置换热器取出。

③ 氧化装置性能参数技术特点

氧化装置型号为：XY10-12G；

装置功能：低浓度瓦斯氧化及热能回收；

最大处理能力：10×10^4 Nm^3/h；

适用瓦斯浓度：0.25%～1.2%（设计浓度参数 1.0%）；

通风瓦斯温度：20 ℃；

瓦斯转化率：>95%。

风排低浓度瓦斯氧化利用装置见图 9.16。

图 9.16　XY10-12G 型风排低浓度瓦斯氧化利用装置

通风瓦斯氧化装置中采取了以下常规安全保障措施：全部电器设备防爆设计；配备自动切断阀门和放散阀门，随时可与煤矿通风系统隔断接触；运行状态计算机实时监控；紧急情况自动停车；瓦斯浓度连续监测，以防止瓦斯浓度突然升高，当瓦斯浓度超过一定数值时，自动隔绝系统。

同时通风瓦斯氧化装置中还采取以下特殊安全保障措施：① 瓦斯传感器与通风瓦斯快速切断阀连锁，当检测到瓦斯浓度异常升高时即关闭通风瓦斯快速切断阀，确保没有可燃性混合气体进入氧化装置；② 通风瓦斯管道入口与通风瓦斯扩散塔出口保持适当距离，预留足够的自由扩散面积，通风瓦斯处理系统与煤矿通风系统没有紧密连接，不影响煤矿通风系统工作；③ 通风瓦斯氧化装置调试期间，处理装置与通风瓦斯管道入口不连接，调试成功以后逐步接入通风瓦斯，不影响煤矿通风系统工作。

瓦斯综合处理利用系统采用自动控制技术，瓦斯输送掺混系统根据抽采瓦斯与通风瓦斯的浓度变化，自动调节抽采瓦斯输送风量，可自动适应瓦斯浓度 0.25%～1.2%范围内的变化。通风瓦斯及抽采瓦斯综合处理系统包括输送与配气系统、氧化系统、余热锅炉系统、余热利用系统及控制系统等。主要装置包括抽采瓦斯的输送装置、配气装置、氧化装置（含蓄热材料、换向装置）、余热锅炉、驱动气源、测控元件及中控室。

(3) 建设规模

根据屯兰矿石家河回风井风排瓦斯抽排情况，确定总装机容量为 3 台处理量为 100 000 Nm^3/h的乏风氧化装置，配备相应安全输送系统和额定输出功率为 10 蒸吨/h 的蒸汽锅炉，处理通风瓦斯能力为 1 600 Nm^3/min，回收热量用于产生 3.82 MPa/450 ℃过热蒸汽，用于场区供暖、生活热水。

(4) 乏风输送系统

(a) 燃料消耗量

3 台 XY10-12G 型乏风氧化装置运行时总耗气量为 30×10^4 Nm^3/h。

(b) 乏风气路设置

考虑到乏风中瓦斯浓度较低，输送管路不存在危险性，故管路中只设置必要的阀门并考虑矿井井下瓦斯突出时，瓦斯浓度急剧升高或井下出现爆炸情况设置必要的防护措施。每台 XY10-12G 型乏风氧化装置前设置一台对旋式轴流风机。根据机组技术参数，XY10-12G 型乏风氧化装置的进气支管为 DN1600 玻璃钢管。3 台乏风氧化装置配备一套乏风输送系统。乏风输送总管线采用玻璃钢管道架空敷设，过公路部分管道采用桁架进行支撑。

(c) 乏风氧化装置进气压力

在每台 XY10-12G 型乏风氧化装置前设置一台对旋式轴流风机，保证乏风经管道输送系统输送到乏风氧化装置前的气体压力不低于 1.5 kPa。

(5) 电气系统

山西焦煤西山煤电(集团)有限责任公司屯兰矿石家河风井建有 6 kV 高压配电室，6 kV系统为双回路供电，两路分别引自屯兰矿 110 kV 变电站 6 kV 一段和二段。乏风氧化装置运行前，屯兰矿石家河风井 6 kV 高压配电室通过变压器低压侧向系统送电，为乏风氧化装置用电设备供电。

(6) CDM 项目流量计量系统

在乏风输送管道上安装气体流量计、压力变送器、温度变送器及 CH_4 浓度采样探头，流量、温度和压力等所有现场测量的信号传送到现场分析柜中采集模块，在现场采集模块中通过 RS485 总线传输入 CDM 监测计量系统，在 CDM 监测计量系统中通过采集的温度、压力计算出标况下的流量，从而计算消耗瓦斯的减排量。

在配电控制室低压进线柜中安装智能三相电参量监测仪测量乏风项目的用电量，通过 RS485 总线把乏风利用项目的用电量输入 CDM 监测计量系统。

在蒸汽、热水管道上安装温度变送器和电磁流量计，流量、温度和压力等所有现场测量 4～20 mA 信号传输到信号采集模块，流量、温度和压力等所有现场测量的信号传送到现场分析柜中采集模块，在现场采集模块中通过 RS485 总线传输入 CDM 监测计量系统。在

CDM 监测计量系统中通过采集的温度、压力计算出标况下的流量，从而计算出余热回收系统的减排量。CDM 监测计量系统把各减排指标通过相应的计算，得出 CO_2 减排指标（CERs）作为 CDM 项目的申报量。

（7）自控系统

① 乏风氧化装置加热控制

每台乏风氧化装置配置一套计算机监测柜，安装在配电控制室中，可实现对加热控制柜的实时监测。

② 乏风氧化监控系统

为了确保乏风氧化系统的安全性，在配电控制室内设置计算机监控系统，通过采集通风瓦斯的压力、温度、浓度、流量等相关参数，实现运行参数的实时显示，对超限参数进行报警，并自动控制输送系统执行相关操作，有效保证输送系统的安全可靠性，同时具有历史数据存储、查询和打印功能。

（8）污染控制

（a）废气

乏风经氧化装置处理后，产生的主要成分有：CO_2、H_2O、O_2、NO_x、CO 和少量的 SO_2。其中 CO_2、H_2O、O_2 不属有害物质，瓦斯含 H_2S 量极少，经氧化装置几乎不产生 SO_2。煤矿通风瓦斯（乏风）氧化装置排气检测结果见表 9.6。

表 9.6　煤矿通风瓦斯（乏风）氧化装置排气检测结果表

测试项目	检测时间	测试结果	检测方法	小时均值
CO /(mg·m^{-3})	15:34—16:04	3.75	《固定源废气检测技术规范》(HJ/T 397—2007)	4.38
	16:07—16:37	5.00		
NO_x /(mg·m^{-3})	15:34—16:04	N.D.		N.D.
	16:07—16:37	N.D.		

由表 9.6 可以看出：NO_x 排放量测试结果为 N.D.，低于检出限值，从而远低于《大气污染物综合排放标准》(GB 16297—1996)规定 240 mg/m^3。《大气污染物综合排放标准》(GB 16297—1996)中未对 CO 排放量做规定，根据《环境空气质量标准》(GB 3095—1996)规定，空气中 CO 浓度日平均不超过 6 mg/m^3；本系统排烟中 CO 含量≤50 mg/m^3，排入大气稀释后，系统所在地空气中 CO 浓度远低于 6 mg/m^3。

（b）噪声

使用的乏风氧化装置为无机械传动，故无噪声污染。

（c）废水

少量生活污水、综合泵房和乏风氧化装置换热器排出的少量废水通过排污沟及埋地污水管线接至石家河风井原有排污系统，统一排入矿区污水处理站处理。处理后可满足《污水综合排放标准》(GB 8978—1996)中二级标准要求。

（9）效益分析

屯兰矿安装 3 台 XY10-12G 型乏风氧化装置，年减排纯瓦斯量 931.2×10^4 Nm^3，折合当量 CO_2 约 14.02 万 t，年产蒸汽 8 万 t。由于甲烷和二氧化碳均为温室效应气体，且甲烷的温室效应约为二氧化碳的 21 倍，甲烷经氧化处理后既减少了温室气体的排放，产生良好的环境效益，同时可向国外出售 CERs(CO_2 减排指标)。

9.3.2 杜儿坪矿风排低浓度瓦斯氧化利用工程

2008 年，山西焦煤西山煤电(集团)有限公司与英国辛迪克碳基金有限公司达成风排瓦斯项目的合作意向，在西山煤电杜儿坪矿建设风排瓦斯利用项目，并将项目产生的减排量出售。杜儿坪矿共有 4 个回风井，分别是新华风井、北石沟风井、中部风井和南岳 2 号风井，通风量分别为 6 960 m^3/min、7 140 m^3/min、11 280 m^3/min 和 4 020 m^3/min；经 2007 年 7 月对各风井排风中瓦斯浓度采样测量，其典型浓度分别为 0.16%、0.45%、0.57%和 0.69%，折合瓦斯纯流量分别为 11 m^3/min、32 m^3/min、64 m^3/min 和 29 m^3/min。因此，根据 4 个风井排风量、风排瓦斯浓度和场地情况，决定在中部风井安装 4 台风排瓦斯氧化机组，项目分两期建设，每期分别建设 2 台机组。利用中部风井排出乏风中的瓦斯，并通过 CDM(清洁发展机制)产生经济效益。项目位于杜儿坪矿中部风井场地，紧邻太古公路，距太原市中心仅 19.8 km，交通十分便利；选址在中部风井场地西南部空闲场地，不需要另外购地，场地条件落实可行；建设可以利用现有风井场地电源、气源、水源和道路，项目建设快、投资省。

工艺系统包括乏风输送系统、机组启动系统、压缩空气系统、余热利用系统、供配电系统和热工控制系统。

(1) 乏风输送系统

根据 4 台氧化机组布置位置，一期工程和二期工程乏风输送管道分开设置。中部风井两座扩散塔出口新增加内插钢管(DN5800)，中间设有隔板，两期工程分别从两个扩散塔出口内插钢管两侧各引一路管道(DN3000，乏风流量为 9.91 m/s)，两座扩散塔靠通风机一侧的两路管道汇合后，管径不变，架空送至二期氧化机组场地，再通过干管(DN2100，乏风流量为 10.11 m/s)分别接入二期 2 台热氧化机组。两座扩散塔靠配电室一侧的两路管道汇合后，管径不变，架空送至一期氧化机组场地，再通过干管(DN2100，乏风流量为 10.11 m/s) 分别接入一期两台热氧化机组。两座扩散塔出口标高为 22.00 m，从内插钢管引出的乏风输送母管(DN3000) 中心标高为 24.80 m，每个内插钢管两侧引出的乏风输送管道上均安装有气动蝶阀，与矿井通风机同步切换使用。进加压风机前立管(DN2100) 上安装有流量测量装置。流量测量装置处设检修平台，压力变送器、温度仪表靠近流量测量装置安装，总管浓度仪测点设有检修平台。风排瓦斯进入氧化装置后，首先通过一层惰性陶瓷储热槽[萨敏(CH4MIN) 机组还得再经过一层催化剂]再进入氧化室，预加热到一定温度后，可持续放热反应会将风排瓦斯氧化为二氧化碳和水。第二层氧化剂和储热槽从处理过的气流中吸收热量，之后这些气体经过热交换器和排气烟囱被排空。氧化反应每隔一段时间调整一次气流方向，以便获取风排瓦斯中的能量持续反应；这个切换过程将确保风排瓦斯始终从处于最佳温度的氧化剂和储热槽通过。

(2) 机组启动系统

氧化装置启动气源选用加压灌装的液化石油气，气罐设于毗邻氧化装置的安全位置。一旦氧化器的储热槽和催化床达到预定温度将进行持续放热反应后，燃烧器就停止工作。燃烧器被安置于位于两个储热槽之间的混合室内，混合室与风排瓦斯进气管道中间有储热槽进行隔离，阻止了可能的火焰扩散。燃烧器工作时不输入风排瓦斯。

(3) 压缩空气系统

乏风输送管路气动蝶阀和氧化装置本体提升阀等仪表气源采用压缩空气，4 台氧化装置及配套气动阀门需要的最大压缩空气量为 6 m^3/min，用气压力为 0.55 MPa，故配置 2 台空气压缩机、1 台干燥机和 1 个储气罐，安装在压缩空气集装箱内。

(4) 余热利用系统

催化氧化器和热氧化器运行时会产出副产物——尾部烟气(温度约 300 ℃)，通过烟气换热器换热后，可以提供蒸汽或热水，用于风井加热或制冷、提供热水和为煤矿建筑供热，以此减少燃煤消耗。由于本工程附近目前没有热负荷，故设计暂未考虑余热利用方式。

(5) 供配电系统

设置 1 个箱式变电站，布置在中部风井 35 kV 变电所附近，其单回 6 kV 电源引自中部风井 35 kV 变电所。在箱式变电站中，设置 6 kV 高压母线一段，为箱式变电站中的干式变压器供电；设置 380 V 低压母线一段，为控制室的 1 台控制电源屏、4 台机组配电屏及厂区照明电源供电。变压器的工作方式为单台工作，并设置变压器综合保护装置。控制室采用活动板房结构，成套制作，控制室内设置 1 台控制电源屏、1 台控制屏、4 台机组配电屏及 4 台变频器屏。

(6) 热工控制系统

设计采用可编程逻辑控制器(PLC)对机组进行监视、控制。其功能范围包括数据采集和处理系统(DAS)、模拟量控制系统(MCS)和辅机顺序控制系统(SCS)。4 套氧化机组共用 1 套控制系统，通过专用的数据模块提供界面给 PLC 系统，两者之间能互相进行运行状态的参数显示。具有自动化程度高、生产效率高和用人少的特点。

9.4 煤层气集输系统

根据山西蓝焰煤层气工程研究有限责任公司编制的《西山煤电古交矿区地面瓦斯治理整体开发方案》，本区的煤层气抽采井型以直井开发为主，采用五点式井网布置，综合第一批试验井的运行情况，综合煤层气资源采收率和投资回收期，合理地调节井间距[152]。屯兰矿井、马兰矿井和东曲矿井煤层气有效抽采区面积为 150.58 km^2，设计规划一期建设 10 口气井、二期建设 350 口气井、三期建设 190 口气井，投产时共建 550 口直井，预测单井产气量为 1 500 Nm^3/d，产能达到 3.01×10^8 Nm^3/a(全年按 365 d 计算)。建设 55 个多井集气站，每座处理能力为 1.5×10^4 Nm^3/d；建设 1 座集中处理站，处理能力为 30×10^4 Nm^3/d。

古交矿区现已建成 558 口直井。其中屯兰矿井 176 口直井；马兰矿井 209 口直井；东曲矿井 173 口直井。已建设 1 座集中处理站，处理能力为 20×10^4 Nm^3/d；东大岭、高晟及原相 3 座增压站，处理能力均为 10×10^4 Nm^3/d；60 座多井集气站。采气管线选用 ϕ76 mm×3.5 mm 无缝钢管，将气井生产的煤层气输送至多井集气站，采气管线平均管距为 500 m，管线的操作压力为 0.2 MPa；集气支线选用 ϕ159 mm×5 mm 无缝钢管，将多井集气站煤层气输送至增压站，集气支线平均距离约为 2 000 m，输气压力约为 0.2 MPa，最后输送至集中处理站。采用常温集输工艺流程，煤层气在井口计量后通过集气管网输送至多井集气站，在多井集气站经过气液分离等预处理通过集气管路输送至增压站，最后输送至集中处理站。集气管采用辐射状与枝状组合式管网布置。煤层气进入集中处理站，压缩前采用过滤器、分离器、低压脱水消除天然气中的固体杂质和液态杂质净化煤层气，气体进入压缩机组增压，然后采用高压脱水消除天然气中的液态杂质，最后以压缩天然气(CNG)形式外运加气外运。分离出的污水进入污水(油)罐，用汽车外运。

集中处理站流程如图 9.17 所示。

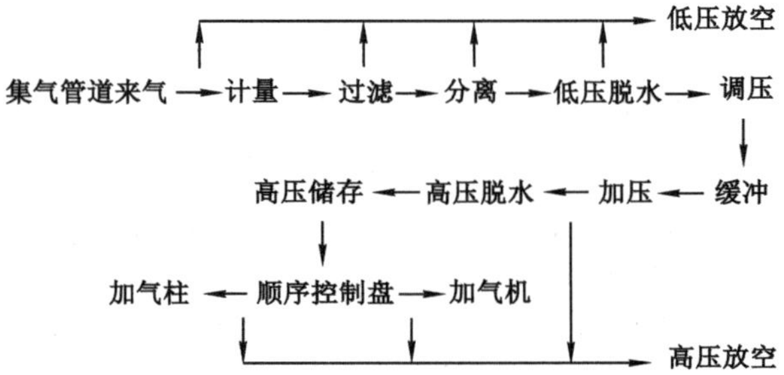

图 9.17　集中处理站流程图

增压站流程如图 9.18 所示。

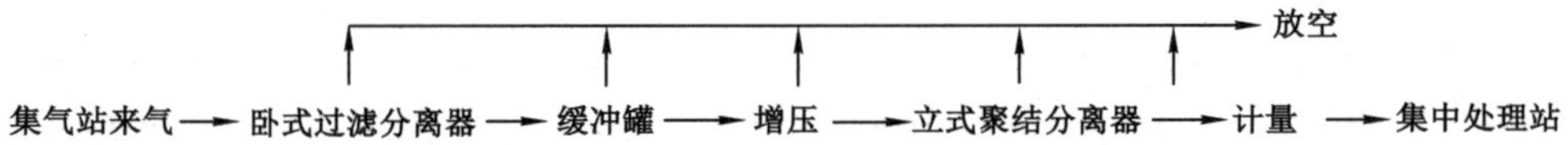

图 9.18　增压站流程图

多井集气站流程如图 9.19 所示。

图 9.19　多井集气站流程图

10 瓦斯防治成效

10.1 矿区瓦斯防治总体成效

通过瓦斯高效治理模式的应用与实施，西山矿区的瓦斯防治总体效果得到了明显的改善，矿区的经济效益、生态效益与社会效益取得了显著的成效[153]。

10.1.1 在瓦斯抽采与利用方面

西山矿区的井下瓦斯抽采量不断攀升(图 10.1)，由 2009 年的 1.03×10^8 m^3 提高到 2015 年的 2.63×10^8 m^3，提高了约 1.6 倍；此后，西山矿区瓦斯抽采量一直稳定在 2.6×10^8 m^3 左右。2016—2019 年西山矿区年瓦斯利用量值呈上升趋势，2020 年年瓦斯利用量约为 1.01×10^8 m^3，比 2016 年提高了 $1\ 963\times10^4$ m^3，可见西山矿区瓦斯治理模式的实施使得瓦斯利用量得到显著提高。

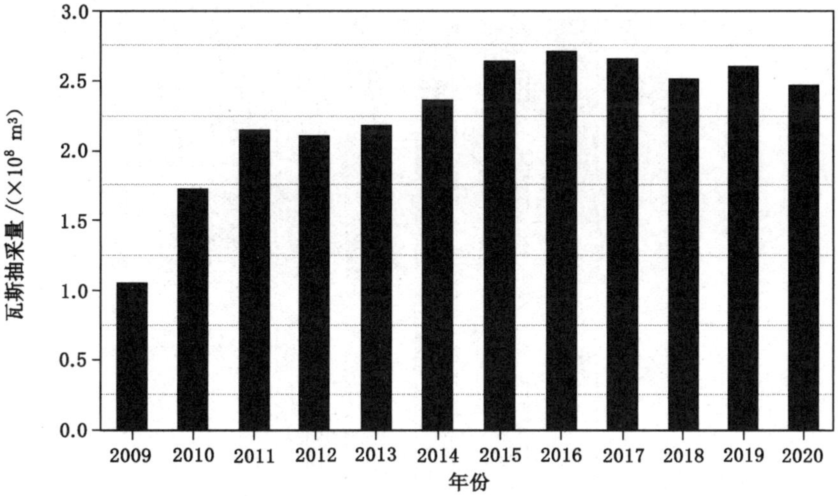

图 10.1 2009—2020 年西山矿区瓦斯抽采量变化(不含地面抽采)

图 10.2 和图 10.3 分别是 2013—2020 年西山矿区年瓦斯利用量变化和年瓦斯利用量占比图。

10.1.2 在瓦斯事故防治方面

随着瓦斯抽采量的大幅提高，矿井安全生产水平持续提升。自 2009 年屯兰矿区“2·22”瓦斯爆炸事故之后，西山矿区未发生瓦斯事故。2015 年 4 月 22 日国家煤矿安全监

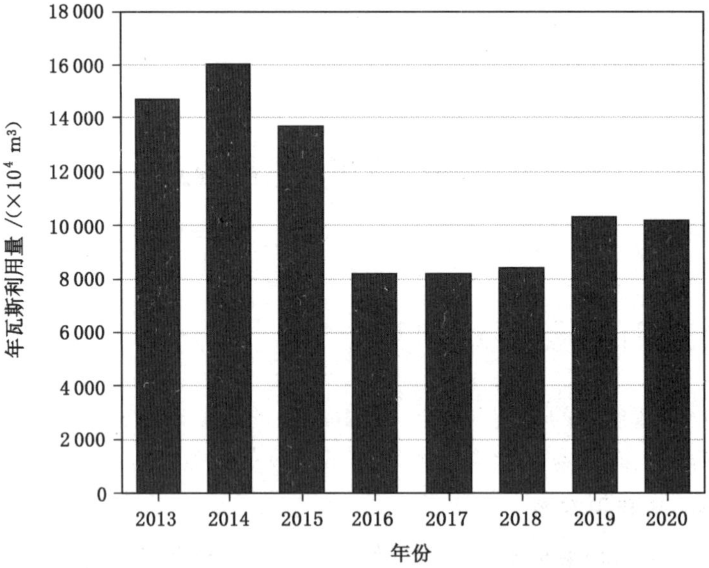

图 10.2　2013—2020 年西山矿区年瓦斯利用量变化

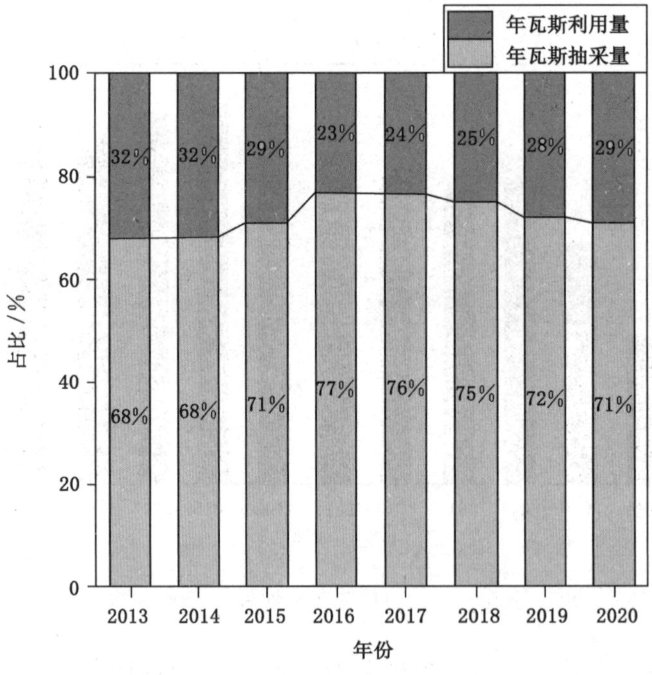

图 10.3　2013—2020 年西山矿区年瓦斯利用量占比

察局网站统计发布，在山西省 43 对突出矿井中，屯兰矿、马兰矿、东曲矿成为仅有的 3 对实现连续安全生产 1 000 d 的突出矿井。

此外，西山矿区的瓦斯超限次数也大幅度下降(图 10.4)。2009 年，西山矿区发生了 448 次瓦斯超限，此后超限次数快速下降；2011 年瓦斯超限次数仅为 33 次，比 2009 年降低了 92.6%；2012 年，西山煤电首次实现了建局(前身为西山矿务局)56 年来百万吨死亡率为零、瓦斯超限次数为零的双目标；2012 年至 2020 年，西山矿区年瓦斯超限次数均保持在 3 次以下且实现 5 年瓦斯“零”超限。

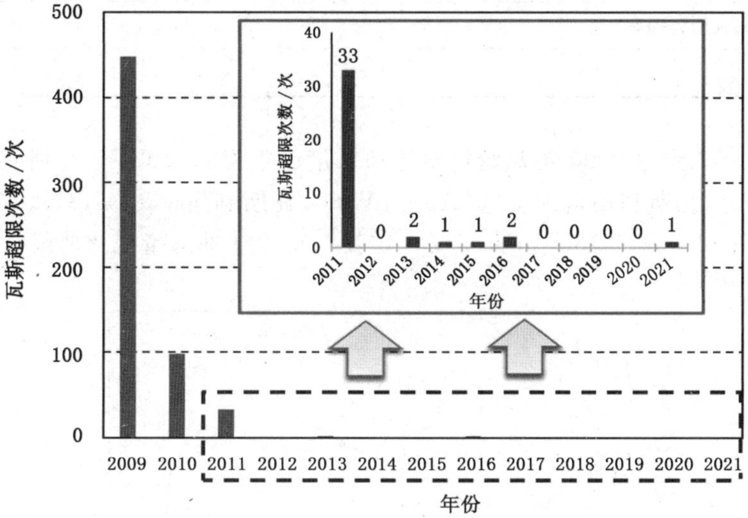

图 10.4 2009—2020 年西山矿区瓦斯超限次数变化

10.2 典型矿井瓦斯防治效果

(1) 马兰矿瓦斯防治成效

2020 年马兰矿瓦斯抽采量、抽采钻孔进尺及区域预抽进尺等瓦斯综合治理主要指标完成情况如表 10.1 所示。

表 10.1 马兰矿 2020 年瓦斯综合治理主要指标完成情况

指标	瓦斯抽采量/($\times10^4$ m^3)	抽采钻孔进尺/($\times10^4$ m)	区域预抽进尺/($\times10^4$ m)	抽采率/%	瓦斯利用量/($\times10^4$ m^3)
全年计划量	3 100	32	15	≥49	1 400
全年完成	3 382.9	34.92	19.51	49.72	1 600.23

全年计划完成瓦斯治理巷道工程 2 000 m，实际完成 2 631 m，完成计划的 87.7%(10605 工作面与 10607 工作面共用一条底抽巷，10605 底抽巷不再施工)。具体情况如表 10.2 所示。

表 10.2 马兰矿 2020 年瓦斯治理巷道工程完成情况

工作面名称	计划工程量/m	完成量/m
18502 瓦斯鉴定巷	0	1 056
18507 瓦斯鉴定巷	1 500	1 575
10605 底抽巷	0	0
南八采区右翼瓦斯预抽巷	500	0
合计	2 000	2 631

马兰矿在 2016 年至 2020 年瓦斯年累计抽采量逐年提高，2020 年瓦斯年累计抽采量超过 3 380×10^4 m^3，瓦斯利用量为 1 600.23×10^4 m^3，瓦斯利用率为 47.3%，矿区瓦斯防治总体效果较好。图 10.5 是 2016—2020 年马兰矿瓦斯年累计抽采量变化曲线。

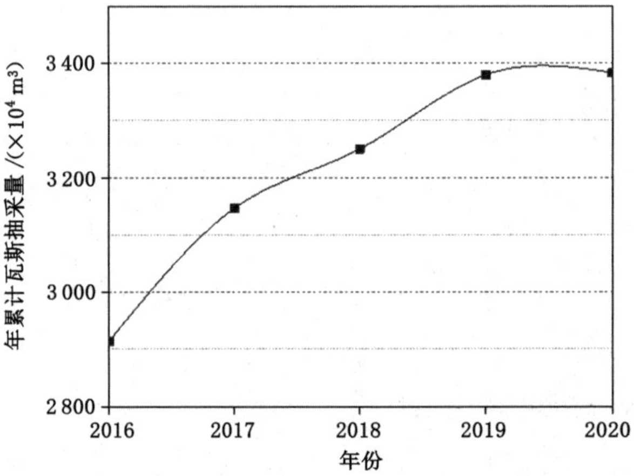

图 10.5 2016—2020 年马兰矿瓦斯年累计抽采量的变化曲线

(2) 2020 年屯兰矿瓦斯防治成效

2020 年屯兰矿瓦斯抽采量、抽采钻孔进尺及区域预抽进尺等瓦斯综合治理主要指标完成情况如表 10.3 所示。

表 10.3 屯兰矿 2020 年瓦斯综合治理主要指标完成情况

指标	瓦斯抽采量/(×10^4 m^3)	抽采钻孔进尺/(×10^4 m)	区域预抽进尺/(×10^4 m)	抽采率/%	瓦斯利用量/(×10^4 m^3)
全年计划量	8 800	50	20	≥59	4 800
全年完成	9 308.33	52.24	21.40	70.00	4 816.32

2020 年计划瓦斯抽采量 8 800×10^4 m^3，实际完成抽采量 9 308.33×10^4 m^3，完成计划的 105.78%；2020 年计划抽采钻孔进尺 50×10^4 m，实际完成抽采进尺 52.24×10^4 m，完成计划的 104.48%；2020 年计划区域进尺 20×10^4 m，实际完成区域进尺 21.40×10^4 m，

完成计划的 107%；2020 年瓦斯利用量计划为 4 800×10^4 m^3，实际完成瓦斯利用量 4 816.32×10^4 m^3，完成计划的 100.34%；矿井瓦斯抽采率计划为 59%以上，实际完成瓦斯抽采率为 70%；2020 年瓦斯治理巷道计划进尺3 618 m，完成进尺 3 742 m，完成计划 103.43%。

(3) 2020 年杜儿坪矿瓦斯防治效果

2020 年杜儿坪矿瓦斯抽采量、抽采钻孔进尺及区域预抽进尺等瓦斯综合治理主要指标完成情况如表 10.4 所示。

表 10.4 杜儿坪矿瓦斯综合治理主要指标完成情况

指标	瓦斯抽采量/(×10^4 m^3)	抽采钻孔进尺/(×10^4 m)	区域预抽进尺/(×10^4 m)	抽采率/%	瓦斯利用量/(×10^4 m^3)
全年计划量	4 800	24	8	≥50	1 700
全年完成	4 880.80	25.49	8.03	50.80	1 709.19

杜儿坪矿 2020 年矿井瓦斯抽采纯量计划为 4 800×10^4 m^3，至 2020 年年底完成 4 880.8×10^4 m^3，完成计划的 101.7%；矿井瓦斯抽采钻孔进尺计划为 24×10^4 m，至 2020 年年底完成 25.49×10^4 m，完成计划的 106.2%；矿井区域预抽进尺计划为 8×10^4 m，至 2020 年年底完成 8.03×10^4 m，完成计划的 100.4%；矿井瓦斯抽采率计划为 50%以上，至 2020 年年底完成 50.8%；瓦斯利用量计划为 1 700×10^4 m^3，至 2020 年年底完成 1 709.19×10^4 m^3，完成计划的 100.5%。

2020 年完成 68307 瓦斯治理巷巷道工程 1 260 m，完成北一下组总回风巷延伸巷道工程 1 291 m。2020 年杜儿坪矿区域预抽完成情况如表 10.5 所示。

表 10.5 2020 年杜儿坪矿区域预抽完成情况

矿井	预抽区域	钻孔进尺量/m	钻孔施工时间	形成的预抽面积/m^2
杜儿坪矿	68310 底抽巷(区域预抽)	28 002.5	2020-01-01—2020-04-30	84 000
	北一胶带机大巷后部(区域预抽)	24 714.5	2020-01-01—2020-06-30	138 000
	北一下组总回风巷延伸(区域预抽)	24 450.0	2020-05-01—2020-08-31	123 000
	北一下组总回风巷延伸(掘前预抽)	3 165.0	2020-07-01—2020-07-31	18 000
	合计	80 332.0	—	363 000

10.3 经济效益、生态效益与社会效益

西山煤电实施瓦斯高效治理模式以来，各个矿区的瓦斯防治效果显著提高，“一通三防”安全形势持续好转，且在经济、生态和社会方面都取得了显著的成效。

(1) 经济方面

通过西山矿区瓦斯高效治理模式，西山矿区瓦斯综合治理水平不断提高，瓦斯利用

量逐年升高。西山煤电已建成瓦斯发电厂共计8座，总装机容量为55 475 kW，包括杜儿坪矿瓦斯发电厂8 515 kW、屯兰矿瓦斯发电厂16 180 kW、屯兰矿二期(白草塔)瓦斯发电厂8 000 kW、马兰矿瓦斯发电厂7 480 kW、东曲矿瓦斯发电厂3 300 kW，屯兰矿低浓瓦斯发电厂4 000 kW，西铭矿低浓瓦斯电厂4 000 kW、官地矿低浓瓦斯发电厂4 000 kW。所发电量全部接入西山矿区内部电网，供矿区生产，同时利用余热锅炉，为井下生产提供热能。2021年1—11月累计发电26 049×10^4 kW·h、瓦斯利用量为7 960×10^4 m^3，全年发电量为29 090.73×10^4 kW·h、瓦斯利用量约为11 240.96×10^4 m^3，瓦斯抽采率为45%。

目前，公司在建瓦斯发电项目装机规模为11 906 kW，具体为：镇城底矿八字山瓦斯发电项目为1 500 kW、马兰矿南九瓦斯发电项目一期工程3 406 kW、东曲矿羊圈港瓦斯发电项目一期工程为4 000 kW、杜儿坪矿新华瓦斯发电项目为3 000 kW。项目全部建成后，新增瓦斯利用量约为3 637×10^4 m^3，抽采瓦斯利用率在65%以上。

(2) 生态方面

经过西山矿区连续多年的高效推动瓦斯发电和风排低浓度瓦斯氧化利用，相比火力发电减少了氮氧化物、硫化物的排放，环保效益显著。2016—2020年共减排纯瓦斯量4.5×10^8 m^3，折合当量CO_2约67.21万t，年产蒸汽38.35万t。由于甲烷和二氧化碳均为温室气体，且甲烷造成的温室效应约为二氧化碳的21倍，甲烷经氧化处理后减少了温室气体的排放，产生良好的环境效益。

(3) 社会方面

通过西山矿区近十多年来瓦斯高效治理，减少了煤矿瓦斯灾害事故起数，维持了安全、稳定的生产局面，企业经济效益提升，为矿区十万多职工、家属创造了一个安全、幸福的环境。同时，企业积极回馈社会，参与“三河三路”改造等，为地方稳定做出了贡献。

10.4 矿区绿色智能开采发展展望

目前，西山矿区已经形成了独具特色的近距离煤层群瓦斯高效治理理论和技术体系，取得了良好的瓦斯治理效果。但随着我国社会、经济和科技等领域进入新发展阶段，习近平总书记站在战略和全局高度，提出我国力争于2030年前实现碳达峰、2060年前实现碳中和目标。围绕该目标，结合国家发展改革委员会等八部委印发的《关于加快煤矿智能化发展的指导意见》和自然资源部发布的《煤炭行业绿色矿山建设规范》(DZ/T 0315—2018)要求，西山矿区强化发展绿色智能开采是必经之路。

新科技革命和产业革命的时代浪潮奔腾而至，信息化、数字化、智能化技术日新月异，绿色煤炭资源开采需要精准智能为支撑，以透明地球物理和多物理场耦合为基础，以少人(无人)开采技术和安全开采技术为依托，实现煤炭开采自动化、智能化、信息化，煤炭工业由劳动密集型向具有高科技特点的技术密集型转变[4-5]。因此，要以地质量化预测为先导，以地质勘探、物探、钻探、化探等综合技术为手段，强化对煤层及其结构构造特征、瓦斯安全地质条件、水文地质、工程地质、水害防治条件、能源资源综合开发利用等的研究，形成天、地、井孔、采区一体化综合勘探技术体系；在开采方面，以智能化采掘设备与自动调度决策为一体，融合采煤机智能记忆截割、液压支架智能跟机自动化、工作面运输系统煤流平衡、智能集成供液、工作面可视化视频监控、远程遥控、三维虚拟现实、一键启停等多项技术，建立以成套装备总控制网络为核心、单机装备为执行机构的智能控制模式，形成具有集成套装备安全感知、信息可靠传输、动态决策、协调执行于一体的智能开采系统；在信息化方面，围绕5G通信技术在矿山的应用，构建矿山运行机理、经验知识、大数据分析与数字孪生建模技术融合的矿山生产场景可信数字孪生模型，面向大数据和知识模型的平台技术是矿山数字孪生和智能化服务的载体，矿山数字孪生及相关智能化技术的突破，将实现对矿山物理世界的实时可测可观、准确控制、精确管理和科学决策，从而建立少人化或无人化的矿山生产模式，为智慧矿山的发展奠定基础；在矿井通风方面，进行矿井通风网络、实施方案的优化及风量、风速的智能实时控制。通过布设矿井环境、风阻、风压、风量等智能监测传感器，实现对矿井不同区域通风环境与通风状态的全面在线实时感知。基于《煤矿安全规程》中矿井环境的参数指标要求，对矿井各风点处的需求风量进行超前计算，利用风量智能调控系统对矿井风量进行实时调节，实现矿井通风系统的智能调控；在瓦斯抽采方面，开发无人智能钻探、远程随钻监测技术和煤与瓦斯突出危险性智能判识技术，建立瓦斯抽采管网智能调控系统，实现瓦斯安全高效抽采[154-158]。

为了最大限度降低煤炭开采对地表生态环境的影响，建设矿山生态再造系统，即采前防治、采中控制、采后治理、重复采动二次修复的生态系统再造技术。在煤层开采之前，提高生态环境抵抗煤层采动影响的能力，增强矿山生态环境自我保护功能。在煤层开采过程中创新基于煤炭资源条件适应型开采技术的矿山绿色开发技术，最大程度降低煤炭资源开采对地表生态环境的影响，如采用充填开采、煤与瓦斯共采、循环经济园区建设、分布式地下水库等。在煤层开采后进行土地复垦，恢复、增强地表生态环境。当下部煤层开采对地表生态环境造成重复采动影响时，对地表生态环境进行适时修补，防止煤层重复采动对地表生态造成破坏[159-160]。

参考文献

[1] 李小明，曹代勇，张守仁，等.不同变质类型煤的 XRD 结构演化特征[J].煤田地质与勘探，2003，31(3)：5-7.

[2] 李霞，曾凡桂，王威，等.低中煤级煤结构演化的 XRD 表征[J].燃料化学学报，2016，44(7)：777-783.

[3] 吴盾，孙若愚，刘桂建，等.岩浆接触变质煤结构特征的谱学研究[J].光谱学与光谱分析，2013，33(10)：2861-2864.

[4] 王振洋.构造煤微观结构演化及对瓦斯吸附解吸动力学特性的影响[D].徐州：中国矿业大学，2020.

[5] 张小梅，王绍清，陈昊，等.基于原子力显微镜观测的煤中显微组分微观形貌与孔隙结构[J/OL].煤炭科学技术：1-6.[2022-03-24].https://kns.cnki.net/kcms/detail/11.2402.TD.20210927.2238.002.html.

[6] 高涛，冯松宝.煤的显微组分特征研究综述[J].能源技术与管理，2021，46(4)：15-16，20.

[7] 代世峰，刘晶晶，唐跃刚，等.煤的显微组分定义与分类(ICCP system 1994)解析Ⅲ：腐植体[J].煤炭学报，2021，46(8)：2623-2636.

[8] 刘德汉，张惠之，戴金星，等.煤岩显微组分的成烃实验研究与评价[J].科学通报，2000，45(4)：346-352.

[9] 李文英，谢克昌.平朔气煤的煤岩显微组分结构研究[J].燃料化学学报，1992，20(4)：375-383.

[10] 常亮，白云起，周国江.配合煤镜质组最大反射率的预测方法[J].洁净煤技术，2012，18(3)：40-43.

[11] 鱼娅.煤中镜质组反射率的测定[J].煤质技术，2014(增刊 1)：45-47.

[12] 李江涛，梁文勖，贺志宏.屯兰矿区含瓦斯煤微结构定量表征[J].东北大学学报(自然科学版)，2019，40(6)：886-890.

[13] 马海军，李文华.基于低温氮吸附的煤孔隙分布多重分形表征[J].煤矿安全，2020，51(11)：14-18.

[14] 常东武.压汞法测量孔隙时减小误差的方法及分析[J].实验技术与管理，2003，20(5)：76-80.

[15] 陈悦，李东旭.压汞法测定材料孔结构的误差分析[J].硅酸盐通报，2006，25(4)：198-201.

[16] 田华，张水昌，柳少波，等.压汞法和气体吸附法研究富有机质页岩孔隙特征[J].石油学报，2012，33(3)：419-427.

[17] 陈金妹，谈萍，王建永.气体吸附法表征多孔材料的比表面积及孔结构[J].粉末冶金工

业,2011,21(2):45-49.

[18] 朱文魁,张双全,唐志红,等.气体吸附法研究活性炭表面分形维数[J].炭素,2004(2):12-15.

[19] 路冠文,汪吉林,张娅婷,等.西南地区构造煤吸附解吸特性研究[J].煤矿安全,2016,47(2):9-13.

[20] 张文静,琚宜文,卫明明,等.不同变质变形煤储层吸附/解吸特征及机理研究进展[J].地学前缘,2015,22(2):232-242.

[21] 邵军.钻屑瓦斯解吸指标的确定及应用[J].中州煤炭,1991(3):21-25.

[22] 李新建.钻屑瓦斯解吸指标与瓦斯含量关系的实验研究[J].煤矿安全,2014,45(3):8-12.

[23] BARRER R M.Diffusion in and through solid[M].Cambridge:Cambridge University Press,1951.

[24] 孙重旭.煤样解吸瓦斯泄出的研究及其突出煤层煤样瓦斯解吸的特点[C]//煤炭科学研究总院重庆分院.煤与瓦斯突出第三次学术论文集.重庆:煤炭科学研究总院重庆分院,1983:43-46.

[25] 彼得罗祥 A∋.煤矿沼气涌出[M].宋世钊,译.北京:煤炭工业出版社,1983.

[26] 黄永生,杨丹,陈建彬.一类指数式、对数式大小比较试题的命制手法探究[J].中学数学研究,2021(6):24.

[27] 黄书翔,王坚志,孙京凯.瓦斯参数测定及赋存规律研究[J].煤矿开采,2006,11(5):61-63.

[28] 王大曾.瓦斯地质[M].北京:煤炭工业出版社,1992.

[29] 徐全伏,陈存强.白龙山煤矿一井煤层瓦斯参数测定及赋存规律研究[J].能源环境保护,2015,29(5):41-44.

[30] 蓝航,陈东科,毛德兵.我国煤矿深部开采现状及灾害防治分析[J].煤炭科学技术,2016,44(1):39-46.

[31] 谯永刚.断层影响区煤厚变异带对煤岩动力灾害的影响分析[J].煤矿安全,2019,50(4):200-204.

[32] 刘航,曾志华.2018 年全国煤矿安全事故统计分析[J].内蒙古煤炭经济,2019(6):92-93.

[33] 丁百川.我国煤矿主要灾害事故特点及防治对策[J].煤炭科学技术,2017,45(5):109-114.

[34] 舒龙勇,李伟,孙景来,等.卧龙湖煤矿煤与瓦斯突出预测敏感指标的研究[C]//中国煤炭学会.煤矿瓦斯综合治理与开发利用论文集.北京:煤炭工业版社,2012:95-103.

[35] 郭德勇,范金志,马世志,等.煤与瓦斯突出预测层次分析-模糊综合评判方法[J].北京科技大学学报,2007,29(7):660-664.

[36] 顾北方,靳晓华,申翔,等.突出预测敏感指标研究及其应用[J].煤炭技术,2014,33(7):60-62.

[37] 李树仁.煤与瓦斯突出矿井采面瓦斯涌出特征及影响因素分析[J].煤炭技术,2018,37(9):241-243.

[38] 张玉柱.工作面突出危险性预测敏感指标确定[J].中国矿业,2021,30(5):188-192.
[39] 范毅伟.寺家庄矿 15# 煤层突出敏感指标及其临界值研究[J].能源技术与管理,2017,42(3):27-29.
[40] 俞启香.煤层突出危险性的评价指标及其重要性排序的研究[J].煤矿安全,1991(9):11-14,33.
[41] 胡千庭,文光才,徐三民.工作面突出预测敏感指标及临界值确定方法的研究[J].煤炭工程师,1998(增刊 1):8-10.
[42] 张庆华,文光才,邹云龙,等.瓦斯涌出预警指标及其临界值优选方法[J].矿业安全与环保,2014,41(1):23-27.
[43] 覃木广,邹云龙.瓦斯涌出特征突出预警技术的应用研究[J].能源技术与管理,2015,40(4):15-17,34.
[44] 魏国营,张书军,辛新平.突出煤层掘进防突技术研究[J].中国安全科学学报,2005,15(6):100-104.
[45] 胡千庭,周世宁,周心权.煤与瓦斯突出过程的力学作用机理[J].煤炭学报,2008,33(12):1368-1372.
[46] 张建军,郭化博.屯兰矿 2#、4# 煤层区域预测突出敏感性指标研究[J].山西焦煤科技,2020(1):4-8.
[47] 岳立柱,许可,施光磊.指标无量纲化的性质分析与方法选择[J].统计与信息论坛,2020,35(6):3-9.
[48] 郭亚军,易平涛.线性无量纲化方法的性质分析[J].统计研究,2008,25(2):93-100.
[49] 张卫华,赵铭军.指标无量纲化方法对综合评价结果可靠性的影响及其实证分析[J].统计与信息论坛,2005,20(3):33-36.
[50] 李国安,李穆真.指数抽样分布定理及三个期望之极小方差无偏估计的有效性比较[J].纯粹数学与应用数学,2017,33(6):568-577.
[51] 洪少南.方差分量的极小极大不变二次无偏估计[J].江西师范大学学报(自然科学版),2009,33(2):201-202,206.
[52] 尹长明,刘双花,陈波红.误差不相关广义线性模型极大拟似然估计的收敛速度[J].华中师范大学学报(自然科学版),2015,49(5):665-667,679.
[53] 何春雄,龙卫江,朱锋峰.概率论与数理统计[M].北京:高等教育出版社,2012.
[54] 吴传生.经济数学:概率论与数理统计[M].北京:高等教育出版社,2004.
[55] 孙旭,陈端石.次级通道模型误差下滤波 X 型最小均方差算法收敛性分析[J].声学学报,2002,27(2):97-101.
[56] 刘胜杰,李媛.最小均方差算法在智能天线非盲波束形成中的应用[J].电子测量技术,2007,30(1):181-184.
[57] 季文博.近距离煤层群采动煤岩渗透特性演化规律与实测方法研究[D].北京:中国矿业大学(北京),2013.
[58] WEI M Y, LIU C, LIU Y K, et al. Long-term effect of desorption-induced matrix shrinkage on the evolution of coal permeability during coalbed methane production [J]. Journal of petroleum science and engineering, 2022, 208: 109378.

[59] 张庆思,王锦,马万勇.物理化学:下[M].济南:山东大学出版社,2001.

[60] 张志军,刘炯天,冯莉,等.基于 Langmuir 理论的平衡吸附量预测模型[J].东北大学学报(自然科学版),2011,32(5):749-751.

[61] KING P,SRINIVAS P,KUMAR Y P,et al.Sorption of copper(Ⅱ) ion from aqueous solution by Tectona grandis l. f. (teak leaves powder) [J]. Journal of hazardous materials,2006,136(3):560-566.

[62] NEWCOMBE G,DRIKAS M,HAYES R.Influence of characterised natural organic material on activated carbon adsorption:Ⅱ.Effect on pore volume distribution and adsorption of 2-methylisoborneol[J].Water research,1997,31(5):1065-1073.

[63] KILISLIOGLU A,BILGIN B.Thermodynamic and kinetic investigations of uranium adsorption on amberlite IR-118H resin[J]. Applied radiation and isotopes, 2003, 58(2):155-160.

[64] 罗德艺,邹云龙.利用瓦斯解吸特征指标预测煤与瓦斯突出的实验研究[J].矿业安全与环保,2014,41(6):9-12.

[65] 华福明,胡千庭.用钻屑量、钻屑瓦斯解吸特征预测煤与瓦斯突出时的临界指标值确定方法的探讨[J].煤矿安全,1991,22(10):15-17.

[66] 高新春,田坤云,岑培山.煤层瓦斯含量 W 与钻屑瓦斯解吸特征指标 K_1 关系的数学模型[J].煤矿安全,2011,42(7):122-124.

[67] 伍小沙,田世祥,马瑞帅,等.煤体初始瓦斯涌出规律预测煤巷突出危险性研究[J].中国安全生产科学技术,2021,17(4):116-121.

[68] 闫贺贺.玉溪煤矿煤巷掘进工作面增透瓦斯抽采技术研究与应用[J].煤矿现代化,2021,30(5):43-45.

[69] 齐消寒.近距离低渗煤层群多重采动影响下煤岩破断与瓦斯流动规律及抽采研究[D].重庆:重庆大学,2016.

[70] 李学龙,陈绍杰,王法凯,等.一种不同应力加载路径下含瓦斯煤渗透性测试方法及装置:202110210635.4[P].2021-07-02.

[71] 魏和清,罗良清.实用统计学[M].北京:中国财政经济出版社,2011.

[72] 朱鹤年,张建华,刘立国.过原点直线拟合的斜率标准差与相关系数[J].大学物理,2002,21(5):30-32.

[73] 李刚.基于标准差修正群组 G1 的组合赋权方法研究[J].系统工程学报,2012,27(1):9-18.

[74] 吕林根,许子道.解析几何[M].4 版.北京:高等教育出版社,2006.

[75] 谢明文.关于协方差、相关系数与相关性的关系[J].数理统计与管理,2004,23(3):33-36.

[76] 衡献伟,李青松.突出煤层区域预测指标 W-P 模型优化及应用[J].煤矿安全,2021,52(10):150-156.

[77] 李志强,成墙,刘彦伟,等.柱状煤芯瓦斯扩散模型与扩散特征实验研究[J].中国矿业大学学报,2017,46(5):1033-1040.

[78] 胡国忠,朱怡然,许家林,等.可控源微波场强化煤体瓦斯解吸扩散的机理研究[J].中国

矿业大学学报,2017,46(3):480-484,492.
[79] 李志强,王登科,宋党育.新扩散模型下温度对煤粒瓦斯动态扩散系数的影响[J].煤炭学报,2015,40(5):1055-1064.
[80] 聂百胜,杨涛,李祥春,等.煤粒瓦斯解吸扩散规律实验[J].中国矿业大学学报,2013,42(6):975-981.
[81] 聂百胜,何学秋,王恩元.瓦斯气体在煤层中的扩散机理及模式[J].中国安全科学学报,2000,10(6):24-28.
[82] 宋广红,徐一红.煤矿瓦斯气体喷涌量组合预测模型[J].信息技术与信息化,2017(11):41-43.
[83] 聂百胜,何学秋,王恩元.瓦斯气体在煤孔隙中的扩散模式[J].矿业安全与环保,2000,27(5):14-16,61.
[84] 付华,梁漪.多层 DAE 协同 LSSVM 的瓦斯突出预测模型[J].计算机应用与软件,2019,36(8):214-219.
[85] 李宗福,孙大发,陈久福,等.水力压裂-水力割缝联合增透技术应用[J].煤炭科学技术,2015,43(10):72-76.
[86] 王耀锋,何学秋,王恩元,等.水力化煤层增透技术研究进展及发展趋势[J].煤炭学报,2014,39(10):1945-1955.
[87] 张超,林柏泉,周延,等.本煤层深孔定向静态破碎卸压增透技术研究与应用[J].采矿与安全工程学报,2013,30(4):600-604.
[88] 王兆丰,李豪君,陈喜恩,等.液态 CO_2 相变致裂煤层增透技术布孔方式研究[J].中国安全生产科学技术,2015,11(9):11-16.
[89] 潘锦晶.屯兰煤矿水力压裂增透技术研究[J].山东煤炭科技,2021,39(9):115-117.
[90] 王俊虎.水力压裂增透技术在低透气性煤层中的应用[J].山西能源学院学报,2021,34(4):7-9.
[91] 葛兆龙,赵汉云,卢义玉,等.高压水射流冲击作用下煤-砂岩-页岩损伤破裂特征[J].振动与冲击,2021,40(13):174-181,209.
[92] LIU J L, SUN H, ZHU Y J. Fracturing mechanism and crack expansion rule of concrete impacted by high pressure water jet[J]. Materials and structures, 2021, 54(5):178.
[93] 中华人民共和国水利部.水利水电工程钻孔压水试验规程:SL 31—2003[S].北京:中国水利水电出版社,2003.
[94] 杨亮煜.CO_2 爆破预裂增透试验研究[J].煤,2019,28(2):46-47,51.
[95] 张良飞.低渗透煤层液态 CO_2 预裂机理研究[D].太原:太原科技大学,2018.
[96] 周西华,门金龙,王鹏辉,等.井下液态 CO_2 爆破增透工业试验研究[J].中国安全生产科学技术,2015,11(9):76-82.
[97] 王滨.运用 CO_2 爆破技术增加煤层透气性的研究[J].水力采煤与管道运输,2015(2):9-11.
[98] 贺志宏,夏仕柏.西山矿区煤层顺层孔 CO_2 爆破增透试验研究[J].山西焦煤科技,2017,41(增刊1):22-27.